获 教育部、财政部煤及煤层气工程特色专业建设项目
矿产（能源）资源勘查工程国家级教学团队建设基金
中国地质大学（武汉）"本科教育质量工程"建设经费 联合资助
中国地质大学（武汉）"十二五"重点教材建设项目
中国地质大学（武汉）资源学院教材出版基金

聚煤盆地沉积学

Sedimentology of Coal-bearing Basins

主　编　焦养泉
副主编　吴立群　荣　辉

参与编撰的教师及历届研究生

王小明	汪小妹	谢惠丽	马小东	刘　阳	夏飞勇
宋　霁	吕　琳	季晨汝	崔　滔	王乙宇	朱　强
万璐璐	王志华	万　盾	王瑞辉	张　帆	晏泽夫
熊　清	瞿冬冬	吴　斌	鄢　朝

中国地质大学出版社
ZHONGGUO DIZHI DAXUE CHUBANSHE

图书在版编目（CIP）数据

聚煤盆地沉积学／焦养泉主编．吴立群，荣辉副主编．
—武汉：中国地质大学出版社，2015.7（2016.6重印）
ISBN 978-7-5625-3661-1

Ⅰ．①聚⋯
Ⅱ．①焦⋯ ②吴⋯ ③荣⋯
Ⅲ．①煤盆地－沉积学－高等学校－教材
Ⅳ．P618.11

中国版本图书馆 CIP 数据核字（2015）第 129777 号

聚煤盆地沉积学	©	焦养泉　主编． 吴立群　荣　辉　副主编．

出版发行：	中国地质大学出版社
选题策划：	毕克成
责任编辑：	陈　琪　张晓红
责任校对：	周　旭
地　　址：	武汉市洪山区鲁磨路388号
电　　话：	(027)67883511
邮政编码：	430074
制　　版：	武汉浩艺图文设计工作室
印　　刷：	武汉中远印务有限公司
开　　本：	787mm×1092mm　　1/16
印　　张：	28.25
字　　数：	720千字
版　　次：	2015年7月第1版
印　　次：	2016年6月第2次印刷
定　　价：	50.00元

  以焦养泉教授为主编,吴立群副教授、荣辉博士为副主编完成的《聚煤盆地沉积学》是一部内容丰富、系统,具有鲜明特色的专业教材。

  此书在基本构思上采取了基础与专业并重,涵盖了沉积岩石学的基础知识,体现了当代沉积学的核心内容——即以聚煤盆地中的沉积相和沉积体系为主体,并详细介绍了野外和实验室的基本研究方法。在此基础上,分析了各种沉积体系与聚煤作用的关系,阐明了煤聚集的规律性和制约因素,体现了煤地质专业知识的核心内容。此种教材内容上的安排,还基于当今煤田地质相关专业课程设置上存在的问题,弥补了沉积学这一重要基础在相关专业课程设置和学时安排上的不足。

  在教材内容上,编著者全面介绍了国内外相关领域的进展,如介绍了层序地层学的概念体系和方法,使读者理解和学会在层序地层格架中研究成因相和沉积体系的三维配置关系,以及按沉积体系域做高精度的岩相古地理图并进行含煤性预测。

  此书的一个重要特色是图件精美且丰富,特别是其中有大量编著者们自身实践和同行专家基于科学研究完成的野外典型沉积剖面写实,既给学生以形象的概念也提高了本书的科学性,可供广大奋斗在一线从事煤及沉积盆地中相关矿产资源勘查的工作者参阅和实地考察。

  煤炭资源始终在我国能源构成中占有重要地位,还包括有重要发展前景的煤层气、含煤岩系中的页岩气和沉积型铀矿床,因此国家十分重视相关领域的人才培养。在全世界的高等学校中,我国是设置煤田地质相关专业最多的国家,编制高质量的教材和教学参考书成为十分重要的任务。

  在本书出版之际,特祝贺此书已被列入"教育部、财政部首批特色专业建设教材"、"教育部卓越工程师教育培养计划专业教材"和"教育部高校地质类专业教学指导委员会推荐教材"。期待出版后作者们能根据教学实践应用情况对教材进一步精练和提高。

李思田
于 2014 年新春

前言

煤是人类最为熟悉的一种赋存于沉积盆地中的能源矿产。人们为了更多地寻找和更好地利用煤炭及其伴生资源,煤地质学理论便应运而生。随着研究和认识的深入,煤的沉积学属性更为引人注目,这不仅仅是由于煤是一种有机沉积物,同时它也是一些沉积体系的固有组成部分,煤的物理化学性质及其空间分布规律主要取决于沉积体系的特征与类型,于是煤和含煤岩系沉积环境(沉积学)便逐渐从煤地质学中分离出来,并由此形成了一套完整的理论概念和方法体系。考虑到含煤岩系沉积环境和沉积盆地分析已经为人们所熟知,而初学者需要站在沉积盆地的角度整体而全面地认识和了解煤的成因,所以《聚煤盆地沉积学》就成为最贴切的选题。

沉积学是一门古老而又充满着活力的学科,人类赖以生存的环境问题、能源问题无不与其息息相关。我国独特的地理位置和地质结构,决定了煤、石油、天然气和铀等能源矿产的结构配额。人们普遍认为,无论是现在还是在未来相当长的一段时期内,煤在我国的能源结构配额中将占有绝对重要的比例。近年来,人们对由采煤而引发的安全问题日益关注,煤层气的开发和利用不仅成为消除安全隐患的重要途径,而且煤层气也成为清洁能源的理想替代产品。实际上,煤层气(瓦斯)是煤系地层演化过程中的产物,煤的物理化学性质直接决定了煤的生烃潜力和煤层气的储藏与开发。近几年,人们还逐渐认识到多能源矿产同盆共存富集的普遍规律,国家要求各行业勘探家要兼顾对盆地能源矿产的协同勘查。由此看来,对煤、石油、天然气(煤层气)及铀的综合勘查和研究将成为沉积学家的重要历史使命,因为这些能源矿产均产出于沉积盆地而且往往共存富集,沉积学家需要给出科学的成因解释并总结共存富集规律。因此,《聚煤盆地沉积学》的编撰同时还兼顾为煤层气工程以及与含煤岩系相关的多种沉积矿产协同勘查与研究提供必要的知识储备。

在《聚煤盆地沉积学》的编撰过程中,编著者特别强调了学科理论的系统性和科研实例的典型性相结合,兼顾了沉积学基础知识和煤聚集专业知识的有机融合,同时也体现了图文并茂的行文风格。这种编撰思想,既体现了"编"和"著"的基本平衡,同时也有将其打造成类似"词典"的奢望,希冀从事沉积学、煤地质学及其相关领域研究的读者在需要时可从中获取借鉴。

《聚煤盆地沉积学》主要从探讨沉积物(岩)成因的角度系统论述了沉积盆地中煤的成因机理与富集规律,为使系列知识点循序渐进和前后衔接,在简要的"基本概念和历史回顾"介绍基础上,特别将教材设置为七篇共二十一章。第一篇为"聚煤盆地沉积学基础——沉积物(岩)形成演化过程",重点从沉积物的来源、搬运作用与沉积过程、成岩作用等方面,介绍了沉积物(岩)的形成机理和主要的制约因素。第二篇为"聚煤盆地沉积学基础——沉积物(岩)基本特征",从沉积物（岩）结构、沉积构造、沉积物成分和类型划分的角度介绍了若干特征沉积标志及其成因机理，以达到恢复沉积与成岩环境、判别沉积体系类型的作用。第三篇为"沉积体系与古水流分析原理"，重点从沉积环境与沉积作用过程、成因联系、层次结构和三维空间配置的角度，介绍了沉积体系分析的基本原理和方法体系，同时纳入了古水流分析以期在沉积体系内部识别、描述和解释地质历史时期的水流形式。第四篇为"聚煤作用与制约机理"，重点从泥炭沼泽类型、植物遗体堆积方式、泥炭形成与保存条件，以及影响煤层发育和煤质的若干地质因素分析的角度，阐述了聚煤作用与制约机理。第五篇为"聚煤盆地沉积体系分析——聚煤作用活跃的沉积体系"，从沉积体系级别的尺度出发，系统总结了几种常见沉积体系的基本特征，重点阐明了不同沉积体系中泥炭沼泽的发育规律及其与其他成因相的空间配置关系。第六篇为"聚煤盆地沉积体系分析——弱（无）聚煤的沉积体系"，从聚煤盆地整体分析的角度，介绍了几种与聚煤沉积体系共生的弱（无）聚煤的沉积体系，了解它们是为了更好地认识聚煤沉积体系中那些优质泥炭发育所需要的环境地质条件以及为含煤岩系的其他伴生矿产勘查和研究奠定必要基础。第七篇为"层序地层与聚煤作用"，以层序地层学的新颖视角和分析思路，阐明了含煤岩系沉积旋回的成因和级序，揭示了泥炭堆积速率变化与层序形成演化的相关性及其时空分布规律。

本书由中国地质大学（武汉）焦养泉教授制订了结构和体例，在吴立群副教授和荣辉博士的协助下组织实施编写。各章编著者分工如下：第一章（焦养泉、吴立群、王小明）、第二章（焦养泉）、第三章（吴立群、焦养泉、马小东）、第四章（焦养泉）、第五章（荣辉、吴立群）、第六章（吴立群、焦养泉、马小东）、第七章（吴立群、刘阳）、第八章（焦养泉、吴立群）、第九章（焦养泉、马小东、季晨汝）、第十章（焦养泉、谢惠丽）、第十一章（焦养泉、谢惠丽）、第十二章（吴立群、焦养泉）、第十三章（焦养泉、吴立群）、第十四章（焦养泉、吴立群）、第十五章（焦养泉、吴立群）、第十六章（吴立群、荣辉）、第十七章（吴立群、荣辉）、第十八章（吴立群、荣辉）、第十九章（焦养泉、马小东）、第二十章（荣辉、焦养泉）、第二十一章（荣辉、焦养泉）。历届研究生吕琳、宋霁、夏飞勇、崔滔、王乙宇、朱强、万璐璐、王志华、万盾、王瑞辉、鄢朝等参与了部分章节的资料汇编、图件清绘和文献汇总，汪小妹、张帆、晏泽夫、熊清、瞿冬冬和吴斌等对全书进行了系统校对和订正。全书最终由焦养泉、吴立群和荣辉完成修改、统稿和定稿工作。

《聚煤盆地沉积学》是编著者在多年知识积累、长期组织策划和精心编撰的基础上付梓印刷的。在曾经编著的《应用沉积学》（校内教材 A–2006–28）、《沉积盆地分析基础与应用》（2004年，高等教育出版社）和《聚煤盆地沉积学》（校内教材 A–2011–6）中可以找到本书的雏形和影子。特别值得一提的是，本书在聚煤作用原理和沉积体系聚煤作用方面，继承了已故著名煤田地质学家陈钟惠教授的思想。在《含煤岩系沉积环境分析》（1984年）校内教材和随后公开出版的《煤和含煤岩系的沉积环境》（1988年）教材中，陈钟惠教授对20世纪60—80年代国内外经典的聚煤作用和模式进行了系统总结和归纳，其成果和认识极具代表性，是煤地质学基础教材的典范，因此编著者将其精髓纳入本教材。

在《聚煤盆地沉积学》成稿过程中，先后得到了教育部、财政部煤及煤层气工程特色专业建设项目（TS2307）,矿产（能源）资源勘查工程国家级教学团队建设基金，中国地质大学（武汉）

"十二五"重点教材建设项目,中国地质大学(武汉)"本科教学质量工程"建设经费,中国地质大学(武汉)资源学院教材出版基金的联合资助,被列为教育部"卓越工程师教育培养计划"专业教材,被教育部高校地质类专业教学指导委员会指定为推荐教材,著名沉积学家李思田教授为完善教材给予了建设性的指导并为教材作序,《西安晚报》著名书法家殷汉西欣然为教材题名,编著者在此一并致以衷心感谢!

教材的封面和封底照片,分别为鄂尔多斯盆地东北部考考乌苏沟富县组吉尔伯特型三角洲顶积层沉积剖面和第四系古湖泊滨岸带的泥炭沼泽沉积记录(焦养泉摄于2010年)。

编著者曾寄望本教材能做到高水准和经典性,并为此付出了不懈的努力,但是鉴于精力和知识所限,未必能够达到如此高度。所以,书中的错误和不足之处,祈望同行专家和读者批评指正。

2014年1月2日

目 录

第一章　基本概念与历史回顾
- 第一节　若干基本概念 ··· 1
- 第二节　学科起源与历史回顾 ··· 5
- 第三节　学科前沿与热点 ··· 12

第一篇　聚煤盆地沉积学基础

沉积物（岩）形成演化过程

第二章　沉积物的来源
- 第一节　陆源碎屑物质 ·· 25
- 第二节　生物来源物质 ·· 35
- 第三节　火山碎屑物质 ·· 41
- 第四节　宇宙源物质 ·· 44

第三章　搬运作用与沉积过程
- 第一节　机械搬运和沉积作用 ·· 46
- 第二节　化学搬运与沉积作用 ·· 60
- 第三节　生物搬运与沉积作用 ·· 70

第四章　成岩作用

- 第一节　成岩作用阶段 …… 81
- 第二节　成岩作用类型 …… 90
- 第三节　有机质的成岩作用 …… 102
- 第四节　成岩作用对沉积物（岩）的影响 …… 106

第二篇　聚煤盆地沉积学基础

沉积物（岩）基本特征

第五章　碎屑沉积物的结构

- 第一节　沉积物粒度 …… 110
- 第二节　粒度分析 …… 112
- 第三节　沉积物分选性和磨圆度 …… 123
- 第四节　沉积物组构 …… 125
- 第五节　结构成熟度与结构的定性解释 …… 127

第六章　沉积构造

- 第一节　原生无机沉积构造 …… 132
- 第二节　机械次生无机沉积构造 …… 141
- 第三节　化学无机沉积构造 …… 148
- 第四节　生物成因构造 …… 150

第七章　碎屑沉积物（岩）成分与分类

- 第一节　沉积物（岩）组分 …… 157
- 第二节　砾岩 …… 168
- 第三节　砂岩 …… 170
- 第四节　粉砂岩和泥岩 …… 173

第三篇　沉积体系与古水流分析原理

第八章　沉积体系分析
- 第一节　沉积体系基本概念……………………………………………………………179
- 第二节　沉积体系分析的基本方法……………………………………………………182
- 第三节　沉积体系常规编图方法………………………………………………………193

第九章　古水流分析
- 第一节　指向构造和组构与古流方向…………………………………………………203
- 第二节　非定向标志与古流方向………………………………………………………211
- 第三节　物源与古水流系统……………………………………………………………213
- 第四节　古水流的测量与应用…………………………………………………………215

第四篇　聚煤作用与制约机理

第十章　泥炭形成与堆积机理
- 第一节　泥炭沼泽类型…………………………………………………………………219
- 第二节　泥炭沼泽化与气候……………………………………………………………225
- 第三节　植物遗体堆积方式……………………………………………………………227
- 第四节　泥炭堆积速度与压实作用……………………………………………………229
- 第五节　泥炭沼泽环境恢复……………………………………………………………233

第十一章　聚煤作用制约因素
- 第一节　水位与水深变化………………………………………………………………238
- 第二节　古地貌与差异压实……………………………………………………………240
- 第三节　溢岸沉积作用与水系改道……………………………………………………242

- 第四节 海侵作用 ·· 247
- 第五节 综合影响分析 ·· 251

第五篇　聚煤盆地沉积体系分析

聚煤作用活跃的沉积体系

第十二章　冲积扇沉积体系

- 第一节 沉积作用过程及其沉积物类型 ···················· 254
- 第二节 现代和古代冲积扇实例 ······························ 256
- 第三节 冲积扇沉积物特征和垂向序列 ···················· 259
- 第四节 冲积扇与聚煤作用关系 ······························ 261

第十三章　河流沉积体系

- 第一节 河道型式与河道类型 ································· 268
- 第二节 沉积作用类型与过程 ································· 269
- 第三节 高弯度曲流河 ··· 271
- 第四节 低弯度辫状河 ··· 281
- 第五节 网结河 ·· 286
- 第六节 几种河流特征的比较 ································· 289

第十四章　湖泊沉积体系

- 第一节 湖泊沉积作用 ··· 291
- 第二节 湖泊体系的内部构成特征 ··························· 293
- 第三节 湖泊沉积垂向序列 ···································· 304
- 第四节 湖泊的聚煤作用 ······································· 306

第十五章　三角洲沉积体系

- 第一节 三角洲沉积作用类型 ································· 310
- 第二节 三角洲体系的分类 ···································· 311

- 第三节　河控三角洲体系···314
- 第四节　浪控和潮控三角洲体系··324
- 第五节　扇三角洲和辫状河三角洲体系···327
- 第六节　几种三角洲特征的比较··330

第十六章　碎屑滨岸沉积体系

- 第一节　沉积作用类型··332
- 第二节　海滩面沉积体系···333
- 第三节　潮坪沉积体系··335
- 第四节　障壁岛–泻湖沉积体系···337

第六篇　聚煤盆地沉积体系分析

弱（无）聚煤的沉积体系

第十七章　陆源陆架–盆地沉积体系

- 第一节　沉积作用类型··348
- 第二节　陆架体系沉积构成特征··351
- 第三节　陆坡和盆地体系沉积构成特征···355

第十八章　碳酸盐岩沉积体系

- 第一节　碳酸盐岩矿物··360
- 第二节　碳酸盐岩分类··361
- 第三节　碳酸盐岩沉积体系··365
- 第四节　碳酸盐岩体系聚煤作用··377

第十九章　风成沉积体系

- 第一节　沉积作用与特征沉积构造···380
- 第二节　沉积体系内部构成特征··383
- 第三节　垂向序列··391

第七篇　层序地层与聚煤作用

第二十章　层序地层学原理

- 第一节　层序地层学起源 393
- 第二节　层序地层单元级别 394
- 第三节　层序地层学概念体系 396
- 第四节　层序地层学的内涵与外延 400

第二十一章　层序格架中的聚煤规律

- 第一节　近海型含煤岩系层序格架下的聚煤规律 405
- 第二节　内陆湖盆层序格架下的聚煤规律 410

主要参考文献 415

第一章 基本概念与历史回顾

聚煤盆地沉积学(sedimentology of coal-bearing basins)是研究沉积盆地形成演化过程中成煤环境、聚煤作用、含煤岩系的基本特征,并揭示聚煤机理和总结聚煤规律的一门学科。聚煤盆地沉积学是在沉积学、煤地质学和盆地分析基础上的重要发展。在漫长的发展过程中,相关学科的融合便形成了一套完整的概念体系。了解学科历史,把握学科前沿和热点,是为了更好地预测学科发展方向和拓展学科的应用领域。

第一节 若干基本概念

一、沉积学

沉积学(sedimentology)这一概念最早由 Wadell 于 1932 年提出,他将其简单定义为研究沉积物的科学。Gary 等(1973)在 *Glossary of Geology* 中将沉积学定义为"对沉积物的来源、沉积岩的描述和分类以及沉积物形成过程进行研究的科学"。1978 年,Friedman 和 Sanders 将沉积学又进一步定义为"研究沉积物、沉积过程、沉积岩和沉积环境的科学"。由此可见,沉积学研究的对象十分广泛,既要研究沉积作用过程,包括沉积物的来源、搬运作用、沉积作用和沉积后的改造作用,又要研究沉积物的横向和纵向分布及其与现代和古代的地理环境、气候环境的关系(图 1-1)。所以,Lewis(1984)认为对沉积物历史的解释是沉积学家的使命。

二、煤

煤(coal)是一种沉积岩。像其他沉积岩一样,煤原始物质呈层状沉积,具有横向和垂向变化(反映植被类型、水位、碎屑注入物等的变化)。在埋藏以后,它又经受了压实和成岩作用(煤化作用)。唯一的区别是,煤主要由有机化合物组成而不是由矿物组成(图 1-2)。所以,煤的性质是它的沉积作用和成岩作用历史的结果(McCabe,1984)。煤作为沉积盆地中的一种沉积物,它隶属于沉积体系。虽然具有明显的特殊性,但其形成、分布乃至品质等,依然遵循沉积学原理。

图 1-1 现代沉积环境与古代沉积物（岩）

a. 巴丹吉林沙漠及其盐水湖（据 Stefano Brambilla, 2009）；b. 现代曲流河及其牛轭湖（据舒良树, 2010）；c. 四子王旗乌兰胡秀第三系干旱湖泊沉积（焦养泉摄, 2012）

图 1-2 煤的典型宏观与微观照片

a. 煤的手标本；b. 镜煤碎屑中的植物细胞显微结构；c. 煤中孢子体的显微结构

三、含煤岩系

含煤岩系（coal-bearing strata）指一套含有煤层或煤线的沉积岩系，又称煤系、含煤沉积或含煤建造。构成含煤岩系的沉积岩大多数呈灰、灰绿、灰黑和黑色，主要由各种粒度的砂岩以及粉砂岩、泥岩和煤组成，砾岩、粘土岩和石灰岩也常见，有时也见到铝质岩、油页岩、硅质岩和火山碎屑岩等。含煤岩系一般富含动、植物化石。有时还可见到多种碳酸盐结核、硫铁矿结核以及硅质结核等（图1-3）。

图1-3　侏罗纪含煤岩系基本特征（据焦养泉等，2006）
a. 鄂尔多斯盆地东胜地区直罗组底部煤线；b、c. 吐哈盆地西山窑组煤及底板根土岩；d. 鄂尔多斯盆地东胜地区延安组工业煤层底板根土岩

四、聚煤作用和聚煤规律

聚煤作用（coal-accumulating process）是指古代植物在古气候、古地理和古构造等有利条件下聚集而成为煤炭资源的作用。聚煤作用存在于一定的地壳空间和地质时间中，可以通过聚煤带、聚煤中心或富煤单元等概念来表征。在聚煤盆地中，聚煤作用往往出现于沉积盆地的一定演化阶段和特定部位，随着古植物、古气候、古地理和古构造等因素演变（有可能是其中的某一种因素起到了关键作用），聚煤作用也随之发生变迁，并在时空上表现出一定的规律性（图1-4）。因此，聚煤规律（coal-accumulating regulation）就是指煤在地壳中聚集的时间和空间分布规律。

五、聚煤盆地

聚煤盆地（coal basin）是指在地质历史时期沉积了含煤岩系的盆地，即发生了聚煤作用的沉积盆地。聚煤盆地有多种类型，其性质特征各异，而且大多数聚煤盆地由于后期构造作用的影响而受到了不同程度的剥蚀和破坏。

李思田（1979）按照聚煤盆地的成因将其分为构造成因聚煤盆地和非构造成因聚煤盆地。

构造成因的聚煤盆地是岩石圈形变的产物，通常分为拗陷型盆地和断陷型盆地两种基本类型：①拗陷型盆地。其底面呈波状起伏，故又称波状拗陷型聚煤盆地。盆地中含煤岩系和煤层的厚度、岩性是渐变的。根据盆地横断面的形态可分为对称的和不对称的，这取决于盆地拗陷轴的位置。世界上煤储量的绝大部分形成于拗陷型盆地。②断陷型盆地。它的形成

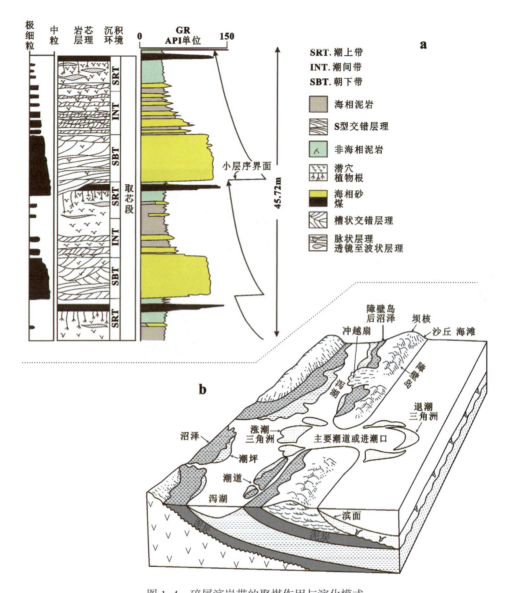

图 1-4 碎屑滨岸带的聚煤作用与演化模式

a. 潮坪沉积体系中聚煤作用演化规律（据 Van Wagoner 等，1988）；b. 障壁岛－泻湖沉积体系中泥炭沼泽发育与迁移模式（据 Reinson，1992）

与裂陷作用有关，盆地的底界面是不连贯的，基底常由一系列镶嵌状的断块构成，断块交界处呈阶梯状突变。断块相互间的差异运动，引起盆地内部的沉积分异，通常较之于拗陷盆地具有更大的沉降分异，使煤系厚度、岩性、岩相以及含煤性等的变化显著，煤层对比困难。盆地常有两种亚型：一种是单侧有控制性断裂，使盆地呈箕状；另一种是双侧有控制性断裂，属于地堑式断陷。在断块沉降速度适宜于植物遗体堆积速度地带常形成数十米到百米以上的巨厚煤层（图 1-5）。聚煤作用发生于断陷盆地发育的早中期和中晚期。富煤带总体分布于盆地中部，并与盆地总体展布方向一致。从盆地边缘向盆地中心，煤的富集特征先由急剧分岔带逐渐过渡为稳定厚煤层带，进而再过渡为分岔带。

盆地演化过程中的基本类型和形态常发生转化，从而形成复杂类型的盆地。在地质记录中，断陷转化为拗陷是较普遍的现象，因此人们通常将拗陷解释为裂后热沉降。

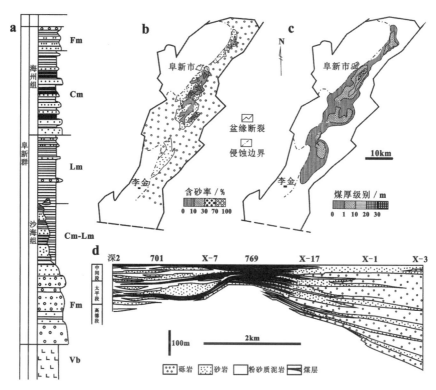

图 1-5 阜新断陷盆地聚煤作用与分布规律（据李思田等，1988）
a. 盆地充填序列（Vb：火山岩段；Fm：粗碎屑沉积物段；Cm-Lm：含煤碎屑岩段和湖泊段；Lm：湖泊细碎屑岩段；Cm：含煤碎屑岩段）；b. 海州组太平上段含砂率图；c. 海州组太平上段煤层厚度图；d. 穿过海州组富煤带的横向沉积断面图

非构造成因的聚煤盆地有多种类型，例如由河流作用或冰川作用造成的侵蚀盆地。此外，在古火山口洼地形成湖沼从而形成聚煤盆地。盐丘发育的地方，当岩盐溶解流失后地面发生沉降亦可形成聚煤盆地。非构造成因的聚煤盆地大多规模较小，含煤岩系很薄，难以形成大规模煤聚积。

反映聚煤盆地基本特征的主要要素有：①盆地的外部几何形态和内部结构，内部结构是指构成盆地地层单元的形态及其相互关系；②盆地的沉积充填特征，即岩性、岩相类型和空间配置关系；③盆地构造样式和基底构造格架；④盆地的沉降特征，通常用地层厚度来判断；⑤含煤特征，包括煤层和煤质两个方面。

第二节　学科起源与历史回顾

沉积学是一门具有近百年历史的学科。沉积学与煤的关系非常密切，一方面是因为煤作为一种特殊的沉积物，是含煤沉积体系中不可或缺的构成单元，其形成过程及其煤岩和煤质特征自然遵循沉积学原理；另一方面，煤作为一种沉积型能源矿产，由于人类生存的需要而投入了大量研究，又在很大程度上促进了沉积学的发展。正是由于两者具有如此密切的关系，因此对沉积学和聚煤作用的研究几乎同时起步，1932 年 Wadell 提出"沉积学"的概念，并将其定义为研究沉积物的科学；1937年Степанов首次提出了聚煤带和聚煤中心的概念，随后它被广泛地应用于聚煤盆地的研究中。

一、沉积学的起源与历史回顾

1. 从沉积岩石学到沉积学

如果从渊源上追踪的话，沉积学实际上是在沉积岩石学的基础上发展起来的。在早期，沉积岩石学通常被认为只是对沉积物做显微镜下的研究，而沉积学却将实验观察和野外工作结合了起来（Vatan，1954）。沉积学被许多人认为是比沉积岩石学有更为宽广的领域，但它不能脱离于其他地质学的分支，如地层学、矿物学和地球化学等。

早期的沉积岩石学研究是配合地层学的研究而展开的。英国地质学家Sorby（1851）是沉积岩石学的奠基者，他是第一个使用显微镜研究沉积岩的科学家，他将沉积岩石学研究从宏观深入到了微观，这是一个突破性的发展。1894年，Walther提出了"相序"的概念（即著名的Walther相律），使人们在横向上和纵向上对地层中的岩石及其岩石组合的分布规律有了进一步的了解。1913年，Hatch和Rastall合著了第一本《沉积岩石学》。1922年，Milner出版了《沉积岩石学引论》。1931年，美国的SEPM学会创办了《沉积岩石学》杂志。这些出版物的相继问世，标志着沉积岩石学已从地层学中分离成为地球科学中的一门独立学科。

无疑，早期沉积岩石学的研究为沉积学的诞生奠定了坚实基础。至1932年，德国地质学家Wadell首先提出了"沉积学"的概念，并将其定义为研究沉积物的科学。这一概念的提出，标志着人们对沉积岩的认识步入了从特征描述到成因研究的阶段，从此沉积学便成为一门独立的学科。在这之后的近百年，沉积学的研究无论是从理论上还是方法上均获得迅速发展，并逐渐渗透到地球科学的各个领域，尤其是为人类赖以生存的煤、铀和石油等能源矿产的勘查提供了重要的科学预测依据，这充分展示了沉积学的强大生命力。

2. 沉积学的三次革命

自1932年沉积学诞生以来，其发展演化具有明显的阶段性，期间的几次重大突破被誉为沉积学的革命。Catuneanu（2006）认为在沉积学的演化过程中具有三次革命，每次革命都产生了范例性的质变，改变了地质科学家解释沉积地层的方法。第一次革命发生于20世纪50年代晚期和60年代早期，以发展了水动力学概念和相应的沉积作用/沉积响应相模式为标志（Harms和Fahnestock，1965；Simons等，1965），从水动力学的角度提出了对沉积物和沉积构造成因的系统解释理论，总结了在沉积体系内部预测相组合的方法体系。20世纪60年代开始，板块构造学和地球动力学概念引入到区域尺度的沉积作用分析中，标志着沉积地质学的第二次革命。最终，这两项初期的概念突破或革命导致了20世纪70年代沉积盆地分析的发展，为沉积盆地成因研究和沉积史研究提供了科学框架。层序地层学的诞生标志着沉积学第三次，也即最新的一次革命，起始于20世纪70年代晚期，以Payton（1977）主编出版的 *Seismic Stratigraphy-applications to Hydrocarbon Exploration*（AAPG Memoir 26）为标志。层序地层学综合了自源作用（如来自体系内部）和他源作用（如来自体系外部），形成了解释沉积盆地演化和地层结构的统一模式（Miall，1995）。

二、含煤岩系沉积学的起源与历史回顾

含煤岩系沉积学是沉积学应用于煤地质与勘查领域的一个重要分支。因为煤首先是一种沉积物(岩),所以自沉积学诞生之日起,含煤岩系沉积学便与沉积学同步发展。但由于煤这种沉积物(岩)不同于一般的无机岩石,因此含煤岩系沉积学的发展就具有相对的特殊性,它具有相对独立的研究内容和独特完整的理论方法体系。Rahmani 和 Flores(1984)系统地总结了 20 世纪 80 年代以前北美洲煤和含煤岩系沉积学的研究历史,将其划分为旋回沉积阶段和沉积模式阶段。

所以,含煤岩系沉积学以其相对独立和完整的理论方法体系而明显区别于沉积学。

1. 旋回沉积阶段

旋回沉积阶段从 19 世纪末到 20 世纪中叶,学者们主要致力于识别含煤岩系的重复层序或者说旋回结构,并对这类现象作出成因上的解释。

1912 年 Udden 最先揭示了北美伊利诺斯煤田石炭纪含煤岩系的根土岩—煤—海相灰岩或者页岩—根土岩—煤的重复旋回结构。进入 20 世纪 30 年代,以 Weller(1930)、Wanless 和 Weller(1932)、Moor(1940)等为代表,大力倡导以滨海平原地带广泛的海侵和海退过程来解释欧洲和北美石炭纪含煤岩系中海相层与含煤碎屑沉积的互层现象。几乎是在同一时期,苏联地质学家 Лутугин жемчужников 等对顿涅茨煤田石炭纪含煤岩系的旋回结构作了深入研究,并成功地应用于地层对比和地质编图。

Reading(1978)曾经对这一阶段的研究给予客观的评价:"相互重叠的相型概念或沉积旋回作用的概念,是沉积地质学中最富有成效的一种概念。它使地质学家能在明显的混乱中理出顺序来,并扼要地描述很厚的复杂互层的沉积岩。他们能够把这些岩层的旋回、韵律层或韵律与在别处发现的旋回、韵律层或韵律进行对比"。以含煤岩系为摇篮产生的旋回沉积概念迅速地在所有类型的沉积岩系中推广开来,说明它是有生命力的。

Reading(1978)、Galloway 等(1983)、Rahmani 和 Flores(1984)同时也指出了旋回沉积阶段所存在的问题:第一,把含煤岩系中出现的旋回结构或旋回性一律看成是地壳不均衡运动、区域海平面升降或气候变化的产物,而未认识到沉积过程自身的演化也可产生旋回结构。第二,旋回沉积理论使得人们在很长一段时间内不重视将含煤岩系沉积作用与现代沉积作用进行对比研究。第三,旋回的建立和划分往往带有主观性,而忽略了对沉积学的解释。这些问题在相当程度上妨碍了煤地质学的发展,使我们无法识别含煤岩系沉积环境的多样性和沉积过程的复杂性。

2. 沉积模式阶段

沉积模式阶段开始于 20 世纪 50 年代,其以大规模的现代沉积学研究、沉积环境和相模式研究为特色。关于沉积环境和模式的研究,到 20 世纪 70 年代末与 80 年代初已经占据了主导地位。这主要是由于当时沉积学领域对沉积作用与现代沉积模式的研究取得了突破性发展,再加之当时全球对能源需求的迅速增长,使得含煤岩系沉积学研究,特别是在聚煤作用、成煤环境与沉积体系和煤岩学方面,出现了空前的热潮(刘光华,1999)。

现代可以成为了解过去的钥匙,通过对比美国东部阿帕拉契地区石炭纪含煤岩系和现代密西西比河三角洲沉积,Ferm(1979)及一些人认为,阿帕拉契地区石炭系旋回沉积中简

单的海侵、海退过程完全可以用与现代密西西比河三角洲相类似的三角洲沉积作用过程来解释。对密西西比河三角洲的研究证明,三角洲朵体的建设与废弃,完全可以导致一定范围内的海侵和海退,从而产生旋回结构。Beerbower(1964)通过对冲积平原的研究指出,旋回性沉积作用具有两种基本类型:自旋回(autocycle)和他旋回(allocycle)。自旋回的形成不是由于总能量和注入沉积体的物质补给量的变化,而完全是由于能量及补给物在沉积体系内的再分配。他旋回的形成则是由于能量和物质补给量的变化,其影响因素有海平面的升降、气候的变化、物源区的不规则上升以及盆地的间歇性沉降等。自旋回概念的提出对正确解释垂向序列,恢复沉积充填演化史,具有很大的推进作用。

在北美洲,Ferm和Williams(1963)首先提出了阿帕拉契地区石炭系Allegheny组的沉积模式。Coleman(1969)在另外一些地区进行了检验,并与密西西比河三角洲作了详细对比。Ferm(1974)将阿帕拉契地区石炭系Allegheny组的沉积模式进一步具体化,划分出了冲积平原、上三角洲平原、下三角洲平原、障壁岛和障壁岛后环境,并把地层的纵向、横向变化与环境分带联系了起来。Horne等(1978)对该模式进一步修改和补充,建立了为大家所熟知的、适用于滨海地区成煤环境的沉积模式。该模式详细论述了各个环境带的沉积特征及成煤作用特征,特别强调了上、下三角洲平原过渡带对于形成工业价值煤层的重要性。Fisher(1968)通过对德克萨斯第三纪沉积环境与煤产出的关系进行研究之后指出,在三角洲和河流环境中形成的煤明显不同:与河流有关的煤矿床呈长条状,低硫低灰,由木本植物残体组成;而与三角洲有关的煤呈板状,高硫高灰,由非木本植物残体组成。

对含煤岩系沉积模式的讨论表明,冲积环境、三角洲环境和海岸环境都是煤可能聚集的场所。这些环境的相对意义随着盆地类型、地质时期和构造条件而不同。对这些不同模式的批判性检验取决于对现代泥炭类似物的认识(Rahmani和Flores,1984)。但是,在当时对现代沼泽、泥炭沼泽和泥炭层的研究落后于对煤矿床的研究。20世纪60年代,Dapples和Hopkins(1969)作了现代成泥炭环境与古代成煤环境的初步对比研究。Frazier和Ozanik(1969)的经典研究工作表明,密西西比河三角洲平原发育有广阔的树沼泽和草沼泽,能够形成厚的有机沉积物。70—80年代,人们不仅发现障壁岛后的树沼泽也是重要的成泥炭环境(Staub和Cohen,1979;Cohen,1973、1974、1975;Spackman,1974;Whitehead,1972;Amartunga,1970),而且也认为不应低估与河流有关的树沼泽的意义,因为这些树沼泽大多是泥炭堆积区(Rich,1982;Lappalainen,1980;Rzoska,1974)。McCabe(1984)的研究则强调了聚煤作用与活动碎屑沉积体系的关系:第一,大部分活动碎屑沉积环境尽管可以发育广布的沼泽,但并不是具有工业价值煤层(泥炭层)形成的有利场所。聚煤作用主要是与废弃碎屑沉积环境中发育的沼泽有关。第二,在分析聚煤作用和聚煤规律时,不应对煤层下伏沉积物的重要性估计过高,因为在聚煤作用发生之前曾经有过比较长时间的间断。在决定煤的特征方面,上覆沉积物至少与下伏沉积物具有同等的重要性。第三,具有工业价值的聚煤作用如果是与活动碎屑沉积环境有关的话,也应该是远离活动的水流(如活动河道和分流河道),或是有特殊的水介质条件,使水流携带的碎屑物质在沼泽边缘地带大量沉淀,或是与凸起沼泽(高位沼泽)和漂浮沼泽有关,使泥炭免遭携带碎屑物质的水流影响。凸起沼泽对形成低灰煤有着重要意义。低位沼泽虽然易于形成泥炭,但遭受活动碎屑沉积环境影响的几率要大得多,所以其形成的泥炭往往具有较高的灰分产率。

在20世纪60年代,当沉积环境和相模式研究获得巨大成功的同时,一种强调三维相的空间配置和相互成因联系的"沉积体系"的概念被提出(Fisher 和 McGowen, 1967; Scott 和 Fisher, 1969; Fisher 和 Brown, 1972; Galloway, 1986)。沉积体系是在沉积环境和相模式研究基础上的更完整综合。人们在盆地与能源大规模研究中发现自然界各种环境单元,如河流、三角洲、障壁岛,都是许多相构成单元的三维组合,分析研究各种相构成单元的特征及其空间配置关系可以更好地阐明煤和油气等能源矿产资源的分布规律,沉积体系域的重要概念也由此产生。

1976 年,Walker 归纳和总结了沉积模式的主要功能,他认为一种有效的沉积模式必须能够起到四种作用:①能够作为类比的标准;②必须是未来观察的一个参考模式和指导;③应能对地质上的新区进行预测;④应能作为对沉积环境或体系进行水动力解释的基础。在沉积模式阶段,人们不仅识别了愈来愈多的含煤岩系沉积类型,建立了多种多样的含煤岩系沉积模式,而且含煤岩系沉积模式从一开始就十分注意与煤矿床的勘查与开发紧密结合。因此,该阶段可以被誉为是煤沉积学研究的黄金鼎盛期。在国际上,最有影响的聚煤盆地沉积学论著当属 Rahmani 和 Flores(1984)主编的《煤和含煤地层沉积学》、Scott(1987)主编的《煤与含煤地层最近进展》、Stach 等(1982)主编的《Stach 煤岩学教程》、Galloway 和 Hobday(1983)主编的《陆源碎屑沉积体系——在石油、煤和铀勘探中的应用》以及 Miall(1984)主编的《沉积盆地分析原理》等。在国内,最有影响的论著包括李思田(1988、1996)主编的《断陷盆地分析与煤聚集规律》和《含能源盆地沉积体系》、陈钟惠(1988)主编的《煤和含煤岩系的沉积环境》。

沉积模式的研究和总结无疑是重要的,它是认识复杂自然现象和过程的、理想的简化形式。模式摒弃了许多细节,归纳出主要特点,因此具有更大的普遍意义(陈钟惠,1988)。但是,在运用过程中要防止绝对化和片面化。正如 Reading(1978)所指出的那样:"当一个新的、容易掌握的模式建立时,或当我们自己找到一种模式并往往对它过分热情时,这时最容易忽略别的假设","一个人确信自己的假设是正确的,这常常标志着他对其他假设知道的甚少"。

3. 相对停滞阶段

进入 20 世纪 90 年代后,由于石油、天然气和新能源(核能和太阳能)等的发展以及人类对环境生态的保护,使得各主要工业国降低了对煤炭的需求,并制定了限制煤炭开采、燃烧的环保政策。各国主要矿业公司和研究部门也不得不压缩了对煤田勘探、开采的投资,从而极大地影响了许多大学、研究机构及个人对煤地质学的兴趣与研究积极性,对含煤岩系的研究进入了低潮期(刘光华,1999)。国际上不景气的背景也波及到了中国,主要表现为在煤田勘探、煤地质学研究与高等教育方面的发展相对减慢或有所退步。

在全球煤炭工业低潮期,人们还是在成煤沼泽与成煤环境、含煤岩系层序地层和煤层气等方面开展了有益探索并取得了瞩目的进展和成果。在早期人们对有利于洼地沼泽发育的碎屑岩与碳酸盐岩沉积体系有了共识的基础上,随着泥炭沼泽的多样性与复杂性及其沼泽发育过程机理被逐渐揭示,人们对煤层的成因尤其是对煤质的理解有了质的飞跃。成煤沼泽主要出现在高地下水位至地表浅水滞留带与碎屑沉积不活跃的地方(图 1-6),而煤质在更大程度上取决于沼泽类型、成煤沼泽相及其同期沉积环境和沉积作用的影响。

层序地层学是沉积学领域最现代的革命性范例(Catuneanu,2006),其学术应用主要体现在对沉积盆地充填的成因解释和内部结构剖析。在过去30年间,源于被动大陆边缘的层序

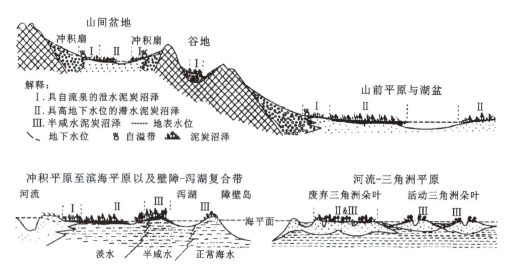

图1-6　不同沉积体系中泥炭沼泽分布和地下（地表）水位之间关系的理想模式（据刘光华，1999）

地层学在含能源盆地勘查中得到了广泛应用并取得了巨大成就。层序地层学在含煤岩系中的运用使人们对煤层的形成机制和含煤岩系旋回性的解释有了更为深入的理解，但带来的不良倾向是过分偏重于对层序界面的研究和层序单元的划分，而忽略了对地层和煤层本身的成因解释和研究。事实上，层序地层学是在沉积学、地层学和地球物理学等学科交叉的基础上提出和发展的，其术语体系明显地继承了沉积体系分析的基本概念和内涵，如沉积体系域等。所以，层序地层学除了具有优化地层单位的功能外，还肩负有解释地层和沉积体成因以及评价预测有效矿产资源的功能（图1-7、图1-8）。

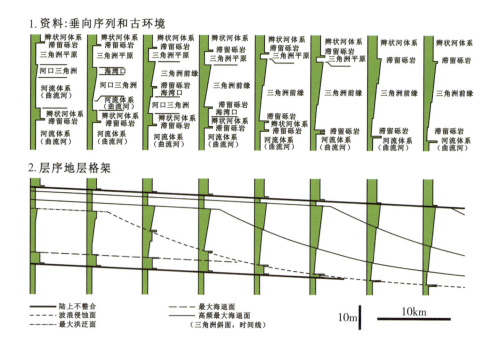

3. 层序地层格架、相接触和古沉积环境

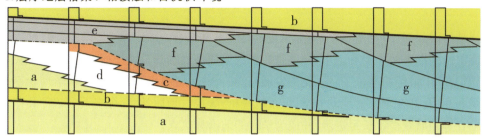

4. 强调岩石地层单元的剖面

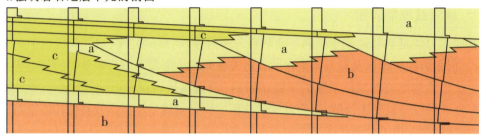

图 1-7 基于同一套沉积相资料的层序地层学和岩石地层学格架（据 Catuneanu，2006）

1. 通过相分析进行古沉积环境重建是层序地层学解释的重要先决条件，地层接触的性质（剥蚀、整合）也需要通过沉积学分析进行评价；2. 通过关键的层序地层界面对比，建立层序地层格架，剖面中显示的所有层序地层界面都是良好的等时地层标志（低穿时性），只有波浪侵蚀面是高穿时的；3. 层序地层学剖面，显示关键界面、相接触关系和古沉积环境（a. 曲流河体系；b. 辫状河体系；c. 河口复合体；d. 河口三角洲主体；e. 三角洲平原；f. 上部三角洲前缘；g. 下部三角洲前缘－前三角洲）；4. 岩石地层学剖面。可以确定三个主要的岩石地层学单元（a. 砂岩为主的单元；b 和 c. 泥岩为主的单元，具有粉砂质和砂质夹层；地层 b 和 c 被地层 a 分割）

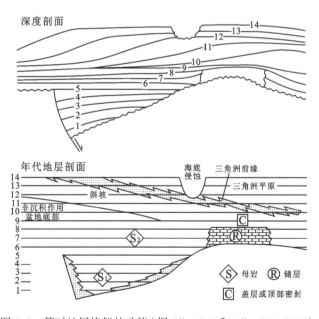

图 1-8 等时地层格架的功能（据 Allen P A 和 Allen J R，2005）

时间单元和地质事件：1～5. 同沉积断层，超覆基底隆起；5～6. 断层活动停止，断层上超，持续超覆基底；6～8. 礁体在基底隆起上生长，被未补偿盆地沉积物所包围；9. 生物礁被淹没；10～14. 三角洲向过饱和盆地推进，海底水下河道侵蚀（12～14）

注：该图不仅显示了沉积层序中沉积相和盆地总体演化之间的关系，而且表征了成藏要素的空间配置关系。

第三节　学科前沿与热点

煤地质学经过10年的低潮和磨砺,随着能源矿产资源的持续紧张,以及人们对清洁能源和多能源协同勘查的需要和追求,尤其是我国因采煤而面临的日益严峻的安全等问题,聚煤盆地沉积学在21世纪初迎来了新一轮的发展高潮,一些关键技术、理论体系、科学理念逐渐被人们接受和利用,并在聚煤盆地动力学、煤系统分析、煤层气地质学、含煤岩系多矿种共存富集与协同勘查等领域获得了长足进步,并成为学科的前沿和热点。

一、聚煤盆地动力学

盆地动力学是当今地质学中的一个热点与前沿领域,是研究煤、油气和沉积铀矿等能源资源、沉积和层控矿床以及对人类生存发展至关重要的水资源等方面最重要的基础研究课题之一。从事能源研究的地质学家们早就认识到"没有盆地就没有石油",这一重要见解后来也扩大到了层控金属矿床领域,因为对成矿过程的研究发现盆地流体及其循环体系对成矿的至关重要性,也发现了金属矿床与古油藏水的成因联系。因此当今从事沉积盆地研究的地质学家也大大拓宽了服务领域(李思田,1999)。

如果说板块学说的产生为沉积盆地的成因和分类提供了重要的理论基础的话,那么现今对盆地动力学过程的研究则更为重要。面对能源资源需求和环境恶化的巨大挑战,美国地球动力学委员会(USGC)编写了一个具有导向性和前瞻性的纲要——"沉积盆地动力学"(Dickinson等,1997),提出了沉积盆地研究的主要科学问题:①板块构造和地幔对流格架中盆地的形成;②盆地演化过程中烃类的生成和运移;③现今和古流体的活动及其运移的化学动力学;④与构造环境有关的盆地充填和热演化;⑤地下岩石孔渗性的时空变化;⑥保存在盆地中的构造、古气候和海平面变化的记录。

与构造作用过程相关的沉积盆地发展演化历史最能为人们所接受。来自北极地区的阿拉斯加北坡盆地就展示了一个由早期克拉通盆地向晚期前陆盆地演化的复杂过程(图1-9)。事实上,大多数沉积盆地的演化过程具有多期叠合性质,这就需要从盆地动力学的角度阐明盆地充填历史,以期为丰富的沉积矿产勘查提供必要的地质信息。

1.沉积充填动力学

针对聚煤盆地沉积学而言,沉积充填动力学的研究则更为重要。充填在沉积盆地中的岩石序列是沉积物、有机质和以水为主的流体之间交互反应的结构格架,这些反应产生了石油、天然气、煤、地热和铀等能源矿产,而且可以导致铜、铅、锌、铁和银等许多重要金属矿物的沉淀(Dickinson等,1997)。

沉积盆地的历史记录被广泛地应用于地球科学各学科的基本研究。沉积学研究如同"考古",要认识到盆地资料的重要性,通过对盆地充填物中沉积信息的深入挖掘来恢复和重塑古构造、古气候、古生物和古海平面变化的历史面貌。以断陷盆地为例,焦养泉等(1996,1997)主要依据渤海湾盆地南堡凹陷和珠江口盆地珠三坳陷的沉积充填记录,结合盆地构造变革、盆地沉降历史和岩浆活动历史的综合研究,分别揭示了断陷盆地在发育过程中构造作用具有幕式性和脉冲性,即多幕裂陷作用,认为多幕裂陷作用过程通常与盆地构造格架变革、构造沉降幕及沉积充填幕基本匹配同步,而岩浆活动通常集中于两幕裂陷之间。林畅松通过对中国东

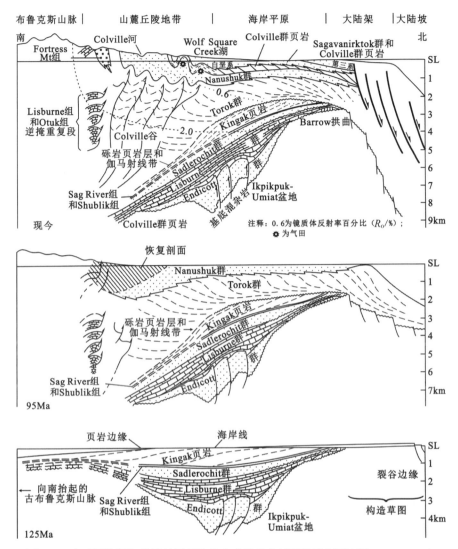

图 1-9　穿过阿拉斯加北坡的展示构造和盆地演化过程的横剖面（据 Bally，1989）

注：Kingak 页岩之上的不整合及在此不整合界面上和界面附近所发生的构造负荷使 Ikpikpuk—Umiat 克拉通盆地南倾，其后它完全变成了布鲁克斯山脉前方前陆盆地的一部分。巨型的 Prudhoe Bay 油田位于 Sadlerochit 群砂岩的上倾边缘。

部第三纪裂陷盆地沉降史的定量动力学模拟也发现，裂陷幕的沉降速率变化具有周期性，即各自具有加速沉降至减速沉降的过程（Lin 等，2002）（图 1-10）。

通过对与古生物埋藏学相关的盆地充填沉积物研究，也能为古气候、古环境和古生态恢复提供重要依据。2009 年，笔者随古脊椎动物学家谭琳赴内蒙古自治区乌拉特后旗巴音满都乎进行白垩系古生物埋藏学考察，在白垩系红色砂岩中两具罕见的、直立埋藏的完整原角龙骨架化石给人留下了深刻记忆。调查发现，埋藏恐龙的砂岩属于风成沙丘成因。在风成沙丘间还伴生有季节性河流和已成为盐岩的干旱湖泊。据此信息，我们不难想象两具恐龙被瞬间埋藏时所面临的灾难性古气候和古环境，前有湖泊、后有超级沙尘暴。

在层序地层研究中，把海平面变化认为是影响沉积充填的重要因素之一。海平面变化可以被完整地记录在滨岸带沉积地层中，反过来就可以利用岩石中的沉积信息恢复海平面的变

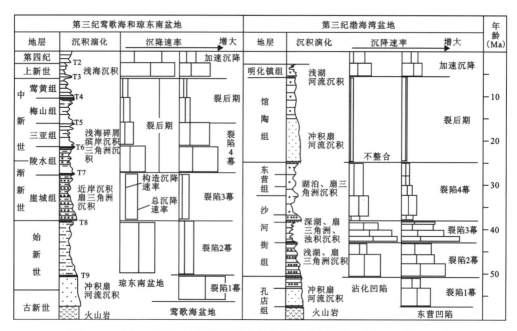

图 1-10 中国东部第三纪幕式裂陷盆地充填序列和沉降史（据 Lin 等，2002）

化。由 Plint（1988）提供的阿伯特 Cardium 组底部的碎屑滨面沉积很好地展示了沉积物、沉积体系和地层结构与海平面变化的密切关系（图 1-11）。

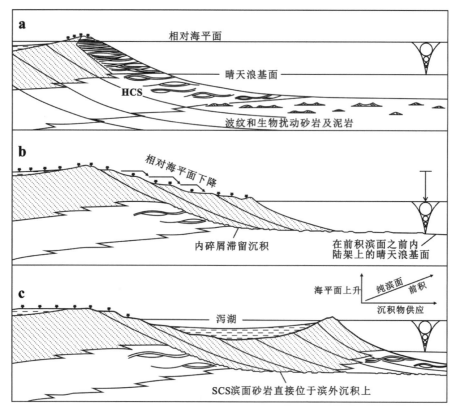

图 1-11 阿伯特 Cardium 组底部碎屑滨面沉积充填对先期下降后期上升海平面变化的响应
（据 Plint，1988）

SCS. 槽状交错层理；HCS. 丘状交错层理

2. 沉积充填的非均质性

由于盆地及其盆地充填物在各种尺度上（从显微尺度的单个矿物颗粒—流体界面到数百千米尺度的地层层序）的极端不均匀性，未来盆地充填的研究也将受到挑战（Dickinson等，1997）。沉积物非均质性这一概念在常规油气储层研究领域并不陌生，为了达到更好的采油效率，人们通过露头写实和类比研究等方法，针对不同的沉积体系建立了大量的非均质模型，在油藏开发的工程部署和工艺流程设计中起到了重要指导作用（Miall，1985，1988，1991；Tyler，1988；Jiao等，2005；李思田和焦养泉，2014）（图1-12）。

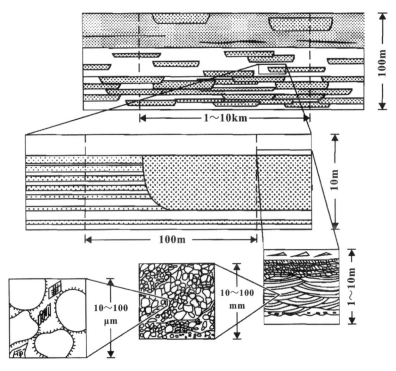

图1-12　河流储层从大尺度（km级）到微尺度（μm级）的非均质性表现
（据Allen P A和Allen J R，2005）

实际上，非均质性的概念可以应用于沉积盆地中的一切与流体作用相关的沉积矿产勘查评价和开发工艺之中，譬如地下水储层、砂岩型铀矿的储层（简称铀储层，焦养泉等，2006）、煤层气的储层（煤储层）等。就像常规油气储层一样，如果说地下水储层的非均质性易于被人们接受的话，那么对铀储层和煤储层的非均质性研究尚不如人意。

砂岩型铀矿是一种经流体作用而富集于砂体中的能源矿产，有人称之为"水成铀矿"。铀储层的非均质性既影响铀成矿作用过程，也制约铀矿的地浸开发过程（焦养泉等，2005）。近十几年来，中国针对砂岩型铀矿勘查的力度之大、获得的突破之多是旷古未有的，然而人们并未意识到或者能接受铀储层非均质性研究的重要性。

中国大规模开展煤层气资源调查研究的时间几乎与盆地铀资源调查同步，在资源评价方面取得了重大的突破，但是对煤层气储层含气量及渗透率非均质性的认识水平严重制约了煤层气的开发过程。由于煤储层的双孔隙结构与碎屑岩多孔介质具有明显的区别，甲烷在煤层中的赋存、运移及产出机制也完全不同于常规油气储层，导致对煤层气高产富集带预测的难度加大，迫切需要煤地质学家展开煤层气储层非均质性的系统研究，提出全新的理论来指导煤层气的开发。

3. 盆山耦合效应

接受沉积物的地表沉降区、提供物源的隆起区以及两者之间的地形梯度和水深梯度控制了沉积盆地的形成，地形又受控于与地幔中全球规模流动有关的地壳岩石密度和厚度的侧向变化（Dickinson等，1997）。这种认识为盆山耦合效应提供了简要解释。

近十多年来，国内学者对盆山耦合作用开展了大量研究（刘和甫等，2000；王泽城等，2001；王清晨和李忠，2003；李继亮等，2003；刘和甫等，2004；姚根顺等，2006；李忠权等，2011），其重要目标就是为了更好地揭示沉积盆地充填过程与造山作用过程之间的互馈关系，这使人们能更好地理解沉积作用是构造响应的表述。

实际上，造山带与其毗邻的沉积盆地往往具有成因上的联系，它们通常受控于更大尺度的地球动力学背景，如秦岭造山带与其南北分布的鄂尔多斯盆地和四川盆地就是很好的实例（图1-13）。大量研究证明，夹于两大盆地之间的秦岭碰撞造山带形成于中三叠世末期，联合古陆（Pangea）的拼合过程是三大构造单元同步发育的地质背景。造山带为沉积盆地提供了沉积物的来源，盆地中的沉积物又记录了造山带的构造演化过程。从制矿角度来看，造山作用及演化过程中的制矿作用就有可能与沉积盆地发展演化过程中的制矿作用具有某种意义上的耦合关系。盆山耦合、多源流体活动及汇聚不仅与油气生成、运移和聚集密切相关，而且与大型层控金属矿床形成过程中多金属元素的活化、迁移和富集密切相关。如密西西比型铅锌矿、盆地中砂（泥）岩型铀矿形成就与造山带含铀含氧流体与盆地含烃流体汇聚密切相关。

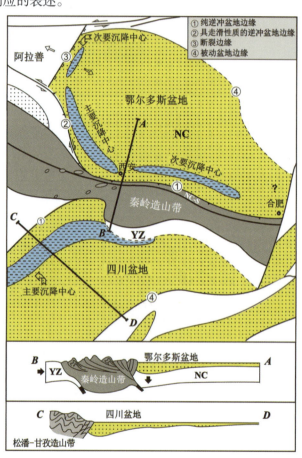

图1-13 晚三叠世鄂尔多斯盆地和四川盆地与秦岭造山带的耦合关系（据Jiao等，1997修改）

二、煤系统分析

1. 煤系统的构成和特征

正像Егоров（1989）在《聚煤作用的系统分析经验》一文中所指出的那样，只有运用系统分析才能最全面地研究地质形成的作用和过程，一些煤地质学家逐渐认识到系统分析的重要性。

2001年，Warwick和Milici提出了"煤系统分析"（coal systems analysis）的全新概念（图

1-14），并于2005年出版了权威专著，进而形成了一个完整的理论体系。该体系涵盖了煤从初始的泥炭堆积，到最终成煤并作为燃料或其他工业用料的研究，并明确划分为聚集、保存－埋藏、成岩－煤化作用、煤和烃四个具有成因联系且循序渐进的研究内容。煤系统分析将地质学、地球化学和古生物学等多个研究领域结合于一体，对煤及其伴生矿产的复杂特性进行分析，是综合煤地质学各个方面的一种有效理论。

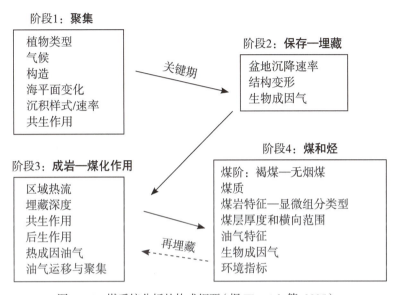

图1-14　煤系统分析的构成纲要（据Warwick等，2005）

我国学者程爱国于2001年运用聚煤作用系统（coal accumulation systems）分析的思路对中国的聚煤作用也进行了全面分析和尝试。可以预见，把煤的形成、煤质、成煤环境和煤生烃相联系的煤系统分析理念将在煤地质与煤层气工程领域得到广泛应用。

2. 煤层含烃系统

从煤系统分析的构成来看，煤系统包含了煤层本身和它生成的烃，地质作用则包括泥炭化作用、煤化作用和生烃作用。该系统在传统成煤阶段的基础上，强调了生烃阶段油气的生成、运移与聚集。研究煤系统应该包括煤的生成、聚集及其烃的生成、运移、聚集等地质作用，以及相关因素在时间和空间上的配置关系。因此，煤系统从实质上讲就是煤层含烃系统。

与相对成熟的含油气系统比较，煤层含烃系统具有较大的特殊性。首先，在煤层含烃系统中，烃源岩和储层具有唯一的载体——煤层，即典型的自生自储型，烃类迁移距离有限；其次，形成的烃主要为甲烷，且主要以吸附态储存于煤层中；第三，烃类成藏主要依赖于水动力封闭。正是由于人们对煤层含烃系统特殊性的认识，才促成了现代煤层气产业链的形成。

三、煤层气地质学

最近20年来，从煤层瓦斯的被动抽排到积极主动的开发利用，不能不说这是煤地质学与含煤岩系研究的巨大成就。煤层甲烷气工业开采的成功，石油、天然气勘探开发中煤岩学、煤化学与含煤岩系沉积学研究方法与理论的应用，激发了人们对煤层研究的广泛兴趣，不少国家政府机构对煤层气勘探开发开始了倾斜支持（刘光华，1999）。中国也不例外，沁水盆地煤层气勘探和开发就是典型的实例,但是与美国、德国、英国、澳大利亚和南非相比差距较大。人们认为成功的煤层气勘探与开发,不但需要对产气煤层的沼泽类型、泥炭堆积、煤化作用、成岩过程、煤体结构、煤岩组成与特征、煤层及其顶底板岩层的孔隙度与裂隙分布及应力状态等方面进行研究,而且还要对含煤岩系乃至整个含煤盆地的沉积相、构造变形、热演化过程、水文地质状况和岩石物性等方面进行综合研究(刘光华,1999)。

1.煤层气生成运移保存

国内外关于煤层气成因的研究相对深入,大体上认为煤层气分为生物成因和热成因两类。生物成因煤层气是指在微生物作用下,有机质(泥炭、煤等)部分转化为煤层气的过程,从其形成阶段可划分为原生生物成因气和次生生物成因气,原生与次生生物成因气的阶段划分取决于有没有构造抬升。热成因煤层气可分为原生热成因气和次生热成因气。前者是指由煤生成并就地储存的热成因气,保持了煤层气原始的组分和同位素组成;后者是指热成因气形成后经过运移,再在异地聚集下来,运移造成了煤层气气体组分和同位素的分馏。另外,还存在原地热成因气和原地次生生物气形成的混合气,以及原地混合气、热成因气和次生生物气经过运移而形成的异地混合气(苏现波和林晓英,2009)。有些研究认为,煤层气除了生物成因和热成因外,还有无机成因,地球原始大气中含有的大量甲烷,是无机成因烃类的主要来源(Gold和Soter,1982)。煤岩、煤质和埋深可能是制约煤生烃潜力的关键因素。煤岩、煤质直接影响煤的生烃潜力,这在一定程度上取决于煤(泥炭)的形成环境和沼泽类型。成煤后的构造沉降则通过影响煤的成熟度(R_o)而制约生烃量。

从图1-15中可以看出,煤层气以吸附、溶解、游离三种状态赋存于煤孔隙和裂隙中,煤层中气体的运移可以分为三个阶段,即解吸、扩散和渗流。解吸是指甲烷分子从煤岩微孔表面分离出来,进入割理系统并以游离气存在于其中的过程。煤层甲烷解吸后,通常通过煤基质扩散到煤层割理系统,即煤层内的天然裂隙网络系统,然后含烃流体通过这些割理系统或裂

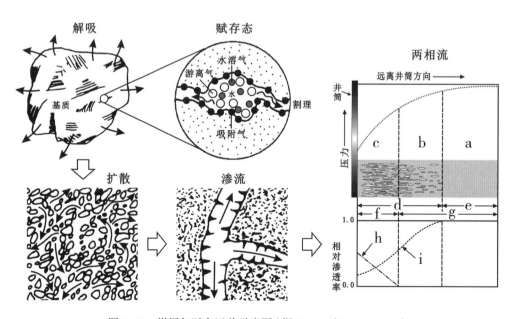

图1-15 煤层气赋存运移示意图(据Rogers和Rudy,1994)
a.第一阶段饱和状态流动阶段;b.第二阶段欠饱和状态流动阶段;c.第三阶段气水两相流动阶段;d.气体和水;e.水;f.气水两相渗流;g.水的渗流;h.气体相对渗透率;i.水相对渗透率

隙网络发生渗流。

煤层甲烷的开发机理和过程可以分为三个阶段：①大部分煤层在静水压力作用下是被水饱和的，处于平衡状态，甲烷吸附在煤孔隙表面。对煤层流体进行地面抽采而打破平衡时，井筒附近仅出现水的单相流。②当煤储层压力进一步下降，井筒附近开始进入第二阶段。当压力降至临界解吸压力之下时，甲烷就不断地从煤孔隙表面解吸，在孔隙或裂隙的水中形成气泡，但气泡没有合并成气流，因而对水的流动有一定的阻碍作用，使水的相对渗透率下降。此时气也不能流动，这一阶段属于非饱和单相流阶段（即虽然出现气水两相，但只有水相是可动的）。③储层压力进一步下降，有更多的气解吸出来，则井筒附近进入了第三阶段。此时气饱和度增加，气泡互相连接形成连续的流线，并运移到钻孔中产出。随着压力下降和水饱和度降低，在水的相对渗透率不断下降的条件下气的相对渗透率逐渐上升，气产量逐渐增加。

2. 煤层气储层非均质性

煤层气储层具有强烈的非均质性。由沉积作用控制的煤层以及由构造作用控制的小规模构造边界是造成煤层气储层非均质性的两个主要因素：沉积作用包括对煤层厚度、煤质、煤阶等煤层气储层参数的控制，这些参数的变化可以导致煤层气储层的非均质性出现；构造作用主要是指在成煤期后由于构造运动在煤层气储层内部以及贯穿邻层形成了小型断层，也包括一些大的节理系统，构成了小规模构造边界。因为煤层气储层与常规砂岩储层相比，厚度很小，敏感性很强，小型构造边界即能够引起渗透性、含水性和压力系统的改变。

从盆地的角度看，构造应力场特征和内部应力分布不均一是导致煤储层和封盖层产状、结构、物性、裂隙发育状况及地下水径流条件差异性的重要原因，进而影响到煤储层含气量的非均质性。

煤层气储层的非均质性将直接关系到煤层气开发井网的部署，同时也是影响煤层气产气量的重要因素之一。

四、含煤岩系多矿种共存富集与协同勘查

由于制约沉积盆地发展演化的地质因素错综复杂而且制矿因素千变万化，所以沉积盆地中所蕴藏的沉积矿产往往具有多样性。长期以来，人们从沉积矿产的成因角度、沉积矿产之间的空间配置和成因联系，尤其是与含煤岩系的相关性等方面开展了积极的探索。相对早期的研究，是以含煤岩系或者大型聚煤盆地为单位开展的理论评价研究，"含煤岩系共伴生矿产"以及"多能源矿产同盆共存富集"等概念和理念便应运而生。在近期，随着鄂尔多斯盆地"煤铀兼探"所获得的超大型大营铀矿的重大突破，这标志着人们已经逐渐地从理论评价研究阶段提升至多矿种的综合协同勘查阶段。由于这种转变和提升带来了极大的社会效益和经济效益，引起了沉积学家、煤田地质学家、铀矿地质学家和能源勘查工程师的极大关注，因而"含煤岩系多矿种共存富集与协同勘查"就演化成为聚煤盆地沉积学研究的一个重要热点。

1. 含煤岩系共伴生矿产

煤地质学理论创建伊始，人们就注意到了含煤岩系伴生矿产的重要性（武汉地质学院煤田教研室，1979）。含煤岩系的共伴生矿产与煤一样，大多属于同生沉积成因，部分属于后生作用和沉积变质作用成因。占据沉积矿产主要地位的是非金属矿产，但也包括一些燃料矿产

(如天然气、煤成气、煤层气、天然气水合物等)和金属矿产,还包含一些赋存于煤系地层中的微量元素、稀有元素、放射性元素等(表1-1)。

表1-1 煤系共伴生矿产分类表(据袁国泰和黄凯芬,1998修改)

种类	固态	液态	气态
可燃有机矿产	油页岩、高炭质页岩、泥炭(固结-半固结)、地蜡(固结-半固结)、固体沥青	石油、软沥青、煤成油	煤层气、页岩气
金属矿产	黑色金属:铁、锰、钒 有色金属:铜、锌、锡等 轻金属:镁、铝等 贵金属:金、银、铂 放射性金属元素:铀、钍 稀有及分散元素:铌、钽、稀土、锗、镓、铟等		
非金属矿产	冶金辅助原料矿产、化工原料、建筑材料、其他非金属矿产:高岭土、耐火粘土、硅藻土、膨润土、叶蜡石、石墨、硫铁矿、伊利石、石英砂、石膏、硬石膏、白云石、石灰石、宝石(如琥珀)等	矿泉水 地热水 可利用地下水	碳酸气

2. 多矿种同盆富集

在一个沉积盆地中,多矿种富集的综合研究揭示成矿机制各异的矿种往往具有独特的时空配置关系和内在成因联系。鄂尔多斯盆地是中国西部大型的含能源沉积盆地,以赋存多种沉积矿产而著称。从古生界到中生界,煤、煤层气、石油、天然气、页岩气、砂岩型铀矿、铝土矿、岩盐、镓矿、砂岩型高岭土矿、油页岩、石英砂矿、方沸石矿和地下水同盆共存富集。其中,石炭系—二叠系的煤层是镓矿和煤层气的载体,铝土矿是其直接底板。最新的研究发现,富集于中侏罗统直罗组中的砂岩型铀矿直接产出于侏罗纪含煤岩系中,其直接和间接底板为延安组的砂岩型高岭土矿床、石英砂矿和工业煤层。这些矿产的空间配置规律预示了其间某种意义上的相互成因联系(图1-16)。

研究发现,含煤岩系多矿种共存富集不仅仅出现在鄂尔多斯盆地。刘池阳(2005)研究认为,多种能源矿产同盆共存富集具有普遍性,含矿层位联系密切,且具有成藏(矿)-定位时期相同或接近的特点(图1-17)。相信随着多能源矿产同盆富集规律性认识的逐渐明朗,这种超前的研究思想将推动我国含能源沉积盆地多能源矿产的协同勘查和综合利用的步伐。

3. 煤铀兼探的重大突破

在沉积盆地中,多矿种的联合兼探是最近几年矿产勘查领域获得重大突破的又一特色和亮点。最近几年来,以沉积盆地中的煤矿和铀矿勘查为目标,国土资源部中央地质勘查基金管理中心、中国核工业集团公司、中国石油天然气集团公司、中国石油化工集团公司、中国地质大学(武汉)等部门、企业和高校间开始了频繁的合作交流。

在鄂尔多斯盆地东北部,核工业×××大队于2000年发现了中国最大的砂岩型铀矿床——皂火壕特大型铀矿床。该矿床产出于直罗组底部,位于侏罗纪含煤岩系中,因此是含煤岩系的一种伴生矿产(焦养泉等,2006)。实际上,直罗组底部的自然γ异常,在20世纪80年代的煤田勘查中一直是作为含煤岩系的地层对比标志层看待的(李思田等,1992;王双明等,1996)。皂火壕铀矿床的发现拉开了鄂尔多斯盆地找矿勘查的序幕,在随后的十几年内相继发现了一系列新的铀矿床和铀矿产地,这表明鄂尔多斯盆地北部具备良好的铀成矿条

层位	矿产类型	矿产成因	盆地演化
E-Q	地下热水	冲积扇+湖泊+各类三角洲	周缘断陷
K_2			抬升剥蚀
K_1	地下水+方沸石矿	风成体系+干旱湖泊+三角洲	类前陆盆地
$J_3 f$		冲积扇+河流	
$J_2 a$	油页岩	湖泊+三角洲	拗陷盆地
$J_2 z$	砂岩型铀矿	辫状河、辫状河三角洲	
$J_2 y$	砂岩型高岭土矿床 / 煤（侏罗纪煤系） / 煤	湖泊三角洲	抬升剥蚀 / 拗陷盆地
$J_1 f$	纯石英砂岩 / 煤	吉尔伯特三角洲	
$T_3 y$	煤（瓦窑堡煤系） / 石油、油页岩 / 石油 / 风化壳	湖泊+三角洲	前陆盆地
T_{1-2}	?	河流-三角洲	
P_2	天然气	河流-三角洲	
P_1	（石炭纪—二叠纪煤系）	细粒三角洲	被动大陆边缘
C_{2-3}	煤+煤层气+镓矿 / 铝土矿	海陆交互相（障壁潟湖、潮坪） / 风化壳	
$S-C_1$			抬升剥蚀
$\in-O$	天然气 / 盐岩	Pz_2/Pz_1 不整合界面 / 干旱潟湖	碳酸盐岩台地

图1-16 鄂尔多斯盆地充填演化与沉积矿产赋存规律

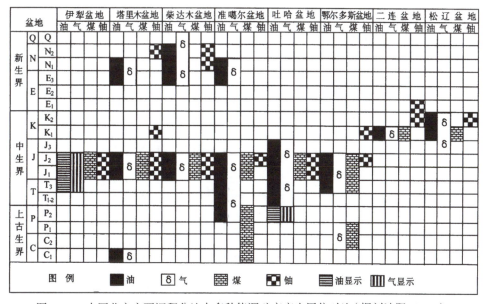

图1-17 中国北方主要沉积盆地中多种能源矿产产出层位对比（据刘池阳，2005）

件和潜力。2009—2011年，中央地质勘查基金管理中心在实施煤田勘探过程中，在皂火壕铀矿床西部的大营地区发现了有价值的铀矿化信息。于是，由国土资源部中央地质勘查基金管理中心立即组织实施了大营铀矿会战。历时一年多的会战获得了重大突破，发现了超大型的大营铀矿床。如果将其与前十年发现的铀矿储量一并计算，那么鄂尔多斯盆地北部的铀矿床可以跻身于世界前列。

在大营铀矿"煤铀兼探"的创新实践过程中，中国地质大学（武汉）盆地铀资源研究团队为大营铀矿的找矿突破提供了重要的技术支撑。他们的研究揭示了聚煤作用与铀成矿的内在成因联系,总结了微弱聚煤作用制约下的古层间氧化带成矿模式(图1-18)。这一认识为"煤铀兼探"的创新勘查思想提供了充分的地质理论依据(焦养泉等,2012)。

一些科学家进行过粗略的铀与煤的发热量比较计算,1kg天然铀中的U^{235}裂变释放的能量约等于2700t标准煤全部燃烧所释放的能量。一个世界级大铀矿所具有的经济价值和即将发挥的作用可想而知。

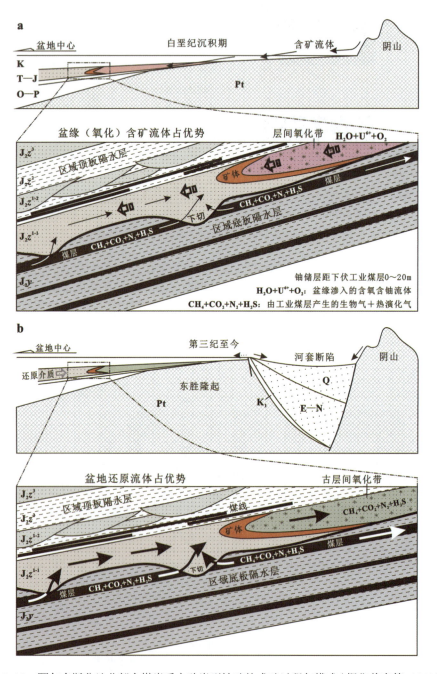

图1-18 鄂尔多斯盆地北部含煤岩系中砂岩型铀矿的成矿过程与模式(据焦养泉等,2012)
a.成矿阶段;b.还原保矿与改造阶段

第一篇 聚煤盆地沉积学基础

沉积物(岩)形成演化过程

大部分沉积物(岩)的形成演化过程通常包括三个阶段：原始沉积物质的形成阶段(或母岩风化阶段)、原始物质的搬运和沉积阶段(或沉积物的形成阶段)以及沉积物的改造变化阶段。初始阶段主要是各种性质的风化作用；通过搬运和沉积作用完成的沉积物形成阶段，实际上受一系列物理、化学和生物作用控制；最后阶段的作用是指同生作用、成岩作用和后生作用等，这些作用大多是在流体和生物(如细菌)参与下进行的一些复杂的物理化学反应过程。可以说，物理、化学和生物作用贯穿沉积物(岩)形成的整个过程。

第二章 沉积物的来源

沉积物是在地表或接近地表于常温和常压环境下所堆积的一种固态物质沉积体。沉积物大部分是先前存在的岩石被诸如风化作用破坏后,通过某种营力重新分布或者通过化学的或生物化学的作用从溶液中沉淀出。然而,有些沉积物,并不是来源于任何一种先前存在的岩石。这些沉积物,一般数量少而且不大常见,包括煤(主要来源于植物的一种有机质残留物)以及火山成因的沉积物(火山灰的成层沉积物和火山作用的其他产物)。还有更为罕见的是来源于宇宙的陨石物质(Pettijohn,1975)。何镜宇和余素玉(1989)在Pettijohn(1975)的基础上将沉积物(岩)成因图解进行了补充修改,使沉积物来源问题更为明了(图2-1)。

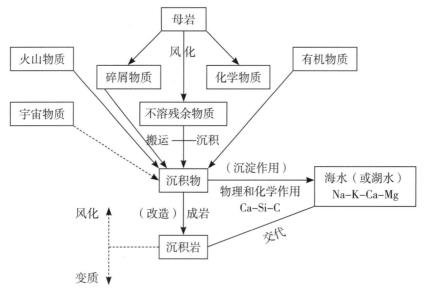

图 2-1 沉积物(岩)成因图解(据 Pettijohn,1975;何镜宇和余素玉,1989 修改)

据此,可以将构成沉积物(岩)的物质总体上分为四大类:陆源碎屑物质、生物源物质、火山源物质和宇宙源物质。

第一节　陆源碎屑物质

陆源碎屑（terrigenous clast）包括矿物碎屑和岩石碎屑，多数是陆源区母岩（即地壳上先前存在的岩浆岩、变质岩或沉积岩等）成分的继承者，它们是由母岩经风化破坏的固体碎屑物质以及表生带生成的粘土物质，它们是构成沉积岩最主要的物质来源。

一、风化作用类型

风化作用是指地壳最表层的岩石在大气、水、生物等营力的影响下，发生机械和化学变化的一种作用。它包括物理风化（physical weathering）、化学风化（chemical weathering）和生物风化（biological weathering）三种主要的作用过程。

1. 物理风化作用

物理风化作用是一种以崩解方式机械地把地表岩石破碎成细块和微粒的作用，其特点是在风化作用过程中没有显著的化学成分的变化，因此是自然界最简单的风化作用。常见的方式有热胀冷缩的分裂剥离作用、冰劈作用、植物根系的楔插作用、盐分结晶导致的撑裂作用、风蚀作用、流水的冲刷侵蚀作用、冰川的侵蚀作用等（图2-2）。此外，构造运动、重力效应和人类活动也均可造成岩石的破裂。

2. 化学风化作用

化学风化作用是指在地表水、氧和二氧化碳等因素作用下，使组成岩石的矿物发生分解，易溶者流失、难溶者残留原地，并产生稳定新矿物组合的过程。从本质上讲，化学风化的过程就是富含氧及二氧化碳的水与母岩矿物发生化学反应的过程。由于岩石性质及参与化学风化的物质成分不同，风化方式也不同，主要有溶解作用、水化作用、水解作用、碳酸化作用和氧化作用等几种形式。

溶解作用：矿物溶解于水的过程。大多数矿物可溶解于水，但溶解度不同。当岩石中易溶矿物流失后，导致岩石孔隙度加大，结构遭到破坏。

水化作用：水分子加入到矿物晶格而转变成含水分子矿物的过程。如硬石膏经水化后变为石膏，其反应式如下：

$$CaSO_4（硬石膏）+2H_2O \longrightarrow CaSO_4 \cdot 2H_2O（石膏）$$

硬石膏转变成石膏后，体积膨胀约59%，从而对周围岩石产生压力，促使岩石破坏。此外，石膏较硬石膏的溶解度大、硬度低，能加快风化速度。

水解作用：弱酸强碱盐或强酸弱碱盐遇水会解离成为带不同电荷的离子，这些离子分别与水中的 H^+ 和 OH^- 发生反应，形成含 OH^- 的新矿物的过程。大部分造岩矿物属于硅酸盐或铝硅酸盐类，是弱酸强碱盐，易于发生水解。

如钾长石发生水解时，析出的 K^+ 与水中的 OH^- 结合，形成KOH，呈真溶液随水迁移，析出的 SiO_2 呈胶体状态流失，铝硅酸根与一部分 OH^- 结合形成高岭石残留原地。其反应式如下：

$$4K[AlSi_3O_8]（钾长石）+6H_2O \longrightarrow Al_4[Si_4O_{10}](OH)_8（高岭石）+8SiO_2+4KOH$$

图 2-2　内蒙古自治区岩石的物理风化现象

a. 巴林左旗的花岗岩沿裂隙风化现象（焦养泉摄，2012）；b. 东胜黑石头沟的玄武岩球形风化现象（焦养泉摄，2012）；c. 四子王旗大红山古近系冲蚀丹霞地貌（杨孝摄，2011）

在湿热气候条件下，高岭石将进一步水解，形成铝土矿。其反应式如下：

$$Al_4[Si_4O_{10}](OH)_8（高岭石）+nH_2O \longrightarrow 2Al_2O_3 \cdot nH_2O（铝土矿）+4SiO_2+4H_2O$$

如 SiO_2 被水带走，铝土矿可以富集成矿。

碳酸化作用：溶于水中的 CO_2 形成 CO_3^{2-} 和 HCO_3^- 离子，它们能夺取盐类矿物中的 K^+、Na^+、Ca^{2+} 等金属离子，结合成易溶的碳酸盐而随水迁移，使原有矿物分解。如钾长石易于碳酸化，其反应式如下：

$$4K[AlSi_3O_8]（钾长石）+4H_2O+2CO_2 \longrightarrow Al_4[Si_4O_{10}](OH)_8（高岭石）+8SiO_2+2K_2CO_3$$

在这一反应式中，K_2CO_3 和 SiO_2 均被水带走，高岭石残留原地。

斜长石也能碳酸化。由于长石是岩浆岩中最主要的造岩矿物，容易被碳酸化和水解，从而转变成为粘土矿物。

氧化作用：表现为两个方面：一方面是矿物中的某种元素与氧结合，形成新矿物；另一方面是许多变价元素在缺氧的成岩条件下以低价形式出现在矿物中，当进入地表富氧的条件时，容易转变成高价元素的化合物，导致原有矿物的解体。

前一方面的典型实例是黄铁矿经过氧化作用转变成褐铁矿，其反应式如下：

$$2FeS_2（黄铁矿）+7O_2+2H_2O \longrightarrow 2FeSO_4（硫酸亚铁）+2H_2SO_4$$

$$12FeSO_4+3O_2+6H_2O \longrightarrow 4Fe_2(SO_4)_3（硫酸铁）+4Fe(OH)_3（褐铁矿）$$

$$Fe_2(SO_4)_3+6H_2O \longrightarrow 2Fe(OH)_3（褐铁矿）+3H_2SO_4（硫酸）$$

后一方面的例子如含有低价铁的磁铁矿（Fe_3O_4）经氧化后转变成为褐铁矿。磁铁矿中所含 31.03% 的二价铁的氧化物均变成为三价铁的氧化物。

上述两例所揭示的变化对自然界岩石的风化具有广泛的意义。因为铁是地壳中克拉克值极高的元素，绝大部分岩石和矿物中都含有低价铁，它在地表条件下易于氧化。地表岩石多呈黄褐色就是因为其风化产物中含有 Fe^{3+} 的缘故（图 2-3）。

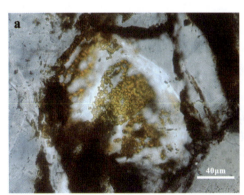 

图 2-3　准噶尔盆地侏罗系砂岩在古氧化作用下的赤铁矿化现象（据焦养泉等，2008）
a. 氧化后形成的褐色粒状赤铁矿，正交偏光，永 6 井，6 043m；b. 沿矿物边缘和节理发育的赤铁矿化浸染现象，单偏光，永 2 井，6 002.4m

在沉积盆地中，砂岩型铀矿的形成与氧化作用关系密切。源于造山带的富氧含铀（U^{6+}）流体，运移至盆地边缘渗入受顶底板限制的大型骨架砂体（一种多孔介质，铀储层）后，氧化作用开始发育并向盆地方向呈舌状推进，其推进的规模和速度主要受控于铀储层内部和外部的还原剂丰度（有机质和黄铁矿等）。在氧被耗尽的地方，就是层间氧化带的前锋线附近，此处是一个氧化-还原的地球化学障，U^{6+} 就会变为 U^{4+} 而沉淀富集成矿。卸载了铀的流体继续在铀储层的还原带中运移，直至到达排泄区。所以，铀矿地质学家将层间氧化带前锋线作为最重要和最显著的找矿标志(图2-4)。

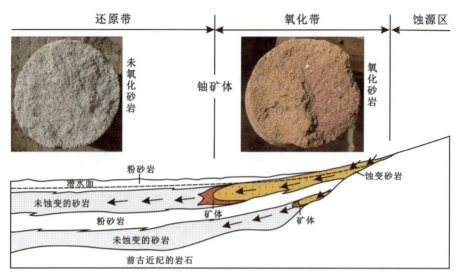

图2-4 层间氧化带型砂岩型铀矿成矿模式(据Dahlkamp,1996模式补充修改)

3. 生物风化作用

生物风化作用是指生物活动对岩石和矿物的破坏作用。已经发现,在许多情况下,岩石的风化作用是由生物活动开始的。细菌、真菌、藻类以及地衣一起覆盖在岩石表面上,由自身分泌出来的有机酸分解岩石,并从中吸取某些可溶物质转变为有机化合物,以构成它们的躯干。当地衣死亡后,有机质分解,一系列元素又转变为矿物质,形成粘土矿物(如蒙脱石等)。所以,有些学者强调硅酸盐矿物的破坏过程是一种生物化学作用。刘宝珺(1980)将生物在风化过程中的作用机能概括为以下几点。

产生气体的机能:绿色植物光合作用吸收CO_2产出O_2;微生物的生理活动和有机体的分解能生成大量的CO_2、H_2S和有机酸等。它们能直接影响介质的pH值和Eh值,从而强烈影响风化作用的进程。

氧化和还原的机能:自然界中有些微生物,特别是铁细菌、硫细菌和还原硫酸盐细菌,具有氧化和还原某些元素的能力。例如,铁细菌能将二价铁氧化为三价铁;硫细菌能把硫化物氧化成硫酸盐。如有细菌参与的黄铁矿的氧化反应式可写成:

$$4FeS_2+15O_2+2H_2O \longrightarrow 2Fe_2(SO_4)_3+2H_2SO_4$$

氧化作用的结果产生了可溶的金属硫酸盐和硫酸。硫酸则将进一步加快岩石的风化。自然界中铁的生物氧化数量远远超过了化学氧化。可以认为,许多风化成因的铁或锰矿床都和微生物作用有关。

还原硫酸盐细菌则能将硫酸盐还原为H_2S:

$$SO_4^{2-}+8e^-+10H^+ \longrightarrow H_2S+4H_2O$$

溶液中的任何金属与H_2S反应都能生成硫化物沉淀。砂岩和碳酸盐岩中所含的金属硫化物的成因,可能与此作用有关。

浓集的机能:生物生存期间,能不断地从周围介质中有选择地吸取某些元素,然后在新陈代谢过程中以有机化合物的形式把它们固定下来。

合成有机化合物和吸附的机能：有机质之所以能影响元素的迁移和集散，主要在于它可以和原生矿物中的金属元素组成螯合物，这种螯合物比一般的络合物更加稳定，能在风化壳中自由迁移；另外有机质胶体的吸附作用也能影响元素的迁移和集散。这些都加快了岩石的风化。

由此可见，生物风化作用是很普遍的，并且在某些特定的环境中起到主要作用。

二、风化分异作用与产物

1. 风化分异作用

不同岩石、矿物或元素在不同的条件下，风化有难易和快慢之分。

在化学风化作用方面，主要表现为某些元素的淋滤散失，而另一些元素的残积富集。元素在特定的风化条件下迁移能力的不同，引起了它们的彼此分异——"化学分异"。人们根据河水中元素的含量与河水流经地区岩石中元素含量的比较结果，得出了元素迁移的相对活动性。它们总体可以分为五级：最易迁移的元素有 Cl、Br、I 和 S；易被迁移的元素有 Ca、Mg、Na、F、Sr、K 和 Zn；迁移元素和物质有 Cu、Ni、Co、Mo、V、Mn、SiO_2（硅酸盐中）和 P；惰性（微弱迁移）元素有 Fe、Al、Ti、Sc、Y 和 Tr 等；几乎不迁移的物质有 SiO_2（石英）（Польтнов，1934；Перелъман，1955）。

各种造岩矿物的稳定性在风化条件下明显不同，似乎也具有分异性。这主要取决于它们的内部结构和化学成分，其次取决于造岩矿物所处的风化条件（主要是气候条件）。一些学者对矿物在风化中的稳定性进行了排序，发现在最高温和最干燥的条件下形成的矿物较之于最后从较低温度含有更多水的岩浆中结晶出的矿物更易于风化。也就是说，矿物的结晶条件愈接近现在地表的条件，则在风化环境中其稳定性越高。

矿物的稳定性与化学成分有一定关系。美国学者李希（1945）曾提出用风化势能指数来表示矿物的稳定性。指数大者稳定性小，指数小者稳定性大（表2-1）。

$$风化势能指数 = \frac{100 \times 分子数（K_2O+Na_2O+CaO+MgO-H_2O）}{分子数（SiO_2+Al_2O_3+Fe_2O_3+CaO+MgO+Na_2O+K_2O）}$$

表2-1 常见矿物的风化势能指数（据李希，1945）

矿物	指数范围	平均值	矿物	指数范围	平均值
橄榄石	45～65	54	拉长石	18～20	20
辉石	21～46	39	中长石	无资料	14
角闪石	21～63	36	更长石	无资料	15
黑云母	7～32	22	钠长石	无资料	13
白云母	无资料	-10.7	钾长石	无资料	12

注：表中某些矿物的风化势能指数范围没有资料，而其指数平均值是根据平均化学分析值得来的。

一些学者对莫尔顿花岗片麻岩的矿物成分在风化过程中的变化作了研究。他们发现，斜长石和钾长石的含量大为减少，石英的含量基本不变，锆英石等稳定的副矿物相对有所增加。此外，随着风化程度的加深而生成大量的高岭石。高岭石的增加则和长石的减少成反比，说明高岭石主要是由长石风化形成的（图2-5）。

2. 风化作用的产物

母岩遭受风化后，组成岩石的物质并没有消灭，而是在表生作用支配下，经过再分配而以其他形式存在（表2-2）。

岩石是由矿物组成的，各种母岩有不同的矿物组合，其抗风化的能力主要取决于组成矿物的稳定性，所以由不同母岩提供的原始物质也各异（表2-3）。Wahlstrom（1948）在科罗拉多州的鲍尔德附近，对发育的花岗闪长岩体风化剖面进行过研究，发现在土壤剖面中矿物和化学成分的变化趋势是十分明显的。角闪石首先消失，黑云母蚀变为蛭石，剖面上部奥长石（更长石）消失，微斜长石增加到50%，石英相对富集。同时在古土壤中出现了粘土矿物、氧化铁和白云石（但白云石可能在成岩过程中形成）（图2-6）。按上述实例，该母岩提供的主要原始物质是石英、微斜长石以及云母等碎屑物质和大量不溶残余的粘土物质。至于某些消失的奥长石和角闪石经分解产生的化学物质，除了一部分成为粘土矿物和形成氧化铁以外，析出的部分 Fe、Mg、Ca 和 Si 等元素溶于水而流失。

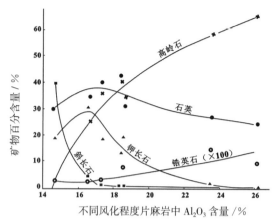

图 2-5 莫尔顿花岗片麻岩的矿物成分在风化过程中的变化（据顾迪其，1938）

表 2-2 花岗岩的风化产物（据刘宝珺，1980）

矿物成分	化学组分	所发生变化	风化产物
石英	SiO_2	残留不变	砂粒
钾长石	K_2O	成为碳酸盐、氯化物进入溶液	溶解物质
	Al_2O_3	水化后成为含水硅铝酸盐	粘土
	$6SiO_2$	部分 SiO_2 游离出来，溶于水中	溶解物质
斜长石	$3Na_2O$	成为碳酸盐、氯化物进入溶液	溶解物质
	CaO	成为碳酸盐，溶于含 CO_2 的水中	溶解物质
	$4Al_2O_3$	同钾长石	粘土
	$20SiO_2$		
白云母	$2H_2O$	残留不变	云母碎片
	K_2O		
	$3Al_2O_3$		
	$6SiO_2$		
黑云母	H_2O		
	K_2O	成为碳酸盐、氯化物进入溶液	溶解物质
	$2(Mg,Fe)O$	成为碳酸盐、氯化物进入溶液碳酸铁氧化为赤铁矿、褐铁矿等	溶解物质色素
	Al_2O_3	生成含水铝硅酸盐部分 SiO_2 溶解	粘土
	$3SiO_2$		溶解物质
锆英石	$ZrO_2 \cdot SiO_2$	残留不变	砂粒
磷灰石	$Ca_5[PO_4]_3(F,Cl)$	溶解或残留不变	溶解物质或砂粒

表 2-3　碎屑组合与母岩类型的关系（据 Pettijohn，1975）

母岩	碎屑矿物
沉积岩	重晶石、海绿石、石英（具磨蚀的自生加大边者）、燧石、石英岩岩屑（正石英型）、白钛石、金红石、圆化电气石和锆石
低级变质岩	板岩和千枚岩岩屑，黑云母和白云母，通常缺少长石、白钛石、石英和石英岩岩屑（变质岩型）电气石（浅棕色、自形、具炭质包体）
高级变质岩	石榴石、角闪石（蓝、绿变种）、蓝晶石、矽线石、红柱石、十字石、石英（变质岩型）、白云母和黑云母、长石（酸性斜长石）、绿帘石、黝帘石和磁铁矿
酸性火成岩	磷灰石、黑云母、角闪石、独居石、白云母、锆石（自形）、石英（火成岩变种）、微斜长石、磁铁矿、电气石（粉红色、自形）
基性火成岩	板钛矿、辉石、锐钛矿、紫苏辉石、钛铁矿和磁铁矿、白钛矿、橄榄石、金红石、中性斜长石、蛇纹石
伟晶岩	萤石、蓝电气石、石榴石、独居石、白云母、黄玉、钠长石、微斜长石

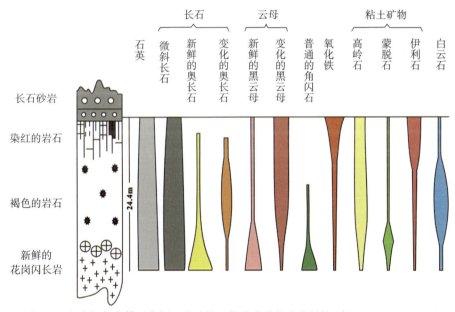

图 2-6　花岗闪长岩体风化剖面中矿物和化学成分的变化趋势（据 Wahlstrom，1948）

中性和碱性侵入岩的风化情况大致与花岗质岩石相似。

基性和超基性侵入岩主要由较易风化的橄榄石、辉石、基性斜长石组成，远较花岗质酸性岩石易风化。风化后除部分易溶元素流失外，常在原地形成一些化学残余矿物，如蛇纹石、滑石、绿泥石、褐铁矿等。

火山岩及火山碎屑岩由于含有相当多的甚至大量的玻璃质火山灰，在物理风化作用下，其中单个矿物不易碎解出来，常形成保持原岩结构的岩块（或岩屑），属于碎屑物质；但在化学风化条件下，分解速度相当快。例如玄武岩在遭风化时，除一部分易溶元素流失外，常形成蒙脱石、高岭土、铝土矿、褐铁矿等化学残余矿物；如果化学风化较彻底，可形成风化残余的富铁红土层。所以这类岩石主要提供粘土物质和化学物质。而中酸性火山岩在化学作用下仍主要供给岩屑。

从上述情况看来,岩石的风化物质,按其性质可分为三类。

碎屑物质:这类物质是母岩机械破碎的产物,如石英砂粒、云母碎片和锆英石砂粒。这类物质包括未遭受分解的矿物碎屑和机械破碎而成的岩石碎屑。

不溶残积物:这是母岩在分解过程中形成的不溶物质。如粘土物质和氧化铁色素。这类物质中以粘土矿物为主。

溶解物质:此部分物质成为溶液状态被带走。如 K_2O、Na_2O、CaO、MgO 等。

这三种风化产物也就构成了沉积物(岩)的基本物质。碎屑物质是碎屑岩的主要成分;不溶残积物,即粘土矿物,构成了泥质岩的主要成分;溶解物质则构成了化学岩和生物化学岩。由此可见,风化产物的性质无疑会影响到以后所形成的沉积岩的性质。

风化产物的性质及各类产物间数量比决定于母岩的性质、风化作用性质和母岩遭受到风化作用的程度。有些岩石风化后只能形成碎屑物质,如石英岩;有些岩石风化后则仅能形成溶解物质,如石膏、岩盐等。物理风化只能形成碎屑物质,化学风化才能形成不溶残积物和溶解物质。母岩风化程度不同,形成的物质也不一样,如长石初期风化产物为水云母,进一步风化则生成高岭石或蒙脱石,而当风化程度很深时则出现氧化铝。

三、风化作用阶段性与分带性

1. 风化作用阶段性

由于主要造岩矿物和元素在风化条件下的分异性,所以母岩的风化过程就呈现了良好的阶段性。波雷诺夫将结晶岩(以玄武岩为例)的风化过程分为四个阶段。在各阶段中,各有其独特的风化产物(表2-4)。

表 2-4 玄武岩风化作用阶段(转引自刘宝珺,1980)

风化过程	带出物质	带入物质	介质性质	阶段
玄武岩 → 机械破碎成小块	无	无		破碎阶段
辉石 $Ca[Mg、Fe、Al]·[(Si,Al)_2O_6]$ + 斜长石 $(100-n)Na[AlSi_3O_8]·nCa[Al_2Si_2O_8]$(其中往往含微量 $K[AlSi_3O_8]$)	大部分 Ca、Na、Mg、K 及部分 SiO_2	H_2O、O	碱性及中性	饱和硅铝阶段
蒙脱石 $m\{Mg_3[Si_4O_{10}](OH_2)\}·p[Al、Fe^{3+}]_2[Si_4O_{10}(OH)_2]·nH_2O$ + 水云母 $K_{<1}Al_2[(Si,Al)_4O_{10}]·(OH)_2·nH_2O$	几乎全部 Ca、Na、Mg、K 及大部分 SiO_2	H_2O、O	酸性	酸性硅铝阶段
高岭石 $Al_4[Si_4O_{10}](OH)_8$ → 含水氧化铁 $Fe_2O_3·pH_2O$ + 蛋白石 $SiO_2·nH_2O$ + 铝土矿 $Al_2O_3·mH_2O$	全部 Ca、Na、Mg、K 及极大部分 SiO_2	H_2O、O	酸性	铝铁土阶段

破碎阶段：以物理风化为主，形成岩石或矿物的碎屑。

饱和硅铝阶段：其特点是岩石中的氯化物和硫酸盐将全部被溶解，首先带出 Cl^- 和 SO_4^{2-}。然后在 CO_2 和 H_2O 的共同作用下，铝硅酸盐和硅酸盐矿物开始分解，游离出碱金属和碱土金属（K^+、Na^+、Ca^{2+}、Mg^{2+}）盐基，其中 Ca^{2+} 和 Na^+ 的流失比 K^+ 和 Mg^{2+} 相对要快。这些析出的阳离子组成弱酸盐，使溶液呈碱性或中性，并使一部分 SiO_2 转入溶液。此阶段中形成胶体粘土矿物——蒙脱石、拜来石、水云母、绿脱石等。同时，溶解性较差的碳酸钙开始堆积。

酸性硅铝阶段：几乎全部盐基继续被溶滤掉，SO_2 进一步游离出来。因此，碱性条件逐渐为酸性条件所代替。Mg^{2+} 和 K^+ 的再次淋出使上个阶段所形成的矿物（蒙脱石、水云母）又被破坏，而形成在酸性条件下稳定的，且不含 K^+、Na^+、Ca^{2+}、Mg^{2+} 盐基的粘土矿物——高岭石、变埃洛石等。通常，将达到此阶段的风化作用，称为粘土型风化作用。

铝铁土阶段：这是风化的最后阶段。在此阶段，铝硅酸盐矿物被彻底地分解，全部可移动的元素都被带走，主要剩下铁和铝的氧化物及一部分二氧化硅。它们呈胶体状态在酸性介质中聚集起来，在原地形成水铝矿、褐铁矿及蛋白石的堆积。由于它是一种红色疏松的铁质或铝质土壤，所以也称为红土。达到此阶段的风化作用，通常称为红土型风化作用。

上述四个阶段是一般的完整的风化过程，但在同一地区不一定都进行到底。风化作用的阶段常受母岩岩性、气候、地形等因素影响。

玄武岩和花岗岩在大陆上出露很广。从风化产物这个角度来看，玄武岩与花岗岩之间有重要不同。花岗岩风化主要形成不同粒级的岩屑和矿物碎屑，玄武岩的风化通常直接形成粘土矿物、氧化铝和富钛氧化铁。钛、铝和铁的氧化物是化学风化最稳定的残余物。

2. 风化作用的分带性

与风化作用的阶段性相对应，发育良好的风化壳往往表现出明显的垂直分带性。这是由于不同深度具有不同的水文地质和物理化学条件造成的。一般自上部向深部过渡，水溶液的碱性逐渐增强，游离氧的含量逐渐减小，在地下水面以上为氧化环境，其下为还原环境；渗滤水中矿物盐的浓度逐渐增高，直至饱和状态（图2-7）。完整的垂直分带如下。

（1）最接近地表的上部带，为氧化作用带。此带中主要发生氧化作用，水解作用趋向结束，形成了化学风化的最终产物：Fe、Al、Mn、Ti 的氢氧化物。它们常具疏松的构造，呈褐色、红色或淡白色。

（2）氧化作用带之下就是水解作用带。此带中氧化作用刚开始，但水解作用强烈发展，使碱金属和碱土金属从硅酸盐矿物中强烈淋

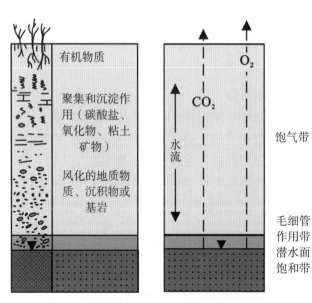

图2-7 补给带地球化学和饱和环境的风化作用分带
（据 Freeze 和 Cherry，1979）

出,并分解为氢氧化物和硅酸;低价铁的矿物部分被氧化。此带中最大量地聚集着 Fe 和 Al 的含水硅酸盐(粘土矿物),常具绿色和黄绿色,并呈粘土状和斑点状。

(3)再下是淋滤作用带。这里主要发生淋滤硅酸盐矿物中碱金属的作用,并开始形成粘土矿物。此带岩石具有粘土——云母状(鳞片状)的外貌。

(4)深部是水合作用带。此处硅酸盐矿物通过水合作用形成水云母和水绿泥石(少量地带出碱金属),岩石发生崩解,在裂隙和空洞中有时沉积菱镁矿。往更深处逐渐过渡为未风化的母岩。

上述各带之间没有明显整齐的界线,而呈逐渐过渡趋势,在自然界中一般很少见到完全的分带现象。

风化作用在水平方向上随着气候带的变化也会发生相应的变化。例如,热带进行着红土型风化作用,而温带针叶林区则进行着粘土型风化作用。

四、影响风化作用的主要因素

影响风化作用的主要因素有母岩成分、气候和地形等(刘宝珺,1980)。这些因素的总和决定风化产物在地表停留期的长短,植物覆盖层和土壤形成过程的性质,地下水的动态、pH 值和 Eh 值,以及其他特征。

1. 母岩成分

母岩的成分是决定风化作用及其产物性质的根本因素。如石英岩在风化作用中主要表现为机械破碎,其原因在于它是由化学性质稳定的石英所组成;花岗岩的风化可形成高岭土,原因在于花岗岩内含有可分解成该种矿物的成分(如长石等)。含有相同元素的不同矿物,由于其分解难易的差别,也影响着风化作用的进程。如玄武岩(含大量斜长石)和富含霞石的岩石容易分解,故比由钾长石和钠长石组成的碱性花岗岩更易形成铝土矿。含有大量玻璃质的火山岩比化学成分相同的结晶岩易于分解,因而有利于某些粘土矿床的形成。此外,只有富铁的岩石,像超基性岩、基性岩和含铁硅质岩在红土风化作用下,才可能形成风化铁矿和镍矿。

2. 气候条件

气候条件是决定岩石风化方向和强度的基本要素。影响风化的气候因素是雨量和温度。雨量控制着化学风化必不可少的水量,而温度则影响化学反应的速度,尤其是有机物质的分解速度。温度还通过在高温下的蒸发或在低温下的结冰而影响着水的实际效能。气候控制着植物的数量和类型,在不同的气候条件下,生长着不同类型的植物群落,从而对风化作用产生不同的影响,造成不同气候地带中生物风化强度的巨大差异。

两极地带的气候极端寒冷而干燥,元素及其化合物的化学活动性差,几乎不可能形成化学风化壳,而主要表现为岩石的机械破碎;高温多雨的热带和亚热带,化学风化非常强烈,一般可达到红土化阶段;在中等雨量和温度有季节性变化的温带,化学风化和物理风化大致相等,而化学风化的强度也较热带弱,往往仅进行到粘土型阶段。在气候极端干燥的沙漠地区,由于发生蒸发浓集,水中相对饱和 Ca^{2+}、Mg^{2+}、HCO_3^-、SiO_2 等组分,水和岩石的作用就较弱,这样风所携带的沙子的侵蚀作用就成了主要的风化作用。

3. 地形和排水条件

地形对于风化壳的形成和元素的迁移关系重大。风化产物的淋滤、风化壳的厚度和保存程度均与地形有关。地形还影响到气候、植被和土壤覆盖层以及生物界的差异,这些都直接影响和决定着风化壳的特点。

陡峻的山岳地形,水流迅猛,侵蚀作用强烈,风化产物往往以粗的碎屑物为主,并且常常被地表水冲走,因而风化壳不发育。在大陆夷平面或接近夷平面的准平原,可避免风化产物冲刷流失。在气候适宜(湿润的热带和亚热带)并保持稳定时,可使岩石的分解作用向纵深发展,有利于形成巨厚的风化壳;而在平原洼地,水流不畅,反而不利于风化作用的进行。

地形的发育除了表生因素以外,主要受各种地质因素控制,特别是构造作用。因此,就这一方面而言,风化作用也与地质构造发育有一定的联系。

4. 时间因素

厚度巨大的风化壳的形成,除了有利的气候、地形等因素外,时间也是一个不可缺少的因素。有一个较长时间稳定的地质环境,可使风化作用进行得极为彻底。世界上一些大型红土铁矿床及残余铝土矿床,一般都经历了一个漫长的风化时期。

第二节 生物来源物质

沉积岩或沉积物中的有机质统称为沉积有机质(陈家良等,2004)。沉积有机质来源于活的有机体及其新陈代谢的产物,包括煤、沥青等聚集有机质以及泥岩、灰岩等岩石中的分散有机质(图2-8)。有机体死亡后遭受降解,一部分降解产物通过生物作用再循环,另一部分通过某些物理化学作用被转化为简单分子逸入大气或水体,还有一部分与分解后的生物残体一道随同矿物质混入沉积物中被埋藏下来,形成了所谓的沉积有机质。陈家良等(2004)系统归纳和总结了沉积有机质的来源及形成过程。

一、沉积有机质来源

生物界包括植物界和动物界,由它们形成的沉积有机质有较大的区别。植物是沉积有机质形成的主要来源,动物的软体组织易于分解而很少保存,菌类程度不等地参与了沉积有机质的形成过程。煤及煤系地层中的有机质来源于高等陆生植物,湖相泥岩、油页岩等优质油源岩中的分散有机质主要由低等菌藻类和某些水生高等植物形成。在受海水影响的煤中,往往也有相当数量的菌类参与成煤。据研究,华北南部上石炭统太原组煤的有机质中菌类来源可占10%以上,在美国佛罗里达州微生物至少提供了泥炭有机物质的5%～10%。

沉积有机质的性质和聚集规模受生物界演化进程的影响。最早的低等生物菌藻类化石记录存在于南非威斯兰群古老沉积岩,形成于距今31亿～33亿年前。在距今7亿～8亿年的中-晚元古代,菌藻等生物开始大量繁盛并持续至今,以至于在从元古宇到新生界的沉积岩或沉积物中均能追踪到低等生物普遍参与沉积有机质形成的踪迹,这不仅成为各地质时代分散沉积有机质的主要来源,而且在元古宙和早古生代某些特定的环境下聚集形成了最早的煤——石煤。

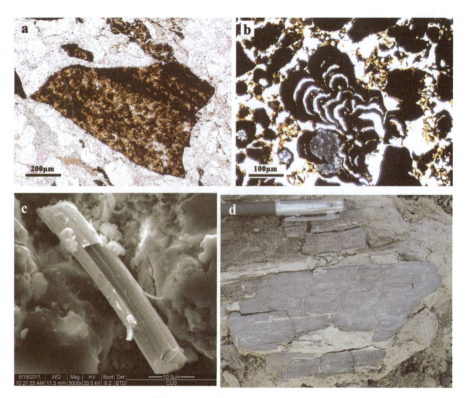

图 2-8　沉积物中的沉积有机质

a. 渤海湾盆地古近系砂岩中的有机质碎屑显微结构（焦养泉摄，2007）；b. 鄂尔多斯盆地延长组砂岩中的沥青脉显微结构（焦养泉摄，2006）；c. 松辽盆地南部钱家店铀矿姚家组储层砂体中有机质碎屑显微结构（焦养泉等，2012）；d. 鄂尔多斯盆地直罗组炭化植物茎杆（焦养泉摄，2001）

在距今约 4 亿年的志留纪末—泥盆纪初，植物界登陆，开始了高等植物演化及工业性煤层聚集的地质进程，几乎在植物界的每一重大演化或繁盛阶段，均有大规模聚煤作用发生（图2-9）。中-晚泥盆世的裸蕨植物在我国南方形成角质残植煤，石炭纪—二叠纪蕨类植物的繁盛导致全球性聚煤作用的发生，侏罗纪—白垩纪裸子植物的繁盛导致我国北方出现了广泛而持久的聚煤作用，早第三纪被子植物的繁盛是造成南、北半球形成巨厚煤层的重要原因。

海洋、湖泊中的浮游生物有机质是形成石油的主要物质来源。全球有 3 万多个可开采的油田，在其中 200 余个巨型油田的生油岩中都发现有丰富的沟鞭藻和疑源类化石。我国也不例外，如大庆、胜利、辽河、大港、苏北等油田的古近系生油岩，不仅存在沟鞭藻和疑源类化石，而且也有大量绿藻门的盘星藻、管枝藻以及甲藻门化石。尤其是特大型油田，它们分布的地质时代、地理位置与化石沟鞭藻的分布高度一致（图 2-10）。

然而，无论是高等植物还是低等生物，它们既能形成分散有机质，又可成为聚集有机质的主要来源。早古生代石煤中有机质来源于低等生物，在我国主要分布于陕南、鄂西、黔东、湘西北和浙北等地。晚古生代以来的腐植煤尽管主要由高等陆生植物形成，但其中不乏低等生物来源的腐泥煤夹层或透镜体，如在山东淄博、肥城等矿区下二叠统山西组 3 号煤层顶部，连续赋存着厚 0.3～0.5m、面积达数平方千米的腐泥煤分层。湖相及海相油源岩中沉积有机质主要来源于菌藻类生物，但晚古生代以来的油源岩中都含有数量不等的高等陆生植物碎屑及其降解产物。

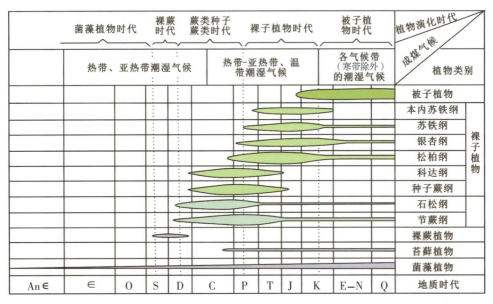

图 2-9　成煤植物演化示意图（据杨起和韩德馨，1979）

Hunt（1963）计算出沉积岩中有机物总量为 3.8×10^{15} t，而以富集状态存在于煤和石油中的有机物分别为 6.0×10^{12} t 和 0.2×10^{12} t，它们仅占有机物总量的 1/600 和 1/19 000，在页岩中所含的有机物却高达 3.6×10^{15} t。

分散沉积有机质通常来源于聚集的有机质，它们或者是降解的产物，或者是经改造的产物。一个典型的例子来自于鄂尔多斯盆地北部，第四系的干旱湖泊沉积物中可能积累了大量与湖滨泥炭沼泽有关的分散有机质。在露头上，古湖泊出露的宽度并不大，一般在几千米左右，这为我们追踪分散有机质的来源提供了方便。调查发现，该湖泊的中心

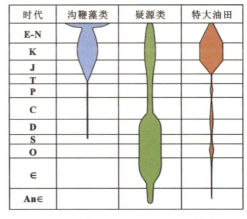

图 2-10　几种典型微体化石与世界特大型油田形成规模之间的时序关系（据何承全，1984）

是由分散有机质构成的炭质泥岩组成，滨岸带则发育有泥炭沼泽沉积和富螺化石的滨岸沙坝沉积。综合分析认为，湖泊中心的分散有机质来源于滨岸带的泥炭沼泽环境（图 2-11）。

另外一个实例来自于二连盆地额仁淖尔凹陷的努和廷泥岩型铀矿床（焦养泉等，2009，2015）。该矿床产出于上白垩统二连达布苏组中，铀矿被聚集在富含分散有机质和黄铁矿且像标志层一样分布稳定的暗色泥岩中。分析认为，这是一个典型的形成于断陷盆地裂后热沉降阶段的同沉积期铀矿床。对沉积体系域重建和古脊椎动物化石的研究发现，在晚白垩世盆地裂后热沉降阶段，该区发育了一个相对稳定的干旱湖泊，湖泊周边具有由河流入湖形成的三角洲。在湖滨的三角洲沉积物中，埋藏有大量素食类恐龙化石。素食类恐龙化石的发现，预示着晚白垩世稳定湖泊边缘具有丰富的植物。这样一来，滨岸带大量的植物残体（部分可能是由恐龙改造了的植物残体）等就有可能被源源不断地输送到湖泊中，河流-三角洲水系是其运移的主要途径。干旱气候和稳定构造背景下的湖泊水体可能具有密度分层，这使湖泊底部水体不易流动从而逐渐形成贫氧的还原环境，还原环境既有利于分散有机质保存和富集，也有

图2-11 鄂尔多斯盆地北部考考乌苏沟上游的第四系古湖泊沉积(焦养泉摄,2003)
a、b.富有机质的黑色湖滨砂岩;c.湖滨沉积物中的螺化石;d.湖滨发育的泥炭沼泽

利于黄铁矿的形成,这为铀的充分吸附奠定了良好的沉积环境。研究发现,该时期盆地边缘具有丰富的花岗岩铀源岩,随水系进入湖泊后,湖泊水体成为U^{6+}的临时载体,稳定的湖泊使U^{6+}有充分的时间吸附于湖泊泥岩和三角洲前缘泥岩之中,从而富集成矿(图2-12)。

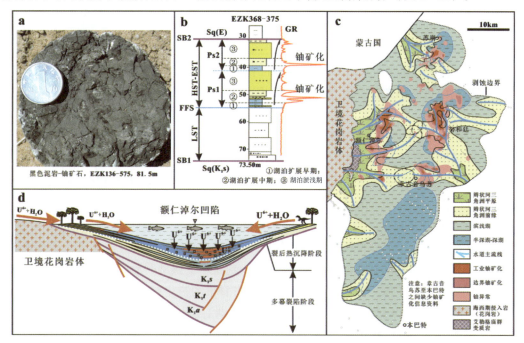

图2-12 二连盆地额仁淖尔凹陷努和廷同沉积泥岩型铀矿床的成矿模式图
(据焦养泉,2009;焦养泉等,2015)
a.铀矿石(湖泊相富分散有机质和黄铁矿的含石膏泥岩);b.小层序中铀矿化与湖泊扩展事件关系;c.湖泊扩展体系域与含矿性叠合图,显示铀矿化与湖泊中心及其伴生的三角洲前缘关系密切;d.湖泊扩展体系域发育时期的铀成矿模式图

二、沉积有机质形成过程

生物质向沉积有机质的转化,一般要经历氧化–降解、还原–合成和沉积–埋藏3个阶段(图2-13)。

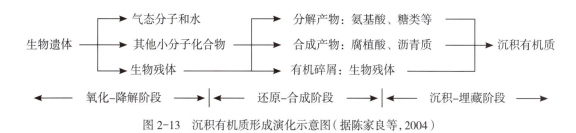

图2-13 沉积有机质形成演化示意图(据陈家良等,2004)

在氧化–降解阶段,生物遗体暴露于大气、水体或沉积表面的富氧条件中,在喜氧性微生物参与下遭受分解和水解。生物体中一部分物质被彻底破坏,变成CO_2、H_2O等小分子产物逸入大气或溶于水体。一部分由复杂的大分子化合物降解成相对简单、分子量相对较小的产物;另一部分稳定性较强的物质,特别是孢子、花粉、角质层、树脂等未受或仅受到微弱的降解而形成生物残体,它们以固液态形式得以残留。如果大气或流水中的氧无限进入,生物体则将被完全降解。

在还原–合成阶段,随上覆水体逐渐加深、流动性减弱或沉积物逐渐堆积,介质的氧化还原电位降低,氧的供给受到限制,由表层的富氧环境过渡转变为底层的缺氧环境,厌氧性菌类开始活跃。在这种环境条件下,生物残体继续降解,降解产物与第一阶段残留下来的小分子降解物一道发生合成反应,形成腐植酸、沥青质等新产物。在此阶段,仍有降解程度不等的生物残体保留下来。

在沉积–埋藏阶段,经过上述过程改造的有机质与矿物质发生混合进而沉积,并随上覆沉积物的形成而脱离表面环境。有机质在压实作用下,逐渐脱水,从生物有机质转化为沉积有机质。

通过上述过程,有机质的化学组成发生了变化(表2-5)。在沉积有机质中,生物质含有的蛋白质大部分消失,木质素和碳水化合物明显减少,新生成腐植酸、沥青等复杂高分子化合物。由此导致碳、氢、氮含量比生物质有所增高,而氧含量略有降低。

表2-5 生物有机质和沉积有机质(转引自陈家良等,2004)

有机质来源		元素组成/%				化合物组成/%				
		C	H	N	O+S	纤维素、半纤维素	木质素	蛋白质	沥青A	腐植酸
生物有机质	莎草	47.90	5.51	1.64	39.37	50.00	20～30	5～10	5～10	0
	木本植物	50.15	6.20	1.05	42.10	50.60	20～30	1～7	1～3	0
沉积有机质	草本泥炭	55.87	6.35	2.90	34.97	19.69	0.75	0	3.56	43.58
	木本泥炭	65.46	6.53	1.26	26.75	0.89	0.39	0	10	52.88

三、作为化石保存的生物残体

在地质记录中,有一部分生物有机体以化石的形式被保留了下来,这其中既包含了植物遗体,也包含了动物遗体。有作为原地埋藏的,也有作为异地埋藏的。这些化石作为沉积物的一份子,为我们了解生物界的演化历史和恢复古环境提供了重要依据。

植物化石通常被炭化和硅化,钙化者罕见。但是在鄂尔多斯盆地东北部,侏罗系却发育有大量的钙化木。在直罗组中,大部分钙化木以滞留沉积物形式平躺于河道砂体中,既显示了一定的搬运特征,还具有一定的古水流意义。还有少量的钙化木以直立状的植物根形式保留,显示了原地埋藏的特征。在一些钙化木的内部通常可以见到方解石晶体(图2-14)。在延安组中,无论是植物的根化石,还是植物的茎和叶化石,多数具有炭化特征。

图 2-14 鄂尔多斯盆地北部侏罗系直罗组中源于植物被钙化后的沉积物(吴立群摄,2010)
a. 平躺的钙化木(树干);b. 直立的钙化木(根);c. 钙化木化石内部的方解石晶体

动物的外壳和骨骼化石是人们感兴趣的另一类源于生物的沉积物,它们大部分是碳酸盐质(主要是方解石和文石),少部分是磷酸盐质和硅质(蛋白石及其重结晶的玉髓、石英)。经过搬运以滞留形式出现的动物化石更容易被理解为是沉积物,如埋藏于河道砂体中的动物骨骼碎片。其实原地和微异地埋藏的动物化石同样也是沉积物(图2-15)。

图 2-15 源于动物残体的原地和异地埋藏沉积物(焦养泉摄,2009)
a. 四子王旗脑木根古近系动物脚骨化石(原地埋藏);b. 乌拉特中旗海流图市上白垩统河道砂岩中的恐龙骨骼碎屑(异地埋藏的滞留沉积物);c. 四子王旗脑木根古近系动物脊椎(微异地埋藏);d. 乌拉特后旗巴音满都呼上白垩统沙丘间滨湖地带的恐龙蛋化石(原地埋藏)

第三节 火山碎屑物质

火山作用可以形成熔岩、次火山岩、火山碎屑岩和气热流体（图 2-16）。尽管人们日益热衷于火山喷发的气热液成矿作用研究以及熔岩和次火山岩的机理探讨等，但在此我们更关注的是能直接成为沉积物的火山碎屑物质。火山碎屑是火山爆发过程中形成于陆上或水下的碎屑物，可以原地堆积形成火山碎屑岩（火山碎屑物含量在 90% 以上），也可分散掺杂于其他沉积物中。火山碎屑岩主要由较粗大的火山碎屑物和较细小的火山填隙物（火山灰尘）两部分物质所构成（图 2-17）。

刘宝珺（1980）将火山碎屑物的粒度（表 2-6）、形态（图 2-18）和种类（表 2-7）进行了划分，以此阐明火山碎屑物的成因特征。

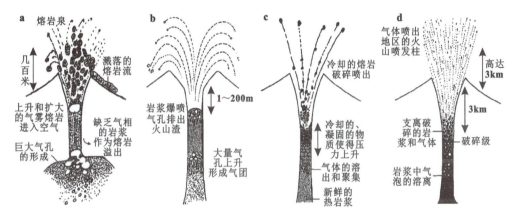

图 2-16　岩浆喷发类型及其火山碎屑的形成机理（据 Wilson，1980）
a. 夏威夷式；b. 斯特隆博利式；c. 武尔卡诺式；d. 普林尼式

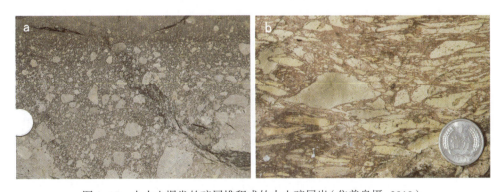

图 2-17　由火山爆发的碎屑堆积成的火山碎屑岩（焦养泉摄，2010）
a. 具有正粒序构造的火山碎屑岩（辽宁阜新王府镇采石场）；b. 具有假流纹构造的火山碎屑岩（辽宁彰武包家屯）

表 2-6　火山碎屑物的粒度划分（据刘宝珺，1980）

粗火山碎屑				细火山碎屑		
集块（火山块）		角砾（火山砾）		火山灰（火山砂）		火山尘
粗	细	粗	细	粗砂灰	细砂灰	尘灰
>128mm	128～64mm	64～8mm	8～2mm	2～0.25mm	0.25～0.0625mm	<0.0625mm

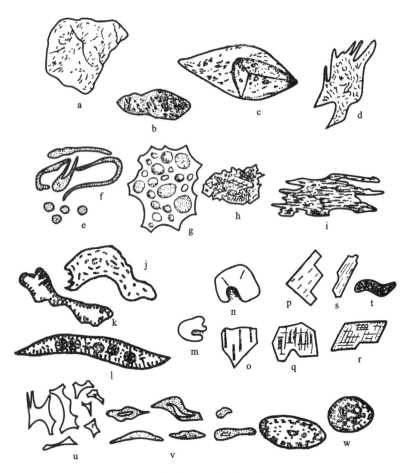

图 2-18　火山碎屑物的形态（据刘宝珺，1980）

a、b. 岩屑；c. 火山弹构造；d. 撕裂状塑性岩屑；e. 火山粒；f. 火山毛；g、h、i. 浮岩块及火山渣；j、k、l. 塑性岩屑；m、n. 石英晶屑；o、p. 长石晶屑；q. 辉石晶屑；r. 角闪石晶屑；s、t. 黑云母晶屑；u. 弧面棱角状玻屑；v. 塑性玻屑；w. 火山泥球

岩屑：包括早先凝固的熔岩和火山通道的围岩及火山基底的岩石。大多数的岩屑外形呈各种棱角状，其形态与原岩性质有关，韧性的岩石具有圆滑的轮廓，脆性岩石呈棱角状，具有层理和珍珠构造的岩石碎屑外形受层理和珍珠构造控制。岩屑的粒径大小范围很宽，微粒到直径数米的巨大块体均有。

火山弹：火山爆发时抛到空中的塑性熔浆团，由于在飞行时旋转，故常呈纺缍状、椭球状、麻花状、陀螺状和梨状等。表面有时有旋纽纹理和裂隙，当撞击地面时，可成饼状。火山弹的内部构造可分为有核火山弹、空心火山弹、气孔质或浮岩质火山弹及多层火山弹等。火山弹一般大于 64mm。

多层火山弹，一般外层富含气孔，内部致密，但也有表皮部分气孔小，并平行表面排列者。表皮部分大都为玻璃质，向核心逐渐过渡为半晶质甚至显微晶质。

浮岩块及火山渣：火山爆发初期，由于熔浆中气体数量较多，抛到空气中凝固而成。而火山弹则是在火山爆发的后期形成，那时熔浆中的气体数量已经不多了，所以不规则多孔状的浮岩块及火山渣比火山弹更为常见。

表 2-7 火山碎屑物的种类、成因及特征（据刘宝珺，1980）

火山碎屑物的物态	火山碎屑物的种类	成因及形态特征
石屑	岩屑	早先凝固的熔岩和火山通道围岩及火山基底岩石的碎屑，多呈棱角状和不规则状外形
石屑	火山弹	往往在火山爆发的后期，熔浆中的气体已经不多，岩浆喷出时呈塑性状态，在飞行过程中而形成各种形态（纺锤形、椭圆形等）的火山弹和火山砾，堆积时多半已凝固而不再变形
石屑	浮岩（浮石）及火山渣	往往在火山爆发的初期，由于熔浆中的气体较多，抛到空中凝固而成，是一种多孔状或浮石状的火山玻璃碎块，多呈棱角状
石屑	塑性岩屑	富含挥发分的中性、酸性、碱性熔浆爆发时，呈可塑性，堆积时尚未凝固，后在上覆迅速堆积物的压力下，压扁拉长，呈透镜状、焰舌状，故称火焰石，常含有斑晶，有时还可见到杏仁体等
晶屑	晶屑	大多数是熔浆在地下早期析出的斑晶和火山通道围岩中的矿物，在爆发过程中从半凝固的熔浆及围岩中炸碎脱离出来，故常呈棱角状。由于喷发时骤然冷却，因而石英、长石晶屑中普遍有裂纹，有时还可见熔蚀现象
玻屑	玻屑	主要是富含挥发分黏度大的熔浆喷出时，迅速冷却成半凝固状态的多孔状玻璃，因其中的气体骤然膨胀，从孔中迅速逸出，炸开且骤然冷却而成。多呈弧面棱角状、撕裂状，少数因没有全部炸碎而成浮岩状
玻屑	塑性玻屑	炽热塑性状态的玻屑堆积时，在上覆堆积物的压力下经塑性变形凝固而成，且常被压扁拉长呈透镜状、揉皱状，一般小于2mm

浮岩块：是一种多孔状，密度略小于 $1g/cm^3$，一般能浮于水的长英质火山碎屑物。气孔一般近于圆球形，同一块上气孔大小比较均匀，不显定向排列。有的浮岩块上，气体向一个方向逐渐变小，表明原来属于火山弹或熔岩饼的表层。浮岩块的成分常是流纹质的。

火山渣：是一种形状极不规则，表面粗糙棘突，外貌很像炉渣，多为深黑色，有的呈褐、红色，有较强的玻璃光泽，多富含气孔，但气孔大小不均匀，气孔壁光亮如釉，有时也能浮于水的呈棱角状玄武质的火山碎屑物。火山渣表面及较大的气孔壁中常见纤维状、丝状构造，并发生扭曲，这些特征都说明了火山渣是在高温、极易流动的情况下骤然冷却形成的。

塑性岩屑：富含气体和水分的中性、酸性或碱性岩浆喷发时，炽热的火山碎屑流沿斜坡流动，即可形成分布广、厚度大的塑性岩屑堆积。由于厚度大，可长时间保持高温，致使未冷却的泡沫状塑性岩屑发生变形，被压扁、拉长，上下表面较平滑，两端是撕裂状、焰舌状、枝叉状等。塑性岩屑在岩石中往往呈定向排列，构成假流纹构造。塑性岩屑中的气泡可被石英等矿物充填，也可因压力作用而消失掉。塑性岩屑一般为玻璃质，大的塑性岩屑内部还可能有斑晶。

晶屑：大都是熔浆在地下早期析出的斑晶，少量是火山通道附近围岩中的矿物。常见的晶屑是石英、长石、黑云母和角闪石，矿物晶屑常具有熔蚀现象，不规则的裂隙以及含挥发分的暗色矿物的暗化边。晶屑除柱板状和遭受熔蚀外，常呈棱角状，粒径一般为 1～2mm。

玻屑：常见的玻屑有弧面棱角状和浮岩状两种，前者称为火山灰或灰屑，镜下常见有弓形、弧形、月牙形、鸡骨状、撕裂状、海绵骨针状等，表现出破碎的不完整的气孔壁构造特点；而后者则是保存了完整的气孔壁的碎屑。在较老的火山岩中，玻屑均脱玻化为显微晶质的矿物集合体，但有时可残留玻屑的弧面棱角状形态。

塑性玻屑：炽热塑性的玻屑在上覆火山堆积物的压力下，经塑性变形冷凝而成。一般小于 2mm，常压扁和拉长，彼此重叠，呈定向排列，且熔结在一起。强烈塑变的玻屑呈皱纹状，并可"绕过"刚性碎屑的边缘，貌似流纹构造，不同的是塑性玻屑两端可见鱼尾状分叉，气孔或杏仁体很少，有时在刚性碎屑附近可以找到塑性变形不强的弧面棱角状外形；弱的塑变玻屑，常常程度不等地保留了弧面棱角状的玻屑外形。

第四节　宇宙源物质

来自宇宙空间的固体物质称为陨石。沉积盆地中接受陨石的机会很少，数量有限，不太可能构成沉积岩，但从理论上讲，陨石也是沉积物的构成部分（图 2-19）。例如，在现代深海粘土中含有一些磁性小球体，根据所含钾和钙的同位素特征以及存在有方铁矿的现象，而被认为属于宇宙成因。

据统计，每年落到地球上的陨石有几千颗，然而进入大气层的陨石要比穿过大气层到达地表的陨石多得多。到达地表的陨石也多数落入海洋，只有一部分落入人烟稀少的陆地上，因此仅有很少一部分陨石被人们发现。

陨石大小极为悬殊，如 1976 年我国吉林陨石雨中的最大陨石重达 1 770kg，最小的仅十几毫克；世界上还有重达数十吨的陨石，如西南非洲纳米比亚的霍巴（Hoba）铁陨石。极为细小的微粒通常被称为宇宙尘埃（或称为微陨石）。宇宙物质可能大部分以尘埃状落到了地球上。

自空间降落于地球表面的大流星体，除肉眼难见的微陨星外，92% 以上都以石质为主，通常也可称陨石。按其成分大致可分铁陨石、石铁陨石、石陨石三大类：①铁陨石，也叫陨铁，它的主要成分是铁和镍，密度为 7.5～8.0g/cm^3；②石铁陨石，也叫陨铁石，这类陨石较少，其中铁镍与硅酸盐大致各占一半，密度在 5.5～6.0g/cm^3 之间；③石陨石，也叫陨石，主要成分是硅酸盐，平均密度在 3～3.5g/cm^3 之间，这种陨石的数目最多。

图 2-19 宇宙源物质——陨石

a. 铁陨石,重 700g、宽 9cm(据 Raab, 2005);b. 英国约克郡的米德尔斯堡陨石;c. 在南非发现的非常罕见的石铁陨石

第三章　搬运作用与沉积过程

　　来自于母岩风化、生物活动、火山活动和宇宙的物质,通常一部分残留原地形成诸如风化壳和泥炭等,而另一部分则被搬运并在异地沉积下来。在自然界,常见的搬运形式有机械搬运和化学搬运两种。一般情况下,原始的碎屑物质及粘土物质都是以机械搬运为主,在水和风介质中通过物理沉积作用形成碎屑和粘土沉积物,其搬运和沉积作用受流体动力学所支配。化学物质(或称溶解物质)的搬运称为化学搬运(或溶液搬运),它是以真溶液、胶体溶液或者络合物的方式进行,其搬运与沉积作用服从化学或物理化学定律,此外这些溶解物质在生物沉积作用下还可以形成特殊的沉积物。对于本章而言,了解机械搬运和化学搬运及其沉积作用对沉积岩石形成的经典机理无疑是至关重要的,但是作为聚煤盆地沉积学,我们还需要深入了解生物搬运及其沉积作用。

第一节　机械搬运和沉积作用

　　水是一种流体,要研究碎屑和粘土物质的流水沉积作用,必须研究流体流动的力学性质,特别是流体与其颗粒的力学关系。前辈的研究告诉我们,既要重视牵引流为动力的碎屑沉积机理,也要重视重力流特别是浊流沉积作用的理论研究。牵引流沉积作用主要是在陆上进行的(如在冲积扇、河流以及三角洲等),常表现为随水流流速降低和波浪能量减弱而出现由粗到细的所谓"沉积分异作用"导致的沉积物分布规律,通常将风的作用也纳入此列。而在海盆或湖盆深部"反常"出现的较粗沉积物,则是由水下重力流形成的。牵引流和重力流两种沉积作用是理解碎屑岩石形成机理的钥匙。

一、牵引流沉积作用

　　由于流体运动(或流动)引起了碎屑颗粒的运动,或以一定水动力(推力或上升力)拖曳(或牵引)带动碎屑颗粒搬运的水流称为牵引流(tractive current)。河流、海流、触及海底的波浪和潮汐流等都是牵引流。

1. 碎屑颗粒搬运方式

按碎屑物质或颗粒与所在流体的力学关系,颗粒在流体中明显地具有三种搬运方式,即滚动、跳跃和悬浮(图 3-1)。有人将滚动和跳跃方式称为床沙载荷,将悬浮方式称为悬移载荷。

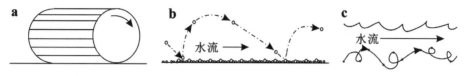

图 3-1　牵引流三种搬运方式(据何镜宇和余素玉,1983)
a. 滚动式;b. 跳跃式;c. 悬浮式

(1)滚动搬运:滚动搬运是介质底部牵引产生的最简单的搬运方式。假定颗粒是球形的,停留在平滑的底面上,水力直接作用于颗粒向上游的一面。因为底部有摩擦阻力,所以作用于其顶部的流水比其下部的流水速度更快,推力更大,故颗粒搬运方式趋向于滚动。

计算和实际观察表明,推动更粗的砾石需要更大的力。在流速一致的情况下,较粗的砂比粗的砾更容易移动;而当河流的流速下降,最粗的颗粒因推力减小而总是首先沉积。

(2)跳跃搬运:碎屑颗粒顺流时沉时浮,称跳跃搬运。引起颗粒跳跃的条件是:①底部不平,使颗粒碰撞底部障碍物或其他颗粒而激发的向上弹跳力;②主要由流速引起的顺流推力;③水流引起的上举力(或扬举力),此种力一是起源于紊流的向上涡流,一是起源于颗粒附近流速变化引起的压力差。

跳跃搬运可以用伯诺利方程(Bernoulli equation)来解释。伯诺利方程表明,当流体流经一圆柱体时,沿着流线方向的能量的分量总和,即压力、水头以及速度的总和必为一个常数:

$$\frac{P}{\rho} + gy + \frac{V^2}{2} = 常数$$

式中:P——压力;ρ——水的密度;V——流速;gy——水头(y 是位置的高低度)。

速度大处压力低,反之压力高,形成垂直向上的压力差。这种压力差有充分的能力把颗粒提举起来。但是,一旦颗粒上举,周围的流线几乎对称,上举力也就接近于消失,随之颗粒跌落水底。这样反复进行,颗粒就跳跃着被向前搬运。

根据 Krumbein 和 Sloss (1963)的研究,在颗粒跳跃搬运过程中,其跳跃高度在空气中是水中的 800 倍左右。Kalinski(1941)认为颗粒在水中的跳跃高度与颗粒及介质的密度有关。即

$$跳跃高度 = 常数 \times \frac{颗粒相对密度}{液体相对密度}$$

(3)悬浮搬运:颗粒被水流带起,在长时间内很难下沉的状态称悬浮状态。呈这种状态搬运颗粒的方式被称为悬浮搬运,或悬移载荷。

只有当碎屑颗粒的垂直速度的变动大于沉降速率时,才有可能呈悬浮状态进行搬运。实验结果表明,只有沉降速度小于平均速度的 8% 的颗粒才能成为自由悬浮的状态,即悬浮搬

运的大致临界标志是流水的平均速度至少是颗粒沉降速度的 12 倍以上。

悬移物质通常是细粉砂级以下的颗粒,而且细粒沉积物一般比粗粒沉积物分布得更均匀。对于粒度较大的颗粒,只有较大的涡流才能使其呈悬浮状态。在自然界,悬浮颗粒在不同水动力强度的水中都可见到。这一事实表明,影响碎屑颗粒呈悬浮状态的因素不仅是颗粒大小,还有一个重要因素是流体的运动学特点,即与水的流动状态属层流或紊流有关。

此外,沉积颗粒的悬浮还与其形状有关。一般情况下,球体比其他形状更不易悬浮,而片状颗粒因其摩擦阻力相对较大,更易悬浮。

2. 流体力学与沉积作用过程

碎屑颗粒在流水中的搬运与沉积,主要与水的流动状态有关。如流水的性质,是层流还是紊流,是急流还是缓流。这些流体的动力学特征,常用两种无量纲数值来表示,即雷诺数(Re)和福劳德数(Fr)。

Re(Reynolds number)表示水流惯性力与粘滞力的比值的量。它是判别层流与紊流状态的指标。

$$Re = \frac{惯性力}{粘滞力} = \frac{u^2 d^2 \rho}{u d \mu} = \frac{u d \rho}{\mu}$$

在管流条件下,式中:u——通过管道的平均流速;d——实验管道的直径;ρ——流水密度;μ——流水粘度。

根据雷诺数(Re)的大小,可指示不同的流动状态,如:$Re < 500$ 为层流;$Re > 2\,000$ 为涡流;Re 在 500~2 000 之间为层流和涡流之间的过渡流。

但是,对于天然河流来说,其临界值范围是 $500 < Re < 1\,500$。所以,天然河流的水流经常都是紊流。

Fr(Froude number)是定量判别水流三种流态(急流、缓流和临界流)的标准。这三种流态可以出现于河流、海洋和湖泊中。不同流态可产生不同类型的床沙形体(指沉积物呈床沙形式搬运,这些床沙表面随着流体流动强度的变化,相应地出现不同的几何形态,又可称底形)。用下式表示:

$$Fr = \frac{惯性力}{重力} = \frac{u}{\sqrt{gD}}$$

式中:u——平均流速;g——单位质量水深的相对密度;D——水深。

$Fr > 1$ 时为急流,是惯性力起主导作用下的流动,代表了一种水浅流急高流态(high flow regime)的流动特点(如河流上游)。在这种水流状态中,水面的起伏和床沙形态的起伏一致,属同相位。床沙形态一般为平坦床沙和逆行沙波。当 Fr 值很大时,则床沙无堆积,而造成冲坑和冲槽。

$Fr < 1$ 时为缓流,是重力起主导作用下的流动,代表了一种水深流缓的低流态(low flow regime)的流动特点(如河流下游)。在这种水流状态中,水面波起伏与床沙形态的起伏是不一致的,呈异相位。床沙形态一般为沙纹、沙浪、沙丘、冲洗沙丘(低沙丘)。

$Fr=1$ 时为水流的临界流,是一种过渡流态(transition flow regime),其床沙形态为从低流态的沙丘过渡到高流态的平坦床沙之间的低沙丘。

森德伯格（Sundborg,1956）用图解表示了随着流水深度和流速的变化,层流与涡流所发生的范围,以及在不同的流速下,急流与静流的临界深度。前者以雷诺数表示,后者以福劳德数（$Fr=1$）表示（图3-2）。

沃克（Walker,1979）根据水介质的流动强度与所能滚动和悬浮的最大粒径之间的关系作出图解（图3-3）。如果某一水流携带具各种粒级的沉积物,其中对砂来说,要使其呈悬浮状态必须满足以下关系：

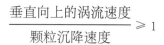

如图3-3所示,当水流强度为P时,它所能滚动的砾石最大粒径为8cm,所能悬浮的颗粒最大粒径为2.2mm。

这个图解可以解释很多地质现象,例如：

第一,由于曲线所代表的是搬运的临界强度。因此,当流动强度略小于P时,可使粒径为8cm的砾石与2.2mm的颗粒同时沉积,从而可能形成双众数的砂砾岩。

第二,当流动强度在P附近反复变动时,即属于持续的水流时,则可能形成砂砾质沉积与砾石质沉积的互层,其平均粒度应分别为2.2mm与8cm左右。

第三,如果流动强度急剧减小,则可能造成分选极差的多众数的砂—砾—粉砂—泥的混合沉积物。一般的高密度的重力流沉积就常具有这样的特征。

第四,如图3-3中虚线所示,沉积1mm的砂粒所要求的流动强度比沉积7cm的砾石时的强度要小得多。因此,平均粒度为7cm的双众数的砾石质沉积中,其孔隙中所充填的大小为1mm的砂不可能是同时沉积的,后者应该是在水流强度减小以后的一种孔隙渗滤充填物。例如冲积扇的筛积物就具有这种性质。

尤尔斯特隆（Hjulstrom,1936）研究了颗粒的侵蚀、搬运、沉积与水流流速的关系,并以临界速度与颗粒大小作出了相关图解（图3-4）,发现颗粒大小与水流流

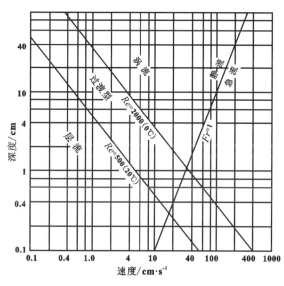

图3-2　随着水深与流速的改变,不同水动力状况特点的分布情况（据Sundborg,1956）

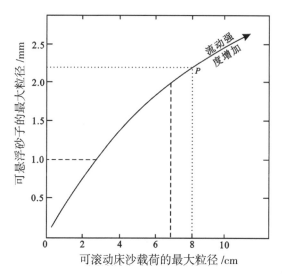

图3-3　随着流动强度的变化,流水所能悬浮和滚动的最大颗粒直径（据Walker,1979）

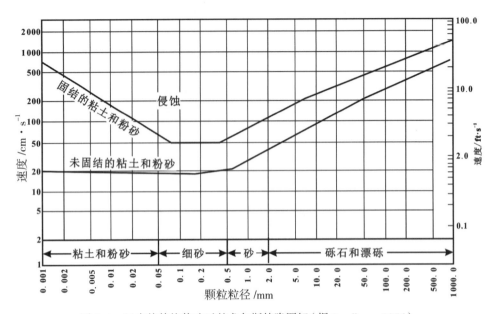

图 3-4　经森德伯格修改过的尤尔斯特隆图解（据 Sundborg，1956）

注：图示水深为 1m 情况下平坦河床上石英颗粒运动时的侵蚀、搬运与沉积的临界速度（1ft = 0.3048m）。

速有着很密切的关系：

第一，颗粒开始搬运（侵蚀）所需要的启动流速要比继续搬运所需要的流速大。这是因为启动流速不仅要克服颗粒本身重力的影响，而且还要克服颗粒彼此间吸附力的影响才有可能发生搬运。

第二，0.05～2mm 间的颗粒所需要的启动流速最小，而且启动流速与沉积临界流速间的相差也不大。这就说明了为什么砂粒在流水搬运中最为活跃，它们既易于搬运又很容易沉积。故砂粒常常呈跳跃式搬运前进。

第三，对于大于 2mm 的颗粒，它的启动流速与沉积临界流速相差也很小，但是这两个流速本身却很大，并随着颗粒的增大而增大。这也正如在自然界里所看到的那样，砾石是很难做长距离搬运的，而多沿着河底呈滚动式推移前进，颗粒越大越是这样。

第四，小于 0.05mm 的颗粒，其启动流速与沉积临界流速值相差很大，所以粉砂，尤其是泥质颗粒一经流水搬运，即长期悬浮于水体中，很难沉积下来，大多数都是搬运到海洋或湖泊中比较安静的地带才能慢慢地进行沉积。

对沉积物而言，当其堆积体所受的剪切力大于其内部的抗剪阻力（指物体内部存在着抵抗变形的阻力）时，则沉积物中的颗粒就开始处于运动状态。所以剪切力是一种搬运动力，其来源之一是水流中的推力。水流推力总是平行于流动方向，除受水体流动状态变化影响以外，还与流体流速以及动力粘度和涡流粘度成正比关系。而流动状态也与流速有关，所以流速大体上可以代表推力。紊流中存在因扰动涡流产生的粘度（即涡流粘度），它与温度成反比，水温低则粘度增高，阻力也就越大。另外，流动状态也与悬浮的细粒粘土浓度有关。粘土与水混合的粘度大于清水的粘度，对悬浮质点的下沉有明显的滞迟作用。所以混浊的紊流可以产生更大的剪切力，混浊河流搬运砂的能力要比清水河流更大一些。

如果牵引流是河流，其搬运的物质称载荷，它通常以单位时间内流经某一横截面的物质的重量（或容量）来表示。载荷力和推力一起都是牵引流的搬运力。例如小河急流有推力可以移动大的砾石，但缺少载荷力不能搬运大量沉积物质。又如美国密西西比河的下游缺少移动砾石的推力，却有能携带巨量载荷的载荷力，每年有 5×10^8t 的沉积物进入墨西哥湾。

颗粒的沉降速度（settling velocity）一般与颗粒的粒度、相对密度、形状以及水介质的密度、粘度有关。碎屑颗粒在静水中下沉时，由于重力作用，开始时具有一定的加速度；随着下沉速度的增加，水流对颗粒的阻力增大；当阻力与有效重力恰好相等时，则颗粒以等速的方式下沉。在流动的水体中，沉降速度在很大程度上取决于流体流速的变化，当碎屑颗粒的沉降速度增大到一定程度的时候（如在悬浮搬运时，其沉降速度大于平均流速的 8% 时），就会发生沉积作用。鲁比（Rubey，1931）通过严格的实验测定出，石英砂在静水中的沉降速度（mm/s）为：极细砂沉降到约 30m 处需 2h，而细粘土大约需要 1a；若要达到约 3 660m 深的大洋底部，极细砂大约需要 10d，细粘土则要 100a 以上。

3. 水流动态和床沙底形

水槽实验是模拟天然水道水流动态和床沙形态实验，是在牵引流条件下进行的。吉尔伯特（Gilbert，1914）最早进行过这项实验。西蒙斯和里查德森（Simons 和 Richardson，1961）根据水槽实验把水流动态概念公式化，而且分出两种基本动态：低流态（或称下水流动态）和高流态（或称上水流动态）。

西蒙斯和里查德森对粒径小于 0.6mm 的砂进行大规模水槽实验，所用的水槽宽 2.44m，长 45.72m。使水在水槽平坦的床沙上流动，当流速和坡度逐渐增加到一定程度时，床沙就开始移动，形成一系列底形或床沙形体（指床沙表面的几何形态）。首先形成沙纹（或波纹、小波痕），波高小于 5cm，波长一般小于 30cm，最大不超过 60cm。此时水的流速慢，水面平静，出现的波痕可以小到忽略不计。当进一步增加流速（50cm/s）时，形成大的沙丘或沙垄，又称大波痕，波高 10~20cm，通常长度可达几米。水面出现波浪汹涌现象，但水表面的波动与床沙波动表面的位置不一致，属异相波。沙纹和沙丘都是低流态或下水流动态下的床沙形体，一般 Fr 小于 1。再进一步增大流速或坡度，沙丘消失，形成平坦的床沙。在这个平坦的面上，沙的移动平行于水的流动方向。流动强度再增大，形成具有大致呈正弧曲线的逆行沙丘。逆行沙丘是指向上游移动的波浪状床沙形体，向上游一侧进行加积，下游一侧受到侵蚀。水面波和底形起伏是一致的，属于同相波，水的振动波幅较大，有时局部还生成高能量的破浪，最后加大流速，形成冲槽和冲坑，两者在水槽中交替出现。平坦床沙、逆行沙丘、冲槽和冲坑都是高流态下的底形，一般 Fr 大于 1。

归纳起来，在水槽实验中，随着水流强度增大，底形出现的顺序为：无颗粒移动的下平底→小波痕（或波纹）→大波痕（或沙丘）→受冲刷的大波痕或沙丘→上平底→逆行沙丘→冲刷坑、槽（图 3-5）。

根据以上底床类型、沉积物质的搬运方式以及底床与水面之间的相位关系，也可将冲积性河道中的水流动态分为低流态（$Fr<1$）、高流态（$Fr>1$）及处于二者之间的过渡流态（表 3-1）。计算表明，在水深 10m 的情况下，要达到 $Fr=1$，就要求水流速度为 9.9m/s，这样快的速度只能在罕见的急流水中见到。在浅水环境中，一般只达到 2m/s 的速度。因此，在自然界中，急流通常出现在几毫米至几米深的水中。

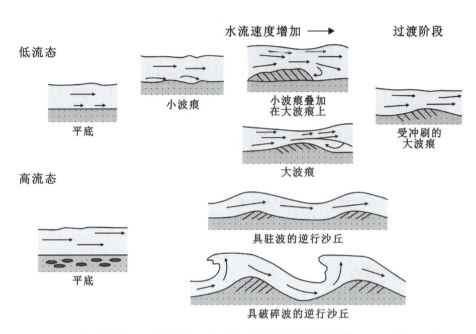

图 3-5　在稳定均一的水道底床上各种床沙底形的变化特点（据 Simons 等，1965）

表 3-1　水流动态的分类及其特征（据 Simons 等，1965）

水流动态	床沙底形	水底物质的浓度（$\times 10^{-6}$）	沉积物搬运形式	粗糙度类型	水底和水面的相互关系
低流态	波纹（小波痕）	10～200	不连续的	以形态粗糙度占优势	不同相
	有波纹叠加的沙丘	100～1 200			
	沙丘（大波痕）				
过渡流态	受冲刷的大波痕	1 000～3 000		各种各样	
高流态	平底	2 000～6 000	连续的	以颗粒粗糙度为主	同相
	逆行沙丘	2 000			
	冲槽与冲坑				

实验表明，影响床沙形体（或底形）最重要的因素是流动强度、平均流速、颗粒大小以及水流深度。索瑟德（Southard，1975）根据水流深度、流速、粒度等参数，分别以 0.10mm、0.50～0.55mm 以及 1.15～1.35mm 代表细、中、粗粒级作深度－流速图。图中表明，大约 0.1mm 的颗粒，随着平均流速的增大，床沙形体出现的顺序为：无运动→沙纹→上部平坦床沙，其中缺沙丘或大波痕。一般沙丘移动形成大型交错层理。故细粒砂中不能形成大型交错层理。0.1～0.6mm 的砂出现床沙形体的顺序是：无运动→沙纹→沙波→沙丘→上部平坦床沙。大于 0.6mm 的粗砂，沙纹则在任何速度下都形成一种不稳定的外形，顺序是：无运动→下部平坦床沙→沙波，缺沙纹或小波痕，所以在粗砂岩中缺乏小型交错层理。其中沙波又称沙浪，属于沙纹和沙丘间的过渡底形。与沙丘相比，沙波比较长，具较低的波痕指数（波高／波长），直脊，形成时较沙丘低速。

4. 风的搬运与沉积作用

风的搬运与沉积作用也是一种重要的地质营力，主要发生于干旱的沙漠地带。其类似于牵引流,但与流水作用具有重要区别。

（1）风只能进行机械搬运,仅搬运碎屑和粘土物质,不存在溶解物质的搬运和沉积。

（2）空气的密度和粘滞性都比水小得多,一颗石英碎屑相当于同体积水重量的2.65倍,但却相当于同体积空气重量的2 000倍,因此风搬运的最大粒度比水要小得多。根据巴格诺尔德(1941)的意见,沙漠砂粒度一般在0.15～0.3mm之间,没有小于0.08mm的颗粒,因为这些更细的物质作为尘埃,被吹扬到更加遥远的地方——深海盆地去了。温德华氏从散布在美国的沙丘所得到的42个样中发现,碎屑(砂)的粒度大部分在0.125～0.5mm之间。极特殊情况下可以粗一些,如秘鲁海岸的风成砂的粒度大部分都超过3mm。

（3）巴格诺尔德根据实验研究认为,风成砂的搬运方式主要是跳跃式,其次是表面挪动式。而且证明跳跃在松散砂表面的颗粒,少数飞扬可达1m高,大部分却是在离地表50cm左右搬运。按伯诺利原理解释,风流在颗粒上产生的举力足够大时,就发生跳跃式搬运。但颗粒在空气中移动要比在水中自由得多,而且活动状态也很不相同。因为空气的密度很小,一个飞扬的颗粒如果碰击在基岩或大石块上,它的跳跃就会像乒乓球一样,很少失去动能,而活跃得几乎像弹性体。如果这些碰撞的颗粒落在松散沉积物上,其能量消失在颗粒上,另一被碰撞细颗粒即被抛向空中。表面挪动搬运是指一些较粗的颗粒受到跳跃颗粒的碰撞,发生表面蠕动并推移前进。较细的砂以跳跃式搬运,甚至在跳跃很活跃时,大部分较粗的砂仍呈表面挪动搬运,更大的颗粒连挪动都非常困难,形成滞留沉积物,如沙漠砾石滩。

黄土是粒度小于0.01mm的碎屑物质,呈悬浮状搬运。

（4）由于空气密度小,在搬运过程中颗粒间的碰撞与磨蚀作用要比在流水中强烈,故风成砂磨圆一般都好。而且风的速度大,变化突然,密度很小,在搬运过程中风力的分选作用很强,能进行搬运的粒度范围很狭窄,故风成物一般分选性较好。风成的粗屑如砾石,常常遭到地面流砂磨蚀而具有一种特殊的棱面,通常称为风棱石,为风成物独特之处。

5.机械沉积分异作用

由母岩风化形成的碎屑物质,在牵引流的搬运和沉积过程中随流体速度和运移能力的变化,它们也按照粒度、密度、形状、矿物成分发生分异,依次沉积。人们将这种沉积作用称之为机械沉积分异作用(mechanical sedimentary differentiation),它主要受物理因素或受流体力学所支配。机械沉积分异作用是沉积学中一种重要的沉积作用和客观存在的沉积地质规律。图3-6是碎屑物质按颗粒大小(即粒度)和矿物的密度进行机械分异的图式。

从图3-6中可以看到,当河流流速逐渐降低时,碎屑颗粒即按粒度不同呈规律分异。近源的粗颗粒先沉积,细颗粒被搬运到远源处后沉积,即按砾石—砂—粉砂—粘土的顺序分布。这与多数河流上游到下游碎屑颗粒的分布规律极为一致。

从图3-6中也可以看到,当河流流速逐渐降低时,碎屑颗粒也可以按照矿物的密度不同而呈规律分异。沿河流流向,在碎屑粒度相近的情况下,重者先沉积,轻的后沉积。图3-7显示了一种沿纹层界面分异富集的重矿物分布规律。

此外,按碎屑形状也具有规律分异。即粒状颗粒近源沉降,片状矿物则可以被搬运到较远处,与较细的粒状矿物共生在一起。常在细粒沉积岩层面富集有较大的片状白云母,就是形状分异的结果。

机械分异作用适用于牵引流条件,对于金属与非金属矿物的富集有很大的影响。机械沉积分异作用进行得越完全,则碎屑沉积物的分异程度也就越高。如果原来的矿物成分比较简

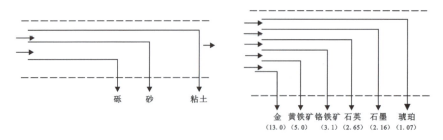

图 3-6 碎屑颗粒按粒度（左）和密度（右）进行沉积分异的图示
注：右图中的数字是密度，单位为 g/cm³。

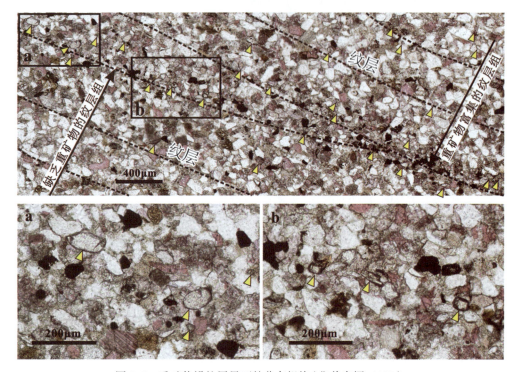

图 3-7 重矿物沿纹层界面的分布规律（焦养泉摄，2007）
注：图中虚线表示纹层界面，三角形所指为重矿物。注意重矿物在纹层和纹层组中的非均质分布现象。下方的 a 和 b 为上图方框的放大特写；渤海湾盆地歧口凹陷，板深 35 井，4 564.8m，Es_3^2，单偏光。

单，则常形成单矿物的堆积，石英砂就是一例。如果是多种矿物组成的碎屑物质（包括一些有经济价值的矿物），在机械分异下，往往是密度大而体积小的碎屑矿物同密度小而颗粒大的碎屑矿物混在一起。如很多含金砾岩，其中砾石可达 3~5cm，而金粒却不过几毫克。南非 Witwatersrand 盆地的前寒武系金矿是典型的机械沉积分异作用结果。由于密度的关系，金趋向于集中在辫状河成因的河道充填物轴部和底部。Catuneanu（2006）通过层序地层学研究，认为基准面旋回下降期的界面形成过程对金矿床形成是有利的（图 3-8）。

由于机械沉积分异的结果，形成了由粗到细的碎屑为主的岩石，如砾岩、砂岩、粉砂岩和泥质岩等。同时在这些碎屑沉积物（河流条件下）中还可形成重要的金属砂矿，诸如金、铂、锡石、黑钨矿、独居石、金刚石、刚玉等。此外，从母岩区由河流带出，在近源-远源地区产生的这些碎屑沉积物，其中的矿物成分、颗粒大小、形状和密度的规律性变化，对于了解沉积物的源区、母岩性质、搬运条件以及恢复古地理和寻找有关原生矿床，了解矿床分布规律，都有

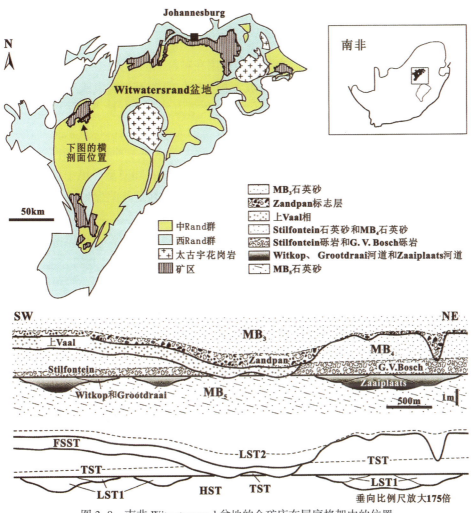

图 3-8 南非 Witwatersrand 盆地的金矿床在层序格架中的位置

注：产金层位有 Zandpan、上 Vaal、G. V. Bosch 和 Stilfontein 底。沉积环境：三角洲（MB_5、Vaal 上部），河流（Witkop、Grootdraai、Zaaiplaats、Zandpan）和海侵浅海（Stilfontein、G. V. Bosch、MB_4）。LST. 低位体系域；TST. 海侵体系域；HST. 高位体系域；FSST. 下降期体系域。

很重要的意义。

归纳起来，牵引流是一种因自身流动推力具有移动颗粒能力的水流，依流体性质属"牛顿流体"，即无强度，受微力可以变形。牵引流沉积作用特点：一是对碎屑具有明显的三种搬运方式，即滚动、跳跃和悬浮；二是服从机械沉积分异规律；三是碎屑结构发生明显变化。牵引流沉积作用一部分分布于陆上，如在冲积扇带、河流带以及三角洲带，另一部分分布于盆地的边缘带，如海洋或湖泊的沿岸带。

二、重力流沉积作用

重力流（gravity flow）是由重力推动的一种含大量碎屑沉积物质（包括粘土）的高密度流体。这种流体往往不被微小的剪应力改变形态，而成为非牛顿流体，有时被称为"假塑性体"。

在水体中，由于盐度的差异（如河口湾中的盐水楔）、温度的差异（如冰雪融水流入湖中形成的冷流、海洋中的寒流等）形成的密度差，都可产生密度流。在水体中含大量碎屑沉积物质的重力流也是一种密度流。

1. 重力流基本特征

沉积物重力流发生运动的直接动力是由于作用在颗粒上的重力引起的,因而重力流基本上是沿斜坡向下运动的。当这种流体在斜坡上积聚的位能大于与底面或与水体界面的摩擦阻力时便产生流动,逐渐形成高速度的重力流。当该重力的下坡分量小于作用在颗粒上的各种阻滞力时则发生沉积作用。由此看来,重力流发育的先决条件是沉积背景要具有较大的落差,即具有较大的势能。在自然界,有四种环境重力流尤为常见:冲积扇或扇三角洲,特别是在地形起伏较大的环境中;海底扇,通常在海底峡谷的前端;在陆架型环境中纵向叠置的海底谷,亦即各种海底峡谷的近陆部位(Lewis,1982);湖泊,尤其是断陷盆地成因的深水湖泊中通常也能发育重力流(李思田,1982)。

重力流的沉积过程常常是在一定位置上的整体沉积。在流动时,也呈保持明显边界的整体,所以有人把重力流称为整体流。重力流沉积物的结构通常表现出极差的分选性(图3-9),沉积构造以块状构造和少量交错层理为特征,底部通常具有明显的冲刷面。也有人把陆上的泥石流称为重力流,但大量有理论和实际意义的重力流沉积是在水下。这些盆地水体中的重力流虽然其过程各异,但它们全都组成了连续的统一体。

2. 重力流的端元类型

Middleton 和 Hampton(1973)根据碎屑支撑机理,即碎屑呈悬浮状态的机理,将水下重力流分成四类:碎屑流(泥石流)、颗粒流、液化沉积物流和浊流(图3-10)。

碎屑流、颗粒流、液化沉积物流和浊流这四个种类都是理想端元,自然界常见的是中间型的混合过程,而且在搬运过程的不同阶段有不同的主要作用(图3-11)。岩崩——自陡峭的陆上或水下陡崖(如礁前或断层崖)上崩落或下落的碎块,构成一单独的沉积物重力堆积类型,因为它不是"流体"。滑塌(包括滑坡),也不是"流体",因为它是大的固结块体的搬运。不过它们一般是先于、伴随着或紧跟着沉积物的重力流发生。

(1) 浊流(turbidity current):是一种混合着大量自悬浮沉积物质的浑浊密度流,并在水体底部成高速紊流状态的水流,也是由重力推动呈涌浪状前进的重力流。浊流中的颗粒主要是由流动液体中湍动涡流的上举力支撑的。

沉积作用开始时,相对粗粒的沉积物迅速下沉,形成块状分选差而常有正常粒序层理的沉积岩段(鲍马序列A段),紧接着又沉积了B段(平行纹层的)、C段(交错纹层的或包卷纹层的)和D段(平行纹层的)。B、C、D段的粒度逐渐变细,当粗颗粒优先沉积在低层段后,分选作用变佳。每个层段沿水流方向叠覆在先前的沉积层段之上。D段被E段所覆盖,E段代表正常"背景"作用下所形成的沉积物,一般为来自被动悬移的半深海或湖泊细泥。这种序列的沉积作用反映递减着的流态,而能量减弱中的牵引流可产生非常相似的序列。

通常情况下,完整的鲍马序列是较少的。因此,沉积层中A、B、C、D,B、C、D,甚至是C、D这样的纵向序列被广泛地认为是浊积岩的鉴定特征,但在鉴定每一种沉积物时还应当谨慎。

浊流可分为连续低速型和突发高速型两种。

连续低速型,或称洪积型。河流流进湖水时,在重力作用下,混浊层沿着湖底向坡下方运动。直到因摩擦损失而动能消散,悬浮的物质逐渐沉积下来,特别是较粗的颗粒先沉降下来。

突发高速型,通常是再沉积的或液化沉积物流转化的。例如,在海底峡谷头部,由如地震

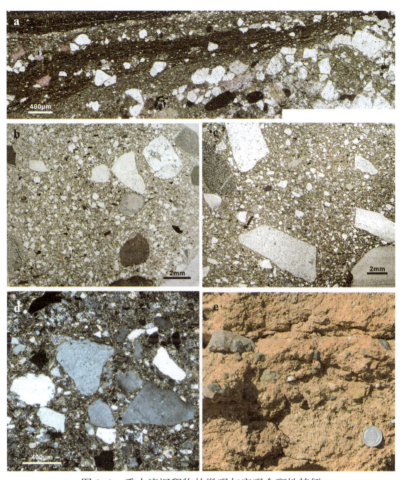

图 3-9 重力流沉积物的微观与宏观含斑性特征

a. 渤海湾盆地歧口凹陷板深 35 井，3 960.3m（Es_3^1），单偏光（焦养泉摄，2007）；b. 渤海湾盆地歧口凹陷板深 35 井，4 125.8m（Es_3^1），单偏光（焦养泉摄，2007）；c. 渤海湾盆地歧口凹陷板深 35 井，4 125.8m（Es_3^1），单偏光（焦养泉摄，2007）；d. 渤海湾盆地歧口凹陷板深 35 井，4 125.0m（Es_3^1），正交偏光（焦养泉摄，2007）；e. 内蒙古自治区四子王旗江岸乌兰敖包古近系泥石流沉积露头（焦养泉摄，2012）

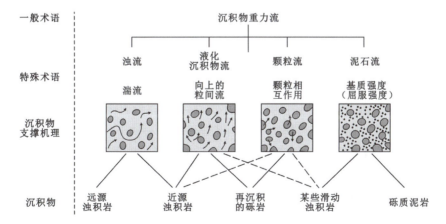

图 3-10 水下沉积物重力流的类型（据 Middleton 和 Hampton，1973）

注：水和沉积物颗粒之间不同类型的相互作用产生了运动所必需的流动性。

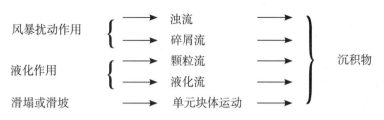

图 3-11 沉积物重力流的一般成因和相互关系(据 Lewis,1984)

那样的地质作用所诱发,未固结的沉积物滑塌流动造成大量高密度悬浮体。这种类型的浊流可以划分为四部分:头部、颈部、本体部和尾部。在头部边界之内,水流环绕着头部发散和上扫,并有一系列大的漩涡扯开。所以,在这种浊流中,头部有较强的侵蚀力,在深部软泥底面上形成特征的冲刷痕和刻划痕,后又由本体部沉积保存下来。因此,最初的碎屑可以在头部保持其悬浮状态,这种情况一直延续到由于坡度变缓或流体变稀而造成普遍减速的时候。所以,浊积沉积物在水盆地深部的分布规律是基部集中了较粗粒沉积物,而到缘部逐渐与盆地背景沉积物相一致。

(2)颗粒流(grain flow):是在重力作用下,由高浓度的松散颗粒组成的沿斜坡向下运动的流体。它们断断续续地相互碰撞,碰撞力的上举分力起了支撑颗粒的作用。这个作用称为分散颗粒压力,在陡坡上它仅对分选的砂粒级颗粒起主要支撑作用。在沉积作用的最后阶段,当颗粒沉降时,粒间溶液的上升运动也提供某些支撑作用。

颗粒流沉积作用也是在一定位置上整体沉积的,同样具有明显的边界,呈较厚层或块状体。颗粒流不同于某些浊流的方面是:①固态(或碎屑)颗粒密度较高,主要是砂粒,泥少,含少量砾石,砾石时有"浮"于砂粒之中的现象。②颗粒流中含水分少,其作用是减少固态物质之间的摩擦。这种固态物质和少量水的混合,作为一种块状整体沿坡向下运动,所以具有块状流性质。③由于一种突然的震动,导致未固结的碎屑沉积物(主要是砂级碎屑)强度丧失而增大孔隙压力(孔隙压力是孔隙内流体的静压力)。这种增大的孔隙压力称超孔隙压力。由于超孔隙压力的存在促使沉积物"液化"(加入水分)。当然,再沉积的浊流也可以由液化沉积物流形成。但在流动过程中除了重力驱动之外,颗粒之间碰撞作用所传递的应力也是一种促使流体沿斜坡流动的作用力(似沙丘滑动面向下崩落的沙流)。

(3)液化沉积物流(fluidized flow):是由下伏颗粒聚集物中逸出的粒间孔隙液体作为主要支撑因素的一种端元。

要发生液化作用,沉积物的原有组构必须为某种触发机制所扰乱。这样的液化沉积物流多半起始于相当陡的斜坡上,然而一旦发生运动,它们能够流过坡度较小的地段——尽管理论上流动的距离并不大。液化沉积物流也可出现于其他重力流的初始阶段和最后的沉积阶段。其低速时可能为层流,若受到足够的加速度,它们将成为紊流(从而成为浊流)。甚至出现脱水构造(碟状、柱状或席状构造)。当孔隙液由水和粘土(甚至还可能有粗颗粒)组成时,流体将支撑较粗的颗粒和(或)允许流动较长的距离。在这种情况下,支撑机制逐渐过渡为明显的碎屑流机制。

沉积物形成后其上覆沉积物的压力通过颗粒传递而使沉积物固结,这种压力称有效压力。沉积物本身还有一种孔隙压力,是中性压力,压力是通过孔隙溶液传送的。孔隙压力等于沉积物中流体的静水压力时,沉积物保持稳定平衡,如沉积物沉积较快,其中水分来不及排除,或者从外部渗进孔隙空间的水分过多,两者都可造成孔隙压力大于沉积物中流体的静水压力,因而大大降低沉积物的固结强度,甚至引起内部沸腾化。这样,沉积物中的流体就连同颗粒一起都将被向上移动,这时沉积物变得像流砂一样。然后重力作用把沸腾化的沉积物沿斜坡向下推动,便形成液化沉积物流。但是在流动过程中,孔隙压力将很快消散,液化沉积物逐渐变得没有什么强度,于是就发生沉积作用。这种沉积作用是由底部向上逐渐固结的,称为"冻结",而"冻结"的沉积物密集程度很高。当然,液化沉积物流也可能向颗粒流或浊流转化。

（4）碎屑流（debris flow）或称泥石流:是具有所有颗粒支撑机制的混合沉积物重力流类型。

在大部分搬运作用和沉积作用阶段,碎屑流是一种层流。有人认为碎屑流在流动过程中的主要支撑机制是连续相（水加上粘土,再加上其他较细的沉积物,并由它形成最终沉积物的基质）的强度,这种特性不像真正的液体而更像低粘度的塑性体。分散相由搬运来的颗粒组成——其大小可从分选良好的砂至巨砾,还可有长达数十米（甚至数百米）的特大碎块。这种碎屑流的定义显然是过分简化了的,因为其他的支撑机制或者是这些机制的复杂结合,在某些碎屑流中处于支配地位；而且如果碎屑流中颗粒的大小完全是过渡的,各种粒级数量又是大致相等的,那么将它定义为连续相是不切合实际的。分散颗粒压力、浮力（随连续相的高密度和负荷而增加）、逸出的孔隙液体、过剩孔隙压力（形成于液体已不易向上逸出之处）、颗粒间的支撑（在高浓集的碎屑流中它们几乎全部是瞬时的,颗粒间不断变化着的连续关系始终在流体的底床进行着）,所有这些在碎屑流中都起作用,但比例不定。此外,还可能有牵引流,即水及细颗粒组成的液体起了高密度流的作用,推动较大的碎屑沿着河床运动。

3.重力流沉积物的属性

Lewis(1984)根据上述分类总结了常见的重力流沉积物的属性(表3-2)。Stow(1986)从垂向序列角度总结了滑塌沉积和水下重力流的基本特征(图3-12)。

表3-2　沉积物重力流的理想单元种类和属性特征（据Lewis,1984）

沉积物的特征	推断的流动时的支撑机制	推断的流动类型
在具粒序的鲍马序列中,ABCD、BCD或CD主要为砂和粉砂。泥质基质,通常具泥岩夹层,A段分选差并为块状	流体湍流	浊流
以中粒和细粒砂、粉砂为主,通常分选良好。碟状或席状构造,有时可有模糊的平行纹层。底界面平坦。沉积在较陡的斜坡附近,无挟带流构造	逸出的孔隙液体	液化沉积物流
一般为中粒和细粒的砂和粉砂。无粒序的块状或具不清晰的平行纹理和碟状构造。可含略具平行方向稀疏分布的特大碎块。尽管可沉积在已有的谷道中,但底面平坦。沉积在较陡斜坡的旁边,无牵引流构造	分散颗粒压力	颗粒流
一般呈现极差的分选性,并有极粗的碎屑,但基质可以是分选良好的细至很细的砂和少量（约占20%）的泥,通常沉积在谷道中,但也可产于平坦基底的丘状堆积。通常是没有粒序的,但在某些层段中显示正向的、反向的或对称的粒序。可能有近乎水平的或者与河谷边缘一致的不清晰层理。主要为碎屑支撑或不具真正的基质,或为砂的基质支撑,最大的碎屑是近乎水平的定向,在分选好的砂沉积物上有模糊的平行层理	上述的一切加上密度、浮力和连续相的强度,加上框架堆积。层流在沉积时占主导地位,在搬运时普遍。连续相的强度在粘性流中为主,在非粘性流中有其他机制	非粘性碎屑流
主要为基质支撑,有泥质基质,碎屑无定向		粘性碎屑流

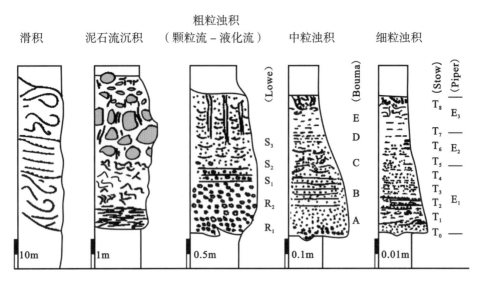

图 3-12　滑塌沉积和各种水下重力流沉积中的成因单位类型及其垂向序列（据 Stow，1986）

第二节　化学搬运与沉积作用

在自然界，某些沉积矿物是在沉积和成岩环境中，由无机化学作用形成的。要理解其成因机理，呈溶液状态搬运的化学物质，以及促使其发生沉淀的各种环境地球化学因素和其形成的沉积物，都是我们关心的重点。

母岩化学分解的产物，可以根据它们难溶和易溶的性质分成胶体溶液（colloidal solution）和真溶液（true solution）两种（图 3-13）。Al、Fe、Mn、Si 的氧化物难溶于水，在搬运过程中常以胶体形式出现；Ca、Na、Mg 等元素所组成的盐类，由于其溶解度大，而呈真溶液搬运。这些溶液借河水或地下水向湖泊或者海洋中迁移，一直到合适的部位沉淀成各种氧化物和盐类化学沉积物，形成各种自生氧化物和盐类矿物。在形成自生氧化物和盐类矿物过程中，环境地球化学条件对其具有重要影响。

所以，本节在简要介绍环境地球化学条件因素基础上，重点分析胶体溶液的搬运和沉积作用、真溶液的搬运与沉积作用、化学沉积分异作用以及常见的化学沉积岩和自生矿物。

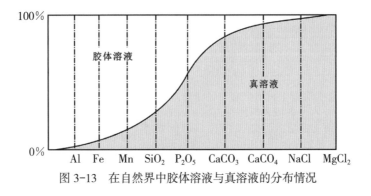

图 3-13　在自然界中胶体溶液与真溶液的分布情况

一、主要的环境化学参数

Berner(1981)提出了地球化学环境的分类方案(表3-3),被认为应用于沉积物的研究是可行的。

表3-3　Berner 的地球化学实用分类方案(据 Berner,1981)

地球化学环境			典型的自生矿物
氧化的——有溶解氧存在			赤铁矿、针铁矿、MnO_2 矿物;无有机物质
非氧化的	硫化的——有溶解的硫化物($H_2S + HS^-$)		黄铁矿、白铁矿、菱锰矿、硫锰矿、有机物质
	非硫化的	后氧化的——弱还原作用,无氧,硫酸盐未被还原	海绿石和其他 $Fe^{2+}-Fe^{3+}$ 硅酸盐、菱铁矿、蓝铁矿、菱锰矿、无硫化物矿物;少量有机质
		甲烷化的——强烈还原作用,无氧,硫酸盐被还原,最后有甲烷形成	菱铁矿、蓝铁矿、菱锰矿、早期形成的硫化物矿物并有有机物质

注:本表未考虑盐度和 pH 值;铁和锰必须存在于原始沉积物中;微环境(例如在生物介壳内)可能与一般环境有区别;沉积的和晚期成岩的/表生的环境条件可造成复杂的叠加结果,需要仔细地进行岩石学和后生成岩作用的研究。一般早期成岩的顺序是氧化的——→后氧化的——→硫化的——→甲烷化的。

Lewis(1984)对影响环境化学条件的一般因素进行了系统总结。

(1)盐度:是指溶液中阳离子和阴离子的浓度。它最常用千分之几($\times 10^{-3}$)或百万分之几($\times 10^{-6}$)表示。正常海水中的盐度是 35×10^{-3} 左右;超盐水为 200×10^{-3} 左右;半咸水为 10×10^{-3} 左右。淡水中盐类平均总量约为 100×10^{-6}。

不同离子的溶解度不同,在天然水中它们的实际浓度变化很大。在海水中,$Na^+ \gg Mg^{2+} > Ca^{2+}$ 和 $Cl^- \gg SO_4^{2-} > CO_3^{2-}$,还有许多别的离子存在于海水中。淡水中的离子含量和浓度反映水系受源岩和气候因素影响,因此比海水中离子含量的变化要大很多。一般地说,$Ca^{2+} \gg Na^+ > Mg^{2+}$ 和 $HCO_3^- \gg SO_4^{2-} > Cl^-$。孔隙水的盐度随成岩化学反应粘土和胶体对离子的选择性吸附,以及在溶液迁移时混合程度的不同而不同。

(2)pH 值(介质的酸碱度):是溶液中 H^+(或 H_3O^+)浓度的负对数值。20℃时,纯水离解出典型浓度为 10^{-7} 的 H^+ 和 OH^- 离子,因此 pH = 7 作为中性的标准。H^+ 浓度大于 10^{-7},为酸性水,pH < 7;H^+ 浓度较低时则为碱性水,pH > 7。注意 pH 与温度有关,纯水在 100℃时,其正常的 pH 值为 6,当沉积物沉降经过地热梯度时,这种与温度的依赖关系在成岩作用中具特殊意义。自然界地表水的 pH 值从 0(如火山地区的热泉)至 10 或更大(一些碱性高的海水或湖水),大多数天然水的 pH 值为 4~9。正常开阔海海水的 pH 值为 7.5~8.5。

pH 值在化学沉积作用中的重要性在于,它是溶液中有无 H^+ 和 OH^- 来置换矿物中其他阳离子和阴离子或与溶液中的阳离子或阴离子相互作用的量度。因此,矿物的溶解、蚀变和沉积作用都强烈地依赖于 pH 值(图3-14)。矿物之间的化学反应对液体的化学成分又有反馈效应,并可升高或降低 pH 值(例如,在原来的中性水中腐蚀辉闪石类时,其 pH 值可升至 9~11,当腐蚀石英时,pH 值可降至 5~7,在长石与水接触的界面上水解反应可使局部 pH 值达到 11 以上)。

(3) Eh 值：是溶液中氧化-还原电位（伏特，V）的量度。E_0 为标准条件下单位活度的反应物发生反应的电动势；Eh 是与这一理想条件有差别（如自然界中）的电动势。Eh 随温度、反应物的浓度、压力和 pH 值的变化而变化。例如 25℃时的某反应，当 pH 值每增加一个单位时，其 Eh 将降低 0.06V。

在自然界，Eh 通常反映自由氧的丰度，当 Eh 为正时，通常发生氧化反应（图 3-14）；但 Eh 为负时，却并不一定导致还原反应，因为还有一个还原能力问题。在沉积物中，还原能力通常决定于有机物。如果缺乏有机物，Eh 值并不能导致赤铁矿之类的物质发生还原作用（氧化铁使沉积物染成红色）。

气态 O_2 既可能是大量的，也可能是稀少的或是缺乏的（如它

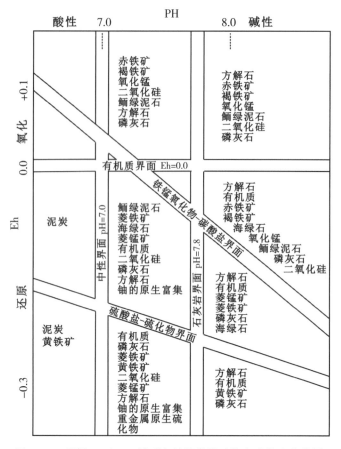

图 3-14　根据 Eh 和 pH 关系归纳的常见矿物生成的大致范围
（据 Krumbein 和 Garrels，1952）

可结合成各种化合物，像 CO_2、H_2O 和铁、锰氧化物）。这样，有机炭化物首先被氧化，如果还有剩余氧，则金属阳离子也可被氧化。在沉积体系中，Eh 为 0 的边界是变化的，可以在沉积物与水的界面之上、之中或之下。在后期的成岩作用或风化作用中，O_2 可被补充在溶液中。

（4）水：水分子为一个偶极子，即在一个较大的 O^{2-} 离子的两侧有两个 H^+ 离子。水分子一侧为正，一侧为负，它们分别吸引阴离子和阳离子。这种引力削弱了矿物中的键合作用，引起水化作用、水解作用从而有利于矿物的溶解。

（5）水循环：由于向溶液中提供新的电解质和从溶液中移去了反应产物，水循环极大地促进了许多反应的进行，反应产物趋于积蓄，又延缓进一步的反应。循环作用由于种种原因而出现在沉积物发展历史的各个阶段，其中最广泛和最普遍的原因是细粒沉积物的压实作用，它将水压向两侧并穿过相邻岩相挤出。土壤中的水在干旱季节可向上运动至表面附近而蒸发，致使溶解物在那里发生沉淀。

（6）水中 CO_2 的含量：CO_2 与水结合成 HCO_3^-（重碳酸根离子）和 H^+（它影响 pH 值），所以它在碳酸盐地球化学中有极其重要的意义。

（7）硫化物阴离子含量：S^{2-} 易与金属阳离子结合（特别是铁），大多数 S^{2-} 主要是由硫酸盐化合物通过厌氧细菌的活动分解形成的。

（8）有机物质：有机质分解时消耗 O_2，生成 CO_2，释放出 H^+（从而影响 pH 值），提供 SO_4^{2-}，贮集有机质复合体（这些复合体对矿物中金属阳离子的析出和搬运具很大影响）。通

常,沉积物中的有机质含量随颗粒变小而增高。在某些情况下,有机质的分解在沉积物中是罕见的,但在微环境中(如粪球粒中)仍是很重要的。

(9)活的生物:通过生物的肠道系统会造成腐蚀的化学反应,例如粘土粒级沉积物经肠道系统后不论是物理性质还是化学性质,都会受到强烈的影响。细菌活动可直接影响矿物的性质(如对硫酸盐化合物的分解)或间接地影响化学反应(如由于厌氧型细菌形成 H_2S 和 CO_2 的作用)。喜氧细菌在深 $40 \sim 60cm$ 的含氧盐沉积物中达到最大值,在此深度之下很快地为厌氧细菌所取代;在许多泥岩和钙质泥岩中,喜氧细菌只能生活在很薄的表层内,因而在通气不良的条件下它们根本不能生存。细菌的含量与有机质分解的数量直接有关。

(10)温度:在化学反应中,温度的最大、最小和平均值以及它们的变化速率极为重要。较高的温度能加速许多化学和生物化学反应的进行。温度的控制因素是气候、季节、地热梯度和各种内部的放热和吸热反应。

二、胶体物质的搬运和沉积作用

低溶解度的金属氧化物和氢氧化物常常可以呈胶体溶液的形式搬运(图3-13)。胶体溶液是介于悬浮液和真溶液之间的一种溶液。胶体粒子的直径很小,一般介于 $1 \sim 100\mu m$ 之间。在沉积岩中,常见的胶体化合物有 Al_2O_3、P_2O_3、MnO_2、SiO_2 粘土矿物和磷酸盐矿物(表3-4)。这些胶体具有共同的特点:①由于胶体质点很小,在搬运和沉积过程中,重力的影响是很微弱的。②由于表面的离子化作用,胶体质点常带电荷。胶体质点的这种带电性质,是影响它搬运和沉积的一个很重要的因素。③胶体粒子的大小比真溶液中离子要大得多,故扩散能力很弱,往往不能通过致密的岩石。④天然胶体有普遍的吸附现象。例如,二氧化硅水溶胶体能积极吸收放射性元素;铁的水溶胶体能吸收 As、V、P 等;锰的胶体可强烈吸收 Ni、Ca、Co、Zn、Hg、Ba、K、W、Ag 等。

表3-4 自然界中常见的正负胶体

正胶体	负胶体	正胶体	负胶体
Al_2O_3 的水化物	SiO_2	CaO 的水化物	V_2O_5
Fe_2O_3 的水化物	泥质胶体	$MgCO_3$	SnO
Cr_2O_3 的水化物	MnO_2	$CaCO_3$	Pb、Cu、Cd、As
TiO_2 的水化物	S	CaF_2	Sb 的硫化物
ZrO 的水化物	有机酸	Zr、Ce、Cd 的氢氧化物	

因此,在搬运过程中,当胶体溶液因两种带不同电荷的胶体相遇,或因电解质作用,或因浓度增大以及 pH 值的影响失去稳定时,胶体就发生凝聚(絮凝作用),胶体物质即在溶液中集结成为絮状、团块状。这时的胶体就可以克服原来胶体质点的布朗作用,在重力作用下,于合适的沉积环境里逐渐沉积下来。

由胶体凝聚沉积而成的沉积物或沉积岩石,一般具有以下特点:①未脱水硬化的凝胶(即沉积物),呈胶状或糊状、冻状,其固结而成的岩石,常具贝壳状断口;②胶体沉积的岩石,由于颗粒细小,吸收性强,故有粘舌现象;③一般具有微晶、放射状、鲕状、球粒状、扇状集合晶等结构;④常呈透镜状、结核状,有时呈层状产出;⑤具有较强的离子交换能力及吸收不定量水分的能力,故其化学成分常不稳定。

三、真溶液物质的搬运与沉积作用

母岩化学风化以及其他来源提供的化学物质中,Cl、S、Ca、Na、Mg、K 等成分呈离子状态溶解于水中,即可呈真溶液状态搬运。有时 Fe、Mn、Si、Al 也可呈离子状态在水中被搬运。这些可溶物质能否溶解而搬运或沉淀,与本身溶解度有关。即溶解度愈大,愈易搬运,愈难沉积;反之,溶解度愈小,则愈难搬运,愈易沉积。

Fe、Mn、Si、Al 等溶解物质的溶解度较小,易于沉淀。在它们的搬运和沉积作用中,水介质的各种物理化学条件的影响十分重要。

Fe^{3+} 只有在强酸性(pH<2~3)的水介质中才稳定,才能作长距离的搬运;当 pH>3 时,Fe^{3+} 就开始沉淀。Fe^{2+} 则不同,它在 pH 值为 5.5~7 时才开始沉淀。因此,Fe^{2+} 远较 Fe^{3+} 易于搬运。另外,Fe^{3+} 和 Fe^{2+} 沉淀时所要求的 Eh 值也是不同的。Mn 的情况与 Fe 类似。

SiO_2 的沉淀需要弱酸性条件,而 $CaCO_3$ 的沉淀则相反,它需要弱碱性条件。

Al_2O_3 的沉淀条件更为特殊,它只有在 pH 值为 4~7 时才沉淀。

$CaCO_3$ 的沉淀,除了一定的 pH 和 Eh 条件外,对水介质的温度、CO_2 含量等也有一定的要求。水介质温度升高时,CO_2 在水中的溶解度就减小,水中的 CO_2 就向大气中逸出,这就促使溶解的 $Ca(HCO_3)_2$ 转变为 $CaCO_3$ 而沉淀。相反,如果温度降低,反应就会向相反的方向进行。因此,碳酸钙沉积多见于热带亚热带地区。

由此可见,在研究 Fe、Mn、Si、Al、Ca 等溶解物质的搬运及沉积作用时,应充分重视水介质的影响。

但对于溶解度大的物质,如 Cl、S、Na、K、Mg 等的搬运和沉积作用,水介质条件的影响则不大,它们只有在干热的气候条件下,在封闭或半封闭的盆地中,或者在水循环受限制的潮上地带,即在蒸发的条件下,才能沉积下来。石膏、硬石膏、钠盐、钾盐、镁盐就是这样形成的。

因此,各种溶解载荷从真溶液中沉淀(积)出来都有一定的 pH 和 Eh 值。表 3-5 中所列的是常见的金属氢氧化物沉淀时所需的 pH 值。表 3-6 所列的则是各种矿物发生沉淀时的 pH 值。Krumbein 和 Garrels(1952)总结了沉积岩中常见自生矿物依据 pH 值和 Eh 值所划分的稳定范围和一般的生成条件(图 3-14)。

表 3-5 常见氢氧化物沉淀时所需的 pH 值

金属氢氧化物	Fe^{3+}	Al	Cu	Fe^{2+}	Pb	Ni	Mn^{2+}	Mg
pH	2	4~10	5.3	5.5	6.0	6.7	8.7	10.5

表 3-6　各种矿物悬浮体的 pH 值

矿物	pH	矿物	pH	矿物	pH
方解石	7.8～9.5	镁钙埃洛石	7.8	萤石	6.0～6.4
白云石	7.8	钒钙铀矿	7.2	硬石膏	6.7～7.0
菱镁矿	7.8	钾钒铀矿	7.8	石膏	6.4～6.6
菱锰矿	6.6～7.4	铜铝磷矿	6.6～7.0	重晶石	6.2～6.6
菱铁矿	6.6～7.4	高岭石	6.6～6.8	铝钒	4.6～4.8
磷灰石	7.6～8.5	水铝英石	6.6～6.8	明钒石	4.4～4.8
蒙脱石	7.9～9.4	埃洛石	6.3～6.8	钒石	4.4～4.6
绿泥石	7.8	钾盐	6.6～6.8	黄钾铁钒	4.4～4.8
拜来石	6.6～6.8	石盐	6.6～6.8		

四、化学沉积分异作用

母岩风化产物中的溶解载荷，在沉积过程中，由于各种元素和化合物彼此在化学性质上的差异，它们会发生分异，而这种分异作用是受化学原理所支配的，称为化学沉积分异作用（chemical sedimentary differentiation）。

影响化学沉积分异作用的主要物质因素是物质（化合物）的溶解度，即按溶解度从小到大，依次沉积。这样，原来共存于溶液中的各种成分，在其搬运和沉积作用的过程之中，就逐渐地发生了分异现象并分离开来。化学沉积分异作用还要受到介质的 pH 值和 Eh 值变化的影响。

普斯托瓦洛夫（Пустваlov，1940）所提出的化学沉积分异作用的一般模式自沉积盆地岸边向海盆方向的沉积次序是：铝土矿→鲕状赤铁矿→鲕状氧化锰矿→二氧化硅→磷酸钙→海绿石→鲕绿泥石→菱铁矿→方解石→白云石，最后是石膏、硬石膏以及氯化钠、钾盐、镁盐（这些只在盐盆地出现）。普氏于 1954 年又对化学沉积分异作用序列进行了修订，如果简化一下这个序列，则是：氧化物→磷酸盐→硅酸盐→碳酸盐→硫酸盐→卤化物（图 3-15）。

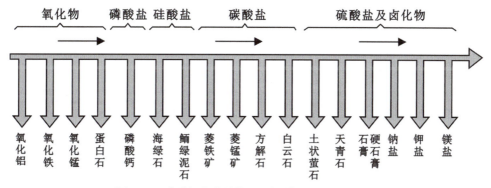

图 3-15　化学沉积分异作用图解（据 Пустваlov，1954）

普氏的化学沉积分异理论提出以后,受到沉积岩石学界的极大重视,但同时也出现了不少的疑问和分歧。争论的主要问题有二:第一,是关于化学沉积分异作用受外部种种因素的控制或影响问题,如水介质的各种物理化学条件、气候条件、构造条件、生物作用等的控制或影响细节;第二,是个别成分沉淀的先后顺序以及图解的表现形式问题。这两方面的问题随着科学技术的发展,逐步得到了补充和完善。也就是说,任何自然界的规律,都是在一定的条件下存在的,化学沉积分异作用亦然。作为一种沉积作用原理,化学沉积分异作用有其重要理论意义和科学价值。

五、常见的化学沉积物(岩)和自生矿物

自生矿物是溶液中的化学物质在一系列物理化学作用下形成的。其形成方式有以下几种:①以化学或生物化学方式在溶液中沉淀,以后又进一步重结晶;②呈悬浮状态被带到沉积物中的细分散物质(如粘土),经过化学和矿物方面的改造而成;③在地下环境或表生成岩带,溶液中沉淀的矿物置换交代原有的矿物。它们通常形成于原地,包括同时沉积的、沉积后在孔隙中沉淀和交代的,以及地下深处环境中形成的。就是说,在沉积、同生、成岩和后生及表生阶段形成的矿物统称自生矿物,是沉积岩特有和新生的组分。

各种自生矿物都是与其形成阶段所处的物理化学条件相平衡的产物,分布也极不相同。最多的是方解石、白云石及硅质矿物,并可构成巨厚或厚层的沉积岩层;另一些分布虽广,但主要富集在单个岩层、透镜体或团块结核之中,如磷灰石、菱铁矿、黄铁矿和海绿石;还有一类在沉积岩中少见,一般呈胶结物、团块或微小浸染状,如萤石、重晶石、沸石、闪锌矿、方铅矿等。

(1)方解石和白云石:是沉积岩中常见的碳酸盐矿物。方解石(即低镁方解石)主要化学成分为$CaCO_3$,白云石分子式为$CaMg(CO_3)_2$。它们既可构成很厚的碳酸盐岩石,又可以在碎屑为主的岩石中以胶结物或者结核的形式出现。有较粗的结晶颗粒,也有极细的泥状晶粒(图3-16);白云石的生成除了符合一般物理化学规则以外(即溶度积、pH等),更多的是交代方解石而成。

(2)黄铁矿和白铁矿(FeS_2):是同质异象的硫化物矿物,以结核形式出现在碎屑岩和碳酸盐岩中。它们在细粒暗色泥岩中最为常见,通常与有机质的保存有关(图3-17)。

这两种矿物都反映了沉积期后沉积物中,甚至在所谓的"闭塞"环境中的沉积物表面处所出现的强还原条件。在沉积物中,孔隙水与上覆充氧水的有限混合以及厌氧细菌的活动消耗了游离氧。这时还原硫的细菌出现,生成游离硫离子,它与铁结合,形成细粒的浸染状黄铁矿或白铁矿。这就使得在现代潮坪较细粒部分,距表面仅几厘米之下的沉积物呈黑色。较大的黄铁矿结核通常显示内部放射状的晶体生长方式。

(3)菱铁矿($FeCO_3$):是含铁的碳酸盐矿物,在沉积岩中也较为常见。菱铁矿晶体常具晶面圆滑的菱面体外形,其集合体具放射状或似鲕状,也常呈结核状产出。菱铁矿一般形成于弱还原环境,其中硫酸离子浓度低,有Fe^{2+}以及CO_2存在(Sellwood,1971)。关于它的生成,有人认为可能是原生的。但目前绝大多数地质学家认为菱铁矿是典型的成岩期自生矿物,这从它们往往交代原生矿物可得到证实。经常与之共生的自生矿物有鲕绿泥石和黄铁矿。菱铁矿在海洋、湖泊环境中都可以形成,在一些含煤岩系的沼泽粘土中更为常见,有时可以达到一定的厚度而被视作低品位的铁矿石。但在河流中,因河水是弱氧化和中性—弱酸性条件,

图 3-16 方解石沉积物

a. 溶洞中的碳酸盐岩沉积物,鄂尔多斯盆地北部昭君坟(焦养泉摄,2012);b. 鲕粒,单偏光,重庆开县飞仙关组(焦养泉摄,2006);c. 生物介壳和鲕粒,单偏光,渤海湾盆地歧口凹陷古近系(焦养泉摄,2007)

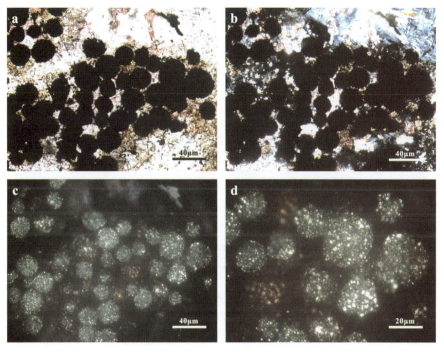

图 3-17 渤海湾盆地歧口凹陷古近系砂岩碎屑沉积物粒间的草莓状黄铁矿(焦养泉摄,2007)
a. 单偏光;b. 正交偏光鲕粒;c 和 d. 反射光

故很少见。

（4）赤铁矿和褐铁矿：赤铁矿（Fe_2O_3）以结核形式以及更为常见的状态——色素出现在红层中。在各种情况下它都要求氧化条件（图 2-3、图 2-4），不过，在弱还原的碱性条件下能继续存在（图 3-14）。结核状赤铁矿一般出现在红色的或局部还原的层序中，而且结核通常出现在古代土壤层剖面中。

尽管许多铁质矿物可风化成褐铁矿（$2Fe_2O_3 \cdot 3H_2O$），但如果氧化的地下水条件占优势，褐铁矿似乎也能自主地形成结核（图 3-14）。它经常以砂和砂岩中的结核方式出现，往往对未固结松散砂刚刚开始石化的部分起胶结作用。

（5）海绿石：沉积岩中的分布虽量少和分散，但其意义较大，一直是人们关注的研究课题。海绿石是现代海洋底部和地质历史时期海相地层中分布较广的绿色自生矿物，是一种富铁、富钾的含水层状铝硅酸盐矿物。海绿石的颜色比较有特点，呈鲜绿色、黄绿色或浅黄绿色，其绿色的鲜艳程度与 Fe^{3+}/Fe^{2+} 比值和氧化程度有关。海绿石常是细鳞片晶体或极细粒的集合体。集合体的形态多种多样。

海绿石是 Fe^{3+} 和 Fe^{2+} 共存的富铁矿物，所以形成海绿石要求弱氧化至弱还原条件。费尔布里奇等人指出，形成 2mm 大小的海绿石团粒可能要 100～1 000 年时间。在此期间要求沉积速度缓慢，水流有弱扰动。这些特定条件在浅海环境中最为适宜。据研究，大部分海绿石是在同生和早期成岩阶段形成的，后生阶段中海绿石极少。在表生带中海绿石易氧化成褐铁矿，所以他生海绿石极为罕见。

（6）石膏（$CaSO_4 \cdot 2H_2O$）和硬石膏（$CaSO_4$）：都以早期成岩结核形式出现在现代强碱性条件下，如在炎热、干旱环境中的间歇性湖泊与潮上坪表面以下不远处（图 3-18）。类似构造在古代沉积物中是普遍的。宿主沉积物通常为碳酸盐岩，但蒸发盐结核也出现在碎屑岩，尤其是泥质粉砂岩中。石膏可呈嵌晶状环绕宿主沉积物的颗粒产出，而硬石膏常作为结核和薄层以置换方式发育。

（7）重晶石（$BaSO_4$）：作为局部胶结物是十分常见的，尤其是在红色砂岩中，在这里发育完好的晶体呈镶嵌状包围着砂粒。在现代沙漠中，通常以沙漠玫瑰（sand rose）的形式形成于近沉积物表面处。氧化条件和呈溶解状态的钡的补给，对于以这种方式形成的重晶石来说是必需的条件。

（8）石盐或岩盐（NaCl）：是一种块状的、粗粒的、没有节理的结晶物质。可以与其他某些沉积物构成纹层状。盐的结晶可以是轮廓完好的立方体，也可以是漏斗状的。按 Dellwig（1955）的解释，漏斗状晶体是在卤水表面形成的，而立方体的常态是在盐的堆积物和它上面浮着的卤水之间的沉积界面上生长的一种产物（图 3-19）。

（9）自生硅质矿物（蛋白石＋玉髓＋自生石英）：自生硅质矿物也是沉积岩中分布比较广的造岩矿物，包括蛋白石、玉髓和自生石英。蛋白石是非晶质含水的 SiO_2 矿物，呈胶状集合体。蛋白石凝胶一般直接由溶液中析出，可富集而形成某类岩石，也可作为碎屑孔隙中的充填物。蛋白石的形成又与生物作用有关，常构成各种硅质生物的矿物质骨架。玉髓是纤维状结晶质的 SiO_2 矿物，它是由蛋白石重结晶而成的，常呈纤维状集合体和微晶状，往往与蛋白石同时出现。Глнзбург 和 Рукавищникова（1951）及其他研究者指出，方解石的存在，会促进蛋白石转变为玉髓及结晶质 SiO_2 的其他亚种。因此，在石灰岩中，结晶形式的 SiO_2、玉髓占绝对优势。福克（1981）的研究认为，正延性玉髓（水玉髓）是在地质历史中曾存在过，而现

图 3-18 蒸发岩类——石膏

a、b. 内蒙古四子王旗江岸乌兰胡秀古近系石膏晶体（焦养泉摄，2012）；c. 新疆乌鲁木齐芦草沟组油页岩表面的石膏晶体（焦养泉摄，2006）；d. 内蒙古四子王旗脑木根古近系石膏晶体（焦养泉摄，2009）

图 3-19 蒸发岩类——石盐

a. 形成于死海沿岸的盐晶（据 Stefano Brambilla，2009）；b. 新疆吐鲁番艾丁湖的石盐（焦养泉摄，2000）

在已消失了的蒸发盐岩的典型标志，它是通过交代蒸发岩而形成的一种矿物，它的结晶 C 轴与晶体纤维方向呈 30°夹角。自生石英可以由玉髓进一步结晶而成，也可以在成岩后生期直接形成碎屑石英的增生或加大（图 3-20）。这些自生石英常充填碎屑岩石的孔隙空间（包括加大石英），有的呈较粗的镶嵌状集合体，也有的呈分散状较自形的晶粒。在现代砂中没有见到自生石英充填孔隙，而在古代碎屑岩（特别是砂岩）中经常出现。说明自生石英的形成除了需要一定的离子浓度，也需要一定的成岩温度。二氧化硅的沉淀似乎需要弱碱性条件。

图 3-20　鄂尔多斯盆地北部白垩系的自生石英晶簇（焦养泉摄，2012）

第三节　生物搬运与沉积作用

生物作用（biological processes）是地表最活跃、最强大的一种营力。生物通过自身的生命活动，直接或间接地对化学元素、有机或无机的各种成矿物质进行分解与化合，以及迁移、分散与聚集等作用，并在各种适宜的盆地中形成岩石或者矿床（刘宝珺，1980）。无论是低等生物还是高等生物对沉积物（岩）和沉积矿产的形成都起到了重要作用。藻类和菌类等微生物在地质历史时期出现得最早，而且繁殖快、分布广、数量多、适应性强，石煤就是菌藻类等生物遗体在浅海环境下经腐泥化作用和煤化作用形成的。正是由于裸子植物和被子植物的繁盛才有了"工业的粮食"——煤炭，而正是由于有生物的存在才有了"工业的血液"——石油。生物不但积极地参与大部分原始物质的生成，在沉积物形成和改造阶段也极为重要，而且在沉积物形成之后，还以某种角色继续参与到成岩作用和成矿作用过程中。由于煤是生物作用最重要的产物之一，因此了解生物作用对于聚煤盆地研究具有举足轻重的作用。

生物沉积作用是指通过生物本身的生命活动形成有机化学沉积物的作用，其表现方式既可以是生物遗体的直接堆积作用，也可以是生物化学作用。不仅如此，生物作用还积极地参与到各种成岩和成矿作用之中。因此，本节将重点探讨生物的直接和间接沉积作用、生物成岩和成矿作用，以及沉积环境所赋予的古生物群落和生态组合等科学问题。

一、生物遗体的直接堆积作用

生物遗体可以直接堆积形成岩石或者矿床，这是最直接的、最简单的和最能被人们理解的一种生物搬运和沉积作用形式。生物在其生活过程中，要从周围介质中吸取一些元素和化合物作为自己的骨骼，而它们大多是由母岩提供的化学物质。生物死亡后，矿物质骨骼或外壳（无机硬体部分）富集堆积直接形成各种生物岩，如生物碎屑灰岩、硅藻土、放射虫岩、海绵岩等（图 3-21），或者直接加入到其他沉积物中（图 3-22）。同时，生物遗体的有机化合物部分（软体），经埋藏和生物化学演化后，可形成干酪根进而形成煤、石油、天然气和油页岩等。其中，煤主要是由植物的遗体经过沉积作用和煤化作用形成的，炭质泥岩和煤都是由不

图 3-21 生物遗体的直接堆积作用

a. 重庆开县红花长兴组由海百合茎构成的生物碎屑滩灰岩（据 Wu 等，2012）；b. 现代海滩的生物介壳堆积（据 Cornish，2002）

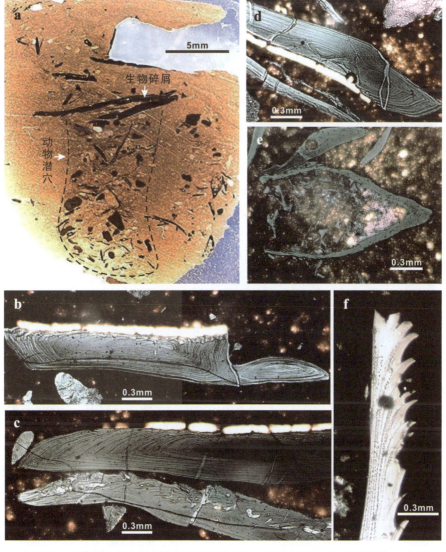

图 3-22 准噶尔盆地南缘芦草沟组烃源岩中的生物碎屑沉积（据焦养泉等，2007）

a. 动物潜穴中富集的有机质，单偏光；b、c、d. 具有纹饰的生物碎屑，透射光；e、f. 动物壳体，透射光

溶于水的干酪根组成的，油页岩由有机质和无机质组成。

此外，生物的排泄物如粪便通过大量堆积，也可以形成沉积物（岩），如球粒灰岩。

二、生物化学作用

生物能产生大量的 CO_2、H_2S、NH_3、CH_4 以及 H_2 等气体，能影响沉积介质的氧化还原条件，能进行有机质的合成与分解作用，从而极大地影响沉积物质的搬运与沉积。特别是生物的耗氧作用，或者生物遗体的堆积分解，可以生成大量的 H_2S、CH_4 等气体，使沉积介质的 Eh 值和 pH 值条件发生改变，从而促进一些有用金属元素的富集。

例如，由于生物活动而引起的 CO_2 含量的变化可影响碳酸盐的沉淀或溶解搬运。高等植物分解的腐植酸和碳酸，可使一些难溶解的铝硅酸盐和硅酸盐分解，形成易溶的有机酸盐和碳酸盐。而且，腐植酸本身是一种护胶体，有助于不活泼元素的迁移。具有单细胞或多细胞的低等植物——藻类，通过钙化作用和粘结作用，有的形成了钙质硬壳，有的仅以有机质遗迹保存在岩石中。据观察，藻类的沉积作用主要有以下三种形式：

（1）改变沉积介质水化学条件，促使水体以化学或生物化学的方式形成一些氧化物和各种盐类沉淀，进而形成各种自生矿物并构成岩石。例如，在碳酸盐沉积的浅水环境中，大部分藻类（浮游、底栖）在生活过程中发生光合作用，它们在水中吸收 CO_2，使水体趋近碱性。特别是在水温较高的地带，CO_2 分压较低，藻类（特别是蓝绿藻）大量繁殖，使水更呈强碱性，这时有利于重碳酸盐向碳酸盐转化，形成碳酸盐沉积物。Peterson 和 Von der Borch（1965）提供了一个澳大利亚湖泊中有 SiO_2 沉淀的例子。在这些时令性湖泊中，湖水中的 pH 值有季节性地超过 10，这是由于蓝藻光合作用的结果。当 pH 值较高时，碎屑石英、粘土矿物被溶蚀，使湖水氧化硅过饱和。湖盆在一年中有部分时间是干涸的，当 pH 值因藻类不繁殖而降低以及湖水体积也减少时，SiO_2 就从湖水中沉淀了出来。

（2）藻类以碳酸盐质（特别是钙质）或其他矿物质遗迹直接堆积。有些较高级的底栖和浮游藻类，生长到一定程度后，通过分泌作用，即藻体在周围水体和食物中不断吸收 $CaCO_3$，在外表分泌钙壳或骨骼形成遗体化石，死后堆积成藻灰岩，如红藻灰岩和绿藻灰岩。

（3）以粘结作用方式捕房细粒化学物质，如碳酸盐和磷酸盐等，使这些物质大量沉积。这是蓝藻的主要沉积方式。蓝藻细胞外还有一层胶质（或胶质粘液层），常以此捕掳或粘结盐类质点。如果蓝藻受季节性影响而周期性繁殖，通过粘结作用可形成暗亮层交替。暗层为富藻层，有机质高，色暗；亮层为贫藻层，有机质极少，色浅。亮暗层构成层纹对，形成著名的藻礁岩石。一些滨岸带的藻类似乎参与到了海滩岩的胶结作用过程中，Moore（2001）通过岩石组构和扫描电镜的观察表明，藻丝体能够将颗粒包裹粘结在一起从而起到胶结作用，他认为这是藻类自身生命活动的结果（图 3-23）。

由珊瑚、海绵或者瓶筐石为主构成的生物礁体，其本身就是一种生物化学作用的钙的聚集过程（图 3-24），但是在其形成演化过程中，藻类的作用不容忽视，尤其是在生物礁体开始定殖的初期阶段。

三、生物的成岩与成矿作用

越来越多的研究发现，生物及其衍生物能直接参与到成岩作用和成矿作用过程中。特别

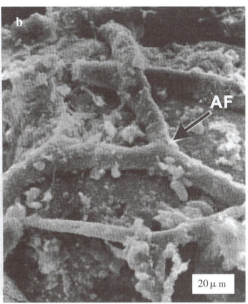

图 3-23 美国 Virgin 岛 St. Croix 地区海滩岩藻类胶结物的扫描电镜照片（据 Moore，2001）
AF. 藻丝体；G. 颗粒；b 为 a 的放大，藻丝体 AF 清晰可见

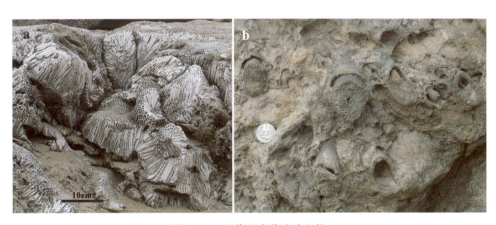

图 3-24 现代和古代造礁生物
a. 海南三亚现代滨岸带出露的已经死亡的珊瑚礁（焦养泉摄，2006）；b. 塔里木盆地西缘一间房露头区奥陶系一间房组造礁生物瓶筐石（据焦养泉等，2011）

是在一些金属矿床的形成过程中，人们都发现了有机质的存在和参与。一些大型层控金属矿床，如密西西比河谷型铅锌矿（MVT 型矿床）、砂岩型和泥岩型铀矿的形成与盆地含烃流体关系密切（图 2-12）。其中，有机质对金属元素的活化、迁移和富集可能产生了影响。因此，人们特别关注生物的成岩和成矿作用研究。

生物的成岩作用主要体现在表生成岩作用阶段，如生物本身外壳和骨骼的生长过程以及死亡后的石化过程、生物有机质部分的埋藏和热转化过程、生物的分泌作用和粘结作用，还有生物的排泄物质成岩作用。

在气候条件制约下的生物发育状况也能影响生物的搬运和沉积作用，甚至是表生成岩作用。Fairbridge（1983）比较了生物发育和生物不发育两种情况下不同的生物沉积与表生成岩作用。在潮湿气候条件下，发育有浓密的树林和植被，如果具有较低缓的地形和较高的海平面，这时化学风化作用充分,可伴随有硅和钙的迁移,此区域则主要发生生物的平衡作用,生物化学沉积作用和碳酸盐同生成岩作用明显;但是在干旱气候条件下,植物稀少,如果具有较高的地形和较低的海平面,这时侵蚀作用强烈,机械风化作用占优势,可以供给大量碎屑物质,并被河流等搬运到盆地中沉积。在这种背景条件下,则主要发生生物的破坏搬运作用,局部地区具有 SiO_2、Fe_2O_3 表生成岩作用发生(图 3-25)。

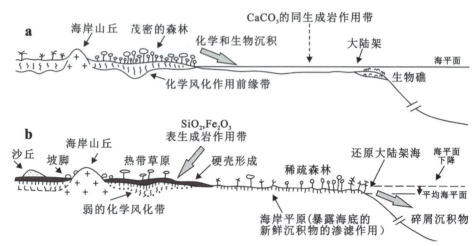

图 3-25 不同气候和生物条件下的生物化学沉积作用与表生成岩作用效应(据 Fairbridge,1983)
a. 生物平衡作用;b. 生物破坏搬运作用

生物的成矿作用需要聚焦到准成岩作用阶段,将生物及其产生的有机质在矿产形成过程中的作用称为生物成矿作用。生物成矿作用主要有两种方式,分别是直接生物成矿和间接生物成矿,前者包括生物对成矿元素的富集和对元素价态的转化,后者包括生物对环境物理化学条件的改变(叶连俊等,1990)。

(1)直接生物成矿,由生物体直接堆积形成,主要包括嗜铁、嗜磷、嗜铜、嗜锰等细菌以及藻类和高等植物死后堆积所形成的矿床(刘魁梧,1990)。这类矿床一般经过成岩演变或热变质过程,去除了挥发分组分,留下有用元素堆积成矿。这类矿床中包括生物灰岩、硅藻土、藻磷块岩、鸟粪磷矿、藻锰矿、叠层石铜矿、鲕—肾状赤铁矿、煤、油页岩以及硫磺矿床等。

(2)间接生物成矿,由生物的活动和生物本身的吸附作用对一些元素的富集形成矿床。其中有生物通过光合作用和新陈代谢作用改变环境的 pH、Eh 条件或发生氧化还原反应所形成的矿床,也包括酶的催化作用、降解形成腐植酸的护胶作用等所形成的矿床。这类矿床有菱锰矿、菱铁矿、泥晶磷块岩、黄铁矿、赤铁矿以及由于有机质还原作用而形成的部分铀、汞、铜、镍、钼矿床等。另外,有机软泥通过吸附作用而形成的矿床,如劣煤中的锗、镓矿床,藻磷块岩中的碘、硼矿床,粘土岩中的钴矿床以及某些微量元素矿床等(刘魁梧,1990)。

四、生物扰动改造作用

生物扰动和改造作用是指生物由于其生存活动,搅乱、中断和破坏了原来沉积成因的物理成层构造或沉积组构的作用。如一些环节动物和海参等泥食动物在沉积物中吞食大量泥砂,以摄取有机物质,同时排出大量粪粒混入沉积物,破坏了原来的沉积物结构,进行了再沉积作用。由生物扰动所形成的构造称为生物扰动构造(bioturbation structure),如由动物活动产生的居住迹（*Domichnia*）、爬行迹（*Repichnia*）、停息迹（*Cubichnia*）、进食迹（*Fodinichnia*）、觅食迹（*Pascichnia*）、逃逸迹（*Fugichnia*）和耕作迹（*Agrichnia*）等（图3-26）。另外一类生物扰动构造是由植物的生长产生的，如在含煤岩系中，由植物根系对沉积物的改造而在煤层底板形成的根土岩也是一种生物扰动构造（图1-3b、c）。

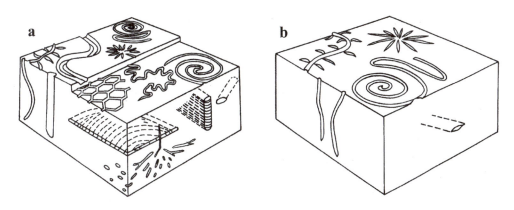

图3-26　深海远洋海底软泥中的生物成因构造（据Ekdale等，1984）
a. 碳酸盐软泥。从左到右，海底"羽狀遗迹"，*Taphrhelminthopsis*，*Glockeria*，*Spirodesmos*；海底以下几毫米：*Paleodictyon*，*Cosmorhaphe*，*Spirorhaphe*；左壁：*Teichichnus*，*Skolithos*，*Zoophycos*，*Chondrites*；右壁：*Zoophycos*，*Chondrites*，*Teichichnus*，*Planolites*。b. 富粘土软泥。从左到右："羽狀遗迹"，*Teichichnus*，*Spirodesmos*，*Glockeria*和一个具有污斑的*Planolites*

研究发现，生物遗迹的生态类型与水深关系密切，在半深海–深海环境中，除爬行迹外，主要以进食迹、觅食迹和耕作迹的遗迹组合为特征，尤其是耕作迹，不会产于浅海环境，它是深海环境中形成的特殊代表。通过生物扰动构造及其组构特征还可以进行深海沉积物的沉积速率推断。当沉积作用缓慢而持续进行时，造迹生物有充分的时间对沉积物进行扰动，从而形成完全的生物扰动构造。当沉积速率过快而抑制了生物活动时，沉积物中即缺少生物扰动构造。因此，生物扰动强度与沉积速率间具有成因联系。

在一些古代记录下来的河道砂体中，可能由于洪泛事件携带了丰富的动物残骸以滞留沉积物形式埋藏于河道底部，这为大量的食腐类的生物提供了良好的生活空间。食腐类生物的掘穴取食等生物过程就破坏了原始河道砂体的沉积结构，造成了严重的生物扰乱构造（图3-27）。

五、生态组合与沉积环境

从地球上出现生命的那一刻起，生物和环境就密不可分。何镜宇和余素玉（1983）曾指出，生物的生存必须从周围介质吸取一定的元素组成自己的骨骼，故生物的硬体成分和周围介质的成分是相适应的。而且介质富含某种生物需要的成分，也会促使某些生物的发育，反之，生物骨骼就会为别的物质所代替。如当有孔虫生活在石灰质沉积区的温暖水中时，则钙质壳发育；如碳酸钙缺乏，则有孔虫的钙质壳逐渐为砂质、几丁质壳代替。由SiO_2组成骨骼的硅藻，发育在极地海水和河口附近，因为这里SiO_2含量高。因此，岩石中的有机组分和无机组分时常是耦合的。

在环境的制约下，生物界出现了群落分化并逐渐形成了特色各异的生态组合，这种分化

图 3-27　内蒙古四子王旗古近系河流砂体中食腐动物的扰动与改造作用
a. 食腐动物对大型槽状交错层理的觅食扰动和改造,脑木根(焦养泉摄,2009);b. 动物的停息迹,脑木根(焦养泉摄,2009);c. 水平的动物潜穴,江岸乌兰敖包(焦养泉摄,2012)

既可以体现在实体化石组合的区别上,也可以体现在上述所说的生物扰动构造或生物遗迹组合中。有什么样的生物,就会产生什么样的痕迹和沉积物。因此,通过对生物群落和生态组合的研究,既有助于古沉积环境的恢复,也有助于了解相应的沉积物和沉积现象的形成机理。

以重庆开县红花—满月长兴组的海绵生物礁为例,Wu 等(2012)的研究发现其主要造礁生物(图 3-28)、次要造礁生物(图 3-29)和附礁生物(图 3-30)构成了一个庞大的、完整的群落。垂向序列的研究显示,在礁体发育的定殖→拓殖→泛殖→死亡破坏的完整过程中,各种生物的出现具有明显的规律性,即在大群落中具有更低级别的生态组合。研究认为,生物生态组合的多样性首先受控于生物礁(丘)的产出水深环境,其次与沉积体系内部的成因相类型(相带)有关(表 3-7)。

在古生物学界,将从同一地点同一岩层中采集的化石总和称为化石群,它可以是一个古群落或者是一个古群落的一部分,也可以是多个古群落的堆积体。从沉积学角度看,化石群是古生物随一定沉积事件或特定沉积环境的沉积产物。生态组合是指相同或者有生态联系的化石群组合(卢宗盛等,1992)。

从苏北现代潮坪生物分布图(图 3-31)中可以看出,植物主要生长在潮上带,并且伴生有一些垂直动物潜穴。而潮间带则主要是动物潜穴,植物稀少,潜穴形式有垂直的也有水平

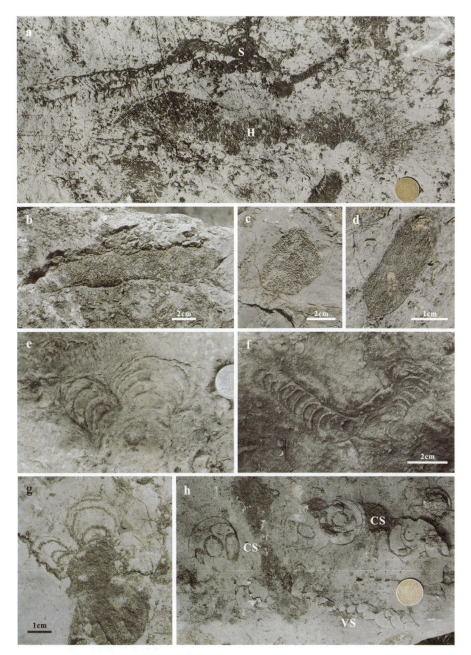

图 3-28　重庆开县红花—满月剖面长兴组主要造礁生物（据 Wu 等，2012）
a. 水螅（H）和串管海绵（S），红花剖面第 3 旋回中上部；b. 水螅，柱状（纵剖面），红花剖面第 2 旋回顶部；c. 纤维海绵，不规则椭圆状（横剖面），满月剖面第 2 旋回顶部；d. 纤维海绵，满月剖面第 2 旋回上部；e. 分枝状串管海绵，红花剖面第 4 旋回上部；f. 串管海绵，红花剖面第 4 旋回上部；g. 分枝状串管海绵，红花剖面第 3 旋回上部；h. 串管海绵的横截面（CS）和纵截面（VS），红花剖面第 1 旋回上部

的。也就是说，同一个生物群落生活在同一特定的环境中。生物组合也依赖于古环境，生物之间或者生物与无机环境之间是有规律地结合在一起的，而不是杂乱无章的，正是因为生物与环境的这种密切关系，古生物学家将地质学中"相"的概念应用于古生物中，即生物相。生物相是指反映生物生活环境的生态特征。如浮游相（笔石相，反映了深水滞流还原环境）、底栖相（壳相）等。所以，一定的化石群或者生态组合反应的是特定的沉积环境。

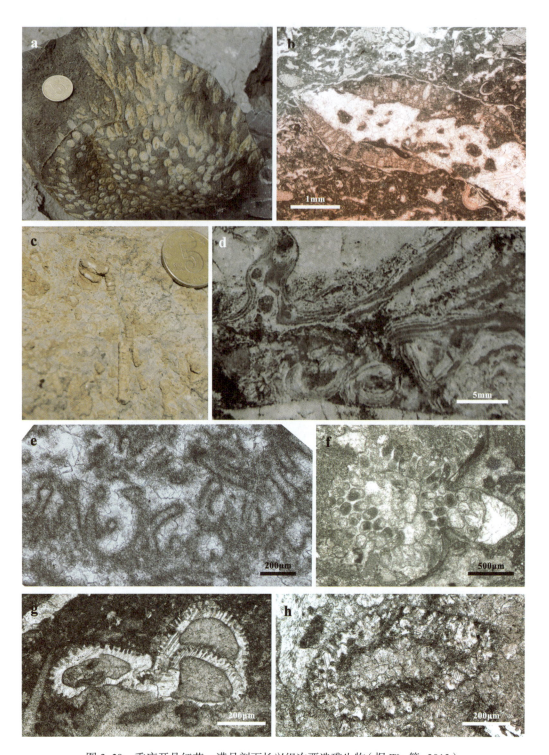

图 3-29　重庆开县红花—满月剖面长兴组次要造礁生物（据 Wu 等，2012）

a. 卫根珊瑚，满月剖面第 1 旋回中部；b. 苔藓虫，红花剖面第 3 旋回中部（样品 KHH-1-8），染色薄片，单偏光；c. 海百合茎，较为完整，满月剖面第 2 旋回顶部；d. 包覆生物碎屑的藻粘结岩，红花剖面第 3 旋回下部；e. 蓝绿藻，红花剖面第 3 旋回下部（样品 KHH-2-6），单偏光；f. *Tabulozoa*，红花剖面第 4 旋回中部（样品 KHH-3-12），单偏光；g. 藻，红花剖面第 3 旋回上部（样品 Km-17），单偏光；h. 裸松藻，红花剖面第 3 旋回中部（样品 Km-9），单偏光

图 3-30　重庆开县红花—满月剖面长兴组附礁生物（据 Wu 等，2012）

a. 腕足，满月剖面第 1 旋回中上部；b. 腕足，红花剖面第 1 旋回上部；c. 腕足，红花剖面第 4 旋回底部（样品 KHH-2-16），单偏光；d. 腹足，红花剖面第 3 旋回下部；e. 双壳，满月剖面第 2 旋回中部；f. 有孔虫，红花剖面第 1 旋回中部（样品 KHH-0-4），单偏光；g. 蠕孔藻，红花剖面第 1 旋回中部（样品 KHH-0-4），单偏光；h 和 i. 䗴，红花剖面第 2 旋回底部（样品 KHH-2-2），单偏光；j. 䗴，红花剖面第 3 旋回上部（样品 KHH-3-9），单偏光；k. 介形虫，红花剖面第 3 旋回中部（样品 KHH-4-7），单偏光；l. 柯兰尼虫 Colaniella，满月剖面第 2 旋回下部（样品 Km-35），单偏光

表 3-7　重庆开县长兴组生物礁滩体系的成因相构成及其岩性和古生物生态组合特征

（据 Wu 等，2012）

生物礁滩体系类型	成因相	岩性	古生物生态组合
深水型生物丘（满月剖面）	丘核	障积岩	珊瑚+钙藻类+钙质海绵（满月） 钙质海绵+钙藻类（红花）
	丘基	泥晶生屑灰岩	腹足类、腕足类、介形虫、有孔虫等
深水－较浅水过渡型生物礁（丘）（红花剖面）	生屑滩	不发育	不发育
	礁（丘）核	障积岩 粘结岩 骨架岩	钙藻类+钙质海绵+丛状珊瑚 钙质海绵+钙藻类+苔藓虫+单体珊瑚 钙质海绵+钙藻类+单体珊瑚（满月） 钙质海绵+钙藻类+水螅（红花）
	礁（丘）基	泥晶生屑灰岩	腹足类、腕足类、介形虫、有孔虫、䗴、海百合等
浅水型生物礁（红花剖面）	生屑滩	生屑灰岩 角砾岩	海百合、介屑、有孔虫等生物碎屑 礁核生物组合+斜坡生物组合
	礁核	粘结岩 骨架岩	钙藻类+钙质海绵+水螅+珊瑚 钙质海绵+钙藻类+水螅+苔藓虫+珊瑚
	礁基	泥晶生屑灰岩	䗴、有孔虫、介形虫、腕足类、双壳类

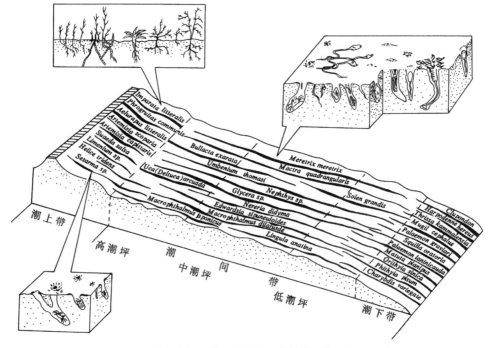

图 3-31　苏北潮坪生物分布图（据朱伟林和郑祥民，1996）

第四章 成岩作用

沉积物（岩）的成因是复杂的，但是总体可以将沉积物形成的整个演化过程大概分为母岩的风化、沉积物的搬运和沉积、沉积埋藏后的成岩和后生变化几个阶段（刘宝珺和张锦泉，1992）。地质学中曾使用"沉积作用"一词，广义的沉积作用包括上述整个过程，狭义的沉积作用概念是指沉积物被埋藏以前所发生的作用，一般来说，成岩作用（diagenesis）是继沉积作用以后在被埋藏的沉积物中所发生的所有改造作用。这一作用过程在沉积演化中占有重要地位，它是造成沉积岩石多样化的重要原因，而且在此过程中可形成许多有价值的矿产。

从概念上说，高温改造作用不包括在成岩作用的范畴内；不过在成岩作用、热液作用和变质作用及其结果之间的界限是渐变的，很难作出严格的限定。成岩作用、成壤作用和风化作用（包括地下水的活动）同样也难以限定。如果沉积物没有随之被搬运，则初期的风化作用和成壤作用都可视作成岩作用的一部分，但沉积岩出露地表后经受的晚期风化作用不在其内。

本章除了简要介绍成岩作用阶段、成岩作用类型、成岩作用对沉积物（岩）的影响等基本内容外，还考虑到聚煤盆地中生物作用的重要性，所以特别将有机质的成岩作用也纳入其中。

第一节 成岩作用阶段

当沉积物被埋藏之后，在有机质、流体、温度和压力等地质因素作用下，复杂而且深奥的成岩作用便开始登场，于是沉积物便由松散状态逐渐演变为沉积岩。研究发现，这个过程虽然复杂但是有序的，可被划分为同生成岩作用（syndiagenesis）、后生成岩作用（anadiagenesis）和表生成岩作用（epidiagenesis）三个演化阶段。

一、同生成岩作用

同生成岩作用是相对快速的浅埋改造作用,它以生物活动(如细菌导致的效应)为特征。可以划分出两个亚阶段:初始亚阶段和早期埋藏亚阶段。

初始亚阶段是指沉积物粒间孔隙溶液中富含氧气的阶段。以常见的潮湿气候带海盆环境为例,当沉积颗粒沉降至沉积表面(一般是未固结的松散沉积物表面)而不再受扰动时,即可认为它已开始进入转变为岩石的过程。在这种情况下,沉积颗粒仍然与海盆底层水相接触,而且可与底层水发生作用,使颗粒发生变化,作用的趋势是使颗粒与底层水在化学上达成平衡。这一作用是在开放系统中进行的,介质一般为酸性和氧化性质。有人认为将此阶段的作用概念用于海洋沉积时,称为海解作用(或海底风化作用),用于大陆淡水环境时,称为陆解作用。

早期埋藏亚阶段出现在氧含量为零的界面以下,以喜氧细菌分解有机质产生二氧化碳,厌氧细菌分解硫酸盐产生方解石和硫化氢,后者导致硫化物沉淀为特征。当沉积颗粒被一层薄的沉积物覆盖而被埋藏以后,颗粒即与底层水隔离,而不再受底层水影响。刚被埋藏的沉积颗粒最初仍与孔隙水和软泥水保持平衡,这是因为孔隙水和软泥水是与颗粒一起沉积的底层水,它仍保持原来底层水性质的缘故。但是随着时间的推移,沉积物中所含的有机质及细菌的作用,使氧逸度(f_{O_2})逐渐减小,同时产生 NH_3 和 H_2S 等,而使介质变为碱性和还原性质,于是先沉积颗粒与孔隙水之间的平衡被破坏了,因而引起本层物质的重新分配组合,一些新生物质出现,另一些物质被溶解,作用的趋势是建立新平衡。随着时间的推移,埋藏深度的增加,这种变化过程一直持续到有机质分解作用和细菌作用趋于终结。由于新生物质和新生矿物的生成与沉淀,上覆沉积物的加厚以及埋藏水的影响,导致了压实作用,松散沉积物的孔隙度逐渐减小,并逐渐被胶结而成为固结的岩石。在这一阶段中,上覆沉积物不厚,温度和压力的影响不大,基本上是与常温常压相近的低温低压条件。作用是在封闭系统中进行的,参加作用的组分限于本层,即在本层内进行物质的重新分配组合。基本上与本层之上或本层之下沉积层的成分无关,即没有或很少有外来物质的加入。该阶段相当于欧洲一些学者所说的早期埋藏或浅埋阶段。

二、后生成岩作用

后生成岩作用是指在时间较长(达亿年)、埋藏较深(深达 10km)情况下的改造作用(例如压实作用、有机化合物的成熟化、大多数胶结作用以及硅酸盐矿物的蚀变或新生作用)。即沉积物固结为岩石以后至变质作用以前,在埋藏较深处所发生的变化,相当于欧美一些地质学家所说的埋藏作用或晚期成岩作用。

当沉积物固结为岩石之后,其中所包含的有机质的分解作用和细菌的作用趋于终结,有机质的影响已不成为促使变化的重要因素,即已摆脱了同生成岩作用而进入了后生成岩作用阶段。在此阶段,随着上覆沉积物的不断加厚,已埋藏至这一深度的沉积颗粒要遭受到较大的压力和温度的影响。在此深度下,负 Eh 和碱性 pH 环境占优势,但溶液的化学性质变化范围极大;温度和压力的增加是主要的影响因素。

由松散沉积转变成固结岩石以后,构造应力会使其产生裂缝,可导致外来的气相和液相物质的渗入,因而,此时岩石所发生的变化是在较高的温度和压力的影响下以及有外来物质加入的情况下进行的。作用的趋势是在这些新的条件下建立新的平衡。它表现为已固结的岩石中所发生的成分、结构和构造等方面的变化。这个阶段的逐渐发展则演变为变质作用。

三、表生成岩作用

表生成岩作用是指隆起作用导致沉积物/沉积岩进入淡水循环作用影响范围之内而发生的改造作用。或者可以理解为,在地表以下不太深的范围内近常温常压的条件下,在渗透水和浅部地下水的影响下所发生的变化。这种作用常常有两种变化趋势:一个是趋向于破坏;一个是趋向于胶结。表生成岩所代表的是胶结和石化的趋势,如黄土中的钙质姜结核,碳酸盐碎屑海岸的海滩岩,都是表生成岩很好的例子。

当被埋藏在较深处的固结沉积岩上升至地表时,又进入了一个完全不同的新环境。新环境中fo_2、fco_2以及温度、压力等条件又有很大的不同,加之渗透水和地下水的作用,特别要指出的是在此环境中生物和有机质的作用,因而可能大大改变原来岩石的面貌。此时,一些矿物可被溶蚀,元素被带走,一些新生矿物又可沉淀出来,在局部富集的地方可形成有价值的矿产。例如,在地下水作用下所形成的许多金属(如砂岩型铀矿)和非金属层控矿床都是表生成岩作用的产物。此阶段的改造作用是在开放系统中进行的。

上述的变化过程对于潮湿气候带的海盆比较具有特征性,但在干旱气候带的大陆或盆地,火山作用带以及冰川作用带,其条件、作用的方式、变化的实质以及变化的阶段诸方面均有不同。然而变化的趋势总是贯穿着平衡的建立—破坏—平衡的再建立过程。

四、关于成岩阶段划分的不同方案

对于上述变化的总过程许多学者的认识是一致的,但是对于用来表示变化的各阶段的划分标志和名词术语体系却因研究目标不同有很大的不同。

Dapples(1959)曾研究了砂岩中的成岩作用等级问题,他提出了三个阶段,称之为初始成岩或沉积阶段、中成岩或早期埋藏阶段、晚期埋藏或前变质阶段。

Fairbridge(1967)的研究提出了三个成岩时期,即同生期、后生期和表生成岩期(图4-1)。他认为同生作用的深度为0~100m,相当于浅埋阶段;后生作用的深度为1 000~10 000m,温度100~200℃,相当于深埋阶段。

Choquette和Pray(1970)在研究碳酸盐岩次生孔隙变化时,将成岩过程划分了三个阶段:始成岩阶段、中成岩阶段和晚成岩阶段。

始成岩阶段(eogenetic stage)是指沉积物沉积后,经历浅地表成岩作用环境的影响而后被埋藏,它的上限是沉积物界面,既可以是大陆,也可以是水下;以大气水或海水补给的深度为下限。一般始成岩阶段的沉积物和岩石如礁岩,从矿物学上看,是准稳定或者说是处于稳定化作用过程中。溶解作用、胶结作用以及白云石化作用造成沉积物早期固结并对原生孔隙进行改造。始成岩带上的成岩环境,包括大气渗流、大气潜流、海水潜流环境。始成岩阶段大致相当于早期成岩作用阶段。

中成岩阶段(mesogenetic stage)指地表成岩作用之下,持续的埋藏作用过程,所经历的

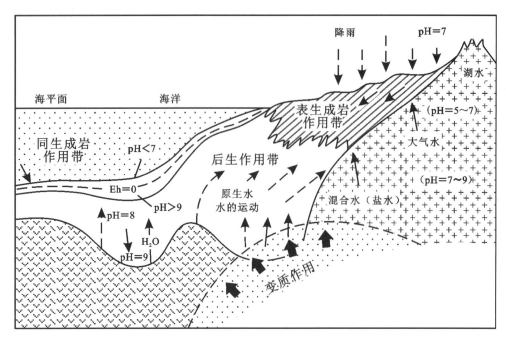

图 4-1　展示大陆边缘理想剖面中的三个成岩作用期（据 Fairbridge，1967）

时间间隔长，孔隙的变化相当缓慢，主要与沉积物或岩石的压实作用、压溶及物质的重新分配、重结晶或交代作用有关。实际上中成岩阶段大致相当于成岩作用及后生作用阶段。

晚期成岩阶段（telogenetic stage）是指岩石经中成岩阶段后，通常由于地壳上升造成不整合，使岩石抬升重新返回到地表，在沉积间断的情况下，岩石直接或间接受到大气水的作用。晚期成岩阶段相当于表生成岩作用阶段。

在 Choquette 和 Pray（1970）研究的基础上，Schmidt（1979）根据砂质沉积物的结构特征、有机质热演化程度，按镜质体反射率（R_o）将中成岩阶段划分为未成熟阶段、半成熟阶段、成熟阶段和超成熟阶段。他的分级给出了相应的古温度值，因此更有利于对储层的成岩史和孔隙演化进行研究和评价。

未成熟阶段（immature stage），$R_o < 0.2\%$，原生孔隙主要通过机械作用压实而减少。

次成熟阶段（semimature stage），是指砂岩成岩历史中，原生孔隙减少主要由化学压实及胶结作用所致的阶段。在整个次成熟阶段的晚期，脱碳酸盐作用及有机质的脱羧基作用，可产生次生孔隙，液态烃生成，R_o 为 $0.2\% \sim 0.55\%$。

成熟阶段（mature stage）指砂岩成岩历史中，原生孔隙达到不可压缩的程度，次生孔隙可以存在，液态烃生成，R_o 为 $0.55\% \sim 2.5\%$。成熟期分为 A、B 两个亚期，成熟期 A 或早成熟期 R_o 为 $0.55\% \sim 0.9\%$，以大量脱碳酸盐作用和有机质脱羧基作用为特征，它是次生孔隙最发育的阶段；成熟期 B 或晚成熟期，R_o 为 $0.9\% \sim 2.5\%$，它以次生孔隙逐渐破坏（主要通过化学充填）为特征，很少或不产生次生孔隙。

超成熟阶段（supermature stage）指砂岩成岩历史中原生孔隙和次生孔隙均达到不可压缩的程度。$R_o > 2.5\%$，裂缝发育。

为了便于对比,现将不同学者关于成岩阶段的划分列表如下(表 4-1)。需要提醒的是,每个研究者应该依据自身的研究目标在已有的划分中选取较为合适的方案。

表 4-1 成岩作用阶段的划分与对比

Lewis (1984)		刘宝珺 (1980)	Dapples (1959)	Fairbridge (1967)	Choquette 和 Pray (1970)	Schmidt (1979)
同生成岩作用	初始阶段	同生作用	同生成岩作用	初始阶段	始成岩作用	始成岩作用
	早期埋藏阶段	成岩作用		早期埋藏阶段	中成岩作用	未成熟阶段 次成熟阶段 成熟阶段 超成熟阶段
				同生成岩		
后生成岩作用		后生作用	晚期成岩阶段	后生成岩		
表生成岩作用		表生成岩作用		表生成岩作用	晚成岩作用	晚成岩作用

成岩作用程度的一个主要标志是沉积物中含煤物质的炭化程度,而炭化程度(通过测量水分、挥发分、碳和氢的含量或 R_o 来确定)主要反映温度增加的幅度和持续的时间。不论是煤的成岩作用,还是它与沉积物的其他成岩改造之间的关系,都是复杂的和未知的。Lewis(1984)试图用图 4-2 概括以埋藏深度为函数的各种重要成岩作用的影响。

2003 年,国家石油天然气行业在系统总结国内外成岩作用研究成果基础上,对《碎屑岩成岩阶段划分》标准进行了修订,编号为 SY/T5477—2003。在新的行业标准中,将碎屑岩成岩阶段划分为同生成岩阶段、早成岩阶段(A 期和 B 期)、中成岩阶段(A 期和 B 期)、晚成岩阶段和表生成岩阶段。新标准还根据沉积水介质的不同,按照淡水-半咸水水介质、酸性水介质(含煤地层)和碱性水介质(盐湖)对不同阶段成岩特征和划分标志进行了系统总结(图 4-3、图 4-4 和图 4-5)。

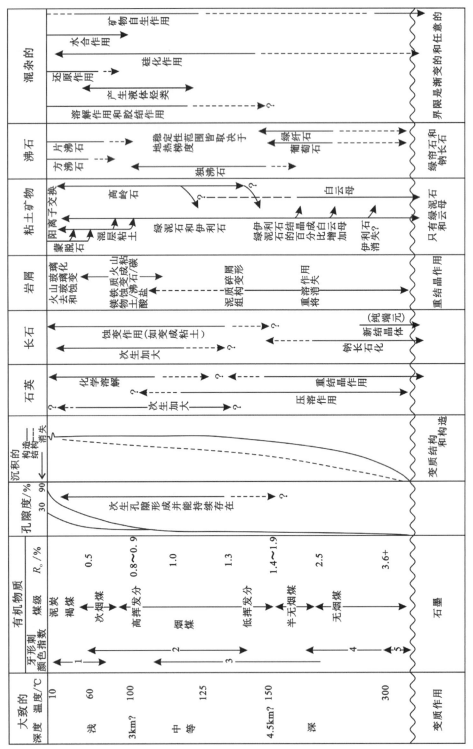

图 4-2 成岩作用和埋藏深度/温度之间的一般关系（据 Lewis，1984）

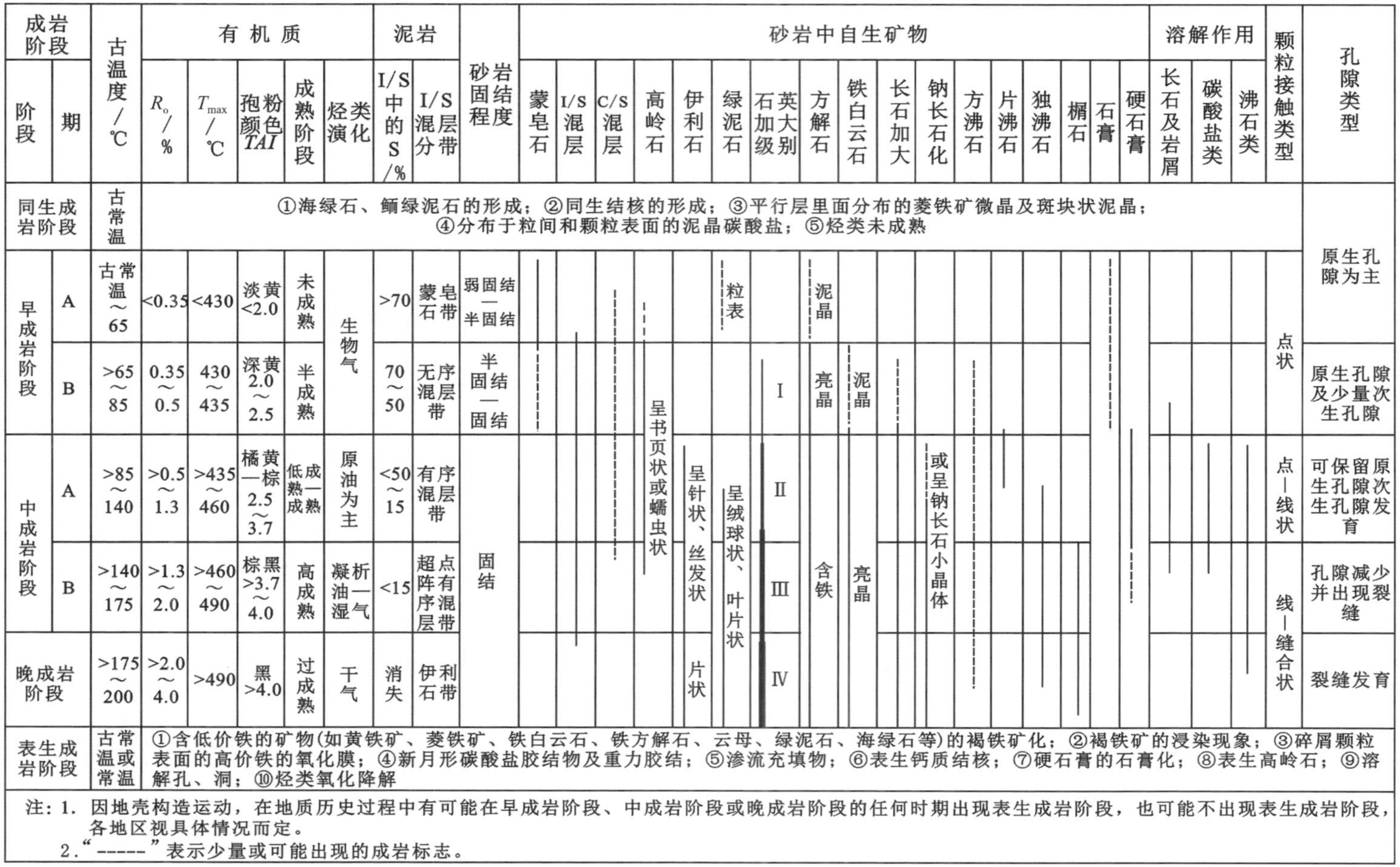

图 4-3 淡水－半咸水小质碎屑岩成岩阶段及其划分标志（据 SY/T 5477—2003, 2003）

注：1. 因地壳构造运动，在地质历史过程中有可能在早成岩阶段、中成岩阶段或成岩阶段晚期的任何时期出现表生成岩标志，也可能不出现表生成岩阶段，各地区视具体情况而定。
2. "——"表示少量或可能出现此现象的成岩标志。

成岩阶段 阶段	成岩阶段 期	古温度/℃	有机质 R_o/%	有机质 T_{max}/℃	有机质 孢粉颜色 TAI	有机质 成熟阶段	有机质 烃类演化	泥岩 I/S中的S/%	泥岩 I/S混层分带	砂岩固结程度	砂岩中自生矿物 蒙皂石	I/S混层	伊利石	绿泥石	高岭石	石英加大	方解石	菱铁矿	铁白云石	长石加大	钠长石化	重晶石	浊沸石	榍石	硬石膏	溶解作用 长石及岩屑	溶解作用 碳酸盐类	颗粒接触类型	孔隙类型
同生成岩阶段		古常温	①海绿石、鲕绿泥石的形成；②同生结核的形成；③平行层里面分布的菱铁矿微晶及斑块状泥晶；④分布于粒间和颗粒表面的泥晶碳酸盐；⑤烃类未成熟																										
早成岩阶段	A	古常温～65	<0.35	<430	淡黄<2.0	未成熟	生物气	>70	蒙皂石带	弱固结—半固结				粒表														点状	原生孔隙发育，有的受到了压实
	B	>65～85	0.35～0.5	430～435	深黄2.0～2.5	半成熟		70～50	无序混层带	半固结—固结					呈书页状或蠕虫状													点—线状	原生孔隙及少量次生孔隙
中成岩阶段	A	>85～140	>0.5～1.3	>435～460	橘黄—棕2.5～3.7	低成熟—成熟	原油为主	<50～15	有序混层带	固结			呈针状、丝发状	呈绒球状、叶片状							或呈钠长石小晶体							线状	粒内溶孔及铸模孔发育
	B	>140～175	>1.3～2.0	>460～490	棕黑>3.7～4.0	高成熟	凝析油—湿气	<15	超点阵有序混层带								含铁											线—缝合状	裂缝和少量溶孔
晚成岩阶段		>175～200	>2.0～4.0	>490	黑>4.0	过成熟	干气	消失	伊利石带				片状																裂缝发育
表生成岩阶段		古常温或常温	①含低价铁的矿物(如黄铁矿、菱铁矿、铁白云石、铁方解石、云母、绿泥石、海绿石等)的褐铁矿化；②褐铁矿的浸染现象；③碎屑颗粒表面的高价铁的氧化膜；④新月形碳酸盐胶结物及重力胶结；⑤渗流充填物；⑥表生钙质结核；⑦硬石膏的石膏化；⑧表生高岭石；⑨溶解孔、洞；⑩烃类氧化降解																										

注：1. 因地壳构造运动，在地质历史过程中有可能在早成岩阶段、中成岩阶段或晚成岩阶段的任何时期出现表生成岩阶段，也可能不出现表生成岩阶段，各地区视具体情况而定。

2."------"表示少量或可能出现的成岩标志。

图 4-4 酸性水介质（含煤地层）碎屑岩成岩阶段及其划分标志（据 SY/T 5477—2003，2003）

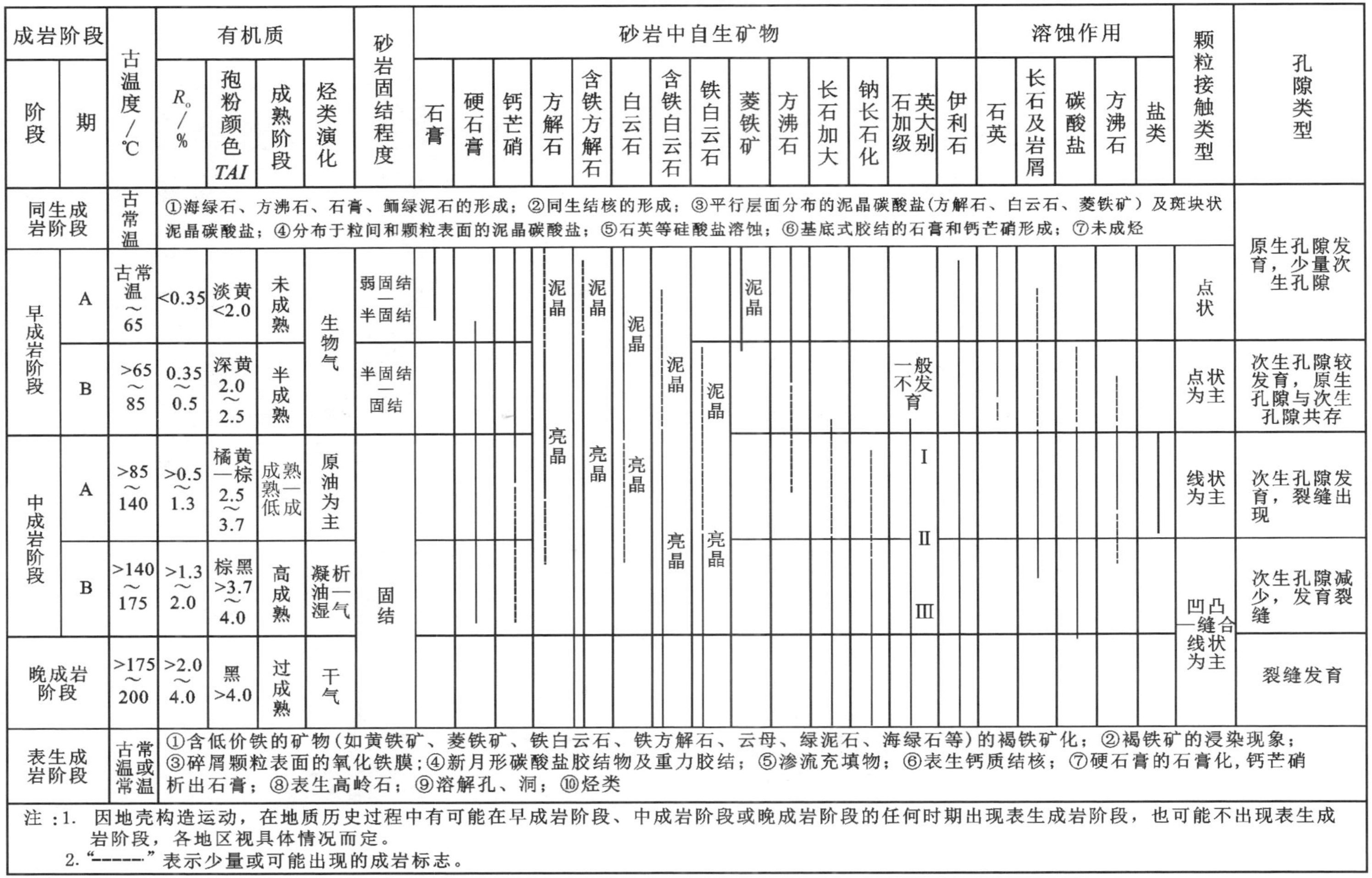

图 4-5　碱性水介质（盐湖盆地）碎屑岩成岩阶段及其划分标志（据 SY/T 5477—2003，2003）

第二节 成岩作用类型

由松散的沉积物演变为沉积岩,其成岩作用过程是错综复杂的。上覆地层的载荷作用、温度和压力场的作用、粒间孔隙流体作用以及表生作用等,带来了丰富多彩的成岩作用类型。但是可以将最常见的成岩作用归为三大类:压实作用、胶结作用和淋滤作用。在一些岩石中,这些成岩作用可能体现为有序的叠加,而在另一些岩石中也许表现得较为简单。

一、压实作用

压实作用(compaction)也称机械压实作用,是沉积物在上覆载荷作用下,发生液体排出,碎屑颗粒紧密排列,岩石密度增加的作用过程(图4-6)。该作用贯穿沉积后整个变化阶段。

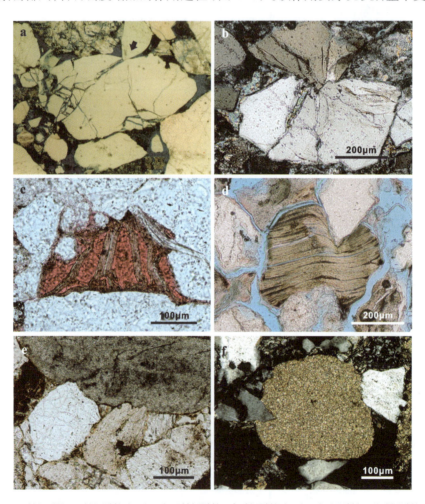

图4-6 刚性颗粒-刚性颗粒(a和b)、刚性颗粒-韧性颗粒(c和d)和刚性-塑性颗粒(e和f)之间的压实作用效应

a. 石英碎裂现象,单偏光,克拉玛依油田上三叠统克拉玛依组砂岩(据焦养泉,1997);b. 石英碎裂现象,正交偏光,鄂尔多斯盆地大营铀矿直罗组砂岩(据焦养泉,2012);c. 黑云母被挤压变形,铸体薄片,单偏光,红色为孔隙,鄂尔多斯盆地西部延长组砂岩(焦养泉摄,2006);d. 黑云母被挤压变形,铸体薄片,单偏光,蓝色为孔隙,鄂尔多斯盆地大营铀矿直罗组砂岩(据焦养泉等,2012);e. 局部嵌入现象,单偏光,准噶尔盆地腹地西山窑组砂岩(据焦养泉等,2008);f. 局部嵌入现象,正交偏光,渤海湾盆地歧口凹陷古近系砂岩(焦养泉摄,2008)

通过各阶段压实作用,沉积物表现为孔隙度减小,结构和构造发生变化,如产生愈加完善的定向性,形成缝合线等压溶构造,前者为物理压实现象,后者为化学压实现象。

压实作用通常会导致:

(1) 碎屑颗粒重新排列,从游离状达到接近最紧密堆积状态。碎屑岩压实程度可以由其颗粒相互接触关系反映出,颗粒接触关系如下。①游离型:以漂浮颗粒为主,颗粒互不接触,颗粒间被基质或胶结物彼此分开。②支架型:颗粒间点接触,部分线接触,接触长度小于2/3周长。③凹凸型:颗粒之间凹凸接触,接触长度大于2/3周长。④镶嵌型:颗粒几乎全部接触,呈线缝合状(图4-7)。

(2) 塑性岩屑挤压变形,使其挤入孔隙形成假基质。

(3) 软矿物(如云母等)颗粒弯曲、破裂进而发生成分变化(图4-6)。

(4) 刚性颗粒压碎或压裂(图4-6)。

图4-7　不同压实作用下碎屑颗粒的接触形式(焦养泉摄,2008)

a. 游离型,白云石基底式胶结;b. 支架型,方解石基底式胶结;c. 凹凸型;d. 镶嵌型;全部为正交偏光,渤海湾盆地歧口凹陷古近系砂岩

二、胶结作用

胶结作用(cementation)是指沉积物在沉积后由于自生矿物在孔隙中沉淀(结晶)而导致沉积物固结为岩石的作用。最常见的自生矿物胶结物主要有硅质胶结物、碳酸盐胶结物、硫酸盐胶结物、硫化物胶结物、自生长石胶结物、沸石胶结物和自生粘土矿物胶结物等几大类。在一般情况下,这些胶结物来源于孔隙水,孔隙水中的物质可以是原生咸水(海水)提供,也可以来自于地下水渗流或埋藏地下水中提供,或者是发生了矿物或有机质反应的页岩及其他岩石提供。胶结作用在成岩的各阶段都可能发生。由于胶结作用发生于碎屑颗粒之间,所以胶结作用会使孔隙度和渗透率降低。

1. 硅质胶结物

再生长石英是硅质胶结物最常见的形式（图 4-8），也有呈非晶质蛋白石、纤维状方英石、长纤状玉髓的形式产出。

在成分成熟度和结构成熟度高的石英砂岩中，再生长的石英胶结最发育，往往能使碎屑石英变为自形晶。这是由于孔隙空间的热力学条件对现存晶体构造的扩大比重新形成晶核更为有利。再生石英与碎屑石英间的界线一般可借助于碎屑石英边缘的杂质（氧化铁、粘土及其他尘状物）来确定。一般很少见到硅质胶结物呈细小晶粒无定向地环绕碎屑颗粒分布，这种现象往往出现在碎屑边缘有粘土矿物薄膜的砂岩中。粘土薄膜有阻止硅质以再生长形式沉淀的作用。

硅质胶结物是砂岩中的主要胶结物，含量高的甚至可以完全堵塞孔隙（图 4-8a、b），含量少的除了降低孔隙度外，还大大降低了流体的渗透能力（图 4-8）。

图 4-8 具有自生加大现象的硅质胶结作用

a. 围绕碎屑石英颗粒外围的自生石英加大边，注意碎屑石英和自生石英之间的粘土残留痕迹；b. 显示在硅质胶结作用之后还发生了钙质胶结作用；a、b. 渤海湾盆地歧口凹陷古近系砂岩（焦养泉摄，2008），正交偏光；c、d. 孔隙间的自生石英晶体，扫描电镜，鄂尔多斯盆地东部延长组砂岩

2. 碳酸盐胶结物

碳酸盐胶结物在砂岩中是十分普遍的，常见的有方解石、铁方解石、白云石、铁白云石、菱铁矿等（图 4-9）。文石只分布在更新世以后的沉积物中。

碳酸盐胶结物可形成于成岩的各个阶段，可以用自生矿物的产状判别其形成阶段。如基底式胶结所呈现的颗粒"漂浮"现象，说明其形成于沉积物压实作用较弱，其他胶结物尚未析出的中成岩未成熟期的浅埋藏阶段（图 4-7a）。在深埋藏阶段形成的碳酸盐，往往晶粒较大。因为形成晚，沉积物已强烈压实，碳酸盐大多呈星散状充填于粒间孔中，或以交代碎屑颗粒和其他自生矿物的形式产出（图 4-9）。

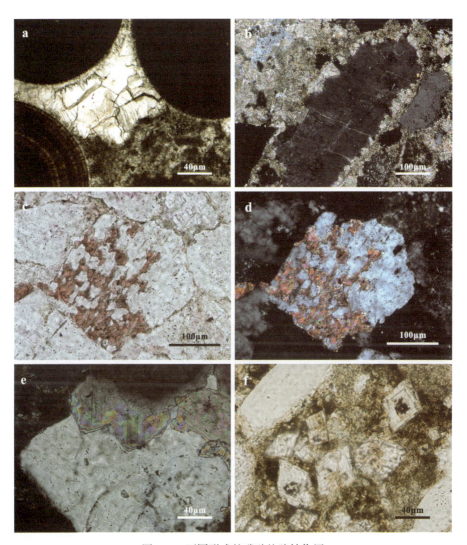

图 4-9 不同形式的碳酸盐胶结作用

a. 鲕粒灰岩中的多期次方解石胶结作用,早期马牙状方解石形成于鲕粒周边呈薄膜状,晚期方解石产出于粒间中心呈粗晶出现,单偏光,重庆开县飞仙关组(焦养泉摄,2006);b. 具有相对彻底交代石英(左上角)和初始交代长石现象的方解石胶结物,正交偏光,渤海湾盆地歧口凹陷古近系砂岩(焦养泉摄,2007);c、d. 方解石对长石的部分交代现象,茜素红染色片,前者为单偏光(红色为方解石),后者为正交偏光,渤海湾盆地歧口凹陷古近系砂岩(焦养泉摄,2007);e. 碳酸盐胶结物对石英碎屑的交代现象,正交偏光,渤海湾盆地歧口凹陷古近系砂岩(焦养泉摄,2007);f. 颗粒间的白云石胶结现象,单偏光,准噶尔盆地腹地西山窑组(据焦养泉等,2008)

碳酸盐胶结物的形成类似于碳酸盐岩的沉积,其受环境条件的影响较大,尤其是对孔隙介质的 pH 条件极为敏感。相关成因机理详见第三章第二节。

碳酸盐是砂岩中主要的胶结物之一,对砂岩孔隙起堵塞作用,使分选良好的砂岩成为低孔隙度和渗透率砂岩。焦养泉(1990)曾对鄂尔多斯盆地东北部延安组的水下分流河道砂体,进行过精细的沉积学构成单元写实研究和成岩非均质性研究,发现在一些水下分流河道砂体单元的中下部钙质胶结作用强烈,从而导致了孔隙度和渗透率的明显降低。究其原因,应该是钙质胶结作用充分利用了河道单元中原始孔隙度相对最好的部位。分析认为,在河道单元的中下部古水流能量相对最强,形成的沉积物颗粒较粗、分选较好,由于有周围相对细粒沉积物的存在（低渗透隔挡层），便形成了相对独立的流体流动单元,富含离子的孔隙水在某种因素的诱发下,方解石首先在河道砂体的中下部结晶沉淀,最终导致孔隙度的丧失（图4-10）。

早期碳酸盐胶结作用充填了孔隙,抑制了砂质沉积物的压实作用,这为后期酸性水的溶蚀和形成次生孔隙奠定了物质基础。

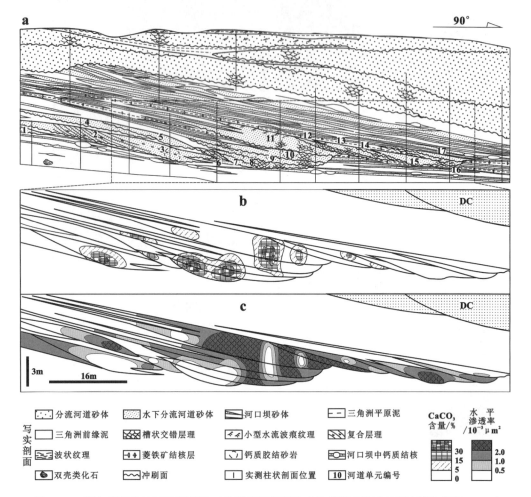

图4-10 鄂尔多斯盆地延安组湖泊三角洲前缘沉积构成及其岩石物性特征（据焦养泉,1990）

a. 三角洲前缘成因相组合写实剖面（露头照片见图14-14）；b. 水下分流河道砂岩中的钙质胶结物含量分布规律；c. 水下分流河道砂岩储层的渗透率分布规律

3. 硫酸盐胶结物

砂岩中最常见的是石膏和硬石膏,常成连晶或交代其他矿物的形式出现（图4-11）。形成于沉积和始成岩阶段的往往与强烈的蒸发作用有关。形成于中成岩和晚成岩期的往往与早期石膏的再溶解和再沉淀作用有关。地层水与沉积物相互反应或不同地层水的混合也可析出石膏和硬石膏。石膏和硬石膏的转化是可逆的,它取决于孔隙水的盐度、温度和压力。石膏随埋藏深度增加,温度、压力或盐度增加即可转变为硬石膏,反之又可转化为石膏。

砂岩中常有少量重晶石胶结物,呈板条状或晶粒状出现于孔隙中,或交代其他碎屑矿物。形成重晶石所需之钡离子可由钾长石高岭石化和溶蚀过程中提供。重晶石有时与天青石共生。

图 4-11　黄海中生界砂岩碎屑粒间孔隙中析出的石膏晶体（陆琦摄，2012）

4. 硫化物胶结物

砂岩中最常见的是黄铁矿，可形成于成岩的各个阶段，是强还原介质条件下的产物。生成于始成岩阶段的黄铁矿大多具有莓球状外貌，而生成于中成岩和晚成岩阶段的则大多具晶粒状结构（图 4-12）。除黄铁矿外，砂岩中偶尔可见少量闪锌矿、方铅矿等硫化物。

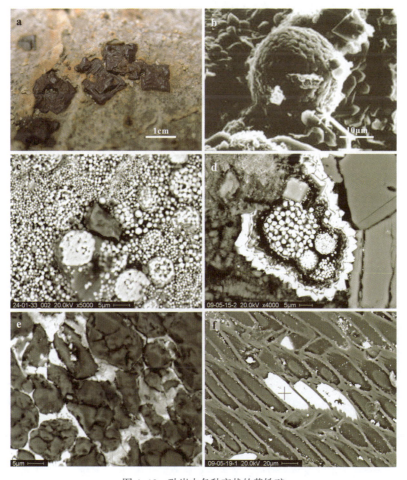

图 4-12　砂岩中各种产状的黄铁矿

a. 被氧化的立方体晶形黄铁矿，鄂尔多斯盆地直罗组（据焦养泉等，2006）；b. 莓球状黄铁矿，克拉玛依油田克拉玛依组（据焦养泉，1997）；c、d. 莓球状黄铁矿（亮白），松辽盆地钱家店铀矿（据焦养泉等，2012）；e. 黄铁矿（暗灰）与铀矿（亮白）的精细产出关系，松辽盆地钱家店铀矿（据焦养泉等，2012）；f. 黄铁矿（亮白）充填植物细胞空腔，松辽盆地钱家店铀矿（据焦养泉等，2012）；b~f. 为扫描电镜

5. 自生长石胶结物

自生长石胶结物在砂岩中一般较少,它们往往呈碎屑长石的自生加大边出现,或在杂基中、孔隙中呈细小的自形晶产出(图 4-13)。有利于自生长石形成的条件是溶液中有足够的 SiO_2 和足够的 Na^+/H^+ 或 K^+/H^+ 的活度值,地温较高和有充分的离子来源。刘宝珺和张锦泉(1992)曾报道了在鄂尔多斯盆地延长组中自生长石的形成与碎屑长石的压溶作用有关,其形成机理与石英的压溶和次生加大相似。接触部位压溶进入溶液的长石组分又重新在孔隙空间以碎屑长石再生长或自形晶体沉淀出来。他们指出,自生长石的形成还与斜长石的沸石化作用有关。

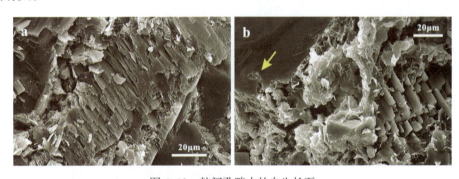

图 4-13 粒间孔隙中的自生长石

a. 阶梯状次生加大的长石晶体;b. 右下方为次生长石晶体,左上方箭头所指为伊利石交代石英颗粒;扫描电镜,鄂尔多斯盆地东部延长组砂岩

6. 沸石胶结物

沸石类矿物可形成于成岩各个阶段,常见于富含火山碎屑或长石的砂岩中。沸石是碱和碱土金属元素的含水铝硅酸盐矿物,成分与长石相似。常见的有方沸石、片沸石、浊沸石及斜沸石等,晶形为粒状、板状、纤维状及针状(图 4-14)。沸石常是火山碎屑和长石的蚀变产物。有利于形成沸石的介质条件是高的 pH 值,富含 SiO_2 及 Ca^{2+}、Na^+、K^+ 离子,即高矿化度孔隙水,适当的 CO_2 分压。

图 4-14 沸石胶结物

a. 准噶尔盆地西山窑组砂岩粒间孔隙中的板状沸石晶体,扫描电镜;b. 陕西韩城石炭系—二叠系粒状沸石自形晶,扫描电镜,×2100(据张慧等,2003)

7. 自生粘土矿物胶结物

自生粘土矿物在砂岩中有广泛的分布,常见有高岭石、绿泥石、伊利石和蒙脱石。高岭石在镜下一般呈假六边形晶片,集合体呈书页状或蠕虫状,在砂岩中最常见的产状

是充填孔隙（图4-15）。晶体发育良好的自生高岭石大多分布在一些分选好、粗粒石英砂岩或长石砂岩中。自生高岭石的沉淀需要孔隙水中有足够的Al^{3+}和SiO_2，它们除了来源于循环的孔隙水外，可来自砂岩内部的长石蚀变。长石的溶蚀和高岭石化都是在富含CO_2的孔隙水的作用下进行的。在有机质存在的条件下，保持了低pH值时更有利于长石的溶蚀和高岭石化。自生高岭石充填于砂岩孔隙起了降低砂岩孔隙度和渗透率的作用。但长石的高岭石化则能产生一定的次生孔隙，这是因为长石高岭石化过程中移去了K^+和SiO_2后体积缩小的缘故。

绿泥石在砂岩中大多呈颗粒的包膜或孔隙衬边的形式产出，也有充填孔隙的。它的晶体形态多样，有板片状、蔷薇花状、卷心菜状（图4-15）。自生绿泥石分布于各种成分的砂岩中，除可以从孔隙水中直接沉淀外，也可以从其他粘土转化而来。随埋藏深度增加，温度升高、

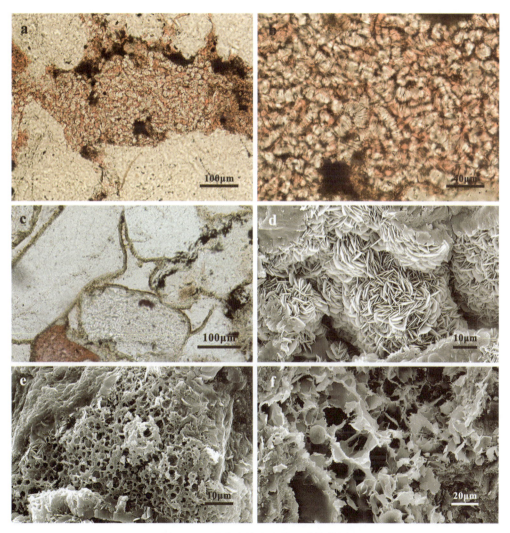

图4-15 砂岩中的自生粘土胶结作用

a、b. 充填孔隙的自生蠕虫状高岭石，鄂尔多斯盆地延长组（焦养泉摄，2006）；c. 碎屑颗粒表面的淡绿色衬膜状粘土矿物，渤海湾盆地歧口凹陷古近系（焦养泉摄，2008）；d. 粒间孔隙中的花瓣状绿泥石集合体，鄂尔多斯盆地延长组；e. 粒间孔隙中的蜂巢状蒙脱石，鄂尔多斯盆地延长组；f. 粒间孔隙中生长的片状伊利石，左中部可见一球形化石，鄂尔多斯盆地延长组；a和b. 单偏光；d～f. 扫描电镜

压力加大,一些早期形成的蒙脱石-伊利石和高岭石就会变得不稳定而向绿泥石和白云母转化。在较纯的石英砂岩中,粘土矿物往往转化成白云母。在粘土含量较高的砂岩中,当有铁离子存在的还原条件下,则可能出现黑云母和绿泥石组合。

自生蒙脱石大多呈砂粒表面上的皱纹状薄膜和具蜂巢状的薄膜产出(图4-15)。与板片状绿泥石很相似,但绿泥石的晶片平整,单个晶片易于分辨,而蒙脱石的晶片多呈弯曲状且不易分辨出单个晶片。蒙脱石也有呈孔隙式充填产状的。

伊利石在砂岩中通常呈颗粒的包膜或孔隙衬边的形式产出,有的成网状分布于孔隙中(图4-15)。伊利石分布于各种成分的砂岩中,其结晶随埋藏深度增加而变好,最后转化为绢云母。砂岩中蒙脱石类粘土矿物当埋深达到一定深度,就开始向蒙脱石-伊利石混层粘土矿物转化。埋深较大时,几乎全部转化为伊利石。

伊利石-蒙脱石混层粘土矿物的形态介于伊利石和蒙脱石之间。如混层矿物中富伊利石,则形态更相似于伊利石。富蒙脱石层的则相似于蒙脱石的皱纹状形态,而其区别仅是具有一些刺状的突起。

上述自生绿泥石、蒙脱石、伊利石和伊利石-蒙脱石混层粘土矿物在砂岩中都起到了缩小孔隙的作用,这一点与高岭石所起的作用是相似的。但其对砂岩渗透性的破坏作用远大于自生高岭石对砂岩渗透性的破坏作用。这是粘土矿物的产状不同所造成的。高岭石这种孔隙充填的产状对砂岩孔隙喉道的影响较小,因而对渗透性影响小。而绿泥石、蒙脱石、伊利石和伊利石-蒙脱石混层粘土矿物那种颗粒包膜或孔隙衬边的产状,最易堵塞砂岩的孔隙喉道,因而对砂岩渗透率有明显的破坏作用。

8. 其他胶结物

在砂岩中,一些胶结作用虽然分布有限,但是因为其具有重要的实用价值而引起了人们的高度重视,实际上这些胶结作用就是成矿作用,譬如沉积盆地中具有次生性质的砂岩型铀矿床(图4-16)。

砂岩型铀矿床就是一种典型的产出于表生成岩带中的成岩胶结-成矿作用。成岩-成矿过程中需要的铀,可能来源于蚀源区,也可能来源于层间氧化带本身,但是它们通过运移却在区域层间氧化带前锋线附近被吸附、沉淀、富集和成矿。在显微镜下,铀矿物有选择性地沉淀在还原介质周围,有的呈现出了对粒间孔隙的基底式胶结。由于铀具有放射性,沉淀胶结的铀矿物或者流经碎屑矿物裂隙中的含铀流体,就有可能对附近的碎屑石英产生辐射而留下裂变径迹(图4-16)。类似的成岩胶结-成矿作用还有砂岩型铜、铅矿等。

另外的一些胶结作用,如海绿石、锐钛矿、板钛矿等自生矿物胶结作用在砂岩中也比较少见。

9. 胶结作用过程中的流体事件追踪

在砂岩中,任何胶结作用都是古流体事件的产物,所以通常可以依据胶结物的产状和类型判别胶结作用发生的序次,并由此追踪和恢复古流体事件,这应该纳入成岩作用序列研究的范畴。

如图4-17a所示,在硅质胶结作用之前曾经发生过碳酸盐胶结作用。因为在碎屑石英与次生加大边之间的界线上,真实地记录了白云石晶体的析出。白云石晶体首先产出于碎屑石英颗粒的表面,并进而被随后形成的自生石英加大边所包裹。

图4-17b则展示了一个环带状白云石复杂的生长过程,期间记录了古流体事件的复杂更

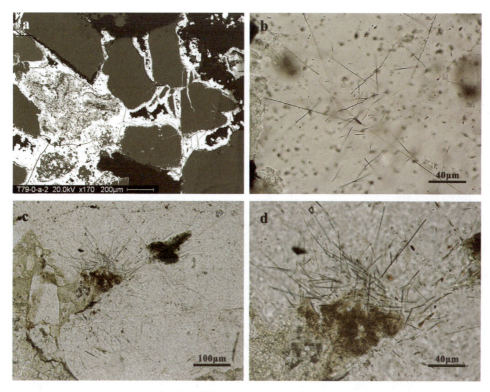

图 4-16　表生成岩作用带铀在砂岩中的成岩胶结 – 成矿作用表现

a. 铀矿物呈基底式胶结方式充填粒间孔隙,扫描电镜,鄂尔多斯盆地北部大营铀矿直罗组砂岩（据焦养泉等,2012）; b. 石英碎屑中的裂变径迹,单偏光,吐哈盆地西南缘十红滩铀矿西山窑组砂岩（焦养泉摄,2000）; c. 以碎屑石英裂缝为点源而在石英中形成的裂变径迹,说明该裂缝曾经至少发生过含铀流体运移,注意裂缝中的黑云母蚀变以及褐铁矿的产生,同时注意沿着裂缝外端向石英颗粒中心蚀变作用明显减弱,这些现象可能是富氧含铀流体作用的结果,当然也不排除在裂缝中有铀矿物的沉淀; d.c 的局部放大,单偏光,渤海湾盆地歧口凹陷古近系砂岩（焦养泉摄,2008）

迭演变。首先,在白云石晶粒中记录了 DS1 和 DS2 两次溶解事件,即白云石生长的第 2 世代末和第 3 世代末的溶解事件,先后两次中断了白云石的发育,这意味着白云石至少经历了三期由沉淀到溶解的古流体演变周期。在第二次溶解事件之后到第 4 世代白云石沉淀之前,既有烃类活动的记录,也伴生有可供自生闪锌矿和自生石英形成的古流体事件发生。在第 4 世代和第 5 世代白云石沉淀之间,自生闪锌矿的沉淀事件再次发生。在第 6 世代白云石沉淀之后,适宜于萤石、重晶石—硬石膏沉淀的古流体事件最终中断了白云石的持续发育。

图 4-17c 则记录了碎屑石英外围具有 2 次自生石英的共轴生长、1 次无共轴生长关系的柱状自生石英的沉淀以及 1 次方解石的沉淀生长过程。可以肯定的是,碳酸盐胶结事件是相对较晚的,因为它以充填粒间孔隙的中心地带为特色,两次具有共轴生长关系的自生石英生长世代性也不言而喻。那么,位于碎屑石英颗粒周边的,具有共轴生长关系和不具有共轴生长关系的石英产出顺序却不好判别,这需要借助其他测试手段进行甄别排序。

相对来讲,图 4-17d 的成岩序列似乎简单明了。适宜于绿泥石析出的古流体事件明显早于适宜自生石英析出的古流体事件,因为绿泥石紧贴碎屑颗粒表面呈包裹式发育,而自生石英却产出于粒间孔隙中心。虽然两次古流体事件的成岩胶结作用并未完全堵塞整个孔隙,但是却大大地降低了砂岩的孔隙度。

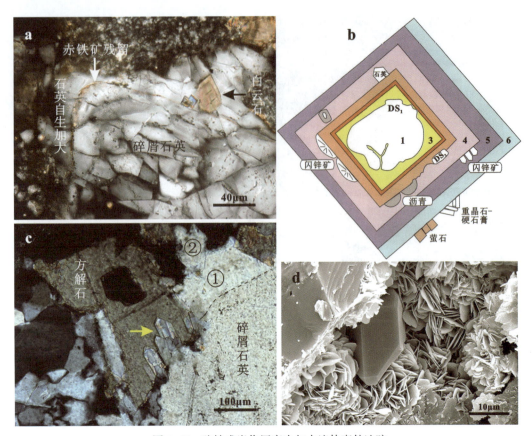

图 4-17 胶结成岩作用序次与古流体事件追踪

a. 碎屑石英颗粒表面的自生白云石和次生石英加大边的产状关系，正交偏光，准噶尔盆地腹地西山窑组砂岩（据焦养泉等，2008）；b. 环带状白云石生长世代与非碳酸盐成岩矿物、烃类及溶解界面（DS）的关系（据 Montanez，1994）；c. 碎屑石英颗粒表面不同习性的自生石英与粒间方解石的产出关系，①和②表示具有共轴生长关系的两个世代自生石英加大边，箭头指示不具有共轴生长关系的柱状自生石英，正交偏光，渤海湾盆地歧口古近系砂岩（焦养泉摄，2008）；d. 花瓣状绿泥石与柱状自生石英的空间产出关系，扫描电镜，鄂尔多斯盆地东北部延长组砂岩

在胶结作用过程中，成岩古流体可以以流体包裹体的形式记录于胶结物中，这是最直接的成岩古流体的痕迹（图 4-18a、b）。所以，在实验室通过对流体包裹体的研究，可以恢复胶结事件过程中古流体的成分、温度和压力等物理化学特征。针对胶结物中不同期次含烃流体包裹体研究并结合固态有机质的激光拉曼测试，还可以揭示有机质的热成熟演化规律（图 4-18c）。

三、淋滤作用

淋滤作用（leaching process）是指在成岩过程中某些矿物被选择性溶解和溶蚀的过程（图 4-19）。砂岩中矿物组分（碎屑矿物、重矿物、自生矿物-胶结物），均可在一定的成岩环境中发生溶蚀，甚至消失。它们与前述自生矿物的胶结作用正好相反，淋滤作用有助于砂岩孔隙度和渗透性的增加。溶蚀作用形成的孔隙构成了砂岩次生孔隙的主要部分。目前来看，全部砂岩孔隙中至少有 1/3 是次生孔隙，还可能多于原生孔隙。与原生孔隙相比，次生孔隙能在更大的深度上得到保存。

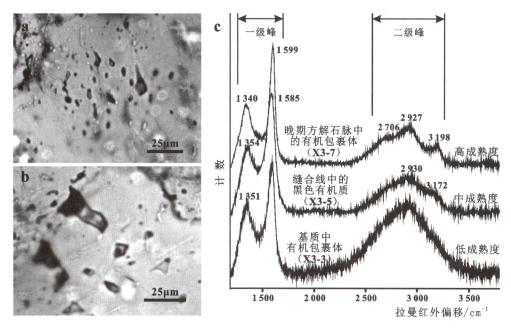

图 4-18 胶结物中的流体包裹体与有机质成熟度激光拉曼光谱（据焦养泉等，2007）
a. 产于方解石胶结物中的有机包裹体群，单偏光；b. 产于方解石胶结物中的有机与无机包裹体群，单偏光；c. 不同成熟度有机质的激光拉曼光谱图；准噶尔盆地南缘芦草沟组烃源岩

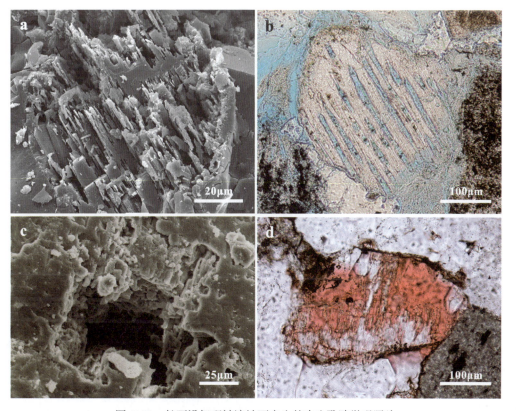

图 4-19 长石沿解理被溶蚀而产生的次生孔隙微观照片
a. 扫描电镜，鄂尔多斯盆地东部延长组砂岩；b. 单偏光，铸体薄片（蓝色为孔隙），鄂尔多斯盆地东部直罗组砂岩（据焦养泉等，2012）；c. 扫描电镜，克拉玛依油田克拉玛依组砂岩（据焦养泉等，1997）；d. 单偏光，铸体薄片（红色为孔隙），鄂尔多斯盆地西部延长组砂岩（据焦养泉等，2006）

溶蚀作用受控于化学、物理化学和生物化学条件的变化。当温度和压力不变时,间隙水的稀释或不同离子比的变化都可以引起矿物的溶解;间隙水中碳酸的生成可降低pH值而导致砂岩中酸溶性组分的溶解;间隙水中的羧酸能导致砂岩中酸溶性组分,特别是硅酸盐的溶解;粘土矿物转化产生的氢离子可降低间隙水的pH值而导致酸溶性矿物的溶解;间隙水中硫酸盐在脱硫细菌参与下,借助有机质还原反应,既可以溶解硫酸盐矿物,也可以溶解碳酸盐矿物;温度和压力的变化影响矿物的溶解度,压力增大使碳酸盐在水中成低饱和状态而具有溶解碳酸盐的能力,除少数矿物外随温度增高溶解度也增大。

始成岩作用和晚成岩作用阶段的溶蚀作用,主要是由来自大气和生物成因CO_2的碳酸引起的,可以生成很多孔隙。但始成岩作用阶段产生的次生孔隙不易被保存下来,它们往往被压实作用所破坏。晚成岩作用阶段虽然可以产生很多次生孔隙,但只有少数砂岩经历了这一阶段。所以,从总体上来说,中成岩阶段生成的次生孔隙构成了砂岩中溶蚀型次生孔隙的主要部分。但中成岩阶段未成熟期和次成熟期产生的次生孔隙也易被压实作用和压溶作用所破坏,主要保存下来的是中成岩阶段成熟期-超成熟期的次生孔隙。中成岩阶段的成熟期恰恰与液态烃生成的窗口埋藏深度和温度相吻合,而这一时期砂岩的原生孔隙已遭到强烈破坏,因而中成岩阶段形成的次生孔隙对油气的初次运移和聚集具有特别重要的意义。

第三节 有机质的成岩作用

聚煤作用为沉积盆地提供了大量的腐植类和腐泥类沉积有机质,当这些沉积有机质被沉积埋藏之后,它们与普通的沉积物一样也要经历复杂的成岩作用和演化过程。因为煤和油气作为能源矿产的重要性,所以人们更为重视以煤和油气生成过程的有机质成岩作用的研究。前者是成煤作用,而后者属于腐泥型分散有机质的成岩作用。

一、成煤作用及其演化阶段

由植物转变成煤经历了十分复杂的过程,成煤作用的第一阶段首先是泥炭化作用阶段,即由植物残体或藻类演化为泥炭,第二阶段是煤化作用阶段,即煤地质学所定义的"煤成岩和变质作用阶段",是指从褐煤最终形成无烟煤的全过程。表4-2总结了成煤作用与成岩作用阶段的对应关系,表4-3列出了成岩作用阶段对应的煤阶与有机质成熟阶段的关系。

1. 成煤作用的泥炭化阶段

成煤作用的泥炭化阶段,主要是生物降及生物分子缩聚作用阶段。从泥炭的化学组成及变化的角度看,泥炭化作用阶段主要是研究植物有机体在沼泽中如何转变为腐植酸、沥青质等新产物的过程。泥炭化作用具体体现为凝胶化作用、丝炭化作用、残植化作用和腐泥化作用(特指藻类成煤作用)。

凝胶化作用主要指发生于滞水盆地还原条件下木质素-纤维素转化为褐色胶状物的过程。在转化过程中,由于细胞壁腔膨胀程度的差异,分别形成木质结构镜质体或不显木质结构的团块状镜质体。胶状物进一步形成溶胶,再经失水凝聚则成煤中的基质镜质体。

表 4-2 成煤作用与成岩作用阶段的对应关系（据刘宝珺和张锦泉，1992）

成岩作用阶段	成煤作用阶段		成煤物质及煤阶
早期成岩阶段（初始阶段）	泥炭化阶段	凝胶化作用	植物残体（木质素、纤维素、孢粉、树脂、蜡等）或藻类
		丝炭化作用	
		残植化作用	
		腐泥化作用	泥炭（软褐煤、暗褐煤）
晚期成岩阶段	煤化作用阶段	早	褐煤（硬褐煤、亮褐煤）
			长焰煤
		中	气煤
			肥煤
			焦煤
		晚	瘦煤
			贫煤→无烟煤

表 4-3 成岩作用阶段与煤阶、有机质成熟阶段的对应关系（据刘宝珺和张锦泉，1992）

成岩作用阶段	煤阶		R_o/%	固定碳	孢粉颜色（TAI）	干酪根		温度/℃	有机质成熟阶段	石油形成阶段
						色	H/C			
成岩阶段（初成作用）	泥炭				黄色带	黄棕	>0.84		未成熟	早期 CH_4
晚期成岩作用阶段（深成阶段）	早	褐煤	0.25	47	橙色带	暗棕—深暗棕	0.84~0.69	60	成熟	石油
		长焰煤	0.5	58						
		气煤	0.65		棕色带			135		
	中	肥煤	0.92	65	黑色带	深暗棕	0.69~0.62		高成熟	凝析油+湿气
		焦煤	1.15	69						
		瘦煤	1.60	78				165		
	晚	贫煤	2.00	89		深暗棕—黑色	<0.62		变质	晚期 CH_4
		半无烟煤	2.50	92	消光带					
		无烟煤	3.50							
			11.02							
有机变质阶段	石墨									

丝炭化作用主要发生于充氧环境条件中,是喜氧微生物作用或火焚作用的产物。丝炭化作用过程中能较好地保留植物的组织结构,丝炭化物质具有富碳贫氢的特点。

残植化作用一般发生于弱氧化环境,凝胶化作用和丝炭化作用的产物被充分分解破坏并以 CO_2 和 H_2O 的形式迁走,植物残留的稳定组分(角质层、树皮、树脂及孢粉)富集而形成残植煤雏形的过程。这是泥炭化作用中的一种特殊情况。

腐泥化作用是针对成煤物质是藻类而言的,藻类中大量的脂肪转化为脂肪酸及甘油,脂肪酸在碱性介质条件下凝聚并缩合成腐泥质,以构成腐泥煤或油页岩的雏形。

在泥炭化作用过程中,由于成煤物质、环境及生物化学条件千差万别,导致泥炭组成的异常复杂性。这种复杂性不仅体现于显微组成方面,也体现于分解度(植物残体与腐植质之间的比值——一般用纤维量表征),有机质含量(腐植酸、富啡酸、草木犀酸、胡敏酸、苯沥青及还原糖等),含氧官能团,pH 值及 Eh 值,发热量,挥发分产率及矿物质等多个方面。

2. 成煤作用的煤化作用阶段

成煤作用的煤化作用阶段,是一个主要受热力因素影响而导致泥炭演变的阶段,大致相当于褐煤至无烟煤阶段。演变的总体趋势是碳含量增高及氢氧含量的减少,挥发分降低及 H/C 原子比下降(图 4-20)。

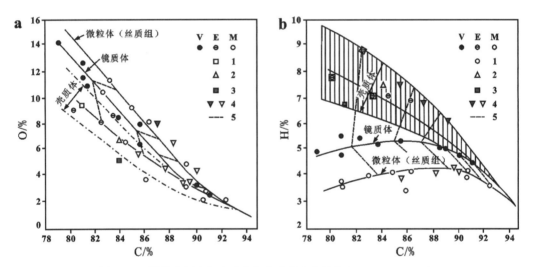

图 4-20 煤化作用中氧(a)和氢(b)的变化趋势(Krevelen, 1961)
V. 镜质组;E. 壳质组;M. 微粒体;1. 孢子;2. 粗粒组;3. 藻质体;4. 干酪根;5. 相同牌号线

煤化作用伴随有大量气体的产出。顿涅茨煤样的热模拟实验发现,在褐煤-长焰煤阶段,生成的气体虽然最多,但 CO_2 占了 72%~92%,烃类气体小于 20%,其中重烃小于 4%;长焰煤-气煤-肥煤-焦煤阶段,烃类气体大量增加,达 70%~80%,虽仍以 CH_4 为主,但有较多重烃产出,在肥煤-焦煤阶段重烃(C_2—C_6)可占气态烃的 10%~20%;瘦煤-贫煤-无烟煤阶段,气态烃占 70%,但其中 98% 以上为甲烷气。

煤化作用是一个碳不断增加的过程,伴随这一过程氧及氢的含量不断下降,煤的不同显微组分在递变幅度上存在差异(图 4-20)。但是,R_o 孢粉颜色以及煤抽提物等是随着煤化作用的进程而有序演化的(表 4-3)。

二、烃类形成过程中的有机质成岩作用与演化

对腐泥型分散有机质的成岩作用研究主要是针对油气的成因而展开的。Tissot（1978）曾经归纳了沉积有机质演化的一般模式（图4-21）。其中所列的成岩作用阶段、深成作用阶段及变质作用阶段，大体分别与早期成岩、晚期成岩及有机变质三个作用阶段相对应。

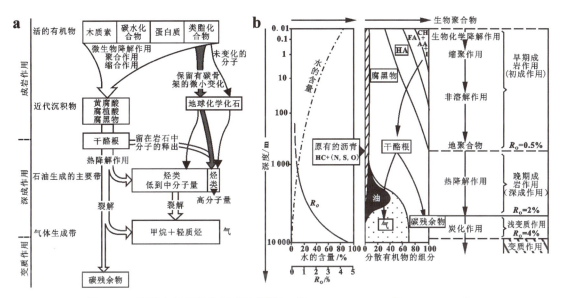

图4-21　沉积有机质演化模式示意图（a. 据Tissot, 1978; b. 据Tissot, 1979）
HC. 烃；(N, S, O). 重杂元素；CH. 碳水化合物；AA. 氨基酸；FA. 富啡酸；HA. 腐植酸；L. 类脂物

早期成岩阶段（成岩作用阶段）是生物聚合物形成干酪根的过程，腐殖物为其中间产物。这一阶段大体与成煤作用的泥炭化阶段相对应，主要地球化学作用为生物降解作用及缩合作用或两者的复合，R_o一般在0.5%以下。

晚期成岩阶段是干酪根热解形成油气的阶段，R_o为0.5%～2%。与成煤作用的煤化作用阶段相对应。主要地球化学作用为热降解作用及其伴生效应。

有机变质作用阶段是R_o大于2%的纯气、碳残余物及贫煤-半无烟煤-无烟煤的形成阶段，主要地球化学作用自然是有机变质作用和炭化作用。

对于油气的形成而言，干酪根被视为先质。可以依据干酪根元素及显微组分，并参考沉积有机质的形成条件和环境，将干酪根划分为Ⅰ型、Ⅱ型和Ⅲ型。Ⅰ型即腐泥，是指具有高的原始氢含量及低的氧含量干酪根，源生物大多为藻类等富含类脂物的有机质，官能团以脂链为主，含少量芳核及氧官能团，具有高的生油能力；Ⅲ型干酪根即腐殖型干酪根，具有低的原始氢含量及高的原始氧含量，主要由多芳核及含氧或其他杂原子官能团组成，脂链大多直接连于环状格架之上，源生物多半来自陆生高等植物，仅具较低的生油潜能，但有利于生气；Ⅱ型即为混合型或过渡型，生化特征及生油气潜能介于Ⅰ型和Ⅲ型干酪根之间。

三种类型的干酪根随着埋深递增，热作用加强，虽然各型干酪根的演化途径不同，但总体趋势一致而且可分出三个阶段：第一阶段相当于早期成岩作用阶段，即Tissot的初成阶段，其主要特征以氧的丢失，O/C原子比迅速下降，H/C原子比微弱下降为标志；第二阶段相当于晚期成岩阶段，即Tissot的深成作用阶段，以氢大量形成烃而导致干酪根H/C原子比迅速

下降为标志;第三阶段相当于有机变质作用阶段,三种干酪根演化轨迹趋于合并,H/C原子比小于0.5,碳含量达到91%～93%。总体来看,干酪根热演化过程,是一个脱氧、失烃、富碳的过程,与石油的形成是一个氢富集及碳相对富集的过程,形成了鲜明的对照。

干酪根在成岩阶段的演化过程还可以应用其他热敏感指标加以标识,如 R_o、孢粉颜色等(表4-4),这些信息为油气的勘探预测提供了重要地质依据。

表4-4 干酪根在成岩阶段的演变过程

成岩阶段	成煤阶段（煤阶）		深度/km 温度/℃	$R_o/\%$	有机变质（LOM）	热变指数	孢粉颜色	干酪根		自由度浓度 $n \times 10^{49}/g$ 有机碳	产物及成熟度	
	德国	美国						颜色	H/C			
早期成熟阶段（初成作用）	软暗煤 暗褐煤	褐煤 次烟煤 C+部分B	<1.5 / 10～60	0.5	8	1（黄色）- 2（橘色）- 2.5	黄色	黄色	>0.84	低	生物成因 CH_4	未成熟带
晚期成岩作用阶段（深成作用）	褐煤 长气煤	次烟煤 B+A 高挥发煤 C B A	1.5～4.0 / 60～180	1.0	12	3 （褐色）	橙色 棕色	浅褐-深褐色	0.84～0.69	高	石油	成熟带
	肥煤 焦煤 瘦煤	中挥发煤 低挥发煤	4.0～7.0 / 180～250	1.5				暗棕-黑色	暗褐色	0.69～0.62		湿气及凝析	高热带
有机变质阶段	无烟煤	半烟煤 无烟煤	7.0～100 / 250～375	2.0 / 2.5	14	3.7 4（黑色）	黑色消光	黑色	<0.62	低	干气	过热带

第四节　成岩作用对沉积物（岩）的影响

成岩作用对沉积物（岩）的影响可以是微不足道的,也可以是非常广泛的;可以是局部的,也可以是普遍的;可以基本上是化学作用,也可以是以物理作用为主。成岩作用对沉积物或沉积岩的改造作用主要体现在化学成分上和结构上的变化,但是对诸如储层的影响通常是显著的,这也是石油地质学家十分关注成岩作用研究的主要原因。

1. 化学成分上的变化

尽管成岩作用一般并不破坏沉积物的主要碎屑成分,但少许成分不稳定的矿物（如辉石类）砂或细小颗粒可全部溶解掉。另外的组分可被蚀变或交代,直到使它们原有的特征消失为止,例如长石或火山岩碎屑可被蚀变成粘土,以致很难与粘土质沉积岩的碎屑或泥质基质区别开来;钛铁矿和其他含钛矿物的碎屑可蚀变成白铁矿;含铁矿物可被氧化或被还原和发生搬运。

矿物与粒间溶液的化学作用，会引起矿物的溶解和蚀变。在埋藏后的许多阶段中，由于压实作用造成的水动力梯度（如作为一个地层系统的横向研究泥质沉积物时）、差异性的构造作用（褶皱作用或断裂作用）、差异性的热事件（如岩浆侵入作用附近）和其他原因，都会引起化学成分不同的水溶液在沉积物中发生运动。在某些情况下，沉积物埋藏之后很快为隔水岩层所封闭，这时，液体循环受到阻滞，成岩改造作用就不那么重要了（例如早期结核对原生特征的影响极小——尽管结核的胶结物本身就是成岩作用的产物）。在另一些情况下，在成岩改造方面，压力或温度的变化比化学条件的变化更为重要，例如，在粘土矿物的转换上（如蒙脱石→伊利石和蒙脱石混层→绿泥石）。

成岩阶段可以形成新的（自生）矿物——不仅可由原有组分的直接交代，而且也可由孔隙溶液的直接沉淀形成。粒间溶液中的离子可以来自其他矿物（在相同沉积物或相邻沉积物中）的成岩溶解，或来自原有海水或地下水的继承物。形成的自生矿物趋向于呈自形，但由于相邻碎屑矿物（它生的）或别的自生（矿物）组分的生长作用的干扰，使其难以长成理想的晶形。自生矿物的形成，导致粒间孔隙的缩小和渗透率的降低（图4-22）。

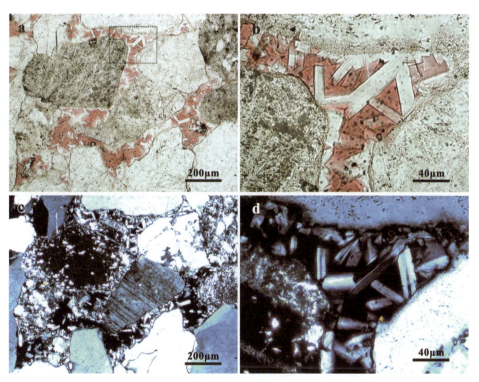

图4-22 鄂尔多斯盆地西部延长组砂岩颗粒间的自生矿物晶粒（焦养泉摄，2006）
a、b. 单偏光，铸体薄片，红色为孔隙；c、d. 正交偏光；b、d. a中上部方框的局部放大

2. 结构上的变化

对原有岩石结构的成岩改造作用，不是由化学改造作用（如溶解或交代作用）造成，就是由物理改造作用（如压实作用）造成。压溶作用（pressure solution）发生在两个颗粒的接触处，而埋藏（或构造的）压力使得一个颗粒或两个颗粒同时在最大压力点上优先溶解，从而导致颗粒相互贯穿或嵌合。持续的压实可形成缝合线（stylolite）。这些作用的最后结果可掩盖原生颗粒的圆度，甚至颗粒大小。

3. 成岩作用在储层演化上的响应

从油气、地下水和铀的储层评价角度来看,成岩作用改变了岩石的原始孔隙类型和几何形态,因此也控制了其主要的孔隙度和渗透率。早期成岩作用方式与沉积环境和沉积物组成有关。晚期成岩作用方式可以贯穿相边界,而依赖于区域流体运移方式(Stonecipher 和 May,1990)。有效的储层质量预测依赖于成岩史的预测,成岩史则是沉积环境、沉积物组成和流体运移方式的产物(图4-23)。

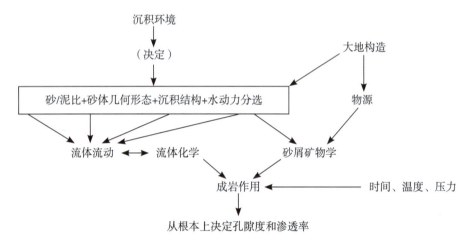

图 4-23 影响储层成岩作用的相关地质因素(据 Stonecipher,1984)

成岩作用过程有胶结作用、溶蚀作用(淋滤作用)和压实作用。胶结作用破坏孔隙空间(图4-23),颗粒淋滤作用生成孔隙空间。压实作用通过颗粒重新分配、塑性变形、压溶和裂隙作用而降低孔隙度。Surdam 等(1989)根据地下地温建立了成岩作用带的概念。成岩作用带随着地温梯度的变化而变化,表4-5总结了重要成岩作用过程及其对孔隙结构的影响。这些研究对于与流体作用相关的矿产预测和评价具有重大意义。

表 4-5 成岩作用过程对孔隙结构的影响

成岩作用带	温度/℃	主要成岩作用过程	
		保存或增加孔隙度	破坏孔隙度
浅部	<80	颗粒薄膜作用(抑制后期石英加大);碳酸盐胶结物不普遍,可能被后期溶蚀	粘土充填作用;碳酸盐或硅质胶结物(在某些情况下是不可逆的);自生高岭石;塑性颗粒压实作用
中部	80~140	碳酸盐胶结物溶蚀;长石颗粒溶蚀	长石溶蚀引起的高岭石、绿泥石、伊利石沉淀;铁碳酸盐岩和石英胶结物
深部	>140	长石、碳酸盐岩和碳酸盐矿物溶蚀	石英胶结物(主要破坏作用);高岭石沉淀;长石溶蚀形成伊利石、绿泥石;黄铁矿沉淀

第二篇
聚煤盆地沉积学基础

沉积物（岩）基本特征

沉积物（岩）以具有特征的沉积结构、沉积构造和造岩矿物而区别于岩浆岩和变质岩。大多数沉积物是在重力影响下，并借助流体介质搬运于适合的环境中沉积的，因而沉积物的结构参数和沉积构造就具有恢复沉积作用过程和指示沉积环境的基本功能。由于大部分碎屑沉积物来源于蚀源区而且岩石经历了埋藏期的改造，因而碎屑沉积物成分既具有恢复沉积作用过程和成岩作用过程的功能，也具有指示物源区母岩性质和成岩环境的功能。沉积物结构和成分是沉积物（岩）分类的主要依据。因此，掌握沉积物（岩）的基本特征，对于恢复环境和判别沉积体系类型具有举足轻重的作用。

第五章　碎屑沉积物的结构

沉积物的结构是指构成沉积岩的组分矿物颗粒的大小、形状（球度或外形）、圆度、颗粒表面特征和组构（堆积方式和定向性）(Pettijohn, 1975)。沉积结构是研究颗粒与颗粒之间的关系，所以最好是在薄片中进行研究，或者是借助于较小的样品进行分析。

大多数沉积颗粒是在重力影响下借助流体运动作为固体颗粒被安置在岩石的组构中的，因此沉积岩就具有某种水动力结构。新近形成的沉积物具有较大的孔隙体积。然而，随着时间推移和埋深加大，充满流体的孔隙成了溶液中新生矿物——胶结物的场所。由这些化学沉淀以及交代作用而展示的结构称为成岩结构。它们大部分是结晶的，而且可以使原生的沉积组构变得模糊不清甚至消失。

因此，几乎所有的沉积物都展现了两种组构：水动力组构和成岩组构。这种性质不仅仅体现在砂岩上，大多数灰岩也是这样的。鉴于在第四章成岩作用中涉及到了部分成岩结晶组构，因此本章将重点介绍沉积物的水动力组构。

第一节　沉积物粒度

粒度（grain size）是指沉积物碎屑颗粒的大小，它是以颗粒直径来计量的。

在沉积物的结构性质中，对碎屑沉积物粒度的研究是最为广泛而且深入的。组成沉积物的碎屑大小，是碎屑岩分类命名的重要依据，即划分砾岩、砂岩和泥岩的基础。粒度和颗粒的均一性或分选性是搬运营力的搬运能力和效率的度量尺度。在正常陆源的水系沉积物中，粒度在某种程度上是靠近物源区程度的一种指标。很粗的沉积物一般不会被搬运得太远。几种搬运营力和搬运模式在它们的分选及搬运能力上有本质不同。只有对"粒度"的含义有了比较清楚的了解，只有认识了粒度分布的特点、造成各种粒度分布的作用以及粒度和搬运距离和搬运方向，才有可能对它的地质意义有一个比较客观的理解。

关于碎屑的粒度分级，由于工作性质与目的不同，各家所采用的划分标准也不同。在国际上应用最广的是 Udden–Wentworth 方案，可以称之为 2 的几何级数制。它是以 1mm 为基数，乘以 2 或除以 2 来进行分级。我国应用较广泛的是十进制。

1. φ标准

欧美地质学家们在沉积物描述中最常用的是 Udden 于 1898 年提出的"粒级表"（图 5-1），后经 Wentworth 略加修改。此粒级是按几何级数划分的（每一个界线是相邻粒级毫米值 ×1/2 或 2）。为了避免使用毫米级的分数值，并避免使用以 2 为底的自然对数方格纸，Krumbein（1934）介绍了一种较为方便的 φ 粒级标准，$\varphi = -\log_2 d$（d 为颗粒直径，mm）。φ 值分级标准提出后受到广泛重视，并很快得到推广。这是由于它具备了三个优点：①将用毫米表示的分数（或小数）颗粒直径变成了整数；②大量出现的粗砂以下的较小粒度均表现为正数；③在作图时，可不用对数坐标纸，因为已经将对数等间距转换成了算术等间距。

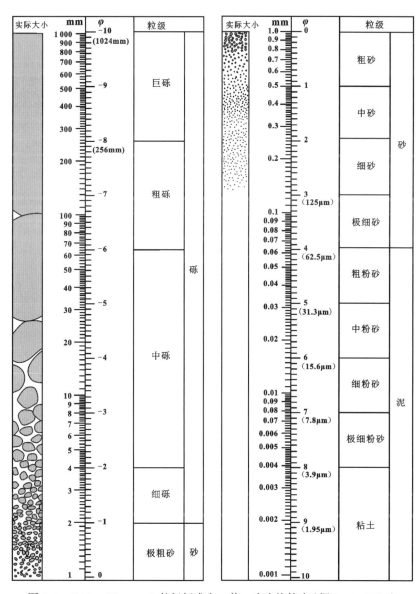

图 5-1 Udden-Wentworth 粒级标准和 φ 值 – 毫米换算表（据 Lewis，1984）

2. 自然粒级标准

自然粒级标准（natural grade scale）是根据颗粒大小与搬运、沉积以及矿物颗粒之间的内在联系来确定粒级之间的界限。

实践中普遍将碎屑颗粒的粒级划分为三个等级：砾、砂和泥。砾石大部分来自母岩的块体破碎；砂是由于岩石崩解而形成了组成岩石成分的一些晶体（有很多例外）；泥则代表岩石崩解的最细产物（粉砂和粘土级碎屑）及分解的产物（粘土矿物）。粉砂和粘土在沉积作用方面一般表现出不同的习性，因此，在泥级中将粉砂与粘土粒级作一大致的区分也是适当的。具体粒级如下：砾大于 2mm；砂为 2.0～0.0625mm；泥小于 0.0625mm；粉砂为 0.0625～0.0039mm；粘土小于 0.0039mm。

第二节 粒度分析

研究沉积物的粒度大小和各种粒级分布特征的方法称为粒度分析，它是进行沉积物结构定量研究的重要手段。粒度大小和分布特征可反映沉积介质的流体力学性质和能量，是判别沉积环境和水动力条件的重要物理标志。同时，由于油气储层物性与储层粒度关系密切，因此，粒度分析对于油气储层评价也具有重要意义。

一、分析方法

根据沉积物颗粒大小及致密程度不同，通常采用直接测量法、筛析法、沉降法和薄片法进行粒度分析。

1.直接测量法

一般用于砾岩或砾石，其方法是用度量工具直接测量砾石的直径或视直径大小或在具有确定比例尺的野外照片上进行砾石直径的测量，一般测量一定面积内的全部砾石（粒径大于 2mm 的颗粒），测量点数不少于 300 个，多用于河流、滨海、冰川、泥石流等砾岩的分析。

2.筛析法

用于未固结或胶结较差的含砾砂岩到粉砂岩，它是用一套筛孔直径不同的筛子将砂样过筛，以分成不同的粒级组分，一般筛孔直径按 $1/4\varphi$ 间隔选择较好，称出每层筛内砂的重量，并求出其百分含量。筛析法比较简便，也较精确。

3.沉降法

与其他几何学方法比较，沉降分析更符合于自然情况，因为沉降速度能够反映沉积颗粒的基本力学性质。这种方法过去多用于分析粘土和粉砂等细粒沉积物，但当前也广泛地应用于分析砂粒级沉积物。常用的方法有移液管法和沉降管法。

（1）移液管法：这一方法是以斯托克沉降定律作为分析根据的。斯托克公式表明，当流体性质和颗粒密度已知时，沉降速度直接由颗粒大小决定，并与颗粒直径的平方成正比。具体方法为：制备浓度低而且均匀的悬浮液，将 1L 悬浮液装入带刻度的筒内静置。按标准的几个时间间隔从悬浮液顶部以下 10cm 或 20cm 处抽取悬浮液样品。应用斯托克定律可以计算出在某一特定时间，必有某一等效直径的全部颗粒已沉降到该高度以下。用几个标准时间依次取样,则可得到由粗到细的几个粒级的样品。根据所取的各已知体积中回收的沉积物的质量(干重),可以计算出样品的粒度分布。

(2)沉降管法:这种方法的具体步骤是在沉降管内放好纯水,然后将分析样品从管的上端导入,使之向下端沉降。这时可直接观察颗粒堆积速度,或借用差压计或压力计对沉积物中不同粒度的沉降速度和过程进行测量及记录,从而得到样品的粒度分布资料。

4. 薄片法

一般用于较致密的岩石,其方法是在显微镜下,用测微尺直接测量岩石薄片中颗粒的最大视直径,并将测量值换算成 φ 值,按 $1/4\varphi$ 间隔分组,计算各组内颗粒百分数,每片要求统计 $300 \sim 500$ 个颗粒。值得注意的是,薄片中获得的粒度是表面现象所显示的粒度,不是真实的粒度。这是切片效应造成的结果(切片效应是指在颗粒集合体的切片中,颗粒的视直径均小于其真直径)。

5. 不同方法的校正

运用上述不同的方法所得到的分析结果可能存在差异:沉降法和筛析法所得出的粒径差别不大,但薄片粒径与筛析粒径之间的偏差可达 0.25φ 或更大。由于粒度分析的基本概念是通过研究松散沉积物和风化的沉积岩发展而来的,所以将直接测量法和薄片法所获得的粒度数据转化为筛析数据就显得非常重要了。Neumann-Mahlkau(1967)和 Friedman(1958,1962)分别提出了各类粒度资料的转化方程: $D = -1.15 + 0.9d$(D 为校正后筛析直径 φ 值;d 为直接测量直径 φ 值);$D = 0.3815 + 0.9027d$(D 为校正后筛析直径 φ 值;d 为薄片中视直径 φ 值)。

在运用薄片法进行粒度分析时还必须考虑砂岩中基质的影响,即进行杂基校正,方法是用显微镜测定或估出杂基含量,由于切片效应和成岩后生作用,其值一般偏高,取其 $2/3$ 或 $1/2$ 为校正值,假定为 X,将各累计频率乘以 $(100-X)$ 作为该粒级的真正百分含量。

二、粒度分布曲线

根据粒度分析的结果,可编制各种粒度曲线。粒度曲线是沉积环境分析的参考标志,常用的粒度曲线包括直方图、频率曲线、累积曲线、概率累积曲线。

1. 直方图

直方图是最常用的粒度分析图件,以横坐标表示粒级大小,纵坐标表示粒级的百分含量,每个粒级都按其百分含量画出不同高度的柱子,来表示粒度分布的特征。直方图优点是能直观、简明地反映出粒度分布特征。

在一个直方图上,柱子的高低,以及柱子的集中和分散的分布表示沉积物的分选程度。有一个百分含量较高的柱子,或较高含量的柱子比较集中,则表示分选好;相反,柱子高度低,而且分散则分选差。如冰川、冲积扇各粒级含量变化不大,分选最差;河流分选中等;湖滩、海滩分选都好;沙丘沉积粒度非常集中,几乎没有粗细尾部,是风力长期反复改造的结果。

2. 频率曲线

频率曲线是为了改进直方图阶梯状、粒级不连续的缺点,它是直方图的极限。将直方图每个柱子顶部横边的中点依次连成折线称为频率多边形。如果把粒级划分得很细,甚至趋近于零,则直方图中的柱子就变得很多,趋近于无限多,此时其多边形曲线为一条光滑曲线,即为频率曲线(图 5-2a)。频率曲线可清楚地表明粒度分布特点、分选好坏、粒度分布的对称度(偏度)及尖度(峰度)等。

3.累积曲线

累积曲线是一种常用的简单图形,它是以累计百分含量为纵坐标,以粒径为横坐标,从粗粒一端开始,在图上标出每一粒级的累计百分含量。将各点以圆滑的曲线连接起来,即成累积曲线(图 5-2b)。累积曲线一般呈"S"形,从图上可看出其粒级分选的好坏,在计算粒度参数时也可由图上读出某些累计百分比对应的粒径值。累积曲线的形态,可用来区分不同的沉积环境。

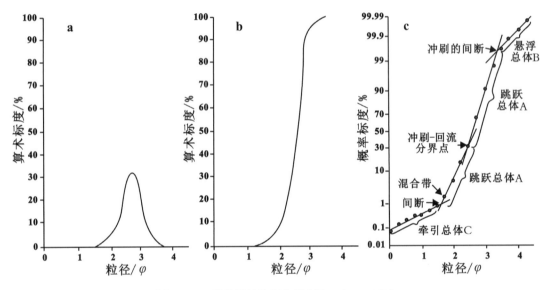

图 5-2　三种常见的粒度曲线(据 Visher,1969)
a.频率曲线;b.累积曲线;c.概率累积曲线及粒度分布中的总体

图 5-3 为美国布尔德金河现代三角洲用累积曲线分出的 10 种成因相,即河道、天然堤、河口坝、浅滩、沿岸沙丘、海湾、低潮滩、沼泽、潮汐水道和高潮环境。

4.概率累积曲线

概率累积曲线也是一种粒度累积曲线,它是在正态概率纸上绘制的,横坐标代表粒径,纵坐标为累积百分数,并以概率标度表示,概率坐标不是等间距的,而是以 50% 处为对称中心,上下两端相应地逐渐加大,这样可以将粗、细尾部放大,并清楚地表现出来。概率曲线中碎屑沉积物的粒度不是一个简单的对数正态分布,而是由几个呈对数正态分布的次总体组成,一般包含有三个次总体,在概率图上表现为三个直线段,代表了三种不同的基本搬运方式,即悬浮搬运、跳跃搬运和滚动搬运(图 5-2c)。三个次总体在累积概率曲线上分别称为悬浮总体、跳跃总体和滚动总体(牵引总体),概率图上除三个次总体之外的其他参数有:截点、混合度、次总体百分含量、分选性。

截点是指两个次总体直线的交点,以横坐标表示,细截点(S 截点)是悬浮总体和跳跃总

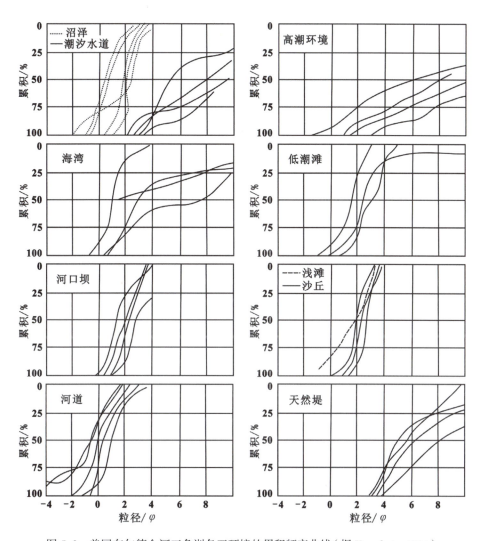

图 5-3 美国布尔德金河三角洲各亚环境的累积频率曲线（据 Krumbein, 1934）

体的交点,表示能悬浮的最粗颗粒;粗截点(T截点)是跳动总体和滚动总体的交点,表示能跳跃的最粗颗粒。

混合度是指两个次总体直线段相交时,在截点处有些点不在直线上,而是零散过渡的,也称为过渡带,反映沉积分异情况。

次总体百分含量,即各次总体分别占样品总量的百分数。

分选性以各次总体直线段的斜率(即直线段倾斜角度)表示。

三、粒度参数

常用的粒度参数有平均粒度(Mz)、标准偏差(σ)、偏度(S_K)、峰态(K_G)。计算粒度参数有两种方法:①数理统计法,以概率和统计学为其数学基础,直接用粒度分析得到的各粒级的百分比计算,常用的计算方法是矩法,计算较复杂,较少用;②图解法,从概率累积曲线上读出某些累积百分比处的颗粒直径,再以简单算术公式计算各种粒度参数,这种方法比较常用。

平均粒度（Mz）表示一个样品的平均粒度大小，反映搬运介质平均动能，计算公式为：$Mz = (\varphi 16 + \varphi 50 + \varphi 84)/84$。

标准偏差（σ）表示分选程度，即反映颗粒的分散和集中状态，计算公式为：$\sigma = (\varphi 84 - \varphi 16)/4 + (\varphi 95 - \varphi 5)/6.6$。Folk 和 Ward（1957）以及 Friedman（1979）根据不同环境的数百个样品分析结果，提出分选系数的分级标准，列于表5-1。

表5-1 分选系数分级标准

分选程度	Folk和Ward（1957）	Friedman（1979）
分选极好	< 0.35	< 0.35
分选好	0.35～0.5	0.35～0.5
分选较好	0.5～0.71	0.5～0.8
分选中等	0.71～1	0.8～1.4
分选差	1～2	1.4～2.0
分选很差	2～4	2.0～2.6
分选极差	> 4	> 2.6

偏度（S_K）用来表示频率曲线对称性的参数，按其对称形态可以分为三类：①单峰对称曲线，以峰为对称轴的曲线，曲线为正态分布，反映出 Mz（平均粒径）= Md（中值）= Mo（众数）；②不对称正偏态曲线，曲线不对称，主峰偏粗一侧，即沉积物以粗组分为主；③不对称负偏态曲线，曲线不对称，主峰偏细一侧，即沉积物以细组分为主。偏度（S_K）计算公式为：$S_K = (\varphi 84 + \varphi 16 - 2\varphi 50)/[2(\varphi 84 - \varphi 16)] + (\varphi 95 + \varphi 5 - 2\varphi 50)/[2(\varphi 95 - \varphi 5)]$。偏度 S_K 在自然界一般介于 $-1\sim 1$ 之间，按偏度值可进一步把偏度分为五级：① $S_K = -1\sim -0.3$ 很负偏；② $S_K = -0.3\sim -0.1$ 负偏；③ $S_K = -0.1\sim 0.1$ 近于对称；④ $S_K = 0.1\sim 0.3$ 正偏；⑤ $S_K = 0.3\sim 1$ 很正偏。

峰态（K_G）是频率曲线尾部展开度与中部展开度之比，用以说明与正态分布曲线相比时分布曲线的宽窄和尖锐程度（图5-4）。峰态（K_G）计算公式为：$K_G = (\varphi 95 - \varphi 5)/[2.44(\varphi 75 - \varphi 25)]$。根据峰度值可以把频率曲线峰度分为6类：① $K_G < 0.67$ 很平坦；② $K_G = 0.67\sim 0.9$ 平坦；③ $K_G = 0.9\sim 1.11$ 中等（近正态）；④ $K_G = 1.11\sim 1.56$ 尖锐；⑤ $K_G = 1.56\sim 3$ 很尖锐；⑥ $K_G > 3$ 非常尖锐。

峰度、偏度、分选系数、平均粒径几个参数之间有着密切联系。当沉积物由纯砾、纯砂、纯粉砂组成，频率曲线为对称单峰曲线，其分选很好，偏度近于0，峰度为中等；当增加少量新组分，则出现次峰，使原频率曲线尾部分选变差，而主峰仍保持良好但峰值变大，偏度由于次峰粒度与主峰粒度的相对粗细可呈

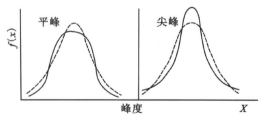

图5-4 与正态曲线相比较平坦和尖锐两种峰度的曲线（虚线为正态曲线）

正或负偏度;当新组分含量增至新旧两组分相近时,频率曲线则呈平坦的马鞍状双峰曲线,分选最差,峰度最低,而偏度却又接近零;当新组分继续增加以至成为主峰时,峰度变大,分选变好,偏度按新组分形成主峰与原组分形成次峰的位置不同,呈正偏或负偏。由于两种组分以不同比例混合而引起的粒度大小,分选好坏,偏度和峰度的变化及其相互关系,可简化为表5-2。

表 5-2　两种组分混合物的平均粒径、分选、偏度、峰度的变化及相互关系

两种组分混合情况		平均粒径	分选	偏度	峰度
纯的粗粒组分		从下往上变粗	很好	$S_K \approx 0$ 对称单峰曲线	$K_G \approx 1$ 中等
两种组分混合	粗组分居多		中等	$S_K =$ 正值不对称正偏双峰曲线	$K_G > 1$ 尖锐
	粗细组分近相等		差	$S_K \approx 0$ 对称双峰马鞍形曲线	$K_G < 1$ 平坦
	细组分居多		中等	$S_K =$ 负值不对称负偏双峰曲线	$K_G > 1$ 尖锐
纯的细粒组分			很好	$S_K \approx 0$ 对称单峰曲线	$K_G \approx 1$ 中等

四、粒度分析的环境意义

沉积岩的粒度受搬运介质、搬运方式及沉积环境等因素控制。反过来,这些成因特点必然会在沉积岩的粒度特征中得到反映。这就是应用粒度分析确定沉积环境的依据。下面是常用的沉积环境解释的粒度分析方法。

1.概率累积曲线的环境意义

概率累积曲线的特征是水动力条件的直接反映,但是到目前为止,两者之间仍难得到定量关系。因此,在运用概率累积曲线进行环境解释时,一方面要强调根据其原理对曲线的沉积水动力特征进行探讨,同时也要重视已知环境典型曲线的特征。

泥石流沉积的概率累积曲线为一反复无常的断折线,斜率很小,分选极差,各线段不具有各个总体的意义(图5-5a,曲线1)。这些特点表明没有任何使粒度分异的机械搬运作用,重力是其唯一能源。

浊流沉积的概率累积曲线的主要特征为:悬浮总体占整个粒度分布的大部分,甚至是全部(图5-5a,曲线2),即曲线基本由悬浮总体所组成,粒度区间大,可延至粗砂和细砾级;常成一波折的、向上凸的曲线,以较低的斜率延伸,分选不好;在较粗段(鲍马层序 A 段),跳跃和牵引负载很少或不存在,但在较细段(鲍马层序 B、C 段),其重要性逐渐增加。

辫状河沉积概率累积曲线特征表现为:曲线均由三个总体组成,其中牵引总体占10%～30%,跳跃总体占50%～60%,悬浮总体占20%～30%,有时牵引总体可达50%以上,为主要的次总体;粒度较粗,牵引总体常由粗砂和砾石组成,各总体分异不明显,分选均差,悬浮总体倾角10°～20°,跳跃总体倾角20°～30°,牵引总体倾角20°～40°;粗细截点都比较粗,$T = -1\varphi \sim 1\varphi$,$S = 2\varphi \sim 2.5\varphi$(图5-5b)。

曲流河沉积的概率累积曲线特征表现为:曲线由跳跃和悬浮两个次总体组成,一般缺乏牵引总体;以跳跃总体为主,约占70%～96%,而且分选好,倾角为50°左右,悬浮次总体分选

差,倾角 $10°\sim30°$;S 截点为突变,一般在 $2.2\varphi\sim3\varphi$ 之间(图 5-5c)。

三角洲沉积体系的成因相主要包括分流河道、天然堤、河口坝等,分流河道沉积的概率累积曲线特征表现为:曲线由悬浮和跳跃两个次总体组成,在主河道为网状河时,可有少量牵引总体(图 5-5d,曲线 1);悬浮总体斜角小,但受潮汐影响的分流河道的悬浮总体分选较好,斜率略大,悬浮总体含量较大,但在河道主流线上却相对较小;跳跃总体一般分选中等,受潮汐影响的分流河道分选较好并有时出现双跳跃总体;S 和 T 截点两者都可以突变,也可以是过渡的。天然堤沉积的概率累积曲线特点为:基本上由单一悬浮次总体所组成,悬浮次总体占 $90\%\sim100\%$。跳跃次总体较少,一般小于 10%,无滚动次总体。悬浮次总体倾斜角多为 $45°\sim50°$(图 5-5d,曲线 2)。河口坝沉积的概率累积曲线主要特点为:悬浮总体斜率较小,分选较差;跳跃总体斜率较大,分选好到很好;S 截点不是突变的,而是过渡的,这是河口坝粒度分布的典型特征,外延 S 截点弯曲部分跨度为 $1\varphi\sim2\varphi$;牵引总体一般不存在(图 5-5d,曲线 3)。

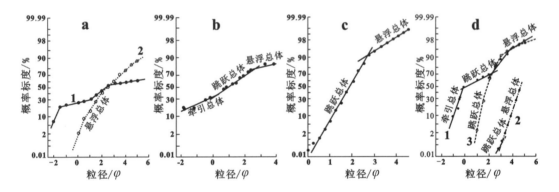

图 5-5 不同沉积环境的概率累积曲线特征

a. 重力流沉积概率累积曲线(1. 加拿大波弗特地区第三系泥石流沉积;2. 加拿大波弗特地区中泥盆统伊皮利尔层浊流沉积);b. 辫状河沉积概率累积曲线特征(滦河上游)(据郑浚茂,1982);c. 曲流河沉积概率累积曲线特征(俄克拉荷马州阿肯色河);d. 三角洲沉积累积概率曲线特征(1. 阿尔伯塔 Mitsue 油田分流河道沉积;2. 密西西比河天然堤沉积;3. 加拿大波弗特第三系河口坝沉积)

Visher(1969)对海滩沉积物粒度分析表明不同地区海滩因海岸性质及地貌特征不同,概率累积曲线呈现一些差异。同时,在同一海滩不同部位沉积物概率累积曲线分布也存在差异,表现为各总体含量、分选性及截点位置不同(图 5-6)。

风成沙丘的概率累积曲线表现为:跳跃总体几乎占粒度分布的全部,坡度陡,分选很好;牵引总体和悬浮总体很少或没有,这取决于原始沉积物性质或离物源的距离。以内陆沙漠沙丘砂为例,其结构随着物源性质及距物源的距离不同而复杂化。距物源越近,越保留有物源的特点。但其概率累积曲线是以跳跃为主,分选很好,斜角 $70°\sim80°$,含量在 90% 以上(图 5-7)。

综合上述,洪水密度流-浊流沉积和风成沙丘沉积的概率累积曲线是两种极端情况,前者为单一的悬浮总体沉积,分选很差,而后者几乎只有一个单一的跳跃总体沉积,分选极好,而其他各种环境介于二者之间。它们的变化规律为:从洪水密度流(浊流)、辫状河、曲流河、三角洲、浅滩到沿岸风成沙丘,其悬浮总体含量逐渐减少(从占样品的几乎全部,变到几乎为零);跳跃总体逐渐变多(从占样品几乎是零,到占样品的几乎全部);细截点从粗变细;牵引

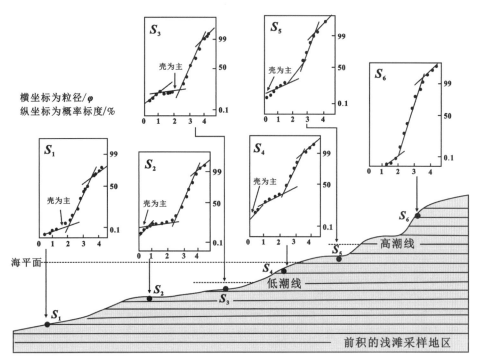

图 5-6 海岸带概率累积曲线分布特征（据 Visher, 1969）

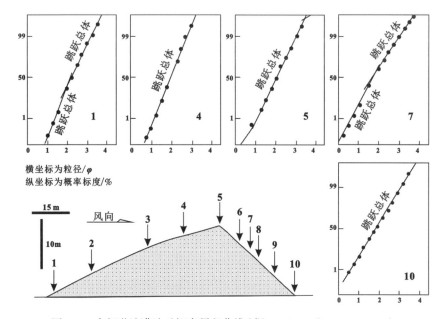

图 5-7 全新世沙漠沙丘概率累积曲线（据 Friedman 和 Visher, 1975）

总体变化比较复杂,在辫状河都为粗粒牵引总体（小于 1φ）,而在三角洲、浅滩,一般为细粒牵引总体（小于 2φ）,而在下游河流中牵引总体不存在（图 5-8,表 5-3）。总之,自然界概率累积曲线类型多种多样,但其中有几类是基本的：密度流型（即悬浮体整体沉积,为单一悬浮曲线）;河流型（以跳跃和悬浮两段组成,以跳跃为主,是河流中下游快速沉积产物）;浅滩型（以分选良好的跳跃总体为主,少量牵引和悬浮总体是经波浪改造的沉积物）;风成沙丘型（即单一高度分选的跳跃总体组成,是风力加工的沉积）（图 5-8）。

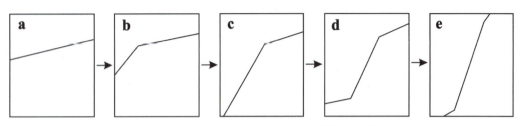

图 5-8 几种不同环境的概率累积曲线的变化
a. 洪水密度流；b. 洪水辫状河；c. 曲流河；d. 浅滩；e. 风成沙丘

表 5-3 不同类型沉积环境砂质沉积物粒度概率累积曲线分布特征（据 Visher, 1969）

环境	跳跃总体（A）				悬浮总体（B）				滚动总体（C）				主要特征
	百分含量/%	分选	T截点/%	S截点/%	百分含量/%	分选	AB混合	S截点/%	百分含量/%	分选	T截点/%	AC混合	
风成沙丘	97~99	很好	1.2~2.0	3.0~4.0	1.0~3.0	中等	中	4~4.5	0~2	差	1.0~0	少	跳跃总体含量极高，分选极好
海滩	50~99	中好	0.5~2.0	3.0~4.25	0~10	中好	少	3.0~4.5	0~50	中	-1.0~无极限	中	跳跃总体含量高，为两段斜线
河流	65~94	中	-1.5~-1.0	2.75~3.5	2~35	差	少	>4.5	变化	差	无极限	少	变化大，以跳跃总体为主，常含悬浮总体
河漫滩	0~30	中	2.1~1.0	2.0~3.5	60~100	差	多	>4.5	0~5	中		无	单一的悬浮总体
浊流	0~70	中差	1~2.5	0~3.5	30~100	差	多	>4.5	0~40	差	无极限	多	为悬浮总体，层内有通变现象

2. 粒度参数的环境意义

根据对现代沉积的大量研究，沉积物的粒度参数变化是很复杂的，它取决于物源特点、搬运距离及搬运介质能量稳定性以及沉积区分选改造的能力。但在物源变化不太复杂的情况下，不同环境的粒度参数仍有一定规律和特点：近物源，水流湍急，其粒级粗，分选差；搬运距离长，水流稳定，粒级变细，分选变好，沉积环境对沉积物的改造，也会使粒径及分选有所变，更主要的是使某些原有组分丢失，或使某些新组分增加，这就造成粒度频率曲线粗细尾部的变化，而造成一定偏度和峰度的特点。现将常见的几种主要环境的粒度参数概括如下。

冲积扇沉积：近源、坡度大、水流急，水系变化不定，快速堆积，无后期改造，沉积物粗，以砾石为主，分选极差，具粉砂泥细尾部，常为正偏，多峰曲线，平坦峰度。

河流沉积：河流沉积常为多物源，各物源粒度不同，同时堆积埋藏速度快，而受河水冲刷改造小，因此粒度变化大，大多数成双峰曲线，分选差，由于河流砂砾中常掺有粘土、粉砂等悬浮物，故河流一般为正偏，峰度变化也比较大，一般平坦。

海滩沉积：由于被浪潮反复多次搬运，泥质物冲洗干净，因此较纯，多为中细砂，分选好，频率曲线多呈正态曲线，一般偏度为 0 或稍负偏，峰度中等到微尖。

风成沙丘沉积：海岸沙丘是由海滩砂经风力搬运而形成，由于风力较弱，海滩砂中粗粒部分不动而留原地，故沙丘频率曲线呈微正偏，峰度中等，分选极好，多为细砂。

风成沙坪沉积：由于在海（湖）滩砂基础上，接受空中细粒物而呈正偏，并使峰度尖锐，分选较好。

3. CM 图解的环境意义

CM 图是 Passega（1957）提出的综合性成因图解，这也是一种粒度参数散布图。他认为 C 值和 M 值这两个粒度参数最能反映介质搬运和沉积作用的能力，故运用这两个参数分别作为双对数坐标系统上的纵、横坐标，构成 CM 图。C 值为概率累积曲线上含量为 1% 处对应的粒径值；M 值为概率累积曲线上含量为 50% 处对应的粒径值。Passega（1957）研究了各种已知环境的现代和古代沉积物的 CM 图及其与沉积作用的相互关系，总结出两种最基本的 CM 图型，即重力流型 CM 图和牵引流型 CM 图。这两个图型有着明显的区别，因此 CM 图可以成功地区分出沉积物是重力流还是牵引流形成的。作 CM 图的采样要求：通常从一套同成因层序中系统采样，从最粗到最细粒的各种具有代表性的岩性中分别取样，每一个 CM 图取样数大于 20 个。

（1）重力流（密度流）型 CM 图解：由于流体之间密度差的作用，而使高密度流体流动，这种流体称为密度流。密度差的形成可以由于盐度、温度的不同，而最主要的是由悬浮的沉积物所造成。由高密度悬浮颗粒所构成的密度流是水与悬浮物的混合体，它沿斜坡向下运动是由作用于高密度固态物质上的重力所引起，而不是流体流动所引起，所以这种密度流又称重力流。根据重力流沉积颗粒支撑机理可分为：泥石流[是水与泥砂混合物，（基质）支撑其中砂和砾，几乎没有分选]、浊流（水与沉积物的混合物，由湍流支撑颗粒向前运动）、颗粒流（以颗粒之间的碰撞作用支撑颗粒）和液化流（靠孔隙间的液体向上运动支撑颗粒）。不管哪种支撑机理，重力流中颗粒运动主要以悬浮状态搬运，当控制重力流的各种力量降低时，密度流会逐渐呈递变悬浮的状态而沉积。在一个成因单元内，岩性总体上从粗到细变化，但每个样品相对粗细组成是按一定比例变化的。那么其最大粒径与平均粒径之间比值大致一定，因此，密度流沉积的不同部位 C 与 M 比值大致相等。各样点分布几乎平行于 C = M 基线，故密度流形成大致平行于 CM 基线的长条形图形（图 5-9、图 5-10）。这

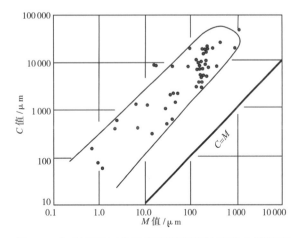

图 5-9　加利福尼亚弗雷兹诺郡西部冲积扇内部泥石流沉积的 CM 图（据 Bull, 1962）

是判别密度流的一个很重要的标志。

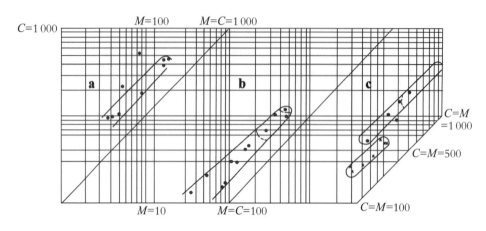

图 5-10　深水典型浊流沉积 CM 图（据 Klovan，1966）
a. 现代大西洋深水浊流；b. 实验浊流；c. 温图拉盆地上新世浊流

（2）牵引流型 CM 图解：牵引流以水流为动力，水流牵引碎屑颗粒搬运，也就是由于流体流动引起碎屑颗粒的运动。河流、沿岸及水下底流都是牵引流。牵引流对碎屑颗粒有三种搬运方式：滚动、跳跃和悬浮。当水流以一定速度向前流动时，水流直接作用于颗粒的向上游面，因颗粒与底界面间有摩擦阻力，所以作用于颗粒顶部的水流比其下部的水流流速快，当其推力大于摩擦力，颗粒就沿界面产生滚动。与此同时，较细颗粒就由顺流推力、湍流作用的上举力以及颗粒与底部及障碍物碰撞而产生弹跳力等的作用而产生跳跃。牵引流的 CM 图形可划分为 NO、OP、PQ、QR、RS 各段（图 5-11）。不同区段代表不同沉积作用的产物：① NO 段代表滚动搬运的粗粒物质，C 值大于 1mm；② OP 段以滚动搬运为主，滚动组分和悬浮组分相混合，C 值一般大于 800μm，而 M 值有明显变化；③ PQ 段以悬浮搬运为主，含有少量滚动组分，C 值变化而 M 值不变；④ QR 段代表递变悬浮段，递变悬浮搬运是指在流体中悬浮物质由下到上粒度逐渐变细，密度逐渐变低，C 值与 M 值成比例变化，从而使这段图形与 C = M 基线平行；⑤ RS 段为均匀悬浮段，C 值变化不大，而 M 值变化大，主要是细粉砂沉积物。

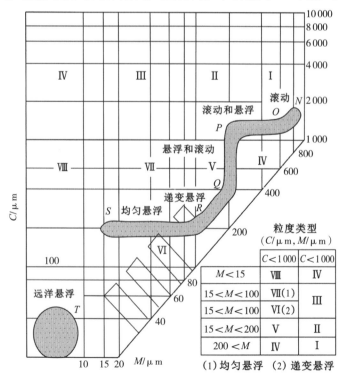

图 5-11　牵引流沉积的 CM 图（据 Passega，1964）

第三节 沉积物分选性和磨圆度

一般情况下,牵引流在搬运过程中碎屑沉积物通常会发生三个方面的变化:①沉积物粒度的变化——随着搬运距离和搬运次数的增加,沉积物粒度变细;②沉积物分选性的变化——随着搬运距离和搬运次数的增加,沉积物分选性变好;③沉积物磨圆度的变化——随着搬运距离和搬运次数的增加,沉积物颗粒逐渐浑圆化。但是,影响沉积物的因素是错综复杂的,除牵引流以外的其他流体性质、母源性质和环境特征也往往制约沉积物的粒度、分选性和磨圆度。

一、分选性

分选(sorting)是指碎屑物质在水、风等动力作用下,按粒度、形状或密度的差别发生分别富集的现象,表示颗粒大小的不均一性。分选主要是在碎屑颗粒的搬运过程中完成,表明沉积颗粒粒度与一定介质条件相适应的结构特点。

当介质为水流时,在水的流速和携带能力发生变化时,被搬运的颗粒就会在不同的水力条件下,以不同的粒度等级分别进行沉降和堆积,这就是颗粒粒度的水力分选作用。碎屑颗粒在浊流中也可以受到一定的分选,但不如牵引流彻底。在牵引流中,颗粒粒度与分选性具有一种有趣的关系,即愈向细砂(直径 0.25～0.1mm)变化,分选性愈好。

分选性是沉积环境能级的反映。一般来说,随着搬运距离的加长,岩石的分选性也变好;沉积介质的强烈和持续搅动也有助于分选程度的增高;风的搬运比水的搬运分选好,滨海沉积比湖泊和河流沉积的分选好。

碎屑沉积物的分选性,可用粒度参数中的分选系数和标准偏差等定量表示(表5-3)。分选性也可以粗略地分为:好、中、差三级。当主要粒度成分含量大于 75% 时,或颗粒大小近于相等者,称为分选好。当主要颗粒成分含量在 50%～75% 之间,称为分选中等。没有一个粒级成分含量超过 50% 时,或颗粒大小相差大,则称为分选差(图 5-12)。

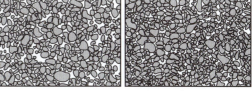

图 5-12 用于在薄片下肉眼估计分选性的对比图(据 Lewis,1984)

含斑性是砂岩的另一种结构,余素玉(1984)将其解释为重力流的产物。它是指在某一粒度的砂岩中出现了跳级颗粒(斑屑),其直观特点相当于岩浆岩中的似斑状结构(图 5-13)。含斑性砂岩在我国第三纪湖盆腹地较为常见,与其伴生的是半深湖-深湖泥岩,砂体往往具有块状构造,代表了一种水下的重力流沉积,其可以构成独立的水下浊积扇体系,也可以是三角洲前缘的部分沉积物(吴立群等,2010)。

二、磨圆度

磨圆度(roundness)是指碎屑颗粒在被搬运过程中,经流水冲刷、互相撞击之后的原始棱角被磨蚀圆化的程度,它是碎屑岩的重要结构特征之一。磨损程度反映了碎屑的全部搬运历

图 5-13　渤海湾盆地歧口凹陷古近系砂岩的含斑性（焦养泉摄，2008）

史，但不一定能反映出颗粒由源区迁移到沉积区的距离——圆的颗粒可能来自于当地的沉积岩，或者可能是在一种近源区的环境下受到长期磨损的结果，例如悬崖附近的海滩。在有些情况下，例如在土壤中，化学作用可使颗粒变圆（Crook，1968）。

碎屑颗粒的磨圆度一方面取决于它在搬运过程中所受磨蚀作用的强度，另一方面也取决于碎屑本身的物理化学稳定性以及它的原始形状、粒度等。

碎屑颗粒的磨圆度总是随着其搬运距离和搬运时间的增加而增高，这是碎屑颗粒磨圆度变化的总趋势。碎屑颗粒在搬运过程中受到的磨蚀作用越强，其原始棱角被磨蚀的越显著，磨圆度也就越好。这对于粗碎屑，特别是对滚动搬运的砾石来讲表现得更为明显。

在河流环境中砾石的磨圆度随着粒度的增大而增高，大砾石比小砾石表现出更显著的机械磨蚀。与砾石相比，砂级碎屑的圆化速度要慢得多，而且砂的粒级越细，在搬运中遭受的磨损越小。

归纳起来，在搬运过程中，滚动的颗粒比悬浮的颗粒易磨圆，大的颗粒比小的颗粒易磨圆，硬度小的颗粒比硬度大的颗粒易磨圆，搬运距离远的颗粒比搬运近的、搬运时间长的比搬运时间短的磨圆度好。

在同样的磨蚀条件下，不同性质的碎屑磨圆程度不同。例如，石灰岩的碎屑远比同粒级的石英砂岩碎屑易于磨圆，因为石灰岩在水中的物理化学稳定性远不如石英砂岩。

另外，风的搬运比水的搬运的碎屑磨圆度好，滨海沉积比河流沉积的碎屑磨圆度好。总之，造成碎屑颗粒磨圆的因素是很复杂的，因此，当利用碎屑的磨圆度特征来分析其沉积成因时，应以同一成分、同一粒级的碎屑为标准。

在手标本的观察描述中，通常把碎屑的磨圆度划分为如下 6 个级别（图 5-14）。

尖角状：颗粒具有极尖锐的棱角，甚至呈锯齿状。

棱角状：颗粒具尖锐的棱角，棱线向内凹进。

次棱角状：碎屑颗粒的棱和角均稍有磨蚀，但棱和

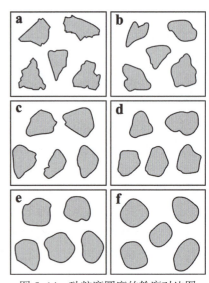

图 5-14　砂粒磨圆度的轮廓对比图
（据 Shepard 和 Young，1961）
a. 尖角状（0.12～0.17）；b. 棱角状（0.17～0.25）；c. 次棱角状（0.25～0.35）；d. 次圆状（0.35～0.49）；e. 圆状（0.49～0.70）；f. 极圆状（0.70～1.00）；括号中的数字是根据 Wadell 球度计算公式对各级磨圆度给出的

角仍清楚可见。

次圆状:棱角有明显的磨损,棱线略有向外凸出,但原始轮廓还清楚可见。

圆状:颗粒的棱角已经全部磨损消失,棱线向外突出呈弧状,原始轮廓均已消失。

极圆状:颗粒的棱角已经全部磨损消失,原始轮廓均已消失。

很显然,用对比方法确定磨圆度既直观又迅速,但精度不高。不同的人操作,甚至一个人重复操作时得到的结果都可能有所差别。熟练的工作有助于精度的提高。

第四节　沉积物组构

沉积物组构(fabric)是指碎屑颗粒在空间上的排列和方位。组构要素可以是一个晶体、砾石或砂粒、介壳或其他颗粒。按照传统的认识,颗粒的大小、形状和排列称为结构,因此,组构是结构的分支,或结构包括了组构。一般认为,碎屑岩中的粒度、分选性、磨圆度、表面性质以及孔隙度等性质是结构的属性;颗粒之间或组分之间的关系、或空间排列是组构的内容,也就是结构中的"排列"属性。

未受构造作用和变质作用影响的、能反映沉积期颗粒空间排列关系的组构称为沉积或原生组构。沉积学家之所以对原生沉积组构感兴趣(特别是对碎屑沉积物),是由于可以借助颗粒定向性恢复沉积物沉积时的古水流方向,另外还可以利用组构与砂体形态之间存在的关系预测砂体的走向。这些都需要研究颗粒的定向性,所以有的人甚至认为组构就是颗粒定向性的专属性质了。实际上,颗粒的空间排列能否定向,除与介质流动方向有关外,还与颗粒本身的形态有联系,因此,组构也应包括不定向排列关系。

一、颗粒定向组构

颗粒有结晶定向和形态定向两种,在陆源碎屑岩中重要的是形态定向。所谓形态定向,常见的如砾石的长轴定向排列结构,页岩中近似平行排列的笔石结构,软体动物壳体一致向上凸起的排列现象等。总之,大多数非球体颗粒,由于受到重力或流动流体的影响,可使其重新定向排列并处于最稳定的位置上,其长轴平行层理面方向。

形态定向可以在层理面上和垂直层理的方向上进行研究。在垂直层理的面上,叶片状或板状颗粒彼此排列成叠瓦状(图5-15a)。可以明显地表现出这种排列方式的还有云母(图5-15b)以及许多植物茎杆,带状叶的碎片、直角石类、竹节石、双壳类壳体和具有旋脊的腹足类等,都是有用

图5-15　鄂尔多斯盆地碎屑岩中的颗粒定向组构

a. 砾石叠瓦状构造,贺兰山延长组(焦养泉摄,2006);b. 云母定向排列,榆林延安组(据焦养泉,1998)

的组构颗粒。Dzulynski 和 Sanders(1962)以图示的形式,形象地解释了盘状和片状碎屑形成叠瓦状构造的机理过程(图5-16)。

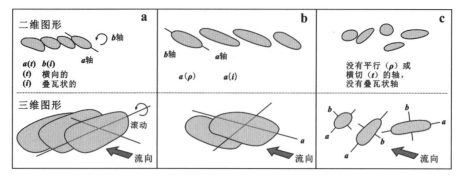

图 5-16 叠瓦状盘状和片状碎屑的类别及形成作用(据 Dzulynski 和 Sanders,1962)
a. 典型的底负载(如河流的)砾岩,碎屑以长轴 a 为轴滚动,被前方的碎屑所阻止;b. 由低密度流体堆积形成的再沉积砾岩,碎屑的定向是由于碎屑与基质一同搬运,并被粒间碰撞所挤压而呈对周围流动最小阻力的状态;c. 典型的未分选砾岩

焦养泉(1998)曾经在显微镜下,通过对湖泊三角洲前缘砂岩定向薄片中碎屑颗粒长轴优势排列方位的定量统计(图5-17),解释了多孔介质砂岩的各向异性特征。研究认为,正是由于砂岩中碎屑颗粒的定向性排列,最终导致了同一样品的三向渗透率的各向异性,即平行古水流的水平渗透率(K_{H2})最大,垂直层面的垂向渗透率(K_V)最低,垂直古水流的水平渗透率(K_{H1})介于前两者之间,即具有 $K_{H2} > K_{H1} > K_V$ 的分布规律(图5-18)。

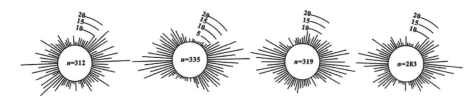

图 5-17 鄂尔多斯盆地北部延安组湖泊三角洲前缘砂岩碎屑颗粒视长轴的定向排列现象
(据焦养泉,1998)
注:切片平行古水流,垂直层理面。

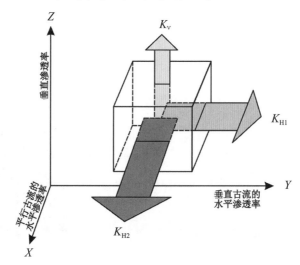

图 5-18 鄂尔多斯盆地神木地区延安组储层砂岩的多孔介质
各向异性特征模式(据焦养泉,1998)

二、颗粒的非定向组构

填集就是颗粒的一种非定向组构,表示接近球形的骨架颗粒的排列和聚集方式。填集最重要的特征是颗粒的几何排列方式,颗粒彼此之间接触的频率以及它们之间接触的形状。根据颗粒的均一性不同,表现出不同的聚集特点。

均一粒度球体的填集可以是无规则或规则的几何状。规则填集的端元类型是最松散的立方体填集和最紧密的菱面体填集。由于菱面体填集的排列方式最为稳定,所以大多数天然的粒级接近的碎屑沉积物都接近于菱面体排列。不同方式的填集影响岩石的孔隙度和渗透率,例如菱面体填集的孔隙度为 25.95%,立方体填集的孔隙度是 47.64%。规则填集类型不但与某些沉积条件有关,而且还与成岩压实作用有关。所以,研究颗粒之间关系的填集还有助于了解沉积后成岩变化的规模和性质。

常见的是不均一粒度球体颗粒的填集。在同沉积的碎屑物中,表现为一些细小颗粒往往置于粗大颗粒之间的空隙中。在砂砾岩中,骨架颗粒与基质之间的关系,即所谓的支撑类型就属于此,也是一种与水流有关的原生组构。一般认为,砂砾岩中以泥为格架或以泥基质为主的,称泥基(或泥质)支撑;以碎屑颗粒为岩石格架或为主的,是颗粒支撑,代表与前述条件相反的高能条件。何镜宇和余素玉(1981)以泥基质 25% 为界(因大于 25% 砂岩几乎全部为基底式),进一步将颗粒支撑划分为 5 种类型:①泥含量小于 25%,颗粒支撑;②泥含量大于 25%,泥基支撑;③泥含量小于 2%,无泥颗粒支撑;④泥含量为 2%～10%,少泥颗粒支撑;⑤泥含量为 10%～25%,多泥颗粒支撑。

Pettijohn 等(1972)以图示的方式展示了组构的术语和颗粒接触类型(图 5-19)。

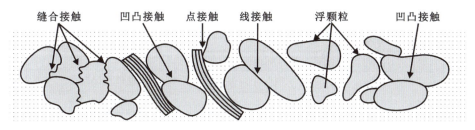

图 5-19　组构术语和颗粒接触类型(据 Pettijohn 等,1972)

第五节　结构成熟度与结构的定性解释

结构成熟度(textural maturity)又称物理成熟度(physical maturity),是指碎屑物质在风化、搬运过程中,在结构上接近最终产物的程度。碎屑物质在风化、搬运和沉积过程中,不断被改造,其总趋势是杂基减少,分选性、磨圆度提高。

Folk(1951)提出了一种用于砂岩的"结构成熟度"标准,它代表随着作用于沉积物的能量的逐渐增加,所"预期的"一些结构特征的发展趋势,是一种定性标志。他将结构成熟度分为四个等级:未成熟阶段、次成熟阶段、成熟阶段和超成熟阶段(图 5-20)。

(1)未成熟阶段:沉积物中有 5% 以上的碎屑粘土,砂粒分选差并为棱角状。

(2)次成熟阶段:沉积物中的碎屑粘土低于 5%,砂粒分选差并为棱角状。

（3）成熟阶段：沉积物中有低于5%的碎屑粘土，砂粒分选好但仍为棱角状。

（4）超成熟阶段：碎屑粘土含量低于5%（基本无粘土），砂粒分选好并为圆状。

确定砂岩结构的成熟阶段，为沉积物历史的初步解释提供了依据。所谓结构倒转或结构参数偏离的现象是常见的。例如，在分选不好的沉积物中有磨圆的颗粒（可能由于原先是分选良好的沉积层在最初沉积之后因风暴或生物扰动而被搅混，或者这些圆的颗粒是由沉积岩源岩所供给的）；分选好的颗粒中有粘土基质（也许在经历了高能环境后，最后又在能量很低的环境下沉积。例如，沙丘砂或障壁坝沉积迁移入泻湖，或者是由于粘土的成壤渗滤）。通常，我们是按照结构成熟

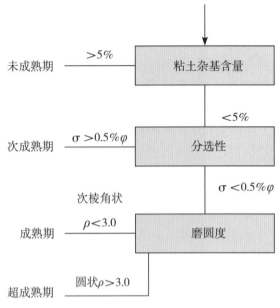

图 5-20　碎屑岩结构成熟度等级及标志
注：图中 ρ 为 Powers 的圆度等级。

度的最低阶段来划分沉积物的，这被认为是最后作用于沉积物的一些作用标志。图 5-21 表示了结构成熟度的变化范围，图中代表了各种环境中最常见的几种。

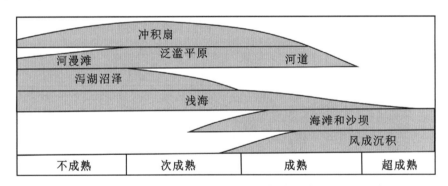

图 5-21　沉积环境和结构成熟度间的预期关系（据 Lewis，1984）

即使没有进行精确的定量分析，碎屑沉积物的结构特征也可为沉积物的成因解释提供若干标志。将沉积物粒度分布特征与其他结构特征（如形状和磨圆度等）、成分特征（如颗粒密度的大小）、沉积构造和纵向上（或横向上）地层关系等方面的资料结合起来分析，就可为沉积环境的解释提供一个定性的依据。

沉积物的粒度分布主要反映了沉积环境的各种状况——沉积作用的过程以及作用的能量。例如，砂质海滩总是由分选好、无基质的砂粒组成，因为波浪能连续地、长期地作用在这些沉积物上。沉积颗粒将根据其水动力习性而进行分异，这些性质主要取决于颗粒的粒度（虽然颗粒的密度和形状也有影响）。细颗粒被筛选走了，粗颗粒被集中在能量最高的地带沉积掩埋。与此相反，大部分泛滥平原的砂质沉积物却分选不太好，并含一些泥基质，这是因为河流的能阶不稳定，同时沉积物未经连续不断的再改造作用。浊流沉积的分选性差，并含大量基质，因为它是在低能条件下快速沉积而成的。当然，粒度分布也可能受沉积物前期历

史的影响。例如,在沉积物的早期历史阶段,风将细小颗粒吹蚀带走而将粗颗粒留下并由一种高能作用搬运,或者在沉积物供给区没有砾石,当然就不可能有砾石的搬运和沉积(不管水流的起动能力有多大)。此外,沉积后的作用也可能会改变沉积物的粒度分布特征——例如,生物对原生分选良好沉积物的扰动混合作用(Faas 和 Nittrouer,1976),各种胶体和粘土在成壤阶段的渗滤作用(Brewer 和 Haldance,1957)和不稳定矿物在成岩阶段的分解形成粘土质的基质(Whetten 和 Hawkins,1970)。

图5-22表明了沉积物粒度与其水动力习性之间的某些一般关系。将各自其他结构特征(例如,形状和圆度)、成分特征(如颗粒密度的大小)、沉积构造和纵向上(和横向上)地层关系等方面的资料结合起来分析,就可为沉积环境的解释提供一个定性的依据。但是这些资料不能用于精确的定量分析,因为有太多的影响因素是未知的(例如,局部地段有效的颗粒粒度,搬运水流的体积和深度,湍流的强弱,基底对水流的抗摩擦力以及正在搬运中的沉积物的总量等)。注意,粘土的沉降速度很慢,任何向上的水流分量都会阻止它的沉积——大部分粘土可能聚集成为粪粒(Haven 和 Morales-Alamo,1968;Prokopovich,1969)或絮状物(Pryor 和 Vanwie,1971),并可以集聚成比较粗的颗粒。

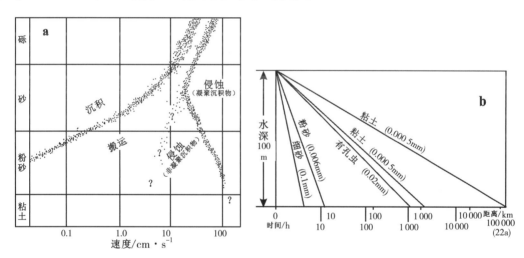

图 5-22 表示沉积物在水下习性的图解
a.Hjulstrom 图解,表示水流速度和河床沉积物习性之间的大致关系,几乎没有关于直径小于0.2mm的较细颗粒的可靠资料(据 Heezen 和 Hollister,1964);b. 选定沉积物(具不同粒度)的沉降时间和距离,假定水流水平流速为 10cm/s(据 Garrels 和 Mackenzie,1971)

第六章 沉积构造

沉积构造（sedimentary structures）是沉积物（岩）的重要特征之一，它是在沉积过程中或沉积之后不久，由机械的、化学的和生物的作用所形成的众多构造种类。沉积构造主要形成于石化作用之前，但某些（例如生物穿孔遗迹和某些化学结核）是在石化之后形成的。由于这些构造几乎都是在原地形成的，所以它们是沉积环境或早期成岩作用的最好成因标志。

沉积构造按照成因可以分为两大类：无机构造（inorganic structure）和生物构造（organic structure）。无机沉积构造又可以划分为原生的和次生的两种。原生沉积构造（primary sedimentary structure）形成于沉积作用同时，它既可由沉积营力（例如水流）造成，也可由别的沉积作用（任何类型的搬运作用）造成。而次生沉积构造（secondary sedimentary structure）则是在沉积作用之后，由机械作用（例如脆性的破裂、水塑性变形或过剩的孔隙液压造成的准液态流动），或化学作用（溶解、沉淀、晶体生长或伴随水合作用/脱水作用的膨胀或收缩）形成（图6-1）。

原生沉积构造对古环境的分析是重要的。有的可以指示沉积物搬运的方向（古水流方向）和古地理方位，有的可以提供沉积过程中介质的性质和能量信息。某些原生沉积构造（极少数次生构造）可以用来判别地层的层序，即判别地层是否经过构造运动而倒转，这在强烈变形区的地层研究中尤为重要。与构造研究相结合，详细分析原生沉积构造往往能提供重建古环境方面的其他有用信息。

次生沉积构造往往能提供关于成岩环境（诸如差异性应力施加速率、孔隙溶液地球化学性质的变化）的信息。然而，在某些情况下它们对以后的沉积作用有显著影响（例如差异压实作用可影响沉积物表面形状，准液体的侵入作用可导致沉积界面上的喷出作用）。一些次生沉积构造，例如从上部充填的水成岩墙，可具有复杂的成因，并提供关于沉积作用和成岩作用两方面的信息。

本章将从原生无机的、机械次生无机的、化学次生无机的和生物成因的四个方面简要介绍沉积物（岩）中普遍发育的沉积构造和特征。

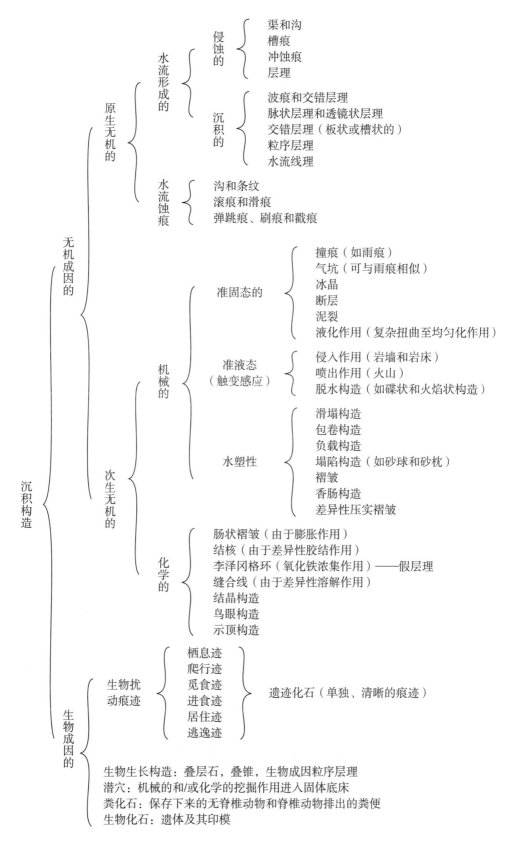

图 6-1 沉积构造的一般分类（据 Lewis,1984 补充修改）

第一节 原生无机沉积构造

原生无机沉积构造通常从层面构造和层理构造两个部分来阐述。

一、层面构造

层面构造（bedding plane structures）是指地层界面上看到的各种各样的沉积构造。原生的层面构造有：波痕、冲刷或流痕（槽模）、工具模（沟模等）、剥离线理构造等。它们成因各异，因而具备判别环境的能力。

1. 波痕

波痕（ripple mark）是由风、水流或波浪等介质运动，在沉积物表面所形成的一种波状起伏构造。实际上是沉积物表面的砂质沉积物，在迁移过程中所形成的波纹在层面上的遗迹，波痕的移动在垂向上形成交错层理。

波痕需要借助各种波痕要素来描述（图6-2），通常据此将其归为对称波痕和不对称波痕两大类。不对称波痕系单向流体成因（图6-3a），而对称波痕多系滨岸带水流成因（图6-3b）。由图6-3c所显示的干涉波痕，以及由图6-3d所显示的两期波脊近乎垂直的波痕，都充分反映了沉积时期滨岸带风向的多变性。

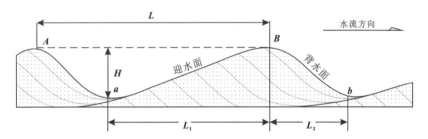

图6-2 波痕组成要素及流动方式示意图
A 和 B. 波峰；a 和 b. 波谷；H. 波高；L. 波长；L_1 和 L_2. 分别为缓坡和陡坡的水平投影距离

2. 冲刷或流痕（槽模）

由底流冲刷泥质表层形成的痕迹称之为冲刷痕（scour mark），在其上覆砂岩底面上保存的铸型则称为槽模（flute cast）（图6-4）。

图6-3 沉积物表面的波痕
a. 不对称波痕，水流从左向右（据 Catuneanu，2005）；b. 对称波痕，塔里木盆地西缘志留系（焦养泉摄，2007）；c. 干涉波痕；d. 不同期次波脊近乎垂直的对称波痕，塔里木盆地西缘志留系（焦养泉摄，2007）

图 6-4 槽模

a. 右下角为一条沟模（据哈奇和雷斯泰尔，1965）；b、c. 塔里木盆地西缘志留系（焦养泉摄，2007）；d、e. 伊犁盆地小泉沟群（焦养泉摄，2013）

3. 工具模（沟模）

工具模（tool cast）是由底流携带物体沿松软沉积物表面连续拖拽或刻划而形成的沟，在上覆砂岩底界面上则以沟模方式保存下来（图 6-5a）。有时可发现成因物体尚保存在沟的末端，这些物体可以是介壳、木头、砾石或海草等。

由于介质携带的沉积物多种多样，所形成的层面构造也可能共生，例如跳跃痕、冲刷痕和拖曳痕通常伴生出现，图 6-5b 提供了一个典型实例。

 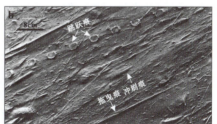

图 6-5 工具模

a. 沟模（据 Dzulynski 和 Walton，1965）；b. 跳跃痕、冲刷痕和拖曳痕（据 Dzulynski 和 Sanders，1962）

4. 其他

海滩的障碍痕（图 6-6）以及砂岩中的水流线理或称剥离线理（图 6-7）等在自然界也是常见的。

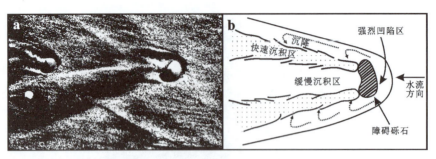

图 6-6 障碍痕(a)及其形成示意图(b)
(a. 据 Cepek 和 Reineck, 1970; b. 据 Sengupta, 1966)

图 6-7 塔里木盆地西缘志留系砂岩层面上的水流线理构造(焦养泉摄,2007)

二、层理构造

层理(bedding)是沉积岩中最常见的、最重要的原生无机沉积构造。在不同的环境和不同的水动力条件下,会产生不同类型的层理,因而层理是沉积环境重要的鉴定标志。层理是由沉积物的成分、颜色、结构、定向性等性质在垂向上(垂直于沉积表面的方向上)的变化表现出来的(图 6-8),所以层理的变化能说明沉积条件的变化。岩石由于有层理而变得非均质(刘宝珺,1980)。

层理是波痕迁移的产物。在流体作用下,沉积物表面的床沙为非粘性颗粒,当流体为牵引流时,随着流体能量的增大,可依次产生低流态平坦床沙、沙纹、沙波及沙垅,过渡阶段受冲刷的沙波及沙垅,以及高流态的平坦沙波、逆行沙丘等底床形态。这些床沙几何形体被埋藏下来,保留在层面上,即称波痕,因迁移而在层内保留下来的痕迹,形成了层理。图 6-9 展示了

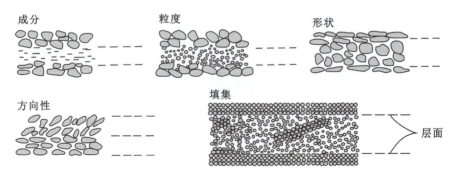

图 6-8 层理是颗粒成分、粒径、形状、方向性和填集的不同组合的产物
(据 Pettijohn 等,1972; Griffiths,1961 修改)

不同的水动力和不同粒度条件下形成的层理和波痕是不一样的。也就是说,在相同粒径下,由于水动力强度不同波痕的形态是不一样的,形成的层理也会相应地改变。同一水动力条件下,不同粒径所形成的层理也是有区别的。

层理的基本要素表现于图 6-10 中,这给人们描述层理和进行层理分类提供了标准。

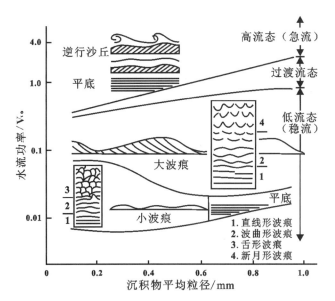

图 6-9 各种底形及其与沉积物粒度和水流功率的关系
(转引自 Reineck 和 Singh, 1973)

纹层(laminae)也称交错层,是层理最初级的、最小的组成单位,其厚度极小(以毫米或厘米计),成分上有一定均一性,它是一定沉积条件下的同时形成物。纹层间的边界称为纹层界面。

纹层组(set)或称交错层系或称层系,是由许多在结构、成分、厚度和产状上相似的同类型纹层所组成,它们形成于相同的沉积条件下,也可以说是一段时间内水动力条件相对稳定的产物。纹层组(层系)间的边界被称为纹层组(层系)界面。

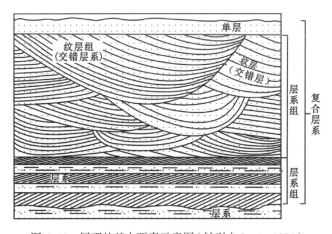

图 6-10 层理的基本要素示意图(转引自 Lewis,1984)

层系组(coset)由两个或两个以上有成因联系的、性质相似或不同的纹层组叠置而成,是由沉积环境的变化引起的。如果一个层系组由两个或两个以上性质相似的层系叠置而成,称为简单层系组;如果由两个或两个以上性质不同,但成因上有联系的层系叠置而成,则称为复合层系组,多见于砂泥互层层理类型中。

主要依据纹层界面及其与纹层组界面之间的空间配置关系,可以将层理划分为:水平层理、交错层理、平行层理、透镜状层理和脉状层理、递变层理、变形层理等。

1. 水平层理

当层理主要由宏观上不易再细分的,彼此平行的水平纹层组成时,可称为水平层理(horizontal bedding)。纹理显示的原因或是颜色的变化,或是矿物成分和粒度的不同,或是片状矿物的定向排列等。纹层呈水平状,可连续或不连续,厚度通常为 1～2mm 或稍大。水平层理通常是由悬浮物沉积而成,故一般分布在细粒沉积物如粉砂岩和泥岩中(图 6-11)。因此,这种层理是低能或静水环境标志之一。水平层理分布广泛,常见于海、湖深水地带、闭塞海湾、泻湖、沼泽以及牛轭湖等环境中。

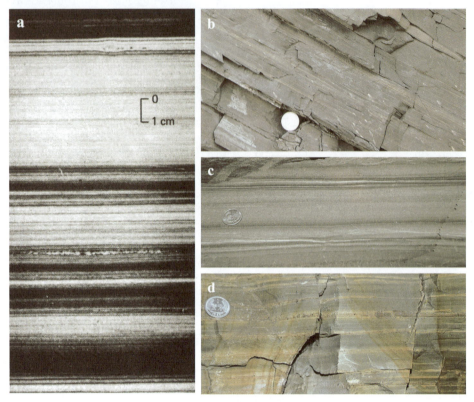

图 6-11　发育于泥岩中的水平层理构造

a. 据 Bradley，1930；b. 贺兰山延长组（焦养泉摄，2006）；c 和 d. 鄂尔多斯盆地北缘延安组（焦养泉摄，2010）

2. 交错层理

交错层理是最常见的层理类型之一，凡纹层与层系界面成角度相交或层系界面彼此相交者称为交错层理（cross bedding）。

交错层理是沉积物在流体的牵引下由波痕的迁移形成的，流体的能量、波痕的形态等决定了交错层理的类型。自然界最常见的交错层理主要包括槽状交错层理、板状交错层理、攀升沙纹交错层理等。

槽状交错层理（trough cross bedding）是自然界最常见的一种交错层理。它是由沙垄（波脊呈强烈波曲状至舌状或弯月状）的迁移所形成的大型交错层理。其单个层系通常厚几十厘米，宽 1～2m，侧向延伸 5～10m。在垂直古水流的剖面上，纹层彼此平行且呈槽状，晚期形成的纹层组通常切割早期的纹层组；但是在平行古水流的剖面上，纹层总是倾向于一个方向呈切线形式相交于纹层组界面上，纹层组界面呈现槽状，晚期界面切割早期界面。因此，正确判别槽状交错层理需要从三维空间上甄别，特别要注意在平行古水流和垂直古水流的两个剖面上纹层和层系间的基本结构（图 6-12）。

板状交错层理（tabular cross bedding）是由沙波迁移形成的大型交错层理。板状交错层理，在垂直古水流剖面上，无论是纹层还是纹层组均呈近水平产状；而在平行古水流剖面上，纹层倾向于一个方向（古水流方向），纹层组界面也近乎呈水平产状（图 6-13）。因此，识别

图 6-12 槽状交错层理

a. 槽状交错层理及其与沙垄关系示意图（据 Harms，1975）；b. 鄂尔多斯盆地北部白垩系垂直古水流的槽状交错层理剖面结构（焦养泉摄，2012）；c. 鄂尔多斯盆地榆林红石峡直罗组垂直古水流的槽状交错层理剖面结构（焦养泉摄，2002）；d. 鄂尔多斯盆地榆林红石峡直罗组平行古水流的槽状交错层理剖面结构（焦养泉摄，2002）；e. 鄂尔多斯盆地北部直罗组平行古水流的槽状交错层理剖面结构（焦养泉摄，2002）

板状交错层理也需要从三维空间上甄别。在实际工作中，当缺乏三维露头时，初学者往往仅凭平行古水流剖面上的纹层结构，将槽状交错层理误认为是板状交错层理。实际上，在平行古水流的剖面上，槽状交错层理与板状交错层理的纹层结构是有区别的，前者纹层呈切线状收敛于纹层组界面，而后者的纹层往往呈锐角状收敛于纹层组界面。另外，在自然界的沉积环境中，如河流和三角洲沉积体系，其流体动力学的特征决定了形成沙垄的几率要远远地高于形成沙波的几率，因此保留下来的沉积物中就更多地记录了槽状交错层理，而出现板状交错层理的几率就会很低。尤其是在岩芯中，由于尺度有限，几乎很难辨认交错层理的类型，特别是一些大型交错层理。即便识别出了交错纹层，稳妥起见将其称为交错层理更为合适。

攀升沙纹交错层理（climbing ripple cross bedding）是沙纹在移动的同时向上生长并形成叠覆沙纹系列的小型交错层理。攀升沙纹交错层理的发育预示着流体介质为低水流强度，同时携带有丰富的悬浮状粉砂或细砂，是一种快速堆积的产物。攀升沙纹交错层理更多地产出于洪泛时期不同性质的河道旁侧天然堤中，其攀升方向指示了溢岸方向，与河道古水流方向通常具有一定的夹角（图 6-14）。

图 6-13 板状交错层理
a. 板状交错层理及其与沙波关系示意图（据 Harms, 1975）；b. 内蒙古四子王旗古近系（焦养泉摄, 2012）；c. 鄂尔多斯盆地东北部直罗组（焦养泉摄, 2010）；d. 塔里木盆地西部志留系（焦养泉摄, 2007）

除上述几种主要类型以外，常见的交错层理还有记录了双向古水流的羽状交错层理（图 6-15），高流态及高密度条件下快速冲刷和堆积的冲刷与充填交错层理（图 6-16），代表低能条件的各种厘米级尺度小型水流波痕纹理（图 6-17），风成条件下形成的具有大的休止角的巨型交错层理（图 6-18），海滩面上发育的低角度冲洗交错层理和风暴浪作用下形成的丘状交错层理等。

图 6-14 攀升沙纹交错层理

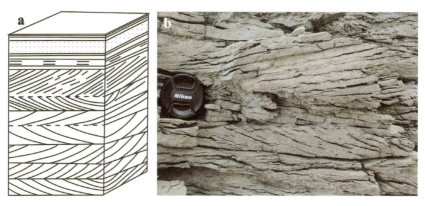

图 6-15 羽状交错层理
a. 据 Harms, 1975；b. 塔里木盆地西部志留系（焦养泉摄，2007）

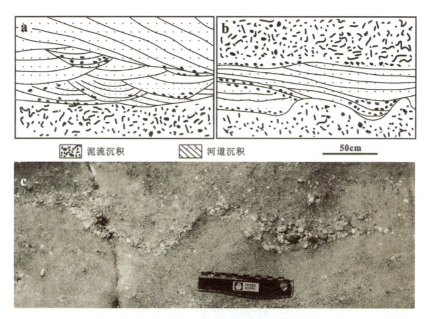

图 6-16 冲刷与充填交错层理
a 和 b. 据 Harms, 1975；c. 鄂尔多斯盆地西南缘延长组（据焦养泉等，1996）

图 6-17 小型水流波痕纹理
a. 松辽盆地西南部嫩江组（焦养泉摄，2010）；b. 内蒙古四子王旗古近系（焦养泉摄，2012）

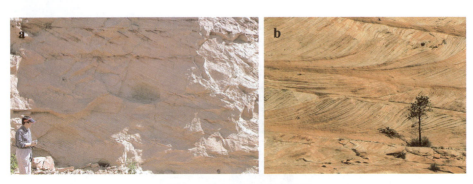

图 6-18 大型风成交错层理
a. 鄂尔多斯盆地西部罗汉洞组(焦养泉摄,2004); b. 网络资料

3. 平行层理

平行层理(parallel bedding)与水平层理外貌相似,但它属于高流态的产物,因而仅出现于砂质沉积物中。无论是在平行古水流的剖面上,还是在垂直古水流的剖面上,其纹层是相互平行的(图 6-19),纹层面上通常具有明显的剥离线理构造(parting lineation structure)或称水流线理构造(图 6-7)。

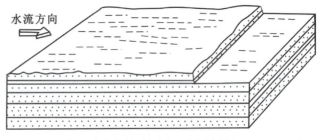

图 6-19 产于砂岩中的平行层理示意图(据 Harms,1975)

4. 透镜状层理和脉状层理

透镜状层理(lenticular bedding)和脉状层理(flaser bedding)最大的特征是纹层状砂与泥的互层。透镜状层理也称压扁层理,是指砂透镜体被包围于泥中,而脉状层理是指泥呈脉体状包围于砂中(图 6-20)。以砂和泥的比例来看,透镜状层理和脉状层理是两种端员类型,

图 6-20 透镜状层理(a 和 b)和脉状层理(c 和 d)
(a、c. 据 Collinson 和 Thompson,1989; b、d. 据 Reineck 和 Singh,1973)

而介于其间的是波状层理。这些沉积构造记录了沉积介质能量的周期性变化,它们通常是潮汐作用的产物。

5.递变（粒序）层理

递变层理(diatactic structure)是以粒度递变为特征的一种层理类型,除粒度递变外,一般无任何内部纹理。粒度递变可以向上变粗,也可以向上变细,还可以先变粗再变细,这反映了介质能量的不断变化(图6-21)。

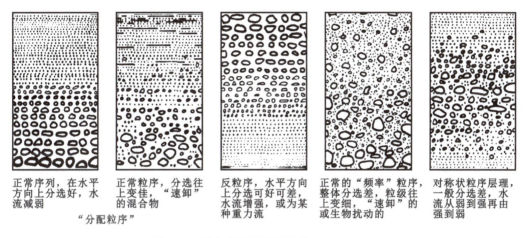

图6-21　递变（粒序）层理（据Lewis,1984）

第二节　机械次生无机沉积构造

机械次生无机沉积构造指在机械作用下,沉积物在压实或成岩过程中形成的沉积构造,它们可以反映早期成岩环境。沉积岩中常见的机械次生无机沉积构造主要有撞痕(如雨痕和冰雹痕等)、滑塌褶皱、同生断层、泥裂、滑塌构造、负荷构造、液化变形构造、脱水构造、喷出构造等。比较来看,准同生变形构造系列、暴露构造系列是机械次生无机沉积构造中比较特色的。

一、准同生变形构造

准同生变形构造(penecontemporaneous deformation structures)是指富含孔隙水的沉积物埋藏过程中在重力载荷作用下,沉积物与孔隙水的混合体处于高压不稳定的"液化"状态,此时微弱的构造运动或者重力失衡就会导致泄压而形成的变形构造。泄压过程促使高压液化状态沉积物快速向相对低压区流动,它不仅使原沉积层再次回归稳定状态,而且还导致了沉积物的再分配,从而形成系列的液化变形构造,如包卷层理、碟状构造、负载构造、砂球状与砂枕状构造、火焰状构造、逸水构造等(表6-1)。这类构造是局部分布的,通常限于上、下未变形沉积物之间的一个层内。

表 6-1　形成准同生变形构造的作用因素与过程

作用因素	作用过程	变形构造名称
重力	差异负载或超载 沉陷 滑塌或滑动	负载构造（负载囊、火焰状构造） 砂球与砂枕构造 滑塌构造（滑塌褶曲、重力断层、滑塌角砾）
沉积物液化	喷出 注入或贯入 侧向流动等	沙火山，泥火山 碎屑脉（岩墙、岩床） 包卷层理
孔隙压力	逸水 冒出	碟状构造 坑丘构造

之所以将准同生变形构造称之为系列变形构造，是因为各种变形构造在空间上的出现似乎具有一定的规律性，其中负载构造和火焰状构造通常出现于变形构造沉积层的底部，包卷层理和碟状构造通常位于变形构造沉积层中部，而逸水构造等通常位于变形构造沉积层顶部。以下介绍几种常见的准同生变形构造。

1. 负载构造

负载构造（load structure）通常发育于大型砂体底部与泥岩接触的界面上。当泥质沉积物尚未凝固、处于可塑状态下，由于不均匀的负载作用，上覆的砂质沉积物陷入到泥质沉积物中，结果在上覆砂体底界面上产生突起的重荷铸型——负载构造（图 6-22a、b、c）。负载构造常呈圆丘状或不规则瘤状突起，排列杂乱，大小不一，可从几毫米到几十厘米，突起高度从几毫米到十几厘米，但在同一层面上的形状和大小比较接近。

2. 火焰状构造

火焰状构造（flame structures）与负载构造关系密切。其特征是下伏的泥质物呈不规则脉状、舌状或牛角状插入到上覆砂岩中（图 6-22d）。有人认为它是形成负载构造的伴生物，即上覆砂质层借助本身重力作用陷入到泥质物中的同时，泥质物也发生流动，并挤入到砂层中形成。但也有人认为，它是由于水流流经饱含水的塑性泥质层时拖拽而成的。

3. 逸水构造和泥火山构造

逸水构造（water escape structure）通常形成于富砂和富水的沉积物上层面，是液化变形构造系统中泄压的管道，有时能保留下来完整的逸水管，但更多地表现为牛角状刺穿现象（图 6-23a、c）。当逸水管构造将液化沉积层与沉积物表面沟通时，就会在逸水管出口处形成火山锥状的泥质小锥体——泥火山构造（mud volcanic structure），构成泥火山的物质可以是液化的泥质沉积物，当然也可能来源于逸水管周缘的泥质沉积物（图 6-23a、b）。

4. 包卷层理

包卷层理（convolute bedding）指的是一个沉积层内的纹层具有显著的褶曲和揉皱结构。表现为"宽向斜窄背斜"，即向斜宽阔圆滑，背斜紧密而尖锐。而且，褶皱纹层向底部逐渐变平或者变为交错层状。通常在细砂岩或粉砂岩等细粒沉积物中发育良好，并不涉及上层、下层（图 6-24a、b、c 和 d）。它被解释为沉积物液化流作用或者是沉积物内孔隙水泄水作用的产物。

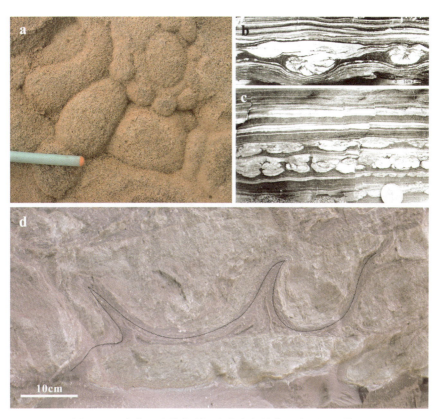

图 6-22　发育于液化变形沉积物底部的典型次生沉积构造

a. 底层面上的负载构造，鄂尔多斯盆地北部直罗组砂体底部（焦养泉摄，2002）；b 和 c. 垂向剖面上的负载构造，砂泥互层中的砂岩底部（据 Dzulynski 和 Kotlarczyk，1962）；d. 火焰状构造，鄂尔多斯盆地中部白垩系（焦养泉摄，2004）

图 6-23　发育于液化变形沉积物顶部的典型次生沉积构造

a. 液化变形沉积物（中下部）、逸水管构造（箭头指示处）和泥火山构造（上部），内蒙古四子王旗古近系（焦养泉摄，2012）；b. 现代沉积物表面的泥火山（据 Ricci，1970）；c. 牛角状刺穿的逸水构造（箭头指示处），内蒙古四子王旗古近系（焦养泉摄，2012）

5. 碟状构造

碟状构造（dish structure）属于逸水构造，系指粉砂岩或砂岩中凹面向上的、形似碟状的纹层。碟状体的直径一般为 1～50cm，边缘明显上翘（图6-24e 和 f）。它们在横向上呈断续分布，在垂向上相互叠置。碟状构造主要发育于重力流沉积的砂岩和其他迅速沉积并饱含孔隙水的砂岩层中。

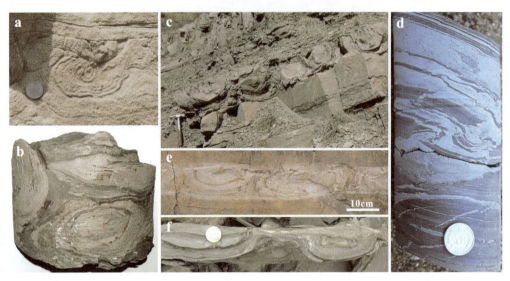

图 6-24　发育于液化变形沉积物中部的典型次生沉积构造

a. 包卷层理，塔里木盆地西部志留系三角洲砂体（焦养泉摄，2007）；b. 岩芯上的包卷构造，鄂尔多斯盆地东部延长组三角洲沉积（焦养泉摄，2002）；c. 包卷构造，贺兰山延长组三角洲沉积（焦养泉摄，2002）；d. 包卷构造，巴音戈壁盆地白垩系扇三角洲前缘沉积（焦养泉摄，2011）；e. 碟状构造，鄂尔多斯盆地中部白垩系（焦养泉摄，2004）；f. 碟状构造，鄂尔多斯盆地东部延长组三角洲沉积（焦养泉摄，2003）

6. 砂球与砂枕构造

砂球与砂枕构造（sand ball-and-pillow structures）出现在砂泥互层并靠近砂岩底部的泥岩中，是被泥质包围的砂质椭球状或枕状体，大小从十几厘米到几米不等，孤立或成群出现。球状体或枕状体内部可以保存纹层形变产生的复杂小褶皱，似"复向斜"，并指向岩层顶面（图6-25）。所以，砂球与砂枕构造可以用来判别地层的顶底。大多数人认为，砂球与砂枕构造的出现指示了地质历史时期的地震震动作用过程。

7. 滑塌构造

滑塌构造（slump structures）是已沉积的、未完全固结的沉积物在重力的作用下沿斜坡发生滑塌、滑动或位移等运动而产生的各种准同生变形构造。在运动过程中，沉积层可变形成简单的或者复杂的褶曲，即滑塌褶曲（图6-26a），有时伴随发生断裂和滑动。当滑塌作用强烈时，沉积层遭到强烈揉皱甚至发生破碎，形成成分不同、大小不一的沉积碎屑和碎块混杂在一起的滑塌角砾（图6-26b、c 和 d）。与前述几种变形构造相比，滑塌构造具有相对较大的规模。

引起滑塌的主要因素有地形、构造运动、海啸等，但滑塌过程中则是重力起主要作用。滑塌构造大多发育于具有陡坡背景和快速沉积的环境中，如大陆斜坡、礁前斜坡、三角洲前缘

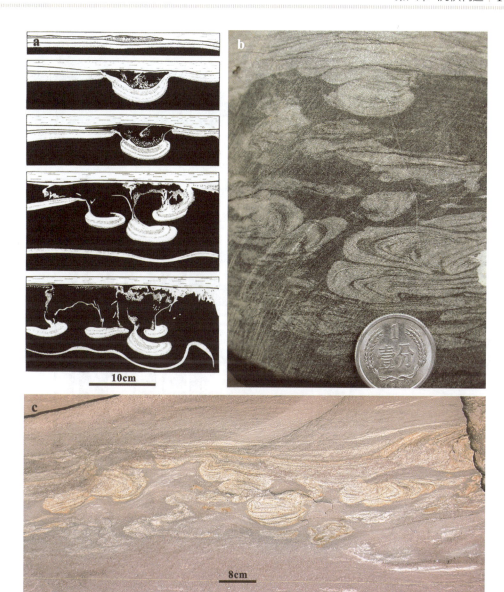

图 6-25 砂球与砂枕构造

a. 从负载构造到砂球构造的形成机理与过程（据 Kuenen, 1965）; b. 负载构造、砂球与砂枕构造，鄂尔多斯盆地中部延长组三角洲沉积岩芯（焦养泉摄, 2002）; c. 砂球与砂枕构造，鄂尔多斯盆地中部白垩系（焦养泉摄, 2004）

等。这种构造在水下泥石流和浊流环境中特别发育，往往会形成广而较厚的滑塌沉积，并与其他成分均一、产状正常的背景条件下形成的岩层构成一套反复出现的韵律性沉积。

8. 同沉积断层

同沉积断层（synsedimentary fault）又称同生断层（contemporaneous fault）或生长断层（growth fault），即断层作用与沉积作用同时发生并持续活动的断层。往往是控制断陷盆地发育的边界断层及其派生的小型断层，一般为正断层。其主要标志是，断层两盘的地层厚度不一致，下降盘沉积厚度大，层序齐全。在断陷盆地的钻孔岩芯中，同沉积断层的规模较小，其上覆和下伏地层连续，说明断层活动时间短暂（图 6-27）。

图 6-26 水下滑塌构造

a. 鄂尔多斯盆地西南缘延长组陡坡三角洲前缘的滑塌褶曲（据焦养泉等，1996）；b 和 c. 巴音戈壁盆地下白垩统扇三角洲前缘的水下滑塌构造（焦养泉摄，2011）；d. 阜新断陷湖盆中与泥石流共生的大规模水下滑塌构造（据李思田等，1996）

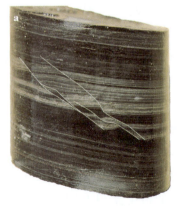

图 6-27 巴音戈壁盆地白垩系扇三角洲体系中发育的同沉积断层
（焦养泉摄，2011）

二、暴露构造

暴露构造（exposed structures）是特指已形成的沉积物间歇性地暴露于大气中时所形成的各种沉积构造的总称。常见的主要包括雨痕、冰雹痕、冰晶痕和泥裂等，这类构造的形成大多与气候和天气变化有密切的关系，它们通常出现于沙漠、河流、三角洲平原和滨岸带等沉积环境中。

1. 雨痕

雨痕（raindrop imprints）是指雨滴降落在松软的沉积物表面上所形成的小冲击坑。它们一般呈圆形或椭圆形凹坑。坑缘略微高出表面，看起来有点粗糙。雨滴如果是垂直降落，雨痕就呈圆形坑；如果是倾斜降落，冲击坑则呈椭圆形，而且坑缘一边高一边低。当雨痕被沉积物覆盖时，可以在上覆层的底面上形成雨痕铸型。冰雹打在沉积物表面上，也可形成类似的表面痕迹（冰雹痕），但它们的冲击坑要比雨痕大而深，形状更不规则，坑缘也更高更粗糙。这种撞击痕指示了沉积物曾经在暴露的环境中。

2. 泥裂

泥裂（mud cracks）是指潮湿的泥质沉积物暴露于大气下时因干涸、收缩而裂开形成的裂缝，是典型的暴露标志。从平面上看，泥裂有几毫米到几厘米宽，呈直的或弯曲的，往往出现分叉。在同一个表面上，经常可以发育几级泥裂，这就使得同一表面上有不同大小的裂缝和多边形。在纵剖面中，泥裂常为"V"形，有时也呈"U"形；深度变化较大，从几毫米到几十厘米，偶尔可达1m；缝壁一般陡而平滑。泥裂常为后期的沉积物所充填，甚至作为铸型保存在上覆砂岩层的底层面上，在相当干燥的情况下，由泥裂所切成的多边形泥片的边缘可能逐渐向上翘起，成为凹面朝上的卷曲泥片。这就是边缘卷曲的泥裂（图6-28）。

值得注意的是，粘土层在水下脱水收缩时，以及含盐度较高的泥层也可以产生类似于泥裂的构造。它们与泥裂的区别在于这种裂缝一般发育不好，宽度较窄，不具有"V"形结构。此外，还有一种所谓的假泥裂也很像泥裂，但其成因却与泥裂完全不同。假泥裂有两

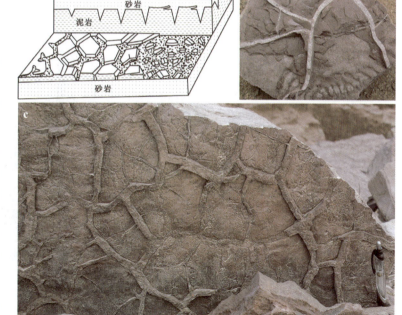

图6-28 泥裂
a. 泥裂及其形成示意图（据Shrock, 1948）；b. 鄂尔多斯盆地北部白垩系岩芯（焦养泉摄，2004）；c. 塔里木盆地西部志留系露头（焦养泉摄，2007）

种成因，一种是由于细粒层在受到地震震动时发生破裂而形成的；另一种则与砂层的液化作用有关（Dzulynski 和 Walton，1965）。

第三节 化学无机沉积构造

化学的无机沉积构造是指沉积时期和沉积期后由结晶、溶解、沉淀等化学作用在沉积界面上或沉积物中所形成的沉积构造。这里所说的化学成因的沉积构造一般是在沉积物的压实和成岩过程中形成的，属于次生沉积构造。它们对于解释沉积环境意义不大，但对于了解沉积物沉积后所经历的化学变化却是很有益的。

化学的次生无机沉积构造不仅产于碎屑岩中，而且在其他沉积岩如碳酸盐岩中也是十分常见的。总的来说，它们的形成与化学作用有关，但所涉及到的化学作用类型较多，而且有些沉积构造是由几种作用联合造成的，有时有物理作用参与，如压力、收缩等作用。因此，化学沉积构造的分类是一个复杂的问题。在此，仅介绍几种常见的类型，如结核、晶体印痕、鸟眼构造、缝合线和李泽冈格环（假层理）等。

1. 结核

结核（concretion）是指成分、结构、颜色等方面与围岩有明显差别的团块状矿物集合体。结核的大小不一，从数毫米到数十厘米，大者可达几米（图6-29）；外形常呈球状、椭球状、圆盘状、扁豆状、透镜状、不规则形状等。结核的内部可以是均质的，也可以是非均质的，甚至

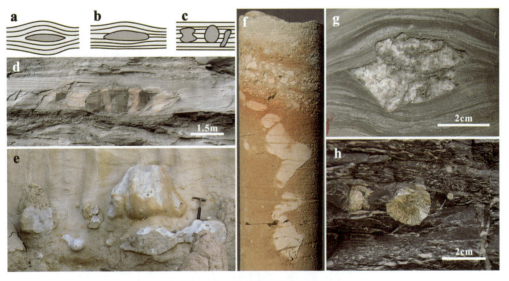

图 6-29 结核及其成因类型

a. 同生结核（据鲁欣，1964）；b. 成岩结核（据鲁欣，1964）；c. 后生结核（据鲁欣，1964）；d. 钙质结核，鄂尔多斯盆地北部延安组决口扇砂体中部（焦养泉摄，2010）；e. 钙质结核及其被包裹的黄铁矿结核，鄂尔多斯盆地北部直罗组河道砂体底部（焦养泉摄，2011）；f. 干旱气候条件下形成的钙质结核（姜结核），松辽盆地南部姚家组岩芯，注意上覆沉积事件底部以滞留沉积物形式富集的白色钙质结核（焦养泉摄，2010）；g. 石膏结核，鄂尔多斯盆地中部白垩系干旱湖泊泥岩岩芯（焦养泉摄，2004）；h. 黄铁矿结核，塔里木盆地西部志留系暗色烃源岩（焦养泉摄，2007）

含有围岩的成分；其构造形式也很不相同，有同心圆状、放射状、方格状、花苞状等。结核在围岩中可以呈单个产出，也可以呈串珠状或似层状成群出现，或者是不规则分布。它们在某些层位或部位较富集，在另一些地方则较少甚至没有。

结核按成因可分为同生结核、成岩结核和后生结核（图6-29）。按照结核成分可分为钙质结核、硅质结核、磷酸盐结核、锰质结核和铁质结核。这些结核分布甚广，在砂岩、泥岩、碳酸盐岩中均有发育。一般来说，低价铁矿物所组成的结核形成于还原环境中，如含煤岩系等，而高价铁的结核则是氧化条件下生成的。

2. 晶体印痕

晶体印痕（crystal imprints）是一种层面构造。在含盐度高、蒸发量大的咸水盆地泥质沉积物中，常有石盐、石膏等晶体沉积。当成岩作用时，泥质沉积物失水、压缩、厚度减薄，而盐类物质收缩小，突出于岩层表面，并嵌入上覆岩层中，故使上下岩层底面和顶面留下晶体的印痕（图6-30）。若易溶矿物质被溶解移去，也可留下晶体的痕迹。如其空间被后来的矿物体所充填，还可产生矿物的假晶（crystal pseudomophs）。石盐、石膏等盐类晶体印痕或假像是大陆干燥地区沉积物的特征。

在地质记录中，最常见的是石盐假晶。它们往往呈立方体散布于层面上，有

图6-30 经过成岩交代而保留下来的晶痕
（据Collinson和Thompson，1989）

的甚至保存了石盐晶体晶面上常显出的漏斗形阶梯状凹陷。这表明石盐假晶是在石盐晶体埋藏后经溶解、充填而形成的。它们的存在，说明石盐晶体所经历的沉积和成岩环境差别较大，生长时水体盐度较高而埋藏后孔隙水盐度较低。

3. 鸟眼构造

鸟眼构造（bird's eye structure）是指细粒沉积岩中成群或单个出现的、一般为几毫米大小的鸟眼状孔隙被亮晶方解石或石膏等胶结物充填而形成的一种沉积构造。鸟眼构造的形成一方面与鸟眼状孔隙的形成有关，另一方面也与化学成因的胶结物充填这种孔隙有关（如果未被充填，则只能看作为孔隙或空洞）。鸟眼构造在碳酸盐沉积物中较为常见，但在非碳酸盐沉积物中也有产出（Deelman，1972）。

4. 缝合线

缝合线（stylolite）是指岩石中由压溶作用产生的一种特殊的面状构造。在压力作用下，岩石的可溶物质随流体迁移，不溶解残余物质沿着压溶面沉淀。由于压溶面呈明显的凹凸不平状，因而从侧面观察形似头颅的缝合线（图6-31）。缝合面上的锥形或柱状细齿一般高3～10mm，细齿方向与最大主应力方向平行，据此可以判断主应力的方向。容易产生缝合线构造的岩石以碳酸盐岩类为主，但也可见于盐岩和硅质岩中。

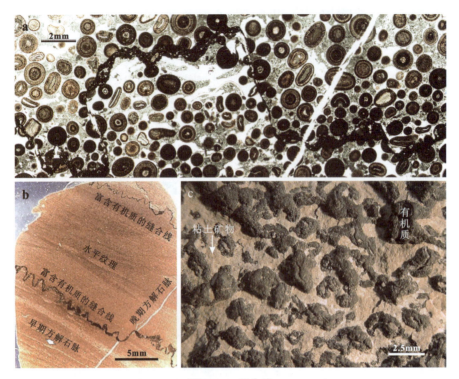

图 6-31 缝合线

a. 鲕粒灰岩中的缝合线构造,塔里木盆地西缘良里塔格组,单偏光(焦养泉摄,2007);
b. 凝灰质油页岩中的含烃缝合线和方解石脉(垂直层面,单偏光);c. 凝灰质油页岩中含烃的缝合线(平行层面,手标本);b 和 c. 新疆博格达峰芦草沟组(据 Jiao 等,2007)

5. 假层理(李泽冈格环)

在野外露头,碎屑岩中通常发育一种类似层理的次生构造——假层理(false bedding)。它是沉积岩在氧化条件下,由于氢氧化铁溶液的扩散作用造成的。溶液在多孔介质内的扩散,可形成同心环状的氧化铁沉淀,它的外貌是一系列同心状的色环也称李泽冈格环。当这种色环规模较大时,就会被误认为层理。仔细观察,李泽冈格环通常与沉积纹层呈斜交-直交状(图 6-32)。

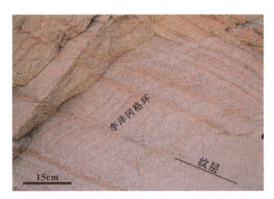

图 6-32 鄂尔多斯盆地西部罗汉洞组风成砂体中与纹层几乎垂直的李泽冈格环(焦养泉摄,2004)

第四节 生物成因构造

由于生物活动或生长,在沉积物表面或内部遗留下的各种生物痕迹,称生物构造(biogenic sedimentary structure)。生物构造包括生物痕迹(或遗迹)构造、生物生长构造和生物骨架构造等。

一、生物遗迹构造

生物遗迹构造（structure of trace fossil）是指由生物活动而产生于沉积物表面或内部并具有一定形态的各种痕迹，包括生物生存期间的运动、居住、觅食和摄食等行为遗留下的痕迹，又称为遗迹化石（图6-33和图6-34）。从某种意义上讲，痕迹化石是生物行为习性适应环境的物质表现。由于它们能够反映当时的生活环境，分布范围又比较狭窄，特别是在硬体化石极为稀少的地层中，它们分布普遍且保存良好，有助于古生态研究和岩相分析。

生物痕迹构造都是原地形成的，不会被搬运转移，并随沉积物固结成岩而保存下来，所以是判断环境的良好标志。它们能在水深、盐度、能量等级、沉积速度以及底层性质和气候状况等方面提供环境解释的重要资料。痕迹化石还可以反映沉积作用的相对速度。沉积作用缓慢时，动物有足够时间进行挖掘，岩层被强烈地搅动，原始纹层被破坏，或含有保存完好的摄食和觅食构造以及层面钻孔；相反，快速沉积作用抑制了动物群活动，生物搅动密度减少，形成纹层极好的砂层，具有逃逸构造和具有"U"形的管穴。

生物遗迹构造包括动物爬行迹、足迹、潜穴和粪化石（图6-33和图6-34）等。由于生物生活习性的不同，生物痕迹构造就具有指示环境的意义（图6-35）。

图6-33 动物足迹化石

a. 动物足迹，鄂尔多斯盆地东部延长组（焦养泉摄，2003）；b. 恐龙脚印，内蒙古四子王旗侏罗系（焦养泉摄，2009）；c. 恐龙脚印，鄂尔多斯盆地鄂托克旗泾川组中（据焦养泉等，2006）；d. 鸟足迹，鄂尔多斯盆地北部下侏罗统（焦养泉摄，2010）

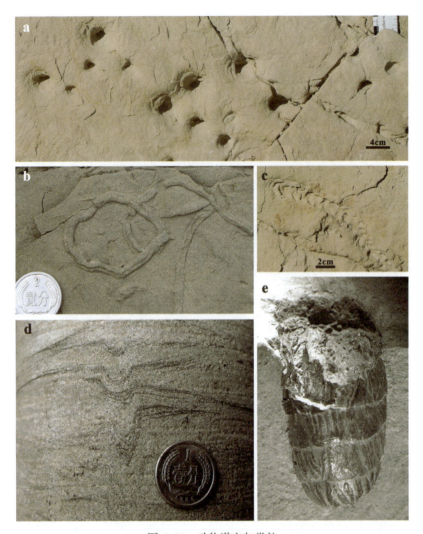

图 6-34 动物潜穴与粪粒

a. 垂直动物潜穴,塔里木盆地西部志留系(焦养泉摄,2007);b 和 c. 水平动物潜穴和遗迹,塔里木盆地西部志留系(焦养泉摄,2007);d. 垂直动物潜穴,鄂尔多斯盆地东部延长组(焦养泉摄,2002);e. 磷酸盐化的粪粒体,直径 12mm(据 Selley,2001)

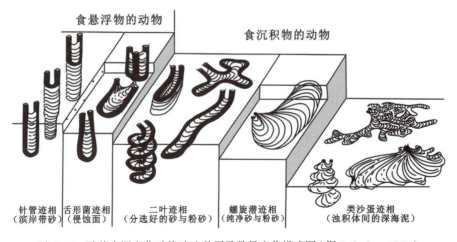

图 6-35 随着水深变化动物遗迹种属及数量变化模式图(据 Seilacher,1967)

二、生物扰动构造

生物扰动构造(bioturbation structure)是指生物在沉积物表面或内部活动时,使物理和化学成因的原生沉积构造遭到破坏,同时产生新的具生物活动特征的构造面貌。根据这样的定义,上述的生物遗迹也属于生物扰动构造的范畴。

保存在沉积物或沉积岩中的生物扰动构造常对其他原生沉积构造产生破坏,其中斑点构造是生物扰动的良好标志。这些标志在不同的岩类和沉积环境中的分布是不均衡的。如果具有一定形态并可鉴别时,最好视为遗迹化石并尽可能定出属种名称;如果是无一定形态或不可鉴别的,则可泛称为生物扰动构造。发育生物扰动构造的沉积物层或沉积岩层可称为生物扰动层或生物扰动岩(图3-27a、图6-36)。

图6-36 丰富的生物活动形成的扰动构造
a.塔里木盆地西部志留系,注意照片上部(焦养泉摄,2007);b.内蒙古四子王旗第三系
(焦养泉摄,2012);c.准噶尔盆地南缘芦草沟组(焦养泉摄,2005)

扰动构造中包括各种遗迹化石,如栖息迹、爬行迹、觅食迹、居住迹和逃逸迹等。注意动物遗迹随水深变化其种属和数量也发生变化,水体相对浅时主要以垂直潜穴为主,水体相对较深缺氧条件下,以水平潜穴为主(图6-35)。

三、生物生长构造

生物生长构造(biological growth structure)是指生物在生长和捕获沉积物时所产生的一种具有层理的生物沉积构造。一般来说,这种层理构造的形成与藻类的生长有关。最典型的是藻叠层,它是由蓝绿藻细胞丝状体或球状体分泌的粘液粘结细粒沉积物所形成的一种具有不同形态的纹层状钙质沉积构造(图6-37a)。藻礁和藻丘也是由藻类生物的生长所产生的一种大型生长构造。

一些发育于我国中生代泥质滨浅湖地带的透镜状钙质叠锥（图6-37b和c），也可能具有与叠层石相似（微生物参与）的成因机理，但是也有学者认为压实剪切应力是导致纤状方解石形成的关键地质因素。也许微生物活动导致了钙质的局部富集，而压实剪切应力促进了锥形构造的发育。但无论如何解释其成因机理，大量的有其他沉积成因标志佐证的野外调查证实，泥质沉积物中的钙质叠锥可以作为一种较浅水环境的判别成因标志，其大量地产出于中生代滨浅湖地区和三角洲平原分流间湾周边。

植物生长过程中遗留在沉积物中的根痕迹也属于生物生长构造的范畴，它们更多地出现于含煤岩系中，是一种典型的暴露标志（图2-14b、图6-38）。当植物持续发育、密集生长时，可以形成根土岩（图1-3），这是原地堆积的泥炭沼泽底部共有的成因标志。从另一个角度讲，植物根也属于生物扰动构造，它们是在先前形成的沉积物中生长的。

四、生物遗体化石

化石是存留在岩石中的古生物遗体或遗迹，最常见的是骸骨和贝壳等，由于遗迹的特殊性前面已经讲到，下面主要介绍实体化石。

图6-37 生物生长构造

a.叠层石，塔里木盆地西部寒武系（焦养泉摄，2007）；b.叠锥构造，吐哈盆地西南缘水西沟群（据焦养泉等，2006）；c.叠锥构造，鄂尔多斯盆地东北部延安组（据焦养泉等，2006）

图6-38 植物根

a和b.吐哈盆地西南缘水西沟群（据焦养泉等，2006）；c.鄂尔多斯盆地东北部直罗组（据焦养泉等，2006）；d.鄂尔多斯盆地东北部延安组，注意根化石周边的褐黄色为黄铁矿及其氧化物（焦养泉摄，2009）

实体化石是由古生物遗体本身的全部或部分（特别是硬体部分）保存下来而形成的化石（图6-39）。

图6-39　生物遗体化石

a和b. 昆虫背甲，准噶尔盆地西缘克拉玛依组，宽2~3mm（据焦养泉等，2006）；c. 昆虫翅，准噶尔盆地西缘克拉玛依组，宽5mm（据焦养泉等，2006）；d. 叶肢介，巴音戈壁盆地白垩系湖泊体系（焦养泉摄，2011）；e. 鱼鳞，准噶尔盆地西缘克拉玛依组（据焦养泉等，2006）；f. 虾（转自Miall，1984）；g. 胡氏贵州龙（据舒良树，2010）；h. 叶片化石，准噶尔盆地南缘芦草沟组（焦养泉摄，2005）；i. 植物茎干，鄂尔多斯盆地东部延长组（焦养泉摄，2002）

此外，微体古生物化石也是较好的指示环境的成因标志（图6-40），主要有钙质壳微体化石、胶结壳微体化石、硅质壳微体化石、磷质微体化石、有机质壁微体化石等五大类。

钙质壳微体化石具有方解石或文石组成的壳体。此类生物出现于大多数海洋环境和部分非海洋环境中。然而，在低温高压的大洋深处，钙质壳生物壳体大多或全部被溶解。这一深度在不同的海洋有所差异，称作方解石补偿深度（CCD）。主要钙质壳化石有钙质壳有孔虫、钙质壳介形虫及钙质超微化石（图6-41a、b和c）。

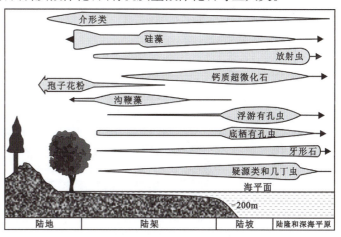

图6-40　微体古生物化石环境指示意义

胶结壳微体化石或砂质微体化石的壳体是由沉积颗粒被有机质、钙质、硅质或铁质沉积物胶结而成。只有一类胶结壳微体化石具有地层学意义：即胶结的或砂质的有孔虫（图6-41d）。胶结壳有孔虫属于底栖微体化石，分布于寒武纪到全新世地层中，大多生活于海相或半咸水相环境，主要保存于碎屑岩中。

硅质壳微体化石是具有由蛋白石（不结晶）组成的壳体的原生生物。在深海中，硅质生物体不会强烈溶解。在钙补偿线之下的沉积物中，由于钙的溶蚀，硅则富集，有时形成硅质软泥。随后硅质再溶化就形成了深海燧石。硅质壳微体生物受埋藏成岩作用影响，因而在深井中很少见到，除非重结晶而保存于结核中或被黄铁矿或方解石交代。主要有三类硅质微体化石：放射虫、硅藻和硅鞭藻（图6-41e、f和g）。

磷质微体化石，以牙形石为典型代表（图6-41h）。是由磷酸钙晶体，即磷灰石，被有机质包裹而成的。牙形石是具有地层学意义的磷质微体化石。此外，在一些海相地层中也可见到鱼的牙化石，其地层学意义相对较小。

有机质壁微体化石完全是由非矿化的蛋白质材料组成的。有四类有机质壁微体化石：几丁虫、孢粉、疑源类和沟鞭藻（图6-41i、j、k和l）。

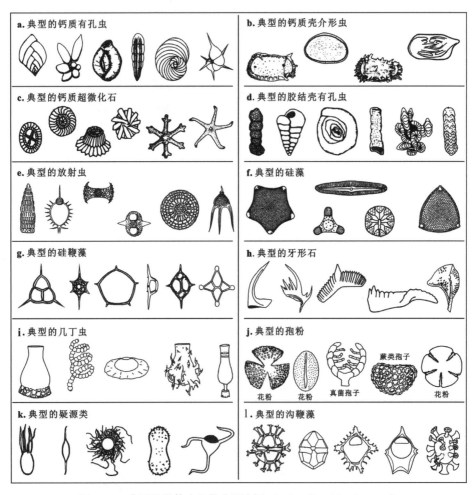

图6-41 典型的微体古生物化石（据Fleisher和Richard，2001）
a、b和c.钙质壳微体化石；d.胶结壳微体化石；e、f和g.硅质壳微体化石；h.磷质微体化石；i、j、k和l.有机质壁微体化石

第七章 碎屑沉积物（岩）成分与分类

陆源碎屑岩（terrigenousclastic rock）是指由母岩经物理风化作用（机械破碎）所形成的碎屑物质，经过机械搬运和沉积，并进一步压实和胶结而形成的沉积岩类，又称为碎屑岩。其形成时的作用营力及保存条件与岩浆岩或变质岩显然不同，因而无论是在成分上，还是在结构和构造等方面，均与岩浆岩或变质岩有很大差别。这些特点往往可以作为岩石分类的依据，也可以作为辨别其形成环境和保存条件的标志。

比较了以往的沉积岩分类方案的优缺点，并考虑了在实际工作中的实用性，本书采用了刘宝珺（1980）按照物质来源来进行分类的方案（表7-1）。

表7-1 本书采用的沉积岩的分类（据刘宝珺，1980）

陆源沉积岩		火山物源沉积岩		内源沉积岩		
				蒸发岩	非蒸发岩	可燃有机岩
砾岩 砂岩 粉砂岩 泥岩	>2mm 2～0.0625mm 0.0625～0.00339mm <0.00339mm	集块岩 火山角砾岩 凝灰岩	>64mm 64～2mm <2mm	岩盐、石膏、硬石膏	石灰岩、白云石、磷质岩、铁质岩、硅质岩、锰质岩、铝质岩、铜质岩、沸石质岩等	煤、油页岩等

第一节 沉积物（岩）组分

根据成因和结构特征的不同，碎屑岩的组分类型可分为碎屑颗粒、填隙物（包括杂基和胶结物）和孔隙三种。碎屑颗粒、填隙物和孔隙的形成方式、形成阶段是不一致的，如果深入研究就可以得到有关岩石成因方面的很多信息。如在能量较高的稳定水流环境中，由于流水的冲刷作用，很少有细粒的悬移载荷（即杂基）沉积，而沉淀下来的推移载荷其颗粒彼此相接触，为成岩过程中孔隙水运移及其溶解物质的沉淀提供了空间，成岩后即可形成具"颗粒支撑"的、化学物质胶结的碎屑岩。相反的，如果沉积介质为含有大量悬移载荷的高密度流体，将使大小不一的碎屑颗粒和泥质物一起沉积下来，形成碎屑颗粒分散在泥质物中的"杂基支撑"结构，其间很少有化学胶结物。可见，碎屑颗粒、杂基和胶结物间的组合关系，反映了岩石形成的古水体介质的流动性质和沉积环境的某些特征，以及岩石本身的一些物理性质（如孔隙度、渗透率等）。

一、碎屑颗粒

碎屑颗粒是碎屑岩的最主要组分，如砾岩中的砾石、砂岩中的砂，它占整个岩石组成的50%以上，并决定了岩石的基本特征。碎屑颗粒主要是陆源区母岩经机械破坏的产物，包括陆源矿物碎屑和各种岩石碎屑。最常见的碎屑物质是石英、长石、云母等矿物碎屑和各种岩屑，以及少量重矿物碎屑等。所以，碎屑岩成分直接反映母岩的岩石类型。

1. 矿物碎屑

在碎屑岩中，目前已发现的碎屑矿物（mineral fragments）约有160种，其中最常见的约20种，但在一种碎屑岩中其主要的碎屑矿物一般都不超过3~5种。

矿物碎屑按密度（2.86g/cm³）可分为轻矿物和重矿物两类。轻矿物主要为石英、长石和云母等；重矿物主要为岩浆岩中的副矿物（如榍石、锆石）、部分铁镁矿物（如辉石、角闪石），以及变质岩中的变质矿物（如石榴石、红柱石），此外还包括沉积和成岩过程中形成的相对密度较大的自生矿物（如黄铁矿、重晶石），但它们属于化学成因范畴。这里重点介绍轻矿物和碎屑成因的重矿物。

（1）石英碎屑。人们常将石英碎屑分为单晶石英和多晶石英。单晶石英是指颗粒由单个石英晶体构成，而多晶石英是指由多个石英晶体组成的颗粒。但严格意义上讲，多晶石英是一种岩屑。

石英是碎屑岩中分布最广的碎屑矿物，在砂岩和粉砂岩中的平均含量达66.8%，在砾岩和角砾岩中则较少，且多呈机械混入物存在。碎屑石英主要来源于岩浆岩、石英—长石质片麻岩或片岩以及早先存在的沉积岩。不同来源的石英其特征不同（表7-2、表7-3），根据石英中所含包裹体及波状消光现象，结合颗粒大小及颗粒形状等特征，有助于判断石英的来源及碎屑岩的形成条件。

表7-2 石英的阴极发光类型及其形成的地质条件（据余素玉和何镜宇，1989）

阴极发光类型	温度条件	地质条件		
Ⅰ型（蓝紫—红紫色）	超过573℃快速冷却	火山岩	深成岩	接触变质岩
Ⅱ型（棕色）	超过573℃慢速冷却	高级区域变质岩	变质火成岩、变质沉积岩	
	300~573℃	接触变质岩、区域变质岩、回火的沉积岩		
Ⅲ型（不发光）	低于300℃	自生石英		

A. 来源于岩浆岩的石英碎屑：来自中酸性岩浆岩的石英碎屑，包括单晶和多晶颗粒。多晶石英碎屑通常由2~5个粒径接近的晶粒组成，彼此常有缝合状晶间界线。无论单晶或多晶颗粒，80%以上都具有微弱波状消光，这是由于塑性变形影响的结果。此外，这类石英碎屑常含粒状或柱状副矿物包裹体，如锆石、磷灰石、电气石、黑云母、独居石和金红石等，或含有细小的气体、液体包裹体。副矿物包裹体颗粒细小且排列无一定方位，自形程度高；气、液态包裹体使石英可以呈雨雾状（表7-3）。

表 7-3 石英标型特征和来源类型一览表（据余素玉和向镜宇，1989）

母岩类型	形态结构	颗粒结构	消光类型	包裹体	区别特征	石英素描图
花岗岩型石英	多晶石英与单晶石英数量大致相等。多晶石英只由2～5颗晶体组成。每个晶体大小相近，形状为次等轴形，排列无定向性	多晶石英平均粒径1mm，单晶石英平均粒径0.5mm	80%～90%具波状消光，年轻的花岗岩中石英具分散波状消光，前寒武纪花岗岩中石英为带状波状消光	针状包裹体丰富，包体矿物有电气石、锆石、磷灰石等，也见有气液包体	多晶石英为等粒型，组成的晶体少，排列无定向	
片麻岩型石英	平均有20%～25%的单晶石英和75%～80%的多晶石英。多晶石英常由5个以上的石英晶体组成，晶粒间多呈缝合状界线，单个石英晶体呈伸长状，平行排列，常为双粒度型	多晶石英平均粒径1mm，单晶石英平均粒径0.5mm	几乎所有的石英具波状消光，以分散状和碎块状波状消光常见	包裹体较少	多晶石英为等粒型，拉长状定向，晶间呈缝合状接触	
片岩型石英	平均有40%的单晶石英和60%的多晶石英。多晶石英也常有伸长形外形边缘，简单定向排列，也具双粒度型	多晶石英平均粒径0.55mm，单晶石英平均粒径0.25mm	大部分具云状、状和碎块状波状消光常见	包裹体较少	与片麻岩型石英相似，多晶石英边缘较简单，不具缝合状界线	
火山岩型石英	通常是单晶石英溶蚀结构，部分或全部保存β-石英六边形的外形	颗粒大小不定，粒径0.55～0.15mm均有	无波状消光现象	无包裹体	六边形外形，边缘溶蚀成港湾状	
脉石英	一般为多晶石英，也有单晶石英。多晶石英其晶间界线一般表现为鸡冠状构造		消光类型多，较复杂	较多的具有充填着水的气泡，还含有蠕虫状绿泥石的包体	含气泡和蠕虫状绿泥石的包体	
沉积岩型石英	单晶石英居多，砂岩中多晶石英含量较高，显示出圆化极高的特点，有时可见早先自生加大，部分具磨蚀的痕迹	粒度大小变化大，0.01～0.25mm者均有	可见部分石英颗粒，具波状消光现象	一般少见	磨圆度较高，可见加大，部分具磨蚀现象	

来自火山喷出岩中的石英碎屑为（高温）β-石英。当岩石冷却至573℃以下时，β-石英不稳定，转变为（低温）α-石英，但仍保留着β-石英的六方晶系外形。因此，具有β-石英外形的碎屑石英颗粒是来自喷出岩的证据。另外，石英颗粒具有破裂纹、港湾状溶蚀边缘等特征（表7-3）。喷出岩石英颗粒多为单晶，不具波状消光，不含包裹体，表面光洁如水。

来自岩浆期后热液的脉石英碎屑，可以是单晶或较粗的多晶石英，多晶者颗粒内部常具鸡冠状构造（cocks comb structure），即在正交偏光下可见其内部晶粒呈镶嵌状，并依次消光。可见蠕虫状绿泥石包裹体和细小的气液包裹体，使颗粒呈乳浊状（表7-3）。

B. 来源于变质岩的石英碎屑：主要来自片麻岩和片岩（表7-3）。在风化崩解过程中，片岩提供的单晶石英多于片麻岩。多晶石英由5个以上的晶粒组成，各晶粒呈缝合状接合。一般这些变质岩中分离出来的单晶石英比来自深成岩的单晶石英颗粒细小，其平均大小分别是$2\varphi \sim 2.2\varphi$和1φ左右。石英碎屑表面常见裂纹，不含液体和气体包裹体，却可见有特征的电气石、硅线石、蓝晶石等变质矿物的针状、长柱状包裹体。大多数的石英晶粒都具有波状消光。

来源于区域变质岩及动力变质岩的石英常见明显的带状消光。在正交偏光镜下看，颗粒像碎裂成几个条带状的亚颗粒，各亚颗粒的消光位不同。这是由于石英受应力作用后，其光轴方向发生变化引起的。

来自接触变质岩的石英可具有云状的波状消光。在正交偏光镜下看，石英像被分成几个外形极不规则的颗粒，粒间界线曲折，轮廓不清楚，消光不一致。

C. 来源于沉积岩的石英碎屑：这些石英碎屑由于经过多次搬运和沉积作用改造，往往具有比较圆滑的外形。有时可见到次生加大边，同时可以具有沉积物如粘土、方解石等的包裹体（表7-3）。一般认为经磨圆的、具不完整次生加大边的石英颗粒是沉积岩来源的证据，称之为"再旋回石英（recycled quartz）"。但要特别注意的是，第一旋回的石英次生加大后再溶蚀，也可以形成这种结构，在鉴别时要特别小心。

（2）长石碎屑。长石是碎屑岩的又一重要组分，其含量仅次于石英，在砂岩中平均含量为10%~15%，有时也可以成为主要碎屑矿物，如我国鄂尔多斯盆地侏罗系砂岩中的长石含量有时可高达63.8%。长石的标型特征如图7-1所示。

从化学性质来看，长石容易水解；从物理性质来看，长石的解理和双晶发育，容易破碎。因此，在搬运过程中容易遭到进一步的机械破碎和磨蚀，逐渐被淘汰。

长石碎屑主要来自花岗岩和花岗片麻岩。一般认为长石碎屑的含量受气候、地壳运动强度和母岩性质等影响。如地壳运动比较强烈，地形起伏大，气候干燥不利于化学分解，这时剥蚀、搬运和堆积作用都很迅速，长石得以大量保存。反之，气候潮湿，地形平缓，搬运较远，长石则较难保存。

一般认为，在碎屑岩中钾长石多于斜长石。在钾长石中正长石略多于微斜长石；在斜长石中钠长石远远超过钙长石。造成相对丰度差别的原因，一方面与母岩成分有关，地表上酸性岩浆岩的普遍存在为钾长石、钠长石的大量出现创造了先决条件；另一方面又与不同长石在地表环境的相对稳定度有关。各种长石稳定度的顺序是：钾长石＞钠长石＞钙长石。

在长石中，最新鲜的是微斜长石，颗粒表面光洁，网格双晶清晰可见，常呈圆粒状。正长石常见高岭石化，使表面呈云雾状，颗粒轮廓模糊不清。酸性斜长石常有清晰的钠长石双晶，然而来自变质岩的光洁的钠长石和更长石经常没有双晶，这里要特别注意与石英相区别。斜长石常被绢云母或碳酸盐矿物所交代,这些作用多发生于成岩、后生阶段。强烈的蚀变作用会使斜长石表面呈云雾状,轮廓模糊,甚至形成斜长石假像(图7-1)。

不同类型的长石碎屑其成因不同。透长石只生成于高温接触变质岩及火山岩中,而微斜长石广泛分布于深成岩浆岩及深变岩中,却从不出现在火山岩中。由此可见,在碎屑岩研究中,长石是重要的物源标志(图7-1)。

再旋回长石的特征是微斜长石、正长石或斜长石具有自生加大边。自生加大边可较混浊或较干净,由于与原长石碎屑成分上的差异,光性特征常有差别(图7-1)。

因此,对长石的含量、类型及其他特征的研究,有助于追溯母岩及推断古气候、古地理和古构造状况。

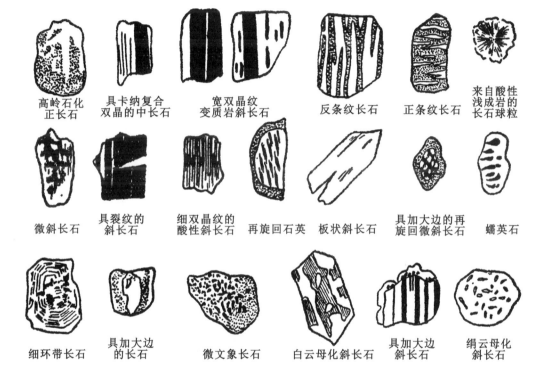

图7-1 长石标型特征图(据余素玉和何镜宇,1989)

(3)云母。云母也是碎屑岩中常见的碎屑矿物。由于云母为片状矿物,因此在搬运过程中表现出较低的沉降速度,常与细砂级甚至粉砂级的石英、长石共生。黑云母的风化稳定性差,主要见于距母岩较近的砾岩或杂砂岩中,经风化及成岩作用常分解为绿泥石和磁铁矿,经海底风化演变为海绿石。白云母的抗风化能力比黑云母强,相对密度略小,常见其呈鳞片状平行分布于细砂岩、粉砂岩的层面上,有时会富集成层。

(4)重矿物碎屑。重矿物是碎屑岩中的次要组分,其含量通常不超过1%,主要分布在0.25~0.05mm的粒级范围内,只在极个别的情况下会成为岩石的主要成分。不同重矿物的颜色、形状、包裹体、风化程度等亦有不同,它们常能反映母岩特征以及重矿物在风化、搬运过程中的变化。重矿物的含量虽然少,但种类多,且多数性质稳定。根据重矿物的风化稳定性,可将其划分为稳定和不稳定两类(表7-4)。前者抗风化能力强,分布广泛,在远离母岩区的碎屑岩中相对含量较高;后者抗风化能力弱,离母岩越远相对含量越低。

表 7-4　某些碎屑重矿物的稳定性（据 Pettijohn, 1972）

稳定性	重矿物
超稳定	金红石、锆石、电气石、锐钛矿
稳定	磷灰石、石榴石（含铁少的）、十字石、独居石、黑云母、钛铁矿、磁铁矿
中等稳定	绿帘石、蓝晶石、石榴石（富含铁的）、硅线石、榍石、黝帘石
不稳定	角闪石、阳起石、辉石、透辉石、紫苏辉石、红柱石
极不稳定	橄榄石

不同类型的母岩其矿物组分不同，经风化破坏后会产生不同的重矿物组合，因此重矿物组合常用来判断母岩性质。常见的母岩重矿物组合见表 7-5。

表 7-5　重矿物组合与母岩类型

母岩	重矿物组合
酸性岩浆岩	磷灰石、普通角闪石、独居石、金红石、榍石、锆石、电气石（粉红色变种）、锡石、黑云母
伟晶岩	锡石、萤石、白云母、黄玉、电气石（蓝色变种）、黑钨矿
中性及基性岩浆岩	普通辉石、紫苏辉石、普通角闪石、透辉石、磁铁矿、钛铁矿
变质岩	红柱石、石榴石、硬绿泥石、蓝闪石、蓝晶石、硅线石、十字石、绿帘石、黝帘石、镁电气石（黄、褐色变种）、黑云母、白云母、硅灰石、堇青石
沉积岩	锆石（圆）、电气石（圆）、金红石

从表 7-5 中不难看出，同一重矿物可来自于不同的母岩，例如电气石在酸性岩浆岩、伟晶岩及变质岩中均可出现。在推断母岩类型时，如果能结合轻矿物组合来判断母岩，可能会得到更加可靠的结果。常见的轻矿物和重矿物组合见表 7-6。

2. 岩石碎屑（岩屑）

岩屑（lithic fragments）是母岩的碎块，也是碎屑岩的重要组分。它可以直接提供有关母岩的特征，由于岩屑抵抗风化的能力较弱，当其大量出现时可反映一种特殊的地质条件，如干燥的气候条件、快速剥蚀和堆积环境、距离母岩区较近等。但是由于各类岩石的成分、结构、风化稳定度等存在着显著差别，所以在风化和搬运过程中，各类岩屑含量变化极大。实际上并不是每类母岩都能形成岩屑。

表 7-6　各类岩石的轻矿物和重矿物组合

母岩	矿物组合（包括部分岩屑）	
	重矿物	轻矿物
花岗岩和花岗闪长岩	锆石、榍石、磷灰石、黑云母	石英、正长石、微斜长石、酸性斜长石
安山岩和玄武岩	辉石、角闪石	中性和基性斜长石
橄榄岩和辉长岩	尖晶石、铬铁矿、橄榄石、紫苏辉石	基性斜长石、蛇纹石
变质岩	蓝晶石、十字石、硅线石、石榴石	具波状消光和镶嵌结构的石英
沉积岩	锆石（圆）、金红石、石榴石、电气石（圆）	颗粒圆滑或具次生加大边的石英

分析资料表明,岩屑含量取决于粒度、母岩成分及成熟度等因素。首先,岩屑含量明显地取决于粒级,并随粒级的增大而增加。砾岩中岩屑含量最大,砂岩中只存在有细粒结构及隐晶结构的岩屑。另外,各类岩屑的丰度还取决于母岩的性质。细粒或隐晶结构的岩石,如燧石、中酸性喷出岩等岩石的岩屑分布最广,而易受化学分解的石灰岩,除非在母岩区附近有快速堆积和埋藏的条件,否则很难形成岩屑。结构上成熟的砂或砂岩,其碎屑的圆度和分选都较好,岩屑含量一般较低,所以岩屑砂岩常表现出很低的结构成熟度。

在砂岩的碎屑中,岩屑的平均含量为 10%～15%。常见的岩屑类型有各类侵入岩岩屑、变质岩岩屑、喷出岩岩屑,以及硅质岩、粘土岩、碳酸盐岩和砂岩的岩屑等（表 7-7）。

在碎屑岩中,碎屑物质的成分与粒度分布具有一定关系。由图 7-2 可知,岩屑在粗砂以上的粒级中发育;随着粒度的减小,岩屑的含量也迅速减少。多晶石英的含量变化规律与岩屑基本一致。在中砂以下至粉砂粒级中,主要矿物碎屑为石英和长石,而且粒度分布范围广,甚至在粘土粒级中亦含有一定数量的石英。而云母和粘土矿物则几乎只分布于粉砂及粘土粒级中。

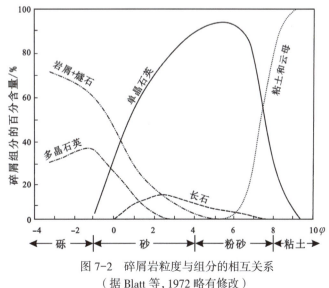

图 7-2　碎屑岩粒度与组分的相互关系
（据 Blatt 等,1972 略有修改）

表 7-7 各类岩屑微观特征一览表（据余素玉和何镜宇，1989）

岩屑名称	单偏光镜下的特征	正交偏光镜下的特征	与其他岩屑的区别	岩屑素描图
脉石英	无色透明，折光率大于树胶，很像是一块外形不规则的石英颗粒	为多晶石英颗粒，不规则的石英晶粒镶嵌成梳状，呈镶嵌型波状消光	与变质石英岩相似，但它们在结构及包裹体成分上有区别	
变质石英岩	无色透明，折光率大于树胶	花岗变晶结构，岩屑中各石英晶粒外形极不规则，彼此镶嵌接触。石英多显波状消光或带状消光		
片岩、千枚岩	褐色、灰色、可呈土状，有时有明显的突起	片理明显，石英、鳞片状绢云母、白云母、绿泥石等定向排列，转动载物台时见定向片状矿物近于同时消光	千枚岩与泥岩、页岩相像，在正交偏光下利用片状矿物定向排列这一特征可将它们区别开	片岩岩屑 / 千枚岩岩屑
石英砂岩	无色，碎屑结构，有颗粒与胶结物之分，岩屑外缘常具氧化薄膜，胶结物可为硅质、泥质或钙质，硅质胶结者可具自生加大现象	自生加大胶结的石英砂岩，加大部分与原晶粒光性方位一致	砂岩岩屑的典型特征是具有碎屑结构	
燧石	无色透明，表面较光洁，折光率近于树胶	隐晶质石英，具小米粒结构或放射状球粒结构	与霏细结构的酸性喷出岩相似，但燧石较光洁，碎屑轮廓常较圆滑	
细粒石英岩	无色透明，表面较光洁，折光率近于树胶	岩屑具细粒结构，晶粒轮廓常为不规则几何多边形，彼此呈镶嵌接触。晶粒大小均匀	与燧石的区别在于石英晶粒较粗，晶粒轮廓清楚，多边形边缘平直；与变质石英岩的区别是晶粒均匀，晶粒为平直边缘	
泥岩、页岩	表面污浊，呈土褐色，常有黑色炭质混入物	由鳞片状绢云母及粘土矿物组成，干涉色低。页岩具微细层理构造	泥岩岩屑常与彻底高岭石化的长石相混淆，但后者常有一级灰干涉色的背景	泥岩岩屑 / 页岩岩屑
花岗岩	岩屑外形不规则。含有长石、石英，可含黑云母、角闪石等暗色矿物。颗粒近等轴状，紧密接触。长石常风化成土状	典型花岗结构，钾长石和斜长石常见明显的双晶	花岗岩岩屑中矿物颗粒较粗，易被认作单个矿物颗粒。其与矿物碎屑不同之处是颗粒边缘极不规则（无磨圆痕迹），且晶粒间接触紧密，无胶结物包围	

续表 7-7

岩屑名称	单偏光镜下的特征	正交偏光镜下的特征	与其他岩屑的区别	岩屑素描图
细晶岩	无色透明,因长石高岭石化常使表面呈云雾状	显微文象结构或细晶结构。文象结构者,镶嵌于钾长石中的石英颗粒光性方位一致		细晶结构　文象结构
酸性喷出岩	岩屑由透明的玻璃质组成,表面因铁质或其他杂质浸染,像浮了一层灰色或红褐色土状物,从而呈云雾状。有时见酸性喷出岩特有的流纹构造及透长石、石英斑晶。玻璃质的折光率低于树胶	常见明显的霏细结构和放射状球粒结构	具霏细结构的岩屑,易与硅化了的长石相混,但后者常保留有长石的假像,并常见绢云母化现象	
中性喷出岩（安山岩）	基质为玻璃质,因为铁质被染成红褐色甚至变得不透明,其中分布有透明针状长石微晶,有时见板状斜长石斑晶	玻基交织结构,长条形或针状斜长石微晶呈平行或半平行排列,长石双晶隐约可见。当有斜长石斑晶时,其纳氏双晶常清晰可见	当岩屑中无斑晶时,要注意观察暗色基质中的长石微晶,以便将中性喷出岩岩屑与磁铁矿区别开	具气孔构造　具流动构造
基性喷出岩（玄武岩）	基质特征与中性喷出岩相似,但玻璃质较少,而板条状或小柱状长石微晶出现较多	具明显的粗玄结构,在长石微晶构成的三角形空隙中充填着暗色矿物及磁铁矿颗粒	主要根据结构与安山岩岩屑相区别	
碱性喷出岩（粗面岩）	颜色较浅,甚至由大量板条形长石微晶及部分玻璃质组成,偶见斑晶	具粗面结构,长石微晶呈流状定向排列,可见黑云母、绿色角闪石等暗色矿物,但常被绿帘石、方解石交代	与安山岩岩屑相似,区别于粗面岩中的长石以正长石为主,因此高岭石化明显。基质为典型粗面结构	
凝灰岩	岩屑透明,但表面常有红褐色云雾状物质。常见表面光洁的棱角状晶屑及弯弓形、角状玻屑	晶屑多为长石,流纹质凝灰岩可见石英晶屑	凝灰岩岩屑易与酸性喷出岩岩屑相混淆。要注意结构和构造观察,凝灰岩具凝灰结构,流纹岩具流纹构造	

在碎屑岩中,不同的碎屑组分化学稳定度不同。有的组分,如页岩岩屑,化学性质很稳定,但机械稳定性差,经受不住长距离的搬运。而另一些组分,如玄武岩岩屑,它致密坚硬能够抵抗机械的破坏力,但化学性质很不稳定,在潮湿气候条件下,即使不离开母岩,也会被彻底地分解破坏。

二、填隙物

填隙物(interstitial material)包括杂基和胶结物。杂基和胶结物在性质、成因以及对岩石所起的作用上是不同的,但成分上可以相同,也可以不同。

(1)杂基。杂基(marix)是指与砂、砾等碎屑一起沉积下来的较细粒物质,主要为粘土物质,有时细粉砂和碳酸盐岩灰泥等也能构成杂基。

杂基的成分,常见的是粘土矿物,如高岭石、水云母、蒙脱石和绿泥石等,有时可见灰泥和云泥,它们是悬移载荷经卸载后的沉积产物。此外还包括各种细粉砂级碎屑,如绢云母、绿泥石、石英、长石及隐晶结构的岩屑等。

在不同的碎屑岩中杂基含量不同,有的杂基含量高,而有的却完全不含杂基。碎屑岩中保留大量杂基,表明沉积环境中筛选作用不强,沉积物没有经过再改造作用,从而导致不同粒度的泥和砂混杂堆积。在泻湖及湖泊的低能环境中形成的砂岩,以及洪积及深水重力流成因砂岩中都混有大量杂基,这正是不成熟砂岩的特征。

不能仅仅依据矿物成分识别杂基,应该说结构是最重要的鉴别标志。例如,碎屑岩中最重要的杂基成分是粘土矿物,但碎屑岩中的粘土矿物并非全属杂基,因为有些粘土矿物是从孔隙溶液中沉淀生成的,如自生的高岭石、蒙脱石、绿泥石等,这些自生粘土矿物应属于胶结物而非杂基。

(2)胶结物。胶结物(cement)是指一些具有填隙性质的化学沉淀物质(即自生矿物),如碳酸盐、铁的氧化物与氢氧化物以及氧化硅等,主要形成于后生成岩期,也有少数形成于同生沉积期。常见的胶结物有硅质矿物、碳酸盐矿物、粘土矿物和部分铁质矿物等。有关胶结物的成因和特征详见第四章。

三、孔隙

孔隙(pore)是指岩石中未被固定物质占据的部分,它可以是原始沉积时就保留下来的原生孔隙,也可以为成岩后生阶段的淋滤溶解作用所形成的次生孔隙(表7-8)。孔隙是盆地流体运移和储存的空间,水—岩作用过程主要是在孔隙中完成的,所以孔隙中可以记录复杂的成岩胶结事件和淋滤溶蚀事件。

表7-8 碎屑岩的孔隙类型与成因(据Selley,1976修改)

	孔隙类型	孔隙成因
原生或沉积时的	粒间孔	沉积作用
次生或沉积后的	铸模孔、粒内孔、粒间溶孔	溶解作用
	颗粒破裂孔隙、收缩孔隙	岩石的破裂和收缩

粒间孔隙是碎屑岩的原生孔隙,是颗粒原始格架间的孔隙(图7-3)。原生孔隙与碎屑颗粒的粒度、分选性、颗粒球度、圆度和填集性关系密切。当粒度变小时,孔隙度增大,而渗透率降低。分选好的砂岩较分选差的砂岩的孔隙度和渗透率要高。颗粒排列的方位也影响着孔隙度与渗透率,例如在河道砂岩中,颗粒具有定向性且平行于砂体长轴方向时渗透率较高(图5-18)。

绝大多数次生孔隙是在成岩中期以后产生的,一般是由于非硅酸盐类的组分溶解形成的,例如碳酸盐类、硫酸盐类及氯化物类等易于溶解的矿物是经溶蚀产生的。硅酸盐矿物

图7-3 鄂尔多斯盆地东北部延安组砂岩的图像分析
(据焦养泉等,2006)
注:该样品中的碎屑颗粒被屏蔽,仅显示孔隙和喉道。

及其他溶解性较差的矿物,例如氧化物类,早期可被易溶矿物交代,然后发生溶解并产生次生孔隙。此外,岩石的破碎和收缩作用也可以形成次生孔隙。

四、成分成熟度

碎屑岩的成分成熟度(compositional maturity)是指碎屑沉积组分在经风化、搬运、沉积作用的改造下接近最稳定的终极产物的程度。在轻矿物组分中,单晶非波状消光石英是最稳定的,它的相对含量是碎屑岩成熟程度的重要标志。在重矿物中,锆石、电气石、金红石是最稳定的,这三种矿物在透明重矿物中所占比例称为"ZTR"指数,也是判别成分成熟度的标志。因此,成分成熟度愈高,稳定组分的含量愈大,不稳定组分的含量愈少。成熟度指数(maturity index)是判别砂岩或其他碎屑岩在化学上及在矿物学上成熟度高低的一个指标,例如Pettijohn(1957)曾建议采用Al/Na、石英/长石、石英+燧石/长石+岩屑的比值来表示沉积物(岩)的成熟度指数。

成分成熟度与风化、搬运和沉积作用的强度和作用时间的长短有密切关系,而作用的强度和时间又在很大程度上取决于气候条件和大地构造条件。正如Blatt(1972)所指出的那样,成分成熟度的研究不能脱离气候条件,他提出在不同气候条件下的典型终极产物的组分集合体是:①在湿热条件下则如红土一样,碎屑矿物完全不存在;②在温湿的亚热带气候下,轻矿物应是无波状消光的单晶石英和三水铝矿、高岭石,重矿物则有锆石、电气石和金红石;③在湿度较低的温暖气候下,为石英质的砂,但含有数量不等的各种粘土、新鲜的或蚀变了的长石、岩屑,以及多种重矿物;④在干燥寒冷的气候条件下则石英的含量可以很低,富新鲜的长石和岩屑以及不稳定的重矿物。大地构造因素主要是通过地形和剥蚀强度来施加影响,例如地形起伏大、剥蚀强烈,改造程度就弱,成分成熟度就低,否则相反。

对碎屑岩成分成熟度的研究必须从分析碎屑成分的相对稳定性入手。石英抵抗风化能力最强,在搬运和沉积过程中的磨蚀变化都很小,是最稳定的组分,在碎屑岩中分布也最广;长石的稳定性较石英差,其中钾长石和酸性斜长石的稳定性相对又要高一些;岩屑中除燧石和石英岩的碎屑外,一般稳定性都不高。Blatt(1967)曾做过一些三角图来表示砂岩碎屑组分

在沉积过程中可能的变化趋势(图7-4),图中三个端点的稳定程度是:石英+燧石>长石>不稳定岩屑,箭头表示成分成熟度增高的变化趋势,三角图的各端点还可划分出次一级的三角图。

应该指出,成岩作用的影响会使砂岩的碎屑组分产生某些变化,因而在进行砂岩的成分成熟度的分析时,应尽量排除沉积期后变化的影响。

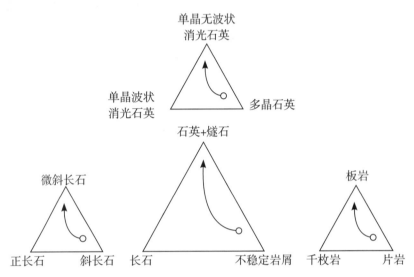

图 7-4 砂岩的矿物学稳定图(据 Blatt,1967)

第二节 砾 岩

由粗碎屑颗粒(大于2mm)组成的岩石称为砾岩(conglomerate)或角砾岩,未固结的称为砾质或角砾沉积物。由于砾岩或角砾岩中的砾石成分与砂相比更引人注目,即使其含量不多,也容易看成是粗碎屑岩类,因此对于砾岩或砾质沉积物中砾石含量的下限规定不完全一致。例如,Willman(1942)所做的理想"系统化"分类中规定砾石含量大于75%者为砾岩,而他的野外使用分类中则规定砾石含量大于50%者为砾岩。Folk(1954)的分类中规定砾石含量大于30%者为砾岩,砾石含量5%~30%者称砾质砂岩或砾质泥岩。

砾岩是对形成条件反应最为灵敏的一类岩石,其砾级碎屑的成分、粒度、形态特征、填隙物的多少和性质,以及沉积体的产状等,都很明显地受到物质来源、搬运沉积条件和成岩后生变化的影响。

可根据砾石的圆度、大小、成分及砾岩在剖面中的位置等进行地质成因分类。

1. 根据砾石圆度的分类

根据砾石的圆度,可把砾岩划分为两个基本大类。①砾岩:圆状和次圆状砾石含量大于50%的砾岩;②角砾岩:棱角状和次棱角状砾石含量大于50%的砾岩。

砾岩一般都是沉积作用形成的,而角砾岩除了沉积成因的以外,还可以由构造作用(如断层角砾岩)、火山作用(如火山角砾岩)或化学作用(如洞穴角砾岩和盐溶角砾岩)形成。在地质分布上,砾岩比角砾岩常见,而且可以呈巨厚层出现;角砾岩厚度不大,但具有更明确的成因意义。砾岩和角砾岩之间存在着过渡的岩石类型,可称砾岩—角砾岩。

2. 根据砾石大小的分类

碎屑粒度是各种碎屑岩分类的基础,因而对砾岩的进一步分类,可以根据砾石的大小进行划分:细砾岩(砾石直径为 2～4mm)、中砾岩(砾石直径为 4～64mm)、粗砾岩(砾石直径为 64～256mm)和巨砾岩(砾石直径大于 256mm)。在实际工作中,对粗碎屑岩粒度的研究,应尽可能较准确地确定出砾石的粒度组分,因为除了可以用以分类命名外,它还可以根据其分布频率的特征,较简便地判断砾岩的成因(图 7-5)。

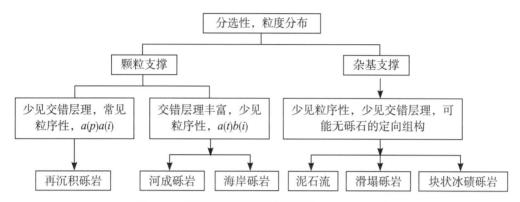

图 7-5 砾岩的主要类型及特征(据 Walker,1975)

注:$a(p)a(i)$ 为砾石长轴平行水流且长轴呈叠瓦状排列;$a(t)b(i)$ 为砾石长轴垂直水流而中轴呈叠瓦状排列。

3. 根据砾石成分的分类

根据砾石的成分,可以把砾岩划分为单成分砾岩与复成分砾岩两大类。

(1)单成分砾岩。砾石成分较单一,同种成分的砾石含量占 75% 以上。砾石多半是稳定性较高的岩屑或矿物碎屑,如石英岩或燧石等。单成分砾岩一般分布于地形平缓的滨岸地带。在这里,砾石经过长距离的搬运,并受波浪反复地冲刷磨蚀,不稳定组分消失殆尽,只剩下磨圆度好及稳定性高的组分,故多为石英岩质砾岩。在有些情况下,侵蚀区容易遭受风化剥蚀,岩石破碎就地堆积或短距离搬运快速堆积,也可形成单成分砾岩。如由石灰岩碎屑组成的近岸陡崖堆积,在坡脚下的堆积、生物礁旁的堆积,以及岩溶洞穴的垮塌皆可形成成分单一的石灰岩质角砾岩。

(2)复成分砾岩。砾石成分复杂,有时在一种砾岩中可含十几种不同成分的砾石,各种类型的砾石含量都不超过 50%,这主要取决于母岩成分及其风化、搬运和沉积的条件。这些砾石抵抗风化的能力大都不强,通常分选不好,磨圆度不高,层理不明显。它们多沿山区呈带状分布,厚度变化大,为母岩迅速破坏和堆积的产物。这种砾岩成因类型很多,以造山期后的冲积砾岩分布最广。

4. 根据砾岩在地层中发育位置的分类

根据砾岩在地质剖面中的位置,可以把砾岩分为底砾岩和层间砾岩两大类。

(1)底砾岩(basal conglomerate)。常常位于假整合或不整合侵蚀面之上,是一定地质时期沉积间断的产物。底砾岩的成分一般比较简单,稳定性高的坚硬砾石较多,磨圆度高,分选性好;杂基含量少,主要是砂质—粉砂质成分,这表示它们经历了长距离的搬运;通常分布范围广。

(2)层间砾岩(interformational conglomerate)。整合地发育于其他岩层之中,不代表任何侵蚀间断。其砾级碎屑和填隙物组分都比较复杂,它们可以是陆源的,也可以是原地岩石破坏的产物。在其砾石成分中,可见软的不稳定的岩屑,有时这些岩屑甚至是主要的,如石灰岩、粘土岩及弱胶结的粉砂岩等岩屑,磨圆度差,杂基成分复杂。

砾岩的分类方案还很多,除以上按圆度、直径大小和产状等标志划分类型外,还可按成因进行划分,如滨岸砾岩、河成砾岩、冰碛砾岩、残积砾岩、洞穴砾岩,以及成岩、后生的砾岩或角砾岩等(表7-9)。

表 7-9 砾岩和角砾岩分类（据 Petti john, 1975）

残积的	残积角砾岩、倒石堆		
沉积的	正砾岩（杂基小于15%）	稳定组分大于90%	石英岩砾岩
		稳定组分小于90%	岩块砾岩（如石灰岩砾岩、花岗岩砾岩等）
	副砾岩（杂基大于15%）	纹层的基质	纹层状的砾质泥岩
		非纹层的基质	冰碛砾岩、泥石流砾岩
同生的	同生砾岩和角砾岩（如砾屑灰岩、泥砾岩）		
	滑塌角砾岩		
后生成岩的	岩溶角砾岩（或洞穴角砾岩）		
	盐溶角砾岩		

第三节 砂 岩

砂岩(sandstone),是指粒度为 2～0.0625mm（-1φ～4φ）的碎屑物占50%以上的岩石。砂岩是最重要的沉积岩类之一,其分布之广仅次于粘土岩,约占沉积岩的1/3左右,是最主要的油气、砂岩型铀矿和地下水的储层。砂岩按砂的粒级可以细分为:极粗砂岩（粒径 2～1mm）、粗粒砂岩（粒径 1～0.5mm）、中粒砂岩（粒径 0.5～0.25mm）、细粒砂岩（粒径 0.25～0.125mm）和微粒砂岩（粒径 0.125～0.0625mm）。

其碎屑成分主要为石英,其次是长石、岩屑,以及白云母、绿泥石等碎屑矿物,重矿物含量通常小于1%。

一、砂岩的分类与命名

砂岩的分类主要有结构分类、成分分类和成因分类三种方案,表达的方式主要有表格式、描述式和图解式,其中以三角图应用最多。

在自然界,能影响砂岩特征的主要因素归纳起来有:①来源区的性质（母岩成分）;②成分成熟度;③结构成熟度;④流动因素,即介质的密度与粘度;⑤构造运动;⑥原生沉积构造；⑦气候及风化作用；⑧沉积期后的变化。这些因素或多或少被应用于砂岩的分类中。Pettijohn（1975，1987）把反映成因的来源区、矿物成熟度和流动因素（介质的密度和粘度）作为砂岩分类的准则。首先，以杂基含量 15% 为界限把砂岩分为两大类：净砂岩（简称砂岩）和杂砂岩；然后再以砂岩的主要碎屑组分——石英（Q）、长石（F）和岩屑（R）为三端元，来进一步分类和命名。因此，他的分类可以反映砂岩的重要成因特征（图 7-6）。

净砂岩和杂砂岩的明显差别在于杂基含量，因为杂基能反映砂岩的结构成熟度和搬运沉积介质的流动特征，如高密度流体堆积的砂岩杂基含量就比较高。

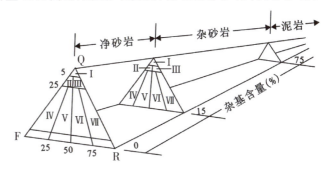

图 7-6　砂岩的分类（据 Pettijohn 等，1987）
Ⅰ.石英砂岩（杂砂岩）；Ⅱ.长石石英砂岩（杂砂岩）；Ⅲ.岩屑石英砂岩（杂砂岩）；Ⅳ.长石砂岩（杂砂岩）；Ⅴ.岩屑长石砂岩（杂砂岩）；Ⅵ.长石岩屑砂岩（杂砂岩）；Ⅶ.岩屑砂岩（杂砂岩）

二、砂岩的主要类型

1. 石英砂岩和石英杂砂岩

在石英砂岩中，石英和各种硅质岩屑的含量占砂级碎屑含量 95% 以上，仅含少量长石及其他岩屑和重矿物。重矿物多为稳定组分，通常为极圆的锆石、电气石、金红石。碎屑颗粒磨圆度和分选性都比较好，因此在成分成熟度和结构成熟度上都是砂岩中最好的。胶结物大都为硅质，亦有钙质、铁质及海绿石等，杂基很少或没有，常为明显的颗粒支撑。

高成熟度的石英砂岩是长期风化、分选和磨蚀作用的产物，因而不会是直接来源于花岗岩，而是来自早先存在的砂岩的改造。通常都认为石英砂岩的出现标志着稳定的大地构造环境、基准面的夷平作用以及长期的风化作用。

2. 长石砂岩

主要由石英和长石组成，其中，长石含量常常高于 25%，石英含量低于 75%，碎屑/长石要小于 1/3。长石以钾长石和酸性斜长石最常见。也见有云母，在较细粒的长石砂岩中有时含量可达到 5%，重矿物比石英砂岩类含量高一些，可达 1%，除了稳定组分（如锆石、金红石、电气石、石榴石和磁铁矿等）外，还常见稳定性差的矿物，如磷灰石、榍石、绿帘石和角闪石。胶结物主要为钙质、铁质，而硅质较少。泥质杂基经次生变化有时可围绕碎屑长石生长成再生长石，或成重结晶的云母、绿泥石等。

在长石砂岩中，长石以解理、负突起和稍低的干涉色区别于石英，但是长石的高岭石化通常使长石表面呈土状或云雾状。高岭石化，在沉积前和沉积后都常见，如果长石呈现出透明的次生加大，并带有云雾状的碎屑核心，则后生的高岭石化显然是在沉积前发生的。在钙质胶结的长石砂岩内，长石可以被方解石交代。

由于长石的稳定性较差，在遭化学风化和机械磨蚀时很容易破碎分解，因此要形成长石碎屑的大量沉积，常常要求母岩是富含长石的花岗岩和花岗片麻岩类，在形成过程中又应以物理风化作用为主，并需有强烈侵蚀与快速堆积的条件，而且在埋藏后的蚀变作用也要很弱。这样的条件只有在构造活动比较强烈的地带才具备，在这种条件下形成的长石砂岩分选性和磨圆度都不好,稳定性较差的重矿物较多,粘土杂基含量也高,甚至形成长石杂砂岩,有人称之为"构造长石砂岩"。

如果在比较稳定的构造条件下,母岩要经过长期缓慢的侵蚀与长距离搬运,长石若大量保存,需要有干燥和寒冷的气候条件。这样形成的长石砂岩,其特点是分选性和磨圆度都比较好,长石比较新鲜,重矿物也多为稳定性较高的矿物,曾被称为"气候长石砂岩"。

3. 岩屑砂岩

岩屑砂岩分布面积占全部砂岩的 $1/5 \sim 1/4$。其碎屑物质以各种岩屑和石英为主,石英含量低于 75%,岩屑/长石比值大于 3,长石多为酸性斜长石,可见少量黑云母,此外常含有较多的重矿物。胶结物常为硅质和碳酸盐质,常含有粘土杂基。值得注意的是,在压实作用较强的砂岩中,较软的泥质岩屑在石英颗粒间可以发生变形,出现假杂基。假杂基的特征主要有:①假杂基仅充填某些孔隙;②可能存在残留的结构、构造,如层理、页岩和粉砂岩的结构特征;③泥质岩屑虽经压实变形,但整体上与杂基的颜色和结构具有较明显的不均一性。在自然界中岩屑杂砂岩要比岩屑砂岩更为常见。岩屑砂岩与长石砂岩的形成条件类似,都需要有强烈剥蚀和快速堆积的构造条件。只有在这种条件下,强烈的物理风化作用和近源快速堆积,才能使大量母岩的崩解产物得以保存。随着远离母岩区,不稳定岩屑被分解破坏,稳定组分相对增加,从而过渡为岩屑石英砂岩。

4. 杂砂岩

杂砂岩(wacke)指杂基含量大于 15% 的砂岩,其进一步分类的命名原则与净砂岩相同。

杂砂岩一般富含石英。石英一般有棱角,常有显著的波状消光,通常构成碎屑部分的半数左右。有不同比例的长石和岩屑存在,长石主要是斜长石,钾长石少见,岩屑主要是泥页岩、粉砂岩、板岩、千枚岩和云母片岩,燧石和细粒石英及多晶石英也可以较丰富。有些砂岩含有长石微晶的细粒火山岩屑,其中以酸性火山岩屑较常见,安山岩屑较少。通常还含少量云母碎屑,如白云母和黑云母以及绿泥石化的黑云母是常见的。

富含杂基是杂砂岩的基本特征,砂岩颗粒越细杂基含量越高。碎屑颗粒之间为粘土杂基所填塞,以致较大颗粒被泥质所隔开而呈杂基支撑,渗透性较差。杂砂岩就是由这些紧密互生的绿泥石和绢云母以及石英、长石粉砂级细粒杂基粘合起来的,而不是像其他砂岩由充填孔隙的沉淀胶结物胶结在一起。

在杂砂岩中沉淀的胶结物比纯砂岩中少见得多,这主要是由于存在渗透性差的杂基造成的,杂基的存在阻碍了溶液通过,且填塞了那些能够发生沉淀作用的孔隙。尽管如此,在杂砂岩中,还是能见到一些呈不规则斑点状产出的不规则方解石、自形铁白云石等碳酸盐胶结物,它们通常既交代杂基,又交代某些岩屑和长石颗粒。

杂基的重新结晶常可导致较大碎屑颗粒被杂基矿物交代的现象,常见的有下列几种情况:①石英和长石颗粒边部往往被绿泥石和伊利石或绢云母等细小碎片所贯穿,在低、中倍镜下观察时,颗粒边界不清晰。②某些杂砂岩中绝大多数颗粒边部均被杂基交代,以致边部结构模糊不清,颗粒似乎消失在杂基之中。③富铁质杂砂岩中,燧石和石英颗粒常见被绿泥石交代现象,局部可被完全交代。

杂砂岩所反映的来源区与长石砂岩不同。长石砂岩反映了花岗质岩石的来源区,而杂砂岩由于含较多的石英和长石,并常混有低级变质岩屑甚至火山岩屑,表明它比长石砂岩来源区更富于变化。但杂砂岩的形成条件与长石砂岩类似,即需要快速侵蚀、搬运及沉积作用,这可使母岩物质不发生完全的机械和化学风化。杂砂岩可在不同气候条件下形成,既可以形成于湿热条件,也可以形成于干旱或寒冷的气候条件。粗粒的杂砂岩常形成于构造活动比较频繁、气候比较干旱、沉积作用比较快速的地区。

第四节 粉砂岩和泥岩

粉砂岩和泥岩均属于细粒碎屑岩,两者有区别,但是形成条件相近。

一、粉砂岩的基本特征

粉砂岩(siltstone)是指由 0.062 5～0.003 9mm 粒级(含量大于 50%)的碎屑颗粒组成的细粒碎屑岩。粉砂岩的分布极其广泛,几乎在所有的砂—泥质岩系中都有粉砂岩层或夹层。粉砂岩中常混合较多的泥质,常向泥岩过渡或与之形成互层。粉砂岩的碎屑常呈棱角状,碎屑矿物的组分中,常以石英为主,可见少量的长石与极少的岩屑,而白云母却是粉砂岩中常见的组分,往往富集于岩层面上。重矿物的含量则较砂岩多,一般可达 2%～3%,且多为稳定的重矿物,如锆石、电气石、石榴石、磁铁矿、钛铁矿等。填隙物常有粘土以及钙质、铁质物等。和泥岩相比,在化学成分上更富含硅,而铝及钾均较少。

粉砂岩是经过较长距离搬运,在稳定的水动力条件下缓慢沉积形成的。因为长距离搬运不仅能使碎屑物质破碎形成粉砂级颗粒,而且还会使粗细混杂的物质逐渐分异,使粉砂颗粒相对集中,这些物质因为颗粒细小,故需在稳定的环境中方能沉降堆积。

粉砂岩的分类可按粉砂粒级、组分和胶结物成分来划分。

(1)按粒度可以细分为粗粉砂岩(粒径 0.062 5～0.031 3mm)、中粉砂岩(粒径 0.031 3～0.015 6mm)、细粉砂岩(粒径 0.015 6～0.007 8mm)和极细粉砂岩(粒径 0.007 8～0.003 9mm)。

粗粉砂岩的特点近于极细砂岩,不仅产状上常和砂岩共生,而且也常发育各种交错层理;细粉砂岩在产状上通常与泥质岩或泥晶灰岩共生,并组成各种过渡。

(2)按粉砂的质点组分划分,如石英粉砂岩、长石粉砂岩、岩屑粉砂岩以及各种过渡类型。

(3)如果粉砂岩中混有较多的砂和粘土时,亦可按三级复合命名原则来命名,如含砂泥质粉砂岩、含泥砂质粉砂岩等。

二、泥岩的基本特征

泥岩主要是由小于 0.003 9mm 的颗粒组成并含有大量粘土矿物(含量大于 50%)的松散或固结的岩石。泥岩是分布最广的沉积岩,占沉积岩总量的 60%。构成泥岩主要组分的粘土矿物和粉砂大多是母岩风化的产物,都是以碎屑状态被搬运至沉积场所并以机械方式沉积而成的,铝硅酸盐分解后原地堆积的粘土和盆地中经胶体凝聚作用形成的粘土较少。因此,从沉积形成机理来看,泥岩应归属于陆源的细屑沉积岩类。

构成泥岩的主要组分——粘土常具有一些独特的物理性质,如可塑性、耐火性、烧结性、吸附性等,使得泥岩常常具有很高的工业价值。近年来,在泥岩(如黑色页岩、炭质页岩等)中发现了一些钼、铀、钒、铅等元素的矿床,这些矿床的形成常与粘土矿物吸附阳离子的性能有关。泥岩也是重要的烃源岩,由于其渗透性差,又构成了很好的油气盖层。泥岩还常出现在含煤岩系中,构成煤层的顶底板。

1. 泥岩的物质成分

泥岩的物质成分比较复杂,矿物成分中最重要的是粘土矿物,其次是陆源碎屑矿物和自生的非粘土矿物。化学成分变化较大,它还吸附有微量的但具有工业价值的元素。此外,泥岩中还可含有数量不等的有机质。

(1)粘土矿物。粘土矿物大部分是晶质的,但也有无一定晶体结构、成分不稳定的非晶质粘土,如水铝石英。结晶质粘土可分为层状和链状结构,层状结构最为常见。

近年来,随着测试技术的发展,越来越多的混合型粘土矿物被发现,如高岭石-伊利石、蒙脱石-伊利石、绿泥石-伊利石等。根据粘土矿物的晶体结构特征,粘土矿物可分为如表7-10所示的几种类型。

表7-10 粘土矿物的分类(据刘宝珺,1980)

结构单位层类型		层间电荷	族	种
结晶质	1:1层状	$X \sim 0$	高岭石族	高岭石、开地石、珍珠陶土等
			埃洛石(多水高岭石)族	埃洛石、变埃洛石等
	2:1层状	$0.25 < X < 0.6$	蒙脱石族	蒙脱石、拜来石、绿脱石、皂石等
	2:1:1层状	$X \sim 1$	水云母族	水云母、海绿石等
		X不定	绿泥石族	各种绿泥石
	混合层 有序混合层		水云母-蒙脱石组合、绿泥石-蒙脱石组合等	
	混合层 无序混合层		水云母-蒙脱石组合、水云母-绿泥石组合、水云母-蒙脱石绿泥石组合	
	2:1链状	$X \sim 0.2$	海泡石族	海泡石、凹凸棒石、绿坡缕石
非晶质			水铝石英等	

(2)碎屑矿物。泥岩中常含有一些陆源碎屑矿物,主要为石英、长石、云母和少量的重矿物。这些矿物多集中在较粗的粉砂和砂级部分中,它们对于判别母岩成分、侵蚀区位置、泥岩成因以及划分对比地层等工作都有参考价值。

(3)有机物质。泥岩中常有数量不等的有机物质,剩余有机碳、氨基酸总量高,氨基酸总量/剩余有机碳比值低,则有机质丰度高,此类泥岩即为良好的生油岩。这类泥岩常呈深黑、灰黑、黑色,多形成于受限制的安静、低能还原环境,如泻湖、海湾、海湖深水盆地。这种环境对硫化铁的生成较为有利,因此硫化铁矿物(如黄铁矿)常与富有机质的暗色泥岩共生。

(4)自生的非粘土矿物。自生矿物是在沉积岩形成过程中生成的,主要是铁、锰、铝的氧化物和氢氧化物(如赤铁矿、褐铁矿、水针铁矿、软锰矿、水铝石等)、碳酸盐(如方解石、白云石、菱铁矿等)、氧化硅(如蛋白石、自生石英等),有时也有一些石膏、黄铁矿、磷灰石和石盐等。

自生的非粘土矿物虽然含量不多,但它们可影响泥岩的性质,而且对判断粘土质岩石的形成条件及生成后的变化具有重要意义。

2.泥岩的分类和主要类型

(1)泥岩的分类。泥岩的分类是一个复杂的问题,这主要是因为泥岩的成因和成分比较复杂;组成泥岩的矿物颗粒极为细小,精确的鉴定和含量统计都有困难;在成岩后生作用下极易改变面貌。因此,虽然人们从不同角度对其进行分类,但到目前为止,尚没有一个全面完整的分类。现有的分类,一般先按泥岩在成岩作用中的变化,如按固结程度及沉积构造划分大类;进一步按泥岩的结构、矿物成分及混入成分再细分。其综合分类见表7-11。

表7-11 泥岩的综合分类(据刘宝珺,1980)

结构及成分		固结程度			强固结(重结晶矿物含量大于50%)
		未—弱固结(未重结晶)	固结(未—中等重结晶)		
			无页理	有页理	
结构(粉砂或砂含量)	<10%	粘土	泥岩	页岩	泥质岩
	10%~25%	含粉砂(砂)粘土	含粉砂(砂)泥岩	含粉砂(砂)页岩	
	25%~50%	粉砂(砂)粘土	粉砂(砂)质粘土	粉砂(砂)质岩	
粘土矿物成分	高岭石	高岭石粘土	高岭石泥岩	高岭石页岩	
	蒙脱石	蒙脱石粘土	蒙脱石泥岩	蒙脱石页岩	
	伊利石	伊利石粘土	伊利石泥岩	伊利石页岩	
	海泡石	海泡石粘土	海泡石泥岩	海泡石页岩	
	高岭石-蒙脱石	高岭石-蒙脱石粘土	高岭石-蒙脱石泥岩	高岭石-蒙脱石页岩	
	高岭石-伊利石	高岭石-伊利石粘土	高岭石-伊利石泥岩	高岭石-伊利石页岩	
	蒙脱石-伊利石	蒙脱石-伊利石粘土	蒙脱石-伊利石泥岩	蒙脱石-伊利石页岩	
混入物成分	钙质		钙质泥岩	钙质页岩	
	铁质		铁质泥岩	铁质页岩	
	硅质		硅质泥岩	硅质页岩	
	有机质		炭质泥岩、暗(黑)色泥岩	炭质页岩、黑色页岩、油页岩	

(2)泥岩的主要类型。最常见的单矿物粘土有高岭石粘土、蒙脱石粘土和水云母(伊利石)粘土。①高岭石粘土主要由高岭石组成,含量在90%以上,其次是埃洛石和水云母。非

粘土矿物有石英、长石、重矿物、黄铁矿、菱铁矿等,还包括少量有机质。岩石一般色浅,为白色、淡黄色,外貌致密块状或土状,性脆,具贝壳状断口。特征的结构构造为胶状结构、定向构造,粘舌性强,可塑性大,遇水膨胀性不明显,耐温性好。②蒙脱石粘土又称为膨润土,主要由蒙脱石组成,其次为伊利石、绿泥石、混合型伊利石-蒙脱石等。常见的非粘土矿物有长石、石英、石膏、方解石及未分解完的火山凝灰物质。岩石一般为白色或带粉红、淡黄、淡青绿等色调,致密状或土状,有滑感,吸附性特强(主要吸附阳离子和有机质),浸入水中剧烈膨胀,体积可增大 2～3 倍,可塑性和粘结性较强。③水云母(伊利石)粘土主要由水云母(伊利石)组成,其次有高岭石、蒙脱石、绿泥石、混合型伊利石-蒙脱石矿物等。非粘土矿物有石英、长石、重矿物及有机质等。成分较为复杂,与其他类型相比,碎屑物质含量较多,质纯的水云母粘土少见。化学成分与岩浆岩化学成分相近,K_2O 含量高,可达 3%～7%。颜色为黄、灰、绿、红褐等色,这是由于水云母粘土中常含有机质及不同价铁的化合物。

按其混入物成分不同,泥岩主要分为普通泥岩和页岩、钙质泥岩和页岩、铁质泥岩和页岩、硅质页岩和炭质页岩等几种:①普通泥岩和页岩,主要成分为粘土矿物和石英为主的粉砂。粘土含量变化在 40%～100%。在粘土含量高的页岩中,粘土质点非常细小,大部分小于 0.002mm,显出平行于纹理的定向性。页岩中含有白云母、黑云母和绿泥石小片,也显出平行层理的一致方位。粘土以伊利石为主,其次有高岭石和绿泥石的混合物。粉砂级碎屑主要是石英,多呈棱角状,通常重矿物贫乏。②钙质泥岩和页岩。大部分页岩中的碳酸盐含量少,平均含 6% 的方解石。如果碳酸盐增加,岩石就变得不易裂开,并在 5% 的稀盐酸中起泡,则称为钙质页岩(其中 $CaCO_3$ 不能超过 25%)。当碳酸钙含量增加时,则过渡到泥灰岩。钙质页岩分布广泛,常见于大陆和过渡带的红色岩系中,海洋和泻湖的钙泥质岩系中也有存在。③铁质泥岩和页岩,是所谓"红层"中占优势的岩石类型。含三价铁氧化物如赤铁矿、褐铁矿、针铁矿的泥岩,为紫红、褐红、黄褐色等,也常称为红色泥岩和页岩。当泥岩中含有二价铁的硅酸盐和硫化物(如绿泥石、黄铁矿)时,岩石呈灰绿、灰色等,有原生也有次生成因的,铁质矿物增多可过渡为粘土铁质岩。④硅质页岩有异常高的氧化硅含量。页岩平均含 58% 的氧化硅,而硅质页岩可达 85%。岩石中几乎不含低价铁或碳酸盐。硅质页岩较坚硬,且耐风化和抗崩解,硅质大多数不是碎屑石英,而是非晶质的 SiO_2 或火山灰。所以认为 SiO_2 与来源于火山活动喷发的火山灰有关,还与生物活动及化学沉淀的 SiO_2 有关。⑤炭质页岩中含有大量炭化了的分散有机质,能染手,常含大量的植物化石,炭质页岩是沼泽环境的产物,常形成煤层的顶底板。⑥黑色页岩,岩石中含有较多有机质和细分散状黄铁矿,不染手。对于黑色页岩的成因曾有过许多争论。它形成于厌氧的条件下,但这样的条件究竟是如何达到的却并不很清楚。常在富含 H_2S 的较闭塞的海湾、湖泊的较深水地区形成。我国松辽盆地白垩系和渤海湾盆地湖泊沉积的黑色页岩,含有丰富的有机质和介形虫、孢粉等,是良好的生油岩。而二连盆地额仁淖尔凹陷富有机质和黄铁矿的暗色泥岩与努和廷泥岩型铀矿床的形成有关(图 2-12)。泥岩相和缺氧或富氧动物与有机质含量的关系如图 7-7 所示。

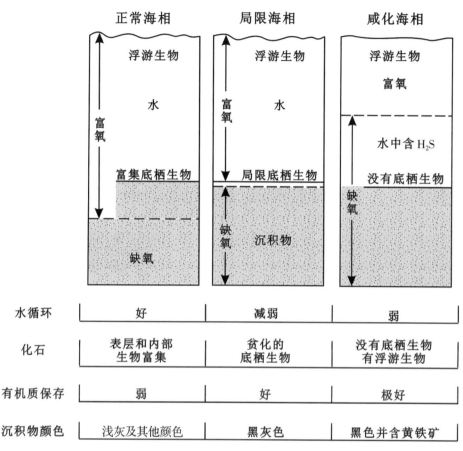

图 7-7 泥岩相和缺氧或富氧动物与有机质含量的关系图（据 Tucker, 1991）

第三篇 沉积体系与古水流分析原理

　　沉积体系分析是在秉承沉积环境分析和相模式研究诸多优点之上的重要发展，它不仅从成因联系的角度，按照沉积环境和沉积作用将沉积单元进行标识并注重其空间配置关系，而且还从沉积体系域→沉积体系→成因相的角度赋予了沉积体以层次的概念，因此是一种值得推崇的方法体系。沉积体系类型的判别，主要依赖于通过露头、岩芯、测井、地震和实验室测试等方法所获取的各种沉积成因标志，成果展示也具有一套成熟的编图技术。古水流分析是沉积体系分析和沉积体系域重建不可或缺的部分。

第八章 沉积体系分析

20世纪60年代以来,沉积学领域取得了若干新进展,其中沉积体系分析方法的创立与应用是最重要的突破之一,它是近代沉积环境分析与相模式研究的进一步发展。沉积体系分析的优点,首先在于强调环境与几何形态的统一,即把成因相和沉积体系都理解为三维地质体,这些沉积单元在空间上的配置是有一定规律的;其次在于强调了相之间的成因联系,沉积单元彼此之间互为存在但区别明显,一系列有成因联系的相是作为体系而存在的。

第一节 沉积体系基本概念

从小尺度到大尺度的角度看,成因相、沉积体系和沉积体系域是沉积体系分析最重要的三个基本概念。从三个层次级别了解该术语体系,有助于从沉积学原理上理解沉积体系分析的先进性,同时也能从中辨别出沉积体系分析与以往的沉积环境分析及相模式研究的区别。

一、沉积体系

沉积体系(depositional system)这一概念是在1967年由Fisher和McGowen首次引入沉积学文献的,它"是三维岩性相组合体,而且其中各岩相在沉积环境和沉积作用过程方面具有成因联系"。Scott和Fisher(1969)在另一篇文献中将沉积体系定义为"是与作用过程有关的沉积相的集合体"。鉴于以上定义中之"岩性相"和"沉积相"的使用容易与地质学术语体系中其他的"相"相混淆,Galloway建议使用"成因相"(genetic facies)一词以示区别。因此,可以将沉积体系理解为是在沉积环境和沉积作用过程方面具有成因联系的一系列三维成因相的集合体(图8-1)。

对沉积体系概念的准确理解需要从三个角度进行诠释:首先,概念中强调了基本控制因素的重要性,即沉积环境和沉积作用过程,这两个因素共同控制了沉积体系内部成因相的形成和所具有的基本特征。在自然界,只要其中的一个因素发生了变化,那么所形成的成因相就会有明显区别。因此,对沉积环境和沉积作用过程的研究及理解至关重要;其次,概念强调了成因相是具有三维几何形态的沉积体,而且各成因相之间具有相对固定的空间配置关系。因此,自然界不同类型的沉积体系就具有形式各样的成因相空间配置组合,这为沉积学家总结沉积体系模式带来了极大的方便;第三,概念强调了沉积体系内部的各种成因相之间具有成因联系,它们彼此之间互为影响、互为存在,联系的纽带就是沉积环境和沉积作用。在自然界,每种沉积体系通常都会具有仅属于自身而且极为特色的沉积环境或者沉积作用类型,这些特色的控制因素将各种成因相有机地联系在了一起。诸如曲流河沉积体系中的河道水流作用一样,它将河道底部的滞留沉积物、点坝、天然堤、决口扇和泛滥平原有机地融为一体,而构成特色明显的曲流河沉积体系。

沉积体系是与地貌或自然地理单位相当的地质体,并以其形成的环境来命名。Fisher 和 Brown(1972)划分和描述了自然界的九种主要碎屑沉积体系,它们特色各异而且区别明显。这些沉积体系包括了:①河流沉积体系;②三角洲沉积体系;③障壁坝-海岸平原沉积体系;④潟湖、海湾、河口湾和潮坪沉积体系;⑤大陆和克拉通内陆架沉积体系;⑥大陆和克拉通内斜坡和盆地沉积体系;⑦风成沉积体系;⑧湖泊沉积体系;⑨冲积扇和三角洲沉积体系。

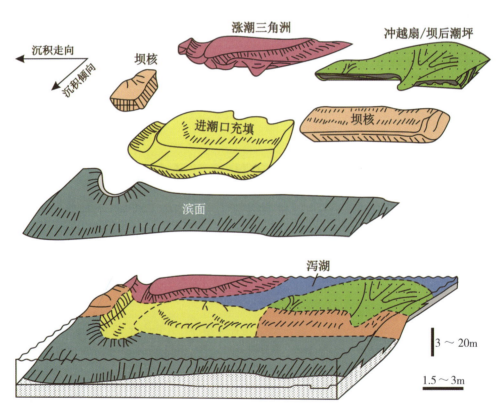

图 8-1 障壁岛体系内部的成因相空间配置图(据 Galloway,1986)

二、成因相

成因相是沉积体系内部最基本的构成单位,其形成和发育受控于沉积环境和沉积作用过程。值得强调的是,在沉积体系内部对成因相的识别和命名并不在于其体积的大小,而更强调沉积环境或沉积作用的变化。例如,障壁-潟湖沉积体系中的涨潮三角洲和冲越扇,虽然其形成的沉积环境相同,但沉积作用却大相径庭(图 8-1)。

这一术语的特定含义在于它强调了三维沉积地质体的概念及其与沉积体系的构成关系。在沉积体系内部,成因相并不是孤立存在的,它们之间总是由一种或几种主要的沉积作用把不同的成因相联系起来构成一个系统,因而成因相彼此之间具有成因联系。正是由于这样的原因,沉积体系内部的成因相空间配置是有规律的,不同的成因相具有各自相对固定的分布空间。

在自然界,每一种沉积体系都具有复杂的内部结构,例如曲流河沉积体系包括了多种成因相,有作为主导作用的河道沉积体(滞留沉积物和点坝),也有作为从属地位的天然堤、决口扇、越岸沉积、泛滥平原湖和沼泽等。障壁岛沉积体系(Galloway,1986)包括了滨面、障壁核部、进潮口充填、冲越扇及坝后潮坪、涨潮三角洲和潟湖等一系列的成因相(图8-1)。

三、沉积体系域

在任何一个足够大的沉积盆地中,沉积体系往往不是唯一的。一种沉积体系沿着盆地的上倾和下倾方向以及沿走向通常可以过渡为另一种沉积体系(图8-2)。同一时期发育的、具有成因联系的各种沉积体系的组合被称为沉积体系域(depositional systems tracts)。

理论上讲,在沉积体系域中每种沉积体系分布的范围是有限的而且边界是清楚的。在一个短暂的地质历史时期内,沉积体系的边界可以依据制约沉积体系形成发育的沉积作用所影响的范围加以识别和预测。诸如河流沉积体系,在横向上,其边界应该与该时期最大洪泛事件所波及的范围相一致;在纵向上,其上游一端与出现泥石流沉积物的冲积扇沉积体系相区别,而在下游一端则与出现湖泊作用或海洋作用的三角洲沉积体系为界。但是通常情况下,对地史记录中沉积体系之间的界线划分,往往采用了过渡的形式来表征,其根本原因在于控制沉积体系发育的关键地质因素随时间迁移而不断变化,这样一来相邻沉积体系之间的边界也在不停地迁移。因此,沉积学家通常使用"优势相"的原则,在沉积体系域中标定相邻沉积体系之间的边界。

在自然界,沿沉积倾向最常见到的变化是冲积扇体系→河流体系→三角洲体系→陆架体系→陆坡和盆地体系;沿沉积走向的变化如三角洲体系→碎屑滨岸体系的演变等。如美国海湾盆地始新世沉积体系域显示了由Mt. Pleasant 河流沉积体系→Rockdale 三角洲沉积体系的迅速演化(图8-3)。由李思田等(1990)建立的我国西南地区晚二叠世沉积体系域经典模式,从三维空间角度显示了自盆地边缘向中心依次由冲积—湖泊组合→三角洲组合、

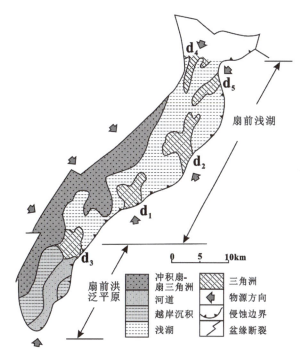

图8-2 霍林河断陷盆地17煤组古环境与沉积体系域图
(据李思田等,1988)

三角洲—障壁潟湖组合→碳酸盐台地及边缘礁堆积→硅质碳酸盐和重力流沉积的自然过渡（图8-4）。

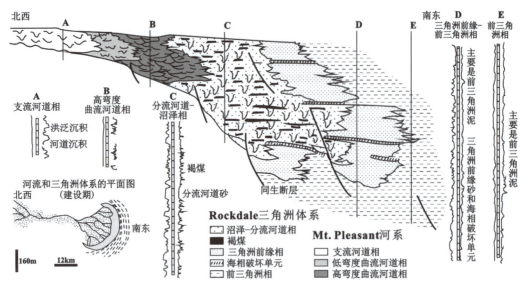

图 8-3 美国得克萨斯州下威尔科斯始新世的沉积体系域剖面图（据 Fisher 和 McGowen，1967）
注：由河流和高建设性朵状三角洲构成的倾向剖面充分展示了垂向上沉积体系域的完整面貌。

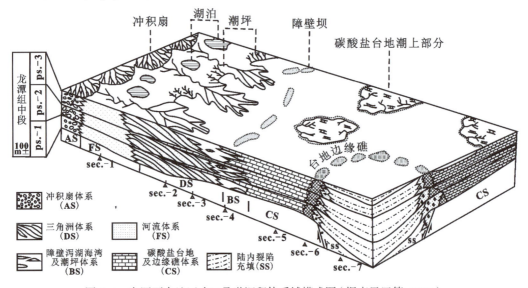

图 8-4 中国西南地区晚二叠世沉积体系域模式图（据李思田等，1990）

第二节 沉积体系分析的基本方法

一、沉积体系分析法原理

沉积体系分析法从本质上讲属成因地层学，即在认识沉积环境和控制沉积物形成的同沉积期大地构造的基础上，解释大型沉积体的相互关系。这一分析方法的基础是 Walther 相律和相模式概念在整个沉积盆地范围内的应用与引申。Walther 相律指出，在一个整合的序列中,只有那些在自然界相邻出现的相才能在垂向层序中出现。一个进积三角洲是其良好的范例。进积的三角洲在平面上包括了前三角洲、三角洲前缘和三角洲平原,其相邻发育的顺序及其沉积物与在垂向序列中的顺序相同。一个沉积体系就是这样一种完整的环境与其产物的组合。

二、沉积体系分析方法

1. 野外过程沉积学分析和成因相内部构成单位研究

露头调查是沉积学研究的天然实验室(图8-5),其以丰富的地质信息量和直观特征而受到沉积学家的青睐。野外沉积学调查主要包括以下几方面的工作:①详细观察、描述岩石的成因标志,并分析其水动力学意义;②沉积体三维几何形态及其空间配置关系追索研究;③沉积体内部成因相构成单位分析(图8-5);④野外大断面沉积写实(图8-6)及垂向层序研究;⑤古流分析;⑥古生物、古生态环境分析。

图8-5 露头区沉积体系内部构成单元的典型剖面
a. 鄂尔多斯盆地东部延长组具有倒粒序的典型湖泊三角洲沉积(焦养泉摄,2003);b. 准噶尔盆地西缘露头区克拉玛依组分流河道砂体内部不同沉积界面与构成单元之间的空间配置关系,图中5A、5B等代表高级别的沉积界面,ICU代表河道单元(据焦养泉,2001)

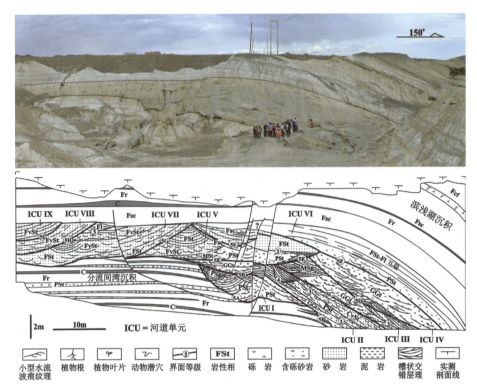

图 8-6 准噶尔盆地露头区克拉玛依组三角洲平原砂质－砾质分流河道砂体的露头剖面与沉积写实图（据焦养泉，2001）

野外沉积学调查的目的在于识别和划分露头区的沉积体系类型，了解其成因相构成，建立沉积模式，以便于指导地下沉积体系研究和有用矿产资源勘查与开发（图 8-7）。

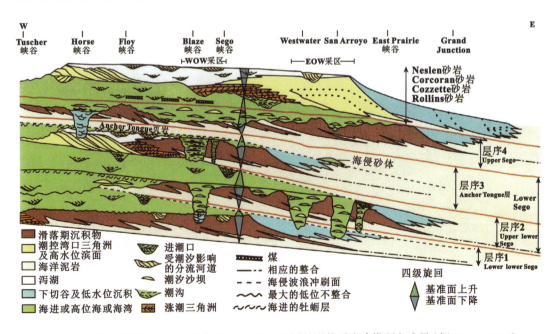

图 8-7 犹他州东部的 Sego 砂岩和 Book Cliffs 地层的野外露头建模研究成果（据 Wood，2004）

2. 岩芯沉积学分析和地球物理测井曲线解释

钻孔岩芯是野外露头的缩微表现,虽然为一孔之见,但在覆盖区特别是钻探程度较低的地区,岩芯就显得弥足珍贵。岩芯沉积学分析是根据钻孔岩芯所反映的沉积物结构(粒度、分选和磨圆等)、沉积物成分(碎屑岩组分、碎屑岩类型等)以及沉积构造(无机沉积构造和生物构造)等典型成因标志,解释沉积环境和沉积作用过程(搬运作用、化学作用和成岩作用等),并进而有效地判别沉积体系类型的重要方法(图8-8、图8-9)。

图8-8 阜新断陷湖盆沙海组浊流沉积中的小规模水下滑塌层岩芯记录(据李思田,1996)

图8-9 典型岩芯沉积成因标志

a.巴音戈壁盆地白垩系扇三角洲前缘河口坝砂体及同沉积断层(焦养泉摄,2011);b.鄂尔多斯盆地西部延长组含沥青的大型交错层理砂岩(焦养泉摄,2007);c.松辽盆地南缘嫩江组湖泊泥岩中的碳酸盐岩沉积(焦养泉摄,2010);d.鄂尔多斯盆地西部直罗组砂岩中的镜煤碎屑(焦养泉摄,2007);

e～h.分别为双壳类动物化石、鱼鳞化石、动物牙齿,鄂尔多斯盆地富县地区延长组三角洲前缘
(焦养泉摄,2002)

由于勘查目标不同或者是基于钻探成本的考虑,并非所有的钻探过程都需要取芯,这时地球物理测井就成为认识地下地层、识别岩石类型和解释有用沉积矿产的重要手段。特别是,地球物理测井的曲线形态组合特征赋予了沉积学的有用信息,是一种不可多得的沉积成因标志,因而它对沉积体系类型的判别具有重要的指示作用(图 8-10、图 8-11、图 8-12)。

钻孔岩芯和测井分析的主要目的在于:①识别地下沉积体系,并与露头区进行对比;②进行成因地层对比,建立沉积盆地的沉积断面网络;③系统对比和统计之后,编制各成因地层单元平面图。

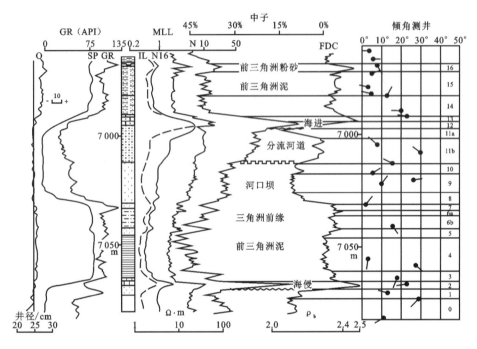

图 8-10　一个完整三角洲序列的典型测井相组合实例(据 Weimer 等,1998)

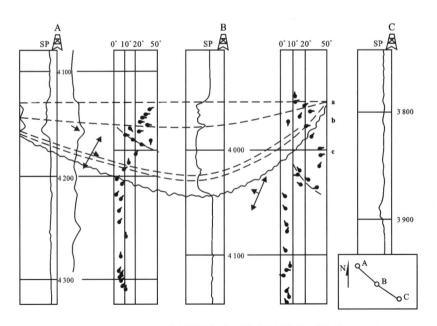

图 8-11　尼日利亚河道充填的倾角测井实例(据何欧曾等,1987)

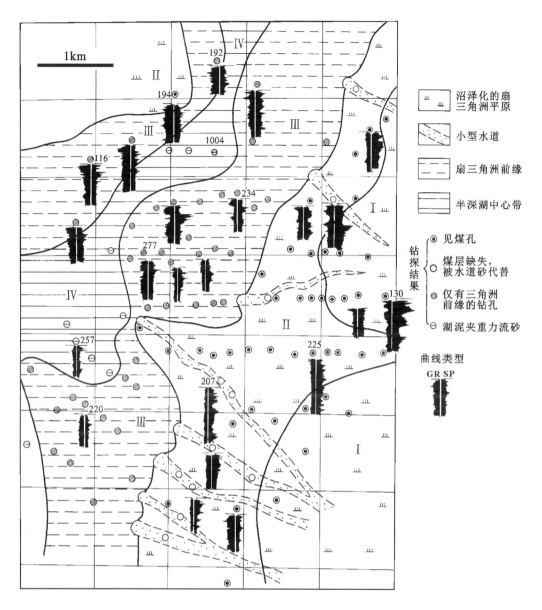

图 8-12 阜新盆地艾友矿区沙海组上部-海州组底部扇三角洲沉积体系的测井相构成图
(据李思田等,1988)

Ⅰ.扇三角洲平原近端沉积,有较厚的正粒序和冲刷面的砾岩和砂岩;Ⅱ.扇三角洲平原的中、远端沉积;Ⅲ.扇三角洲前缘组合;Ⅳ.湖泊中央带,主要由湖相泥岩夹薄层重力流砂岩组成

3. 反射地震资料解释

它是在沉积学理论的指导下,利用二维或者高分辨三维地震信息和现代地球物理技术对沉积体系、沉积体结构和成因相空间展布规律进行的研究。通过反射地震解释,既可以实现对盆地充填形态的客观表征(图 8-13)以及沉积古地貌恢复再造(图 8-14),也可以实现对沉积体系的精细刻画(图 8-15)。现代的高分辨地球物理属性分析技术还可以直观展示沉积体系的横向分布规律(图 8-16)。

但是,与露头和钻井资料比较而言,反射地震的缺陷在于分辨率较低(图 8-17)。通常在地震剖面上识别出的沉积体,往往是具有较大尺度的沉积复合体,因此在解释成因相及其

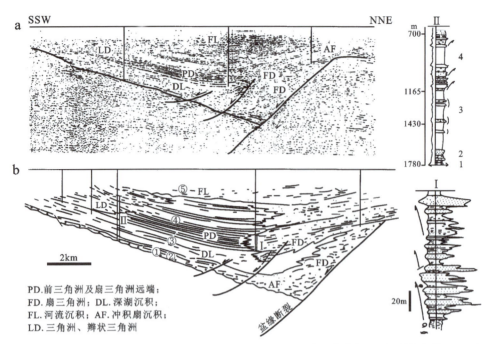

PD.前三角洲及扇三角洲远端;
FD.扇三角洲; DL.深湖沉积;
FL.河流沉积; AF.冲积扇沉积;
LD.三角洲、辫状三角洲

图 8-13　百色盆地扇三角洲发育的构造背景及其地震与钻井的综合解释（据林畅松等,1991）

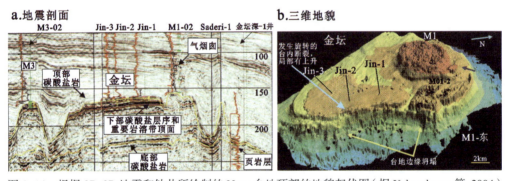

图 8-14　根据 3D、2D 地震和钻井所绘制的 Mega 台地顶部的地貌起伏图（据 Vahrenkamp 等,2004）

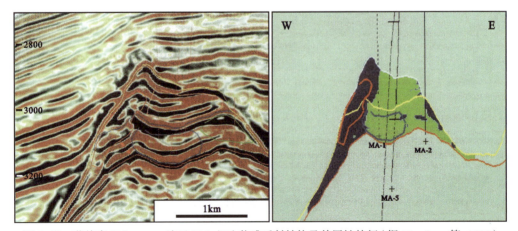

图 8-15　菲律宾 Malampaya 油田 Nido 组生物礁反射结构及其属性特征（据 Masaferro 等,2004）
注：蓝色为边缘礁地震相,绿色为泻湖地震相,黄线与红线被解释为储层的顶界面和底界面。

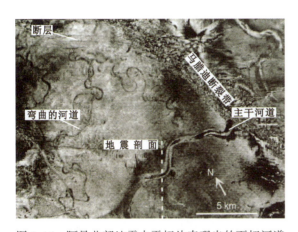

图 8-16 阿曼北部地震水平切片表现出的下切河道
（据 Droste 和 Van Steenwinkel, 2004）

图 8-17 一个典型波形剖面与露头剖面对比
（据 Pallister 和 Wren）

以下级别的沉积构成单位时略显不足。为了提高解释精度，沉积学家和地球物理学家联手开始了地震沉积学的研究，他们将露头建模与反射地震相结合，大大地提高了反射地震解释的精度和成功率（图 8-18）。

反射地质资料解释的主要目的在于：①建立等时地层格架，认识沉积盆地基本面貌；②解释沉积体系，与层序地层相结合重建沉积体系域；③圈定和预测目标地质体。

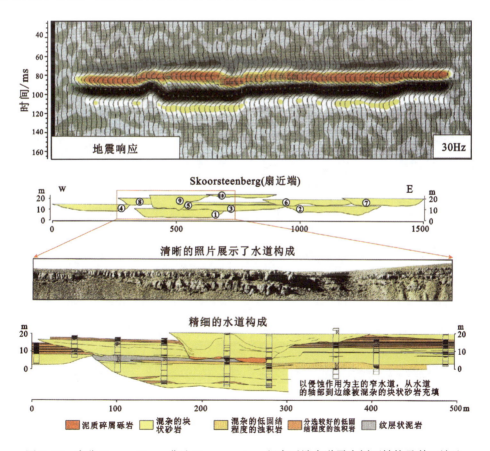

图 8-18 南非 Tanqua Karoo 盆地 Skoorsteenberg 组扇近端水道露头剖面结构及其正演地震模型的构建（据 Sullivan 等, 2004）

4. 比较沉积学研究

Lyell（1837）提出了划时代的"地质学原理"和"将今论古"的现实主义原理与方法，这一思想成为后来地质科学领域，尤其是沉积学研究的行动指南。比较沉积学是通过地质记录的观察、现代沉积作用的研究（图8-19）和实验模拟，建立各种沉积相的标准模式和一般模式，定量地描述某些环境的边界条件。其研究内容包括水的流动过程、沉积物的搬运、沉积过程和沉积物记录等方面的特征。

图8-19　现代湖泊三角洲（据 Ainsworth 等，1999）
注：注意伸长的鸟足状分流河道及其前端河口坝。

5. 实验室研究

实验室研究包括岩石薄片的镜下观察与描述（图8-20、图8-21）、粒度分析（图8-22）、重矿物分析、热分析、化学分析等。近年来，实验室研究还引进了不少新的测试手段，如阴极发光显微镜、同位素分析（C、O、S）、扫描电子显微镜（图8-23、图8-24）、X射线衍射仪、图像分析仪、电子探针、流体包裹体（图8-25）、气相色谱、激光拉曼光谱等。

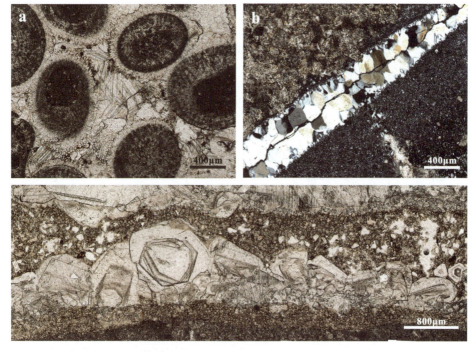

图8-20　华北寒武-奥陶系岩石结构的精细特征（焦养泉摄，2006）
a.鲕粒及其孔隙中方解石的世代性胶结作用，显示马牙状方解石形成于粗晶方解石之前，单偏光；b.含燧石条带灰岩中的硅质胶结作用，显示了时间较为充分的胶结作用过程，正交偏光；c.同沉积期膏盐自生矿物，单偏光

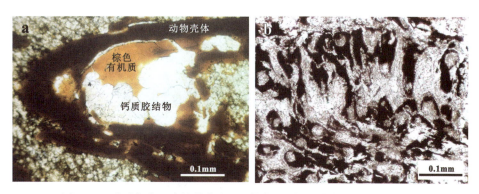

图 8-21　准噶尔盆地南缘芦草沟组生物化石（据焦养泉，2007）
a. 腔体中的棕色有机质；b. 黑色有机质；a 和 b. 单偏光

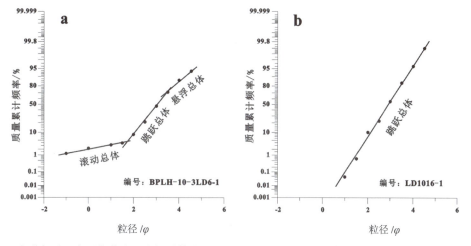

图 8-22　巴音满都乎上白垩统曲流河点坝砂体（a）和风成沙丘（b）的粒度概率曲线图（据焦养泉，2009）

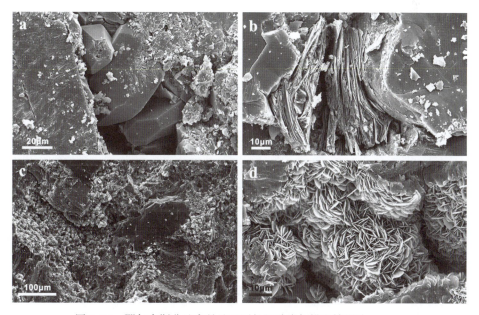

图 8-23　鄂尔多斯盆地富县地区延长组砂岩扫描电镜图片
a. 粒间自生石英；b. 黑云母蚀变特征；c. 泥土胶结充填孔隙；d. 碎屑颗粒表面的绿泥石

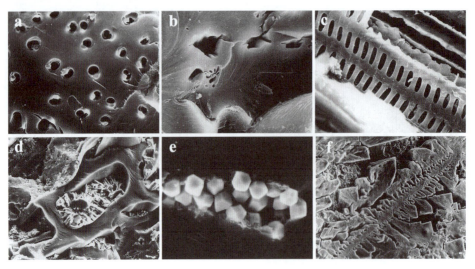

图 8-24 煤的显微结构照片（据张慧等，2003）

a. 结构镜质体，×2100；b. 均质镜质体，×2100；c. 木质结构体，×1120；d. 同生矿物充填植物细胞腔，×910；e. 发育于镜质组中的黄铁矿自形晶，×3360；f. 硫铁矿化菌类体，×360

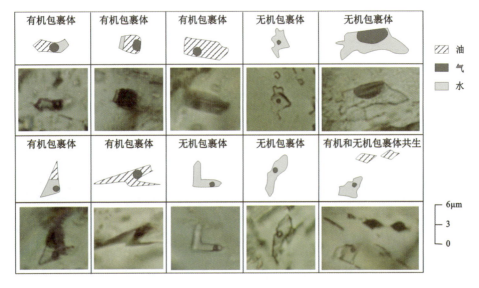

图 8-25 滦平盆地西瓜园组钙质胶结物中的无机与有机流体包裹体（据焦养泉等，2000）

三、沉积体系分析的内容与步骤

（1）成因相识别及成因相内部构成分析。

（2）有成因联系的成因相三维组合，即沉积体系的识别和划分。

（3）沉积体系的空间配置，即沉积体系域的重建。

（4）沉积体系的发育和分布与古构造、古气候、古海平面变化等因素关系的研究。

（5）比较沉积学的宏观研究。

（6）沉积体系域的阶段性演化，即确定盆地的成因地层格架。

（7）沉积体系与成矿规律的探讨。

第三节 沉积体系常规编图方法

沉积体系编图的目的在于直观表现沉积学的诸多特征,也是人们对沉积规律的模式总结。黄家福等(1991)曾经系统地总结了聚煤盆地分析中需要编制的分析图件和综合性图件类型(表8-1)。限于篇幅,在此重点介绍垂向序列图、地层对比和厚度图、砂分散体系图、沉积体系域图和沉积剖面图的编制方法。

表8-1 聚煤盆地沉积体系分析常见编图类型一览表(据黄家福等,1991)

类型	图名	表示内容
盆地基本轮廓和构造分析图类	1. 地质构造平面、剖面图和构造格架图	盆地几何形态,现在的构造和地层格架等
	2. 物探平面、剖面解释图	盆地几何形态,现在的构造和地层格架等
	3. 航片、卫片解译图	盆地平面形态和现在线性构造
	4. 构造等高线图	盆地盖层构造形态、展布和方向
	5. 构造高程趋势面及残差图	总体构造和局部构造,或者聚煤古构造和后期构造
	6. 古构造剖面图和等变质剖面图	同沉积构造性质、形态、特征及演化
	7. 盆地充填序列图	沉积序列、充填物类型、宏观环境
	8. 含煤地层或组、段厚度图(差异压实和水深校正后)	同沉积构造形态特征及演化、盆地几何形态
	9. 盆地基底不整合面古地质图、等高线图和古地貌图	基底地形特征,现在基底构造格架和形态特征。基底古构造和基底后期构造,基底古地貌特征
	10. 构造演化模式图	从盆地基底构造到同沉积构造和后期构造的发展演化
盆地沉积分析图类	1. 代表性含煤地层柱状图	地层层序、岩性类型、成因标志、旋回等
	2. 横向、纵向沉积断面图	岩相层序厚度变化和剖面形态
	3. 含煤地层和组、段等厚度	厚度变化、沉积范围、沉积中心和沉积方向
	4. 单一岩石体(如砂体)等厚图	岩石立体几何形态、沉积方向和厚度变化
	5. 等岩图(岩石类型累计厚度图)	沉积方向、累厚分布和变化趋势、宏观形态
	6. 岩比图	沉积方向、岩石类型比率分布和变化

续表 8-1

类型	图名	表示内容
盆地沉积分析图类	7. 岩石类型分布图	沉积方向、沉积物搬运方向,岩石类型分布和变化
	8. 岩石类型百分率图	沉积方向、沉积物搬运方向,岩石类型分布和变化
	9. 岩层层数图	沉积方向和沉积条件
	10. 碎屑矿物分散类型图	分布特征和变化、物质来源和搬运方向
	11. 等粒度图	粒度分布和变化、物源和搬运方向
	12. 古环境图	相的空间分布和变化
	13. 古流向图	古流方向
沉积分析	1. 粒度概率曲线 CM 图	碎屑岩体沉积环境
	2. 沉积层序类型图	成因标志、层序特征、环境类型
	3. 聚煤盆地地层格架图	盆地沉积期地层单位的体态和组合特征
	4. 沉积相模式图	沉积体系、相平面分布、古流体系、岩相组成及构造控制
盆地聚煤特征分析图类	1. 煤层层数图	煤系、组、段煤层层数变化,聚煤变化
	2. 煤层厚度图	厚度分布变化、富煤带和富煤中心特点
	3. 主煤层大型结构图	结构空间变化、聚煤条件
	4. 沉积断面图	煤层厚度变化、合并分岔类型、煤体型态分带、剖面上聚煤演化特征
	5. 含煤性分区图	煤体空间分布类型、聚煤强弱
	6. 煤层古环境图	煤层聚集时相的空间分布特征
	7. 煤质等值线图	A^g、S_Q^s、V^r、C^c、R_{max}^0 等平面分布和变化、聚煤条件、变质(煤化)程度
	8. 煤岩柱状对比图	煤层煤岩类型(亚型)的时空变化
	9. 煤层形成曲线	曲线类型特征,聚煤条件

一、垂向序列图

垂向序列通常展示的是沉积物的最基本特征在时间序列上的变化规律,这些特征包括了沉积物的厚度、粒度、沉积构造、古生物、古水流和成岩作用等信息。因此,垂向序列曾经被认为是沉积体系及其沉积模式的标志。

在自然界,每一种沉积体系甚至同一种沉积体系的不同部位,其垂向序列都有所不同。沉积学家通过长期的研究,系统地总结了常见的一些沉积体系的垂向序列模式,它们总体可以分为两大类:正粒序(图 8-26)和反粒序(图 8-27)。

垂向序列模式为判别沉积体系类型提供了一个必不可少的成因标志。在具体工作中,如

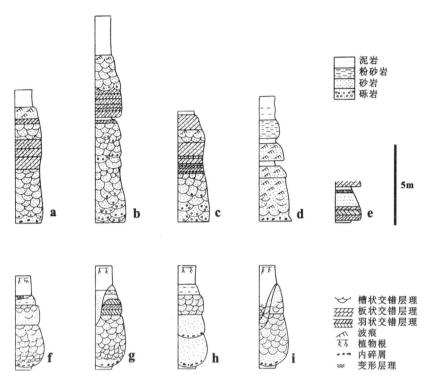

图 8-26 向上变薄和变细的正韵律垂向序列

a. 砂质辫状河；b 和 c. 高弯度曲流河点坝；d. 退积型冲积扇；e. 砂质潮坪；f～i. 潮沟曲流砂坝（a～d 据 Miall，1980；e 据 Klein，1970；f～i 据 Barwis，1978）

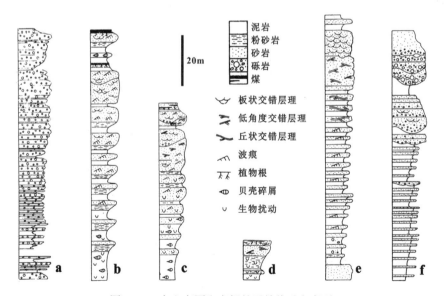

图 8-27 向上变厚和变粗的反韵律垂向序列

a. 进积型冲积扇（据 Steel 等，1977）；b. 河控三角洲（据 Miall，1979）；c. 浪控三角洲（据 Miall，1979）；d. 障壁岛-加尔维斯顿岛模式（据 Davies，1971）；e. 进积型浪控滨线序列（据 Hamblin 和 Walker，1979）；f. 海底扇（据 Walker，1979）

何区分诸如正粒序中的曲流河沉积体系和潮坪沉积体系,尚需曲流河沉积体系中的侧向迁移点坝以及潮坪沉积体系中的羽状交错层理等其他成因标志来佐证。

二、地层对比和地层厚度图

沉积体系的演化具有阶段性,每个阶段的沉积体系域面貌可以相似,也可以完全不同,沉积体系域的这种阶段性演化通常是通过等时地层单元来表述的。等时地层单元可以是层序地层学中的任何一级地层单位,如一级层序、二级层序、三级层序、小层序组或小层序等,也可以是传统岩石地层学中的任何一级地层单位,如群、组、段或亚段等。

实际上,等时地层格架研究是盆地古地理重建过程中首先需要确认的标准,它们决定了编图评价单元,正确进行等时地层单元的对比是编制沉积体系图件的前提。所谓地层对比,地层学上的概念是:"属于不同地方剖面的两个地层单位,如果把它们判断为同时沉积的,称为可对比的"。而选择和确定编图地层单位应当考虑到研究目的和控制点地层的赋存情况,但是,有些原则是共同的。

(1)编图单位内不能有不整合存在,也就是说不能跨越区域不整合面选择编图单位。

(2)既要选择整个目的岩系或尽可能大的层段作为编图单位,又要选择相当于中旋回或者主要目的旋回的层段作为编图单位。

(3)要有足够的数据点。如果选择的编图单位没有足够的符合要求的控制点,或者控制点虽多但是分布极不均匀,都无法编出符合要求的沉积体系图件。

(4)选择编图单位时应考虑到有一个或者上、下两个标准层作为编图单位的界限。除了专用的不整合界面外,这种标准层一般应当是层薄、分布广泛且沉积时大体是一个平面的时间岩石单位。

一般来讲,沉积盆地古地理的重建需要大量的图件编制,通常砂分散体系图、沉积剖面图和沉积体系域图是必须的三大类图件。这些编图工作对于正确理解盆地的沉积充填演化史以及准确预测有益矿产资源具有十分重要的意义。

不同的地层对比思路和对沉积体成因的理解,将直接影响到地层格架的构建——地层单元空间配置形式。图8-28显示的是不同沉积模式指导下的地层格架型式。显然,不同沉积模式指导下的地层格架型式迥然不同,等时地层格架的建立是否正确直接影响着砂体对比的准确性,从而制约进一步的勘探部署和矿产资源的有效预测。美国路易斯安那州Claiborne Parish地区Oaks油田具有与图8-28相似的地层结构,只不过是属于一套碳酸盐岩沉积。构成Oaks油田的储层产出于高水位期的沉积体系域中,油气储层表现为三个独立的平行海岸线进积叠置的透镜状鲕粒灰岩,图8-29展示了其地层结构和油气储层的空间配置规律。

三、砂分散体系图

砂分散体系图能够反映沉积体系或沉积体系域中骨架沉积物的空间分布与几何形态(图8-30)。实际工作中通常编制两种图件:砂体厚度等值线图和含砂率图。其中砂体厚度等值线图用来反映同一地点或不同地点若干成因不同或成因相同砂体的总体几何形态和累计厚度的分布趋势。与砂体厚度等值线图相比,含砂率图由于消除了地层厚度(一般代表差异沉降幅度)的影响,因此,能更好地反映沉积物的补给来源、搬运方向以及古流体系的特

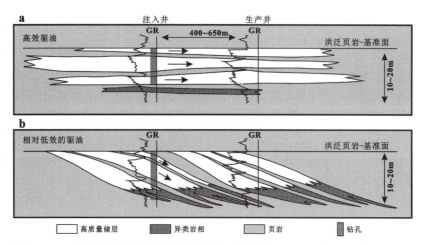

图 8-28 不同沉积模式指导下的地层格架型式（据 Ainsworth 等, 1999）
a. 岩石地层对比；b. 年代地层对比

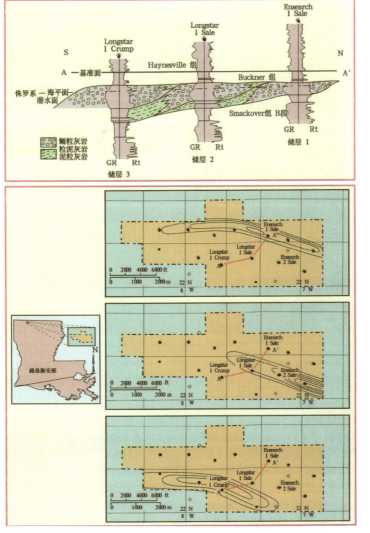

图 8-29 美国 Oaks 油田鲕粒灰岩储层的地层结构和空间配置关系（据 Moore, 2001）

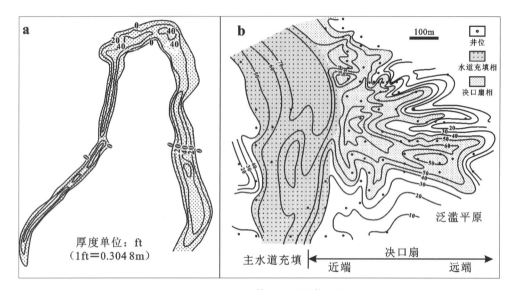

图 8-30 河流沉积体系砂分散体系特征
a. 美国俄克拉荷马州石炭系 Red For 河道充填砂体等厚线图（据 Lyons 和 Dobrin,1971）；
b. 河道和决口扇充填砂体等厚线与环境解释图（据 Galloway,1981）

点，能够用来分析判断研究层段沉积时的宏观沉积环境。

编制砂分散体系图应综合利用地表露头资料、古水流资料、钻井资料和反射地震剖面资料。要求编图区域内有足够的数据点，且分布基本均匀。编制这类图件的前提条件是依靠标志层对研究区内的砂体进行正确的对比，要确保每个点的数据来自于同一个编图地层单位。即在等时地层格架内，系统统计每个资料点的砂体累计厚度，并利用砂体累计厚度和地层厚度的比值计算含砂率。在统计砂岩厚度时，砂岩的粒度视研究区的具体情况而定，可以包含细砂岩、中砂岩、粗砂岩、含砾砂岩和砾岩等，应以最清晰地圈定砂体形态为目的。数据统计好之后即可选取适当的等值线间距，在沉积模式的指导下编制砂分散体系图。

条带状展布的砂体通常是河流沉积体系的标志（图 8-30a）。在河流体系的局部位置，主河道充填体向外伸出的指状（扇状）砂体则可以被解释为决口扇砂体，图 8-30b 就是一个砂体图的实例，展示了墨西哥湾新生代河流沉积地层中的一个主河道充填体及一个决口扇充填体（Galloway,1981）。

Meckel 等（2001）提供了一个美国沃斯堡盆地石炭系 Bend-Grant 砂层和 Davis 砂层的砂分散体系典型实例（图 8-31），并主要依据砂岩厚度分布规律等信息恢复了盆地演化过程中的岩相古地理。

四、沉积剖面图

沉积体系的横向追踪对比和表征一般是通过编制沉积剖面图来实现的，主要借以反映沉积体（如砂体）的几何形态及其与围岩的空间配置关系（图 8-31a、图 8-32、图 8-33）。剖面线位置的选择一般考虑两个方向：垂直古水流方向和平行古水流方向。因而，只有在砂分散体系图编出之后，而且明确了沉积体系的基本展布规律后，剖面图的位置才能最终确定。

编制剖面图时，基准线的选择非常重要，通常有三种选择。

第一，以砂体上覆标志层为基准线。

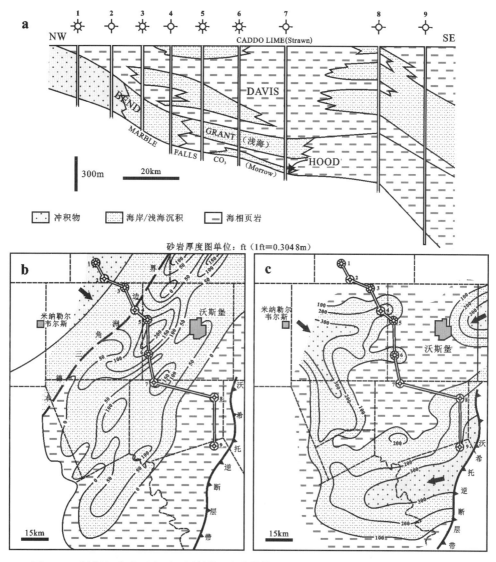

图 8-31 沃斯堡盆地石炭系地层结构、砂分散体系和岩相分布图（据 Meckel 等，2001）
a. 沉积剖面；b. Bend 砂层和 Grant 砂层的岩相分布图；c. Davis 砂层岩相分布图

第二，以砂质沉积物的表面为基准线。

第三，以砂体下伏标志层为基准线（图 8-34）。

差异压实作用在一定程度上可以影响砂体原始的沉积形态，这时对与砂体同生的标志层的识别和对比显得非常重要，可以利用同生标志层的形态判别砂体的形态。

五、沉积体系域图

沉积体系域图的编制一般分三个步骤。

第一，确定研究区骨架砂体的基本形态。砂分散体系图和沉积剖面图的编制是沉积体系域重建最为重要的基础部分，我们通常利用砂体图中厚砂体分布带或高含砂率带来解译沉积体系中（复合）骨架砂体的空间位置，相反的区域（即薄砂体分布带或低含砂率带）则是泥质沉积物分布区域。

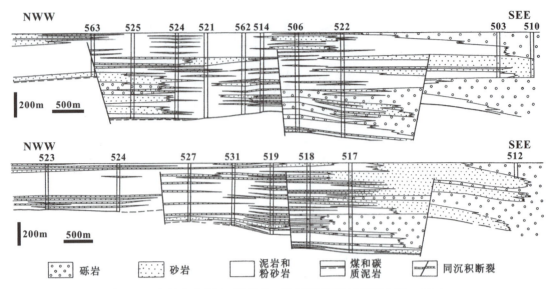

图 8-32　阜新盆地东梁区沙海组 4 段沉积断面图（据夏文臣，1988）

注：断面 SEE 侧为粗碎屑扇三角洲沉积，其远端过渡为浊流及深湖泥岩沉积。

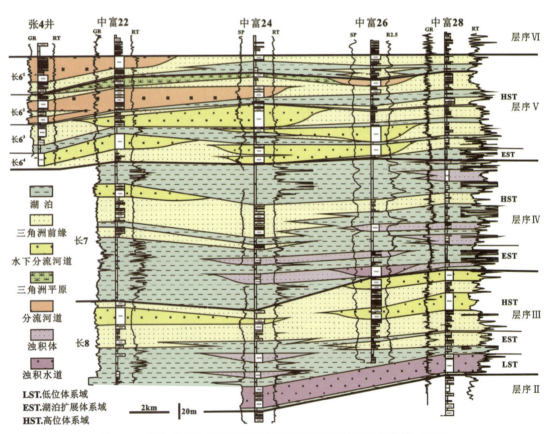

图 8-33　鄂尔多斯盆地富县地区延长组沉积剖面（据焦养泉等，2003）

第二，需要了解骨架砂体的成因及其空间上的成因演化，以便标明古沉积环境（沉积体系）。进行沉积体系分析最早应该回答的问题就是对沉积体系类型的判别，在一个沉积盆地中，沉积体系的类型可以横向或纵向演变，所以对同一张砂体图中不同位置骨架砂体的成因解释可能是不同的,它们在上游可能是河流的,但到下游可以演化为三角洲。同样的道理,对不同位置泥质沉积物成因环境的标注也不同。

第三,需要用形象的图例符号表示不同的沉积环境(图8-35)。

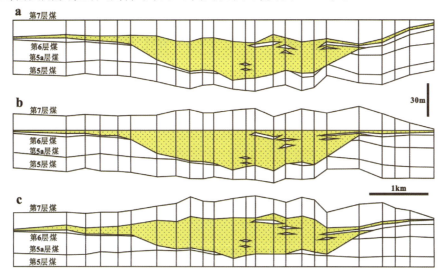

图 8-34　美国伊利诺斯州石炭系 Anvil Rock 砂体对比及沉积剖面图(据 Pettijohn,1972)

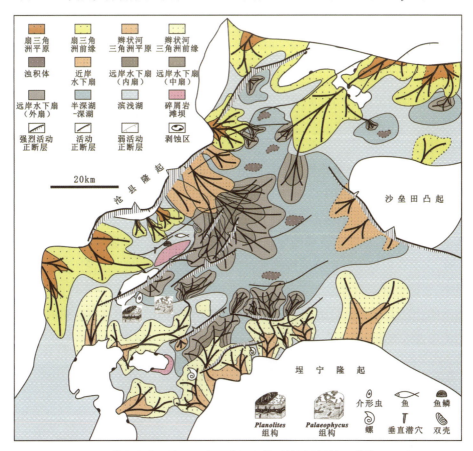

图 8-35　渤海湾盆地歧口凹陷 Es_3^2 沉积体系域图(据吴立群等,2010)

注:该图分别展示了扇三角洲、辫状河三角洲、浊积体、近岸水下扇、远岸水下扇、湖泊和碎屑滩坝7种沉积体系及其成因相组合的空间配置关系。

第九章　古水流分析

古水流方向分析,简称古流分析(paleocurrent analysis),是研究含煤岩系沉积体系的重要内容和有效方法之一,这是因为古水流与含煤岩系的形成发育关系密切。古流分析最早是在 19 世纪由 Sorby 提出的,但直到 20 世纪 50 年代,Mckee 和 Wein(1953)、Pettijohn(1957)和 Allen(1963)等开始对底形的水力学进行深入研究时,古流分析才成为盆地分析的常规手段。近年来,在沉积体系域重建和沉积矿产的研究中,古流分析已愈来愈引起人们的重视,成为古环境分析和资源预测的一个不可缺少的部分。

古流分析的研究目的是识别、描述和解释过去的水流形式,从中获取河流、沿岸流等流动方向的信息。Pettijohn 等(1972)指出,古流方向的确定,①有助于确定砂体的延伸方向;②概略地反映盆地中的古水流体系,有助于更好地了解盆地古地貌坡向和沉积充填的布局;③有助于分析盆地边缘和物源区位置;④有助于判断古岸线的方向。

古流方向可以通过对原生的流动构造的测量和制图而重塑。沉积物(岩)中被记录下来的指向构造和组构以及非定向标志等是古流研究的重要标志。但若要准确地判定古流方向,必须通过多种技术手段,进行大量的野外直观测量和室内对各种具备古流信息资料的统计编图才能获得,否则古流方向的确定将不可避免地具有片面性,因为这些标志所显示的古流方向都具有较大的分散度(汪正江,2000)。现在看来,古水流还是联系盆地沉积体系与造山带物源区的纽带,它不仅能为阐明沉积体系的分布规律提供帮助,而且也能为造山带物源区的研究提供必要的信息,所以物源与古水流研究应当引起人们的重视。

第一节　指向构造和组构与古流方向

在沉积物（岩）中，凡是能直接用来分析、测定古流方向的原生沉积构造都可以称为指向构造（directional structure）。当然，这些指向构造的规模、级别、重要性和可靠程度都不尽相同。Pettijohn 等（1972）认为，一种指向构造若要有实用价值，就必须是容易测量而又是分布广泛的，还必须是与主要水流有关。他们将常用的指向构造归纳为表 9-1，并指出，绝大多数古流图件是根据交错层理（图 9-1）和底面印痕（槽模和沟模）来绘制的，而波浪和水流线理则是次要的，只能作为辅助标志。

在沉积物（岩）中，各种组分以及组分之间的边界在空间上的有序排列也具有指示古水流的意义，这就是第五章第四节曾经阐述过的沉积物的组构（fabric）。因此，本节将从指向构造、指向组构和沉积体形态结构三个方面阐述其与古水流的关系。

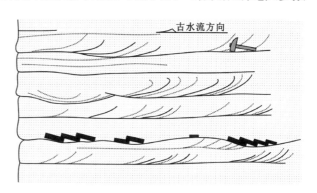

图 9-1　交错层理和叠瓦状构造对古水流的指示意义
（据 Selley，2000）

表 9-1　常见的指向构造的测量和产状（据 Pettijohn，1972）

构造	测量	产状
交错层理	槽的轴和前积纹层的最大倾角方向为水流方向，每层均需读数，是运用最广泛的指向构造	存在于几乎所有的拖拽搬运的砂岩和除浊流砂岩之外的所有砂岩中，层厚超过 30cm，极少单独存在
槽模与沟模	纵长方向平行于水流。槽模的钝端指向水流，每层均需测量走向，是运用最普遍的第二种构造	仅在浊流砂岩中丰富，但也存在于除风成之外的所有砂岩中
波痕	不对称波痕的陡坡指向水流方向，对称波痕的脊的走向与岸线平行	到处都可发现，但在近岸地带可能最丰富，并且类型最多
水流线理（裂线理）	水流线理的走向平行于水流，需要测定每一组的走向	在所有环境中均有存在，但由于产出不多，所以很少进行系统测量

一、指向构造与古流方向

1. 层理

在不同的沉积环境和水动力条件下，会形成不同类型的层理，有些层理能够用来分析、测定古水流的方向。如：

（1）板状交错层理。流水成因形成的层内沉积构造，在野外不是很常见，前积纹层的最大倾斜方向代表古流方向（图 9-2）。

（2）槽状交错层理。一种较为常见的交错层理，在地层水平的前提下，槽状交错层理的前积纹层向下游倾斜，但由于其纹层具有曲面性质，每个点的倾向都不相同，所以度量槽状交

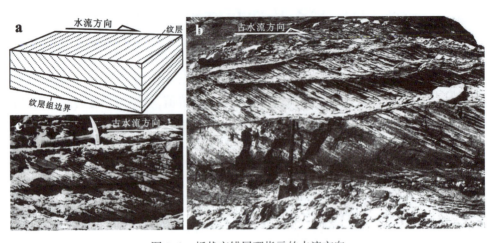

图 9-2 板状交错层理指示的水流方向

a. 板状交错层理指示古水流的示意性模式；b. 板状交错层理；c. 利比亚南部 Jebel Gehennah 奥陶纪 Cambro 组河道砂岩板状交错层理（据 Selley，2000）

错层理纹层的倾向并不能给出古水流的准确方向（图 9-3a）。

槽状交错层理能准确指示古水流的要素是其槽轴的倾伏向，所以在野外正确判别槽轴非常关键。槽状交错层理的槽轴是指在地层水平状态下，下凹的曲面纹层曲率最大的点（最低点）的连线，槽的轴和前积纹层的最大倾角的方向（即真倾斜方向）代表古水流方向（图 9-3b、c、d 和 e）。

（3）羽状交错层理。一般是潮汐等双向水流作用的产物，前积纹层面倾向代表了水流方向，但通常伴有两组方向，一组代表了主潮流，而另一组代表了次潮流。古水流方向总体垂直岸线走向（图 9-4）。

（4）冲刷充填构造。该构造与槽状交错层理所具有的古水流意义及测量原理相一致。

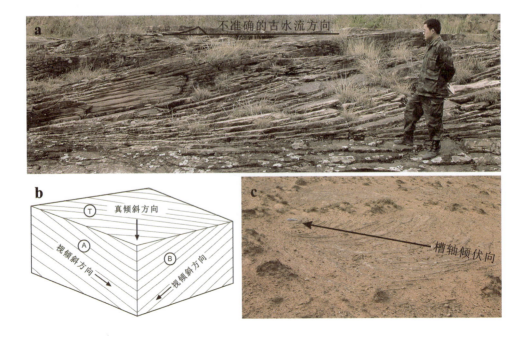

图 9-3 槽状交错层理指示的水流方向

a. 在近乎平行古水流的剖面上,槽状交错层理的前积纹层倾向并不能给出古水流的准确方向,除非完全平行,鄂尔多斯盆地东部延长组大型砂体(焦养泉摄,1995);b. 槽状交错层理指示古水流方向的示意性模式,槽轴的真倾斜方向指示了古水流方向(据 Nichols,2009);c 和 d. 在平面上,出露完好的槽状交错层理前积纹层结构,有助于快速判别槽轴的倾伏向,它指示了准确的古水流方向,鄂尔多斯盆地西部延长组(焦养泉摄,2003);e. 在平面上,相邻的两个同时发育的槽状交错层理纹层组边界也基本上平行于槽轴倾伏向,可以代表古水流方向,鄂尔多斯盆地东部延长组砂体(焦养泉摄,2003)

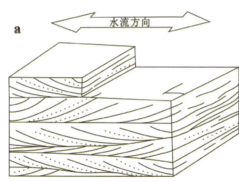

图 9-4 羽状交错层理指示的水流方向

a. 古水流的示意模式(据 Selley,2000);b. 塔里木盆地西缘志留系潮坪沉积(焦养泉摄,2007)

在含煤岩系中,冲刷作用导致的无煤带延伸方向平行于古水流方向。

此外,冲刷冲洗交错层理、楔状层理、逆转变形层理、攀升层理等也可以指示古水流方向(陈妍等,2008)。

2. 层面构造

在沉积物(岩)层面上的波痕、冲洗痕、水流线理(剥离线理)等,底层面上的冲刷或流痕(槽模)、工具模(沟模)等,均属于指向构造。

(1)波痕。是反映古水流方向的最常见、最明显的层面构造。对于不对称波痕,水流方向垂直波脊的走向,波痕陡倾面的倾向方向指示水流方向。对称波痕代表双向水流,水流方向垂直于波脊走向(图 9-5)。

(2)水流线理(剥离线理)。水流线理平行古水流方向,但是并不能确切知道古水流的流向(图 9-6)。此时,需要借助上覆和下伏地层中的指向构造,如槽状交错层理槽轴倾伏向,判别水流线理走向的哪一端指向古水流方向。相反,当不能确切地判别槽状交错层理的槽轴

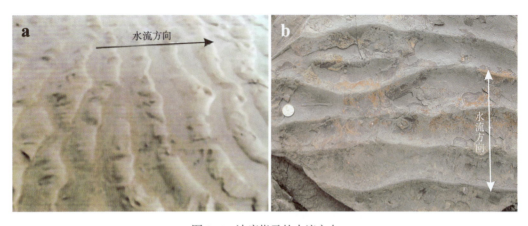

图 9-5 波痕指示的水流方向

a. 不对称波痕,连云港(据舒良树,2010);b. 对称波痕,鄂尔多斯盆地东部延长组(焦养泉摄,2003)

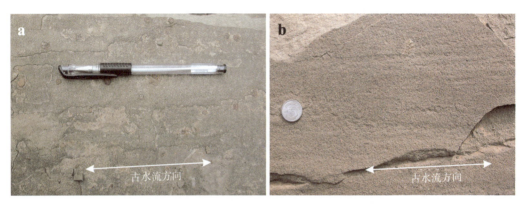

图 9-6 水流线理指示的古水流方向

a. 鄂尔多斯盆地东部延长组(焦养泉摄,2003);b. 鄂尔多斯盆地西部直罗组(焦养泉摄,2006)

倾伏向时,也可以借助于水流线理的产状来判别。

水流线理形成于高流态条件下,这种水流状态比形成大型槽状交错层理的能量还要高,其指向意义可能优于槽状交错层理。

(3)槽模。发育于砂岩的底层面上。当底层面朝上时,反映为一系列规则但不连续的舌状凸起,一般在凸起一端稍高,另一端变宽变平,逐渐并入底面中,纵长方向平行于古水流方向,钝端指向古水流方向(图 6-7,图 9-7)。

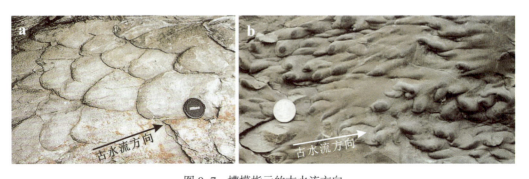

图 9-7 槽模指示的古水流方向

a. 阿尔伯达前寒武系 Miette 群(据 Catuneanu,2006);b. 准噶尔盆地南缘上古生界(焦养泉摄,1997)

（4）沟模。在平面上，沟模的形态为纵长很直的微微凸起的脊和下凹的槽，常和槽模伴生出现，其延伸方向也平行于古水流方向，但大多数沟模不能具体指出哪个方向是水流方向（图6-5）。与水流线理一样，需要借助相邻层位的指向构造加以判别。

（5）戳痕、跳跃痕和冲刷痕。能保留下来的比较少，是介质中的载荷在砂床表面滚动或间歇撞击形成的。戳痕的一端比较钝并且陡而宽，另一端为低而尖并逐渐消失的短小脊状体，较钝端方向代表古水流的方向。跳跃痕一般表现为两端尖平的短小脊状体，单个跳跃痕不容易确定古水流方向，但成组出现的复合跳跃痕在一定程度上可以反映古水流的方向（图9-8）。冲刷痕的形态及成因与跳跃痕类似，其区别在于冲刷痕呈微新月形，新月形端指向下游方向。

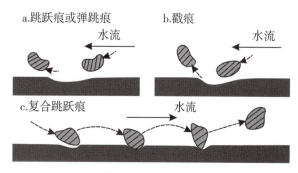

图9-8　工具模的纵剖面对古水流的指示意义
（据Collinson和Thompson，1982）

（6）障碍痕。障碍痕也具有指示水流方向的作用（图6-6，图9-9a）。

（7）流痕。流痕是在水位降低，沉积物即将露出水面时，薄水层汇集在沉积物表面上流动时形成的侵蚀痕。在海滩上，流痕的形成主要与海水的回流作用有关。常见形成穗状、树枝状、齿状等形态（图9-9b），不难看出流痕有时只代表局部的水流方向。

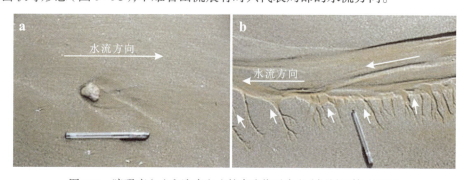

图9-9　障碍痕（a）和流痕（b）的水流指示意义（据刘晖等，2007）

3. 斜坡区的滑塌构造

当沉积物快速地堆积于不稳定的斜坡上时，如大型三角洲的前缘，失重将会导致滑塌，而滑塌的方向总是指向负地貌单元，所以水下滑塌构造的滑塌方向通常与古水流方向一致（图6-26a，图9-10）。

图9-10　鄂尔多斯盆地东部延长组砂岩中的水下滑塌构造与古水流的意义（焦养泉摄，2003）

二、指向组构与古流方向

1. 砾石组构

由牵引流或重力流搬运的碎屑物往往可以形成一些定向的、可测量的组构（Miall，1991）。

砾石组构在一定情况下可以反映古水流的方向（图5-15a）。对于极为常见的叠瓦状排列的砾石而言，古流方向与叠瓦面的方向相反（图9-11）。对于定向排列的长条状或扁平状砾石，在不同的沉积环境下对古流方向的指示意义可能完全相反。在具有河道的各种沉积环境中，砾石的长轴方向代表古水流的方向，而在海或湖的滨岸带环境中，砾石的长轴方向与古水流方向垂直。圆形或近圆形的砾石对古流方向的指示意义不明显。

图9-11 辫状河道中砾石组构对古水流的指示意义
a. 贺兰山延长组底部定向排列的砾石（焦养泉摄，2006）；b和c. 贺兰山延长组底部叠瓦状排列的砾石（焦养泉摄，2006）；d. 巴音戈壁盆地白垩系砂岩中叠瓦状排列的砾石（焦养泉摄，2011）

在河道沉积物中，砂金等重矿物在牵引流作用和重力分异作用下，通常沿河道水流的深泓线富集成矿，这是一种特殊意义的沉积组构，因此平面上砂金矿体的走向就代表了古流方向，例如南非Witwatersrand盆地的金矿床就具有如此特征。

2. 生物化石的定向排列

生物化石的排列也具有指向意义，但是不容易保存（陈钟惠，1984）。长条状的生物化石在流水的作用下能发生定向排列，趋向于呈现一种层面上的优势方位。例如箭石类的鞘、原始头足类、竹节石、植物茎杆等可以作为测量古水流方向的研究对象（图9-12）。

通常在含煤岩系中可见到不等数量的硅化、钙化或炭化的植物树杆，树杆的排列方向大都平行于古水流方向（图9-13a、b和c）。如果原地生长的植物遭到后期的洪泛事件的影响（有时甚至是决口事件），但是洪泛事件并没有足够的

图9-12 德国Biken石炭统直锥头足类化石的方位指示古水流方向
（据Seilacher，1960）

能量将其躯干摧毁,而仅仅是折断并搬运走了树冠,这时就可以依据树杆的弯曲倾斜方向以及树杆前后沉积物的纹层结构判断洪泛水流的方向(图 9-13d)。

图 9-13　定向排列的钙化木与古水流关系

a、b 和 c. 鄂尔多斯盆地东北部直罗组砂体中以滞留沉积物形式出现的定向排列钙化木(焦养泉摄,2004);d. 鄂尔多斯盆地东北部延安组决口河道砂体中未被冲倒的炭化植物茎杆
(焦养泉摄,2010)

在某些情况下,生物化石组构却不是顺着水流方向的,一种常见的水流标志"木炭线理"——由炭化植物碎屑的平行排列所显示的线理,正常的方位可能是平行于水流方向,但和某些长条状砂粒和许多纵长形化石的情况一样,其排列可能受波状底形的控制,从而使其延长方向变得平行波谷(Pettijohn,1975)。因而在使用这方面资料时要持谨慎态度,需要大量的测量然后取其优选方向,或与其他指向信息一道综合分析(陈钟惠,1984)。

三、沉积体形态结构与古流方向

一些沉积体的外部形态和内部结构具有指示古水流的意义,诸如河道、决口扇、吉尔伯特型三角洲等。

在野外露头上,常常可以见到不同规模的各种成因的河道沉积物,这些沉积剖面如果垂直于或者近似垂直于河道走向,则河道沉积物剖面形态应近似于透镜状。所以,根据这一点就可以大体判断河道走向,再结合槽状交错层理的槽轴倾伏向等标志判别古水流方向(图 9-14a、b 和 c)。

经典的研究表明,位于河道旁侧的决口扇所具有的特征外部几何形态和内部结构也具有指示古水流的意义,这里的古水流仅指决口古水流。在平面上,决口扇的形态为扇状,而剖面上为楔状。其一侧源于河道,而另一侧尖灭于细粒沉积物中(泛滥盆地或者分流间湾等)。具有古水流意义的是其剖面形态和结构,楔状形态的末端方向指示了决口水流分散的方向。当决口事件具有持续性时,决口扇的周期性前积结构也指示了决口水流的方向(图9-14d)。

图9-14 河道和决口扇形态的古水流指示意义

a. 滨岸带河道指示古水流方向的示意性模式(据Selley,2000);b. 巴音戈壁盆地白垩系砾质辫状河道沉积剖面(焦养泉摄,2011);c. 鄂尔多斯盆地东部延长组大型三角洲沉积剖面(焦养泉摄,2003);d. 鄂尔多斯盆地东部延安组湖泊三角洲平原决口扇砂体沉积剖面(据焦养泉等,1995)

在鄂尔多斯盆地东部,一个典型的实例被记录于延长组大型三角洲的野外露头沉积剖面上(图9-15)。分流河道砂体内部发育的槽状交错层理指示其古水流方向近似垂直于露头

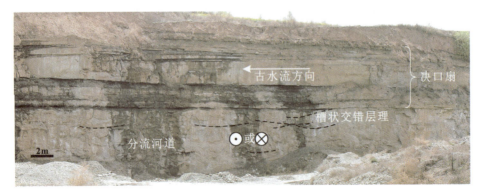

图9-15 鄂尔多斯盆地东部延长组大型三角洲平原上分流河道与决口扇古水流近乎垂直(焦养泉摄,2011)

注:注意分流河道砂体中的槽状交错层理产状与上覆决口扇砂体前积结构的产状。

剖面。而当分流河道废弃后，位于上覆的决口扇砂体所具有的持续向左的前积结构，说明决口时期的古水流方向自右向左。由此可见，分流河道发育时期的古水流方向与其后发育的决口扇古水流方向通常不一致，两者近乎垂直（图9-15）。

吉尔伯特型三角洲的前积结构方向通常指向于蓄水盆地的方向，因此也是非常有用的测量古水流的标志（图9-16）。另外，一些大型的风成沙丘沉积体单元具有指示古风向的作用。

图9-16　鄂尔多斯盆地东北部吉尔伯特型三角洲前积结构所指示的古水流方向意义
a 和 b. 富县组石英砂岩沉积（据焦养泉等，1995；焦养泉摄，2001）；c. 第四系沉积（焦养泉摄，2003）

第二节　非定向标志与古流方向

除了上述指向构造、指向组构和沉积体形态结构可直接作为定向标志外，还有一些非定向性的间接标志可确定水流方向。在利用非定向指标分析古水流方向时，不能像指向构造那样在单一露头上观察测量，而需要对大量资料进行分析统计后才能得出有关古水流方向的正确结论。而且，在钻孔中或在无定向标志的情况下，非定向指标是唯一可利用标志。

重力分异作用、成分成熟度和结构成熟度等是非定向标志进行古水流方向判别的沉积学原理和基本定律。分析应用中，应重点关注砂分散体系特征、沉积物粒径分布规律、重矿物分布规律,以及沉积物的成分和结构等标志,它们通常是物源区地质条件、风化程度、搬运距离等信息的综合反映。

1. 砂分散体系分析

源于蚀源区的沉积物,通常是通过水系的搬运并在重力的控制下堆积于盆地。因此,由粗碎屑沉积物构成的沉积体系的骨架(可以用砂体厚度及含砂率等参数表征),即砂分散体系,就会依沉积作用类型和古地貌形态而表现出不同的形态。在一个足够大的沉积盆地中,具有古水流指示意义的是对应于某个物源通道而形成的粗碎屑沉积物朵体,如三角洲朵体或冲积扇朵体等。通常情况下,靠近物源区砂体厚度大、含砂率高,而靠近盆地腹地砂体厚度减薄、含砂率降低,这其中便具有古水流方向的含义;而在有限的局部区域,例如沉积体系中的河道砂体就具有带状分布规律,决口扇砂体通常为扇状,它们所具有的古水流性质可能有区别。总之,砂分散体系的形态具有指示古水流方向的意义(图9-17)。

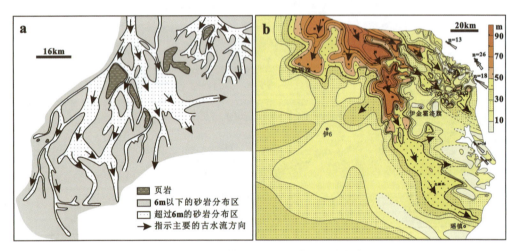

图9-17 砂分散体系所具有的古水流方向意义
a. 美国俄克拉荷马州东部大西米诺尔区布奇砂岩厚度指示古水流方向(据Bush等,1961修改);
b. 鄂尔多斯盆地北部直罗组底部的砂分散体系,反映了源于阴山物源NW-SE展布的大型沉积朵体(据焦养泉等,2012)

2. 粒径趋势分析

在各种非定向性的标志中,最重要的也许应该是碎屑颗粒的粒度变化了。早在19世纪,Sorby就注意到沉积物的分散与重力分异有关,河流砾石的粒度随着搬运距离的增大而减小的事实。对于单向水流而言,随着搬运距离的增加,水动力逐渐减弱,沉积物呈现出一定的分选性,搬运距离越远沉积物的粒径越小,因此,粒径减小的方向大体反映出古水流的方向。

3. 重矿物分析

沉积物(岩)中的重矿物是指存在于陆源碎屑岩中的一些密度大、含量少的透明和非透明矿物,它们主要集中在细砂岩和粉砂岩中。根据重矿物的稳定性,可以将其划分为稳定的和不稳定的矿物,前者抗风化能力强,分布较为广泛。一般而言,离母岩越远,稳定的重矿物相对含量增高,反之降低。同时,在沉积物的搬运和沉积过程中,矿物成分、含量及元素组合等在空间上会有规律地变化。因此,利用重矿物的ZTR指数和稳定系数(稳定系数=稳定型相对含量/不稳定型相对含量)在区域平面上的变化,就能判断沉积物的搬运方向,从而反映出古水流的方向。

4. 成分成熟度和结构成熟度分析

通过对碎屑岩岩石成分的分析,不仅可以判断母岩性质、搬运距离和搬运时间,也可以以此来判断古水流的方向(魏斌等,2003)。一般说来,碎屑沉积物会随着搬运距离的增加,其成分成熟度和结构成熟度等指标将会沿着古水流方向逐渐变好。这是一般规律,但是以下两种条件或环境例外:①原地改造的沉积物,如滨海砂岩,不能通过其成分成熟度和结构成熟度指示其古水流方向;②泥岩,一般是静水环境下的产物,对古流方向的指示意义不明显。

第三节 物源与古水流系统

一、盆地与造山带的纽带——古水流系统

进行古水流研究,沉积学家总是想从沉积盆地的尺度了解古水流系统的全面细节,这样既可以把握宏观的古水流面貌,也可以在小区域范围内进行准确的预测和判断。但是,要了解古水流系统有时仅仅凭盆地中的沉积记录是不够的,完整的古水流系统还应包含蚀源区的水系流域部分。实际上,在一个沉积盆地中,物源口的位置及其物源区的地形控制着大型沉积朵体的具体分布空间和发育规模。

众所周知,物源口位置和物源区地形地貌往往是古构造作用尤其是造山作用的结果。不仅如此,现代地理学研究还表明,一个沉积体系,如长江三角洲沉积体系,能表征其分布规模的粗碎屑沉积物分布区域往往远远小于其物源区的流域面积(长江流域面积),黄河三角洲或密西西比河三角洲沉积物分布区与其相对应的黄河流域或密西西比河流域的面积之比也同样如此(图9-18)。

因此,现在看来,古水流系统研究是连接沉积盆地与物源区造山带之间的纽带,而进行古水流系统研究应该着眼于更大区域范围内的测量和系统重建。

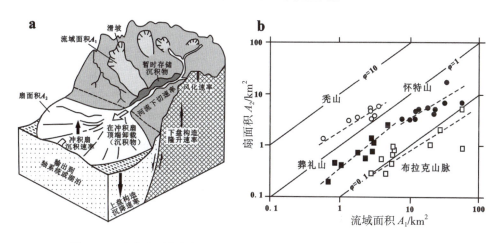

图9-18 古水流系统与物源区的关系(据 Allen P A 和 Allen J R,2005)
a.古水流沟通物源与盆地;b.扇体面积与流域面积关系图

二、沉积物、古水流与母岩——古水流系统关键要素

水流作为一种搬运介质,将沉积物不断地从蚀源区搬运至沉积盆地,所以古水流的搬运作用对于沉积盆地的充填、沉积环境以及盆地内沉积矿产的聚集起到了重要作用。

对于沉积盆地充填能力的评估,既要考虑物源区碎屑物质的供给能力(很大程度取决于风化作用),也要考虑古水流携带碎屑物质的能力。就像密西西比河这样的物源充足、流域面积广阔的河流体系而言,其最终沉积地——密西西比河三角洲的沉积量却显得很小。广阔的流域面积与有限的沉积体之间似乎具有巨大的反差(图9-19)。这提醒我们,在进行古水流研究时,既要重视对最终沉积地(如滨岸三角洲)古水流信息的挖掘,也要重视对上游暂时性过渡沉积地(如河流或冲积扇)古水流信息的挖掘。当具备一定的条件时,如具备大范围的人工反射地震的勘查资料时,还要注意对山间河谷地貌的识别,因为在构造格局没有发生重大改变的地史时期有些大型水系具有较好的继承性。

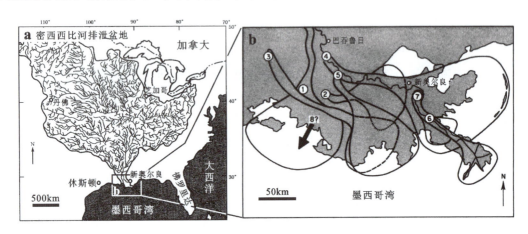

图9-19 密西西比河和密西西比河三角洲流域图

a. 河流流域网络系统(据Coleman和Roberts,1991);b. 三角洲朵体迁移演化分布特征(据Selley,2000)

河流发育的地区,往往空气比较湿润,从物源区带来的营养物质对于动植物的生长和繁衍起到了积极的促进作用,在古河流的冲积平原上聚煤作用不断发生,在河流入湖(海)形成的三角洲平原上也通常发生聚煤作用,如果这些作用过程能持续和稳定,这将为形成具有工业价值的煤层奠定良好基础。

如果物源区具有富集某种元素或矿质的母岩,则水流体系将在风化作用和剥蚀作用的配合下,以溶解状或碎屑状的形式将其携带进入沉积盆地而聚集成矿。例如,砂岩型铀矿的形成,就是流水将蚀源区的含铀碎屑矿物和溶解铀(U^{6+})带入沉积盆地,再经过复杂的地球化学作用而富集成矿。从这个角度看,我们就不难理解"沉积是构造的响应"这一沉积学原理了,也就是人们能通过对沉积物的研究而揭示和恢复造山作用的过程。这是因为,沉积物本身的物质成分具有母岩区的性质,而且其沉积过程和周期受到了区域构造作用的控制,如不整合界面和有序的层序单元的形成与发育过程,它们都或多或少地记录了造山带母岩区的岩石学特征和构造作用信息。

由此可见,古水流系统的研究是连接沉积盆地和造山带之间的纽带,沉积物、水系和母岩是古水流系统研究中的三大关键要素。

第四节　古水流的测量与应用

对于古水流研究,即便是处于同一个沉积体系中,也有可能由于选取的研究尺度不同,从而获得不同的结果。如图 9-20 所示,在沉积体系的不同部位和尺度范围内,古水流方向有很大的改变,有的甚至相差近 90°。但正如前所述,我们更想知道的是大型三角洲朵体的整体水流方向,那么局部的、细节的变化就不难理解。

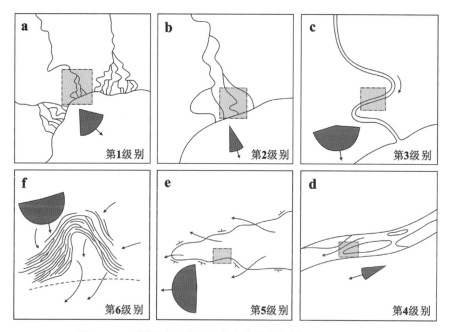

图 9-20　不同尺度和位置上古水流的变化(据 Miall,1974)

在较短的时限范围内,一些沉积体系,即便是在较小的尺度范围内,古水流方向也具有较大的变化,甚至相背。例如,在现代密西西比河三角洲平原上,主干分流河道的水流方向与决口河道水流方向的夹角可以达到 90°(图 9-21),长江中下游的曲流段也是如此(图 9-22)。

在多时段范围内,沉积体系是演化的,被记录下来的古水流系统就会被叠置起来而变的更为复杂,这更需要沉积学家在地层学研究的基础上进行细致的古水流断代分析,以阐明古水流体系的演变历史。实际上,无论是如图 9-22 所示的曲流河体系,还是密西西比河三角洲(图 9-19)或者是黄河三角洲,其拥有的不同性质的河道在自然的或人为的作用下,变迁和改道是常见的。这提示我们,在地质历史时期沉积体系的古水流可能要比我们想象的更为复杂,我们除了要力争揭示同一时期的古水流体系面貌外,还要阐明古水流体系的垂向演化特征。

沉积之后的地层可能要遭受到后期构造作用的改造,这时对古水流的准确研究就具有非常重要的意义。在造山带地区,古水流研究能够帮助人们恢复原始沉积盆地的总体面貌。例如,在现存鄂尔多斯盆地西部剥蚀边界的外侧,延长组被贺兰山的一系列断层或褶皱所破坏,但是通过对古水流的研究表明,无论是褶皱的东翼还是西翼,延长组的古水流均指向东部方向(图 9-23)。这一成果,不仅说明构造作用形成于晚三叠世之后,还告诉人们贺兰山地区在晚三叠世可能隶属于鄂尔多斯盆地。

图 9-21 密西西比河三角洲分流河道与决口扇水流
方向的空间配置关系

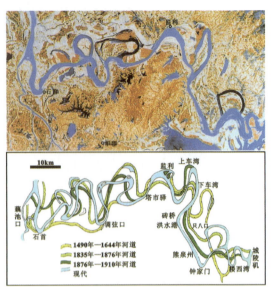

图 9-22 长江流域下荆江河道变迁图
（据林承坤和陈钦銮，1959）

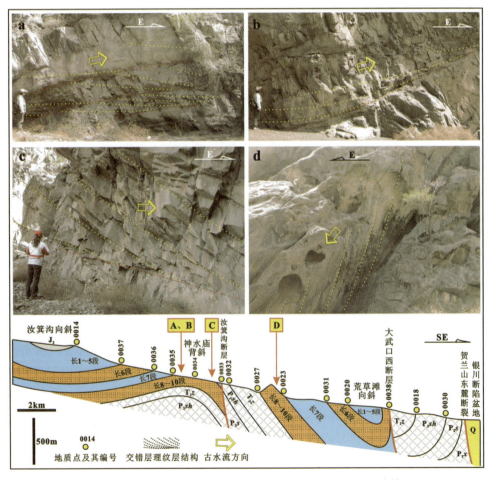

图 9-23 贺兰山汝箕沟地区延长组的构造与古水流关系（据王世虎等，2007）

一、古水流研究方法

（1）露头古水流测量。野外古水流测量强调综合的统计结果。主要原因是，在野外对古水流的测量是在不同尺度上进行的，最小的尺度可以对一个小型水流波痕纹理进行测量，最大的尺度可以观察到一个分流河道在某一区段内的流向。另外，还要尽可能多地测量具有古水流意义的不同成因标志，例如各种层理、层面构造、化石或河道走向等。如果在一个地区测量了足够多的数据，那么从统计学的角度来看，其优势方向就代表了测量区的总体古水流方向。

在具有构造起伏的地区测量古水流，还需要运用吴氏网进行产状校正，再通过编制古流玫瑰花图来展示古水流研究成果，这一点至关重要。

（2）综合编图和岩矿测试分析。通过编制砂体等厚图（图9-17）或者通过重矿物以及孢粉含量研究等来恢复区域古水流方向。

（3）地层倾角测井及成像测井。在覆盖区对岩芯不能准确定位的情况下，借助地层倾角测井判断古流方向是一种比较准确和常用的方法。层理构造和沉积体结构在地层倾角测井矢量图上有较明显的显示（图8-10，图8-11）；常见的沉积构造在地层微电阻率成像测井图像上也有不同程度的显示（钟广法和马在田，2001）。

（4）地震终端反射结构。人工地震的内部终端反射结构具有指示古水流的意义。但是，能够显示出的诸如三角洲的前积结构，往往要比我们想象的规模大得多，它们通常是大型的沉积复合体，这主要取决于地震方法的分辨率。

（5）沉积物磁化率各向异性。沉积物的原生沉积组构控制着其内部磁化率的各向异性，通过磁化率各向异性的研究可以恢复与原生组构相关的古水流方向（范代读等，2000）。

二、古水流和物源研究的应用

（1）确定物源区的位置。物源区通常位于大型水系的上游方向。然而，在海相沉积中水流可能是沿岸流，因此物源是不确定的。但是，一个广泛一致的水流式样很难由幻想中的沿岸流造成，因此其上游方向也就必然是物源方向。在冲积沉积物中，从理论上讲可以只利用颗粒的粒度资料推导出一条接近于水流剖面的曲线（Hack，1957）。如果是这样，则沿剖面的标高、古斜坡的真实倾角以及分水岭的高度都可以计算出来，而物源地区地貌的重塑也是有可能的。

（2）确定沉积环境类型。不同环境所形成的沉积物各有其独特的古水流模式。如大陆环境的河流，其古水流均为单模态的。三角洲体系中古水流一般也呈单模态，并在区域上呈辐射状。潮坪沉积常具有由涨、落潮形成的双模态水流方向。据此可以大致判断沉积环境类型。

（3）确定古岸线位置和海陆分布格局。海岸线平行于沉积走向和古斜坡走向，并且垂直于古水流线。所以，应用诸如斜坡扇和盆底扇上浊积水道、海底峡谷走向等所具有的古水流信息，还有诸如台地边缘高能带生物礁体的走向等信息，均可以判别古岸线位置和海陆分布格局。

（4）在勘探和采矿时指导预测冲刷带的位置和延伸方向。古流分析不仅有助于了解盆地的古坡向和沉积充填的格局，更为有效的是可以指导预测冲刷带的位置和延伸方向。沉积盆地中的下切谷往往能形成大规模的冲刷带，一些与沉积倾向有关的矿床便沿河道分布（如某些金矿床和铀矿床），这为勘查和采矿提供了依据。然而，冲刷作用对另外一些矿床（如煤层）的大型工业化开采通常却是致命的，因此也需要精确勘查控制。

第四篇
聚煤作用与制约机理

泥炭沼泽是成煤的原始物质,人们依据不同的标准将泥炭沼泽划分为不同的种类,其目的在于了解由于环境参数的改变而造成的泥炭品质的变化,而这些变化恰恰制约了煤层的煤岩类型和煤质。研究发现,泥炭的堆积速度主要取决于沼泽的发育状况与泥炭的保存条件,其堆积方式具有原地和异地之分。通常情况下,从泥炭到煤层其厚度缩减率是惊人的。一般认为,控制和影响泥炭沼泽时空分布,特别是影响可采煤层聚集的沉积因素主要有植物群落、气候、地形地貌、水文条件和沉积作用过程等,这些将成为总结聚煤规律的关键要素。

第十章 泥炭形成与堆积机理

> 煤是由古代植物经过复杂的生物化学作用、物理化学作用和地球化学作用转变而成的固体有机可燃矿产。因此,研究煤必然要了解泥炭沼泽类型、植物遗体堆积方式及其关键的形成与保存条件,尤其是要注意那些影响可采煤层形成的基本地质因素。

第一节 泥炭沼泽类型

植物遗体不是在任何情况下都能顺利地以原地生成方式堆积并转变为泥炭的,而是需要一定的条件。首先是要有大量植物的持续繁殖,其次是堆积的植物遗体不致全部被氧化分解,能够保存下来并转变为泥炭。具备这些条件的场所就是沼泽(图 10-1)。关于泥炭沼泽人们具有不同的划分方案,主要的划分依据有植物种类、水体介质盐度、沼泽水体补给来源或者潜水面高低,所以草沼泽、树沼泽,淡水、微咸水或咸水沼泽,低伏沼泽、凸起沼泽和漂浮沼泽等,就成为了解泥炭沼泽特征的主要研究对象。

图 10-1 现代泥炭沼泽(a 和 b)和河漫滩沼泽(c)

草沼泽（marsh，或译为草本沼泽）中不生长树木，所形成的泥炭不含木质物质。树沼泽（swamp，或译为木本沼泽）含不同数量的木本植物，特别是在森林沼泽中，更是大树密布。有些沉积学文献中草、树沼泽不分，统称为沼泽（swamp）（图10-1）。

一、淡水、微咸水和咸水沼泽

淡水沼泽广泛分布于内陆地区，其成因或是由于湖泊等水体逐渐淤浅而沼泽化，或是由于洼地过分湿润而沼泽化。图10-2为德国西北部一个淡水沼泽的实例。这个地区原是冰川起因的湖泊，后来因植物生长堆积淤浅而沼泽化，可以看到湖心的有机质淤泥向湖滨逐渐过渡为细碎

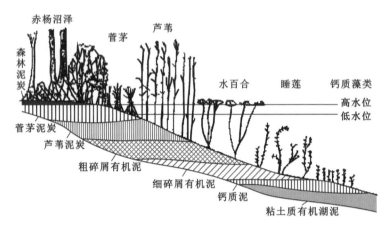

图10-2 植物生长充填着的湖泊和由不同类型有机质淤泥及泥炭形成的剖面（据Overbeck，1950）

屑的淤泥、芦苇泥炭，最后被森林泥炭所充填，形成缓慢而连续过渡的剖面。

图10-3是由腐泥湖泊演化成为泥炭沼泽的示意图。在第一阶段，湖泊中心发育了藻类浮游生物等，它们死亡后落入湖底，形成腐泥层。沿岸的沼泽开始由湖岸向湖心推进，植物中死亡的部分构成了泥炭沉积。在第二阶段，泥炭已开始大量形成。在第三阶段，介于腐泥和泥炭之间的水层减少到二者相互接触的程度，随草本植物之后，木本植物也开始由岸边向中心推进。到第四阶段，在原来是湖泊的地方形成了具有木本植物的凸起沼泽。

淡水沼泽也广泛分布于滨海地带，其特点是朝海方向逐渐过渡为微咸水和咸水沼泽。例如在墨西哥湾北岸的弗吉尼亚和北卡罗来纳州，滨岸沼泽宽达50km以上，由陆地向海湾方向，沼泽的含盐度有明显分带，由淡水到微咸水再到咸水，植物类型也有明显变化。

在温带地区，海岸带沼泽的分带情况如图10-4所示。最靠海一侧的是咸水草沼泽（saline marsh）这是潮汐作用能够影响到的地带，经常被潮水淹没；咸水草沼泽朝陆地方向过渡为微咸水草沼泽（brackish marsh），这里虽位于高潮线以上，但风暴期或异常高潮时仍有海水侵入，再加上地下水的咸化，沼泽水属于微咸水。不论是咸水沼泽还是

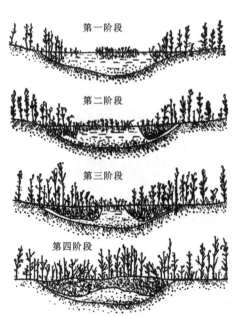

图10-3 湖泊为腐泥堆积所淤积，以及湖泊滨岸沼泽（或水生）植物丛生过程的四个阶段示意图（据 Жемчужников 等，1960）

微咸水沼泽,所生长的主要是海草(在现代海岸带主要为 *Sparina* 和 *Juncus* 等海草)。这里没有重要的泥炭聚集,所形成的通常是比较薄的泥炭,并具有高灰、高硫的特点。有时泥炭完全不发育,而只见到有草根穿插的、含铁质结核的粘土层。由微咸水草沼泽再向陆地方向,发育淡水草沼泽(fresh water marsh)。这里有相当一部分地区可能是以漂浮草沼泽泥炭为主(图 10-5),缺少含植物根的底粘土,因而在古代地层中容易被错认为是异地成因的。在另外一些地方,通常是靠近陆地方向,淡水草沼泽也可以有厚达 0.5~1m 的根土层。总体说来,淡水草沼泽带已有比较重要的泥炭堆积。由淡水草沼泽带再向陆地方向,出现稳定的树沼泽环境,这里是聚积泥炭的最重要场所。当有河流平原发育时,滨海地带的树沼泽可以和河流平原上的树沼泽连成一片,朝上倾方向延伸很远。在河口处,淡水草沼泽可显著地朝海的方向突出。

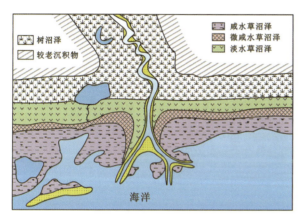

图 10-4 咸水、微咸水和淡水沼泽分带示意图
(转引自 Galloway 等,1983)

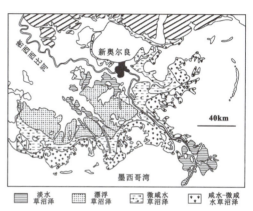

图 10-5 密西西比河三角洲平原区草沼泽的分带
(转引自 Galloway 等,1983)

在热带、亚热带地区的沿岸带,通常无草沼泽带,取代它们的是红树林沼泽,有时也有棕榈树-聂帕桐生长。红树林沼泽朝陆地方向直接过渡到淡水树沼泽。红树是一种具有鸡笼状支柱根的、高几米的树木,根部呈高跷状浅插入淤泥质土壤中(图 10-6)。涨潮时,海水可淹没到支柱根以上,只有树冠漂露在海面上,成为一片"海洋森林",退潮时支柱根部分露出水面,树根周围堆积了大量浮泥。关于红树林沼泽形成泥炭,在美国佛罗里达埃佛格雷兹沼泽有过报道(图 10-7),但这里伴生的海相沉积物是碳酸盐。在佛罗里达湾-白水湾,早期形成的红树林

图 10-6 红树丛林(据 Zoe Colocotronis,1973)

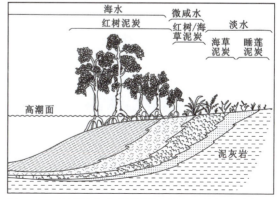

图 10-7 美国埃佛格雷兹沼泽中由于海侵造成的泥炭层序示意图(转引自 McCabe,1984)

泥炭层被海湾相介壳软泥所覆盖。对于多数碎屑海岸带，由于大量粘土质的混入，最终形成的将只是富含有机质的、具有植物根的粉砂质粘土，而不是泥炭（图10-8）。海水注入使pH值增高也促成泥炭物质的分解。Жемчужников等（1960）在描述红树林时也曾指出："这些树木以其高跷状的根浅插入淤泥中，因此，大风暴时很容易被连根拔掉。其结果，在树木之间堆积了碎屑物质。这些碎屑物质与河流带来的和海中沉积的植物残体混在一起，构成了类似于泥炭的沉积"。可以想象得到，这种"泥炭"的灰分是很高的。

综上所述，可以认为淡水、微咸水和咸水沼泽环境都是能够生成泥炭的，但真正有价值的、可称为聚煤环境的只是淡水沼泽。

还要注意到，随着岸线的推进或后退，沼泽类型是可以变化的，煤（泥炭）的特征也发生相应的变化。为了在一个煤层中鉴别这类变化是否存在，必须要有详细的煤岩学和煤化学的鉴定、分析成果。

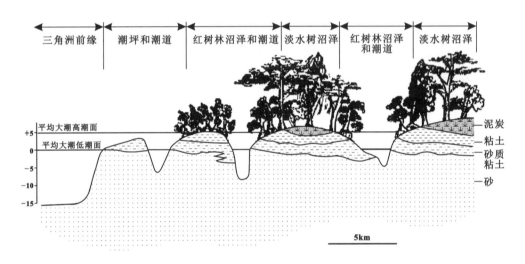

图10-8 马来西亚克兰-兰格三角洲沉积剖面示意图（据Coleman等，1970）

二、低伏沼泽、凸起沼泽和漂浮沼泽

这里要介绍的是淡水沼泽的几种基本类型，分别为低伏沼泽、凸起沼泽和漂浮沼泽，其中，低伏沼泽和凸起沼泽主要是根据沼泽水的补给来源区分的（图10-9）。

低伏（low-lying）沼泽，也称为低位沼泽，是指位于低洼处，主要靠地下水补给的沼泽。地下水位的高度几乎与沼泽表面相等，故沼泽常被水淹没或周期性地被水淹没。由于地下水带来了大量的溶解的矿物质，为植物的生长提供了丰富的养料，所以这类沼泽又称为高滋育沼泽。这种条件使得高等植物能够大量繁殖，可形成茂密森林沼泽，但在许多地表异常湿润的地方，则大量发育芦苇和水百合等植物。总体说来，植物类型分异度很高。沼泽通常是弱酸性的，pH值为4.8～6.5。由于地下水带来大量矿物质，泥炭的灰分较高。

McCabe（1984）认为，低位沼泽这个术语是不成功的，它容易使人联想到沼泽是在某种海拔（高程）上形成的，因此最好改称为低伏沼泽。这种沼泽在下伏地形之上堆积泥炭，当泥炭薄时，泥炭层表面可以反映下伏地形，但泥炭可向上建造，达到表面近于水平。

凸起（raised）沼泽，也称为高位沼泽。其主要特点是具有凸起的、不反映原先地形（下

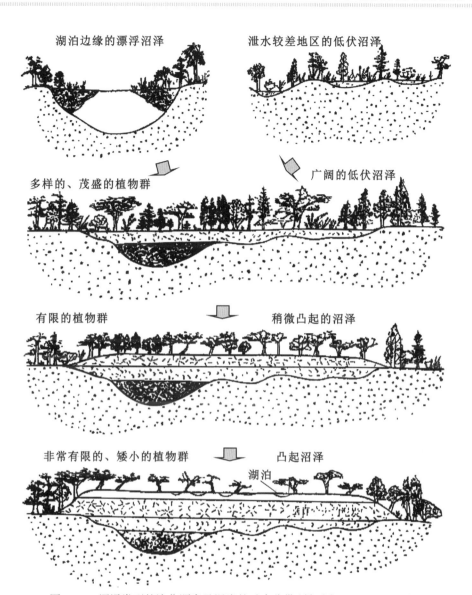

图 10-9 沼泽类型的演化顺序及泥炭的垂直分带(转引自 McCabe,1984)

伏地形)的沼泽上表面,由于沼泽表面的升高,使沼泽高于地下水位,从而失去了地下水的补给,这类沼泽靠大气降水补给,矿物养分低,又称低滋育沼泽。Anderson(1964)曾描述过马来西亚一个这样的沼泽,由边缘向中心,前 100m 沼泽表面升高了 4.2m,第二个 100m 沼泽表面升高了 0.75m,再向内 400m 沼泽表面只升高了 1.9m。因而,高位沼泽具有边缘陡,顶部平缓的特点。

在东南亚地区,凸起沼泽目前只发育在具海洋性气候、高降雨量(年降雨量达 3 000mm)、无明显干旱季节的地区。由于降雨量大于蒸发量,使这种沼泽能够具有自己的、与沼泽表面相近的上部滞水水位(perched water table)。成熟的凸起沼泽在中心部分也可能有小型湖泊发育。

在温带地区,凸起沼泽以草本植物为主,通常是苔藓植物,特别是那些具有特殊结构以保持住水分的植物,如泥炭藓(*Sphagnum*),也有少量矮小的木本植物。在热带地区则是以茂密森林为特征。不论是温带还是热带地区,植物群落都显示明显的环状分带。由于沼泽水是高酸度的（pH 值为 3.3～4.6），这导致了在热带沼泽中植物种类的减少及在中间部分出现比较矮小的形态。

Stach（1975）曾经指出，在凸起沼泽中所形成的泥炭，其所含的养分（钙、磷酸、钾碱、氮）通常只有低伏沼泽的 1/5。与低伏沼泽泥炭相比较，这里形成的泥炭具有较低的灰分和硫分，较高的 C/N 比和腐植酸含量，较低的分解程度等。McCabe（1984）列举了许多由凸起沼泽形成低灰、低硫泥炭的实例。如在北加里曼丹，河流平原泥炭的无水基灰分只有 6.5%，硫分为 0.2%；在印度尼西亚和马来西亚，热带森林泥炭的灰分为 0.7%～3%；弗雷泽河流三角洲泥炭藓（Sphagnum）的灰分仅为 0.5%～1.5% 等。凸起沼泽泥炭灰分较低，除矿物养分低的原因外，还与地势稍高不受洪泛带来碎屑物的影响以及酸性水的淋滤作用有关。前已提到，凸起沼泽水介质的酸度很高，酸性水能淋滤掉泥炭中所含的一部分矿物质。按 Renton 等（1979）的意见，泥炭中来自植物质的灰分可迅速地被酸性水所溶解并重新被沼泽中的植物所吸收。

McCabe（1984）指出，低伏沼泽通常出现在各种含煤碎屑沉积模式中（图 10-9），而凸起沼泽则很少被考虑。而实际上，低伏沼泽只是在远离碎屑沉积作用的地方才能堆积厚的、优质的泥炭，或是两种沉积作用存在着时间差。显然，关于凸起沼泽成煤问题在过去可能被低估了。但它在古代聚煤作用中究竟占什么地位，看法还不尽一致。目前持 20 世纪 30 年代 Potonie 关于"迄今尚未发现有与以往时期的凸起沼泽泥炭层相当的煤层"这种观点的已不多见，大都认为一些厚至巨厚的煤层，以及一些矿物质含量异常低的和惰性煤岩组分非常高的煤属于凸起沼泽成因。可见，这还是一个有待深入讨论的问题。

漂浮（floating）沼泽，出现在一些比较浅的湖泊或其他蓄水盆地中，有人称之为颤沼（quaking bog）。在湖泊或其他蓄水盆地的边缘浅水带，由半水生植物形成的泥炭席，可在分解作用产生的气泡作用下，可部分撕裂开并浮起到水面，形成漂浮泥炭席。当水面足够开阔时，漂浮泥炭席可以移动，并与其他漂运的植物质一起沿湖泊边缘堆积，甚至覆盖整个湖泊。在现代的奥克弗诺基沼泽中，由于漂浮泥炭席上生长的植物，将根向下长入到下伏泥炭中，致使漂浮泥炭与下伏泥炭结合到一起，形成小的树岛，或称树窝（tree-houses）。

这种类型的泥炭对于浅湖或浅水盆地的充填可能是重要的。在路易斯安那州滨海平原和密西西比河上三角洲平原上都有这种类型的泥炭发育。尽管对其组成情况还知道得不多，但可以预计，因漂浮泥炭席高出水面，受洪泛影响小，故灰分应该是比较低的。

这种泥炭的下伏沉积物通常是有机软泥（gyttja）。有时具有自下而上由炭质泥岩变为煤的垂向序列。

以上介绍了几种与泥炭堆积作用有关的沼泽类型，它们可以被看作是泥炭沼泽形态随时间而演化的连续系列中的一个部分或者说一个阶段（图 10-9）。洼地可以因过分湿润而发展成为低伏沼泽。随着植物遗体的不断堆积，泥炭层不断加厚，在沼泽中部养分和矿物质来源减少的情况下，发育了一些不需要很多养分的特有植物如水苔类。这种植物抗分解能力很强，它们逐步积累可使沼泽表面逐渐凸出水面，地下水位相对下降，经过过渡类型，最终演化成为凸起沼泽。浅湖也可通过先在边缘部分发育漂浮沼泽，而后整个演化成为低伏沼泽并最终发育成为凸起沼泽。Moore 和 Bellamy（1974）也用示意图（图 10-10）说明，一个开阔的水体中，最初可由异地搬运的植物质或部分地靠漂浮沼泽堆积成泥炭岛，使注入的地表水系的影响范围愈来愈小，并最终脱离了关系，沼泽主要靠大气降水保持足够水分，使泥炭继续向上建造。

随着泥炭沼泽类型的变化,煤岩煤质特征也相应地发生变化。通常情况下,当由低伏沼泽成因转化为凸起沼泽成因时,由于木本成煤植物减少,而草本成煤植物增多,再加上水位的下降和大气氧的作用增强,镜质组分相对减少,惰性组分相对增多,由光亮型逐渐朝暗淡型过渡。镜质组本身也由于沼泽酸度的增强抑制了微生物活动,降低了分解程度,而由无结构为主过渡到有结构为主,煤的灰分逐渐降低。当然,由于气候、水位、植物组成等因素随时间推移而变化,所以,实际的变化情况要复杂得多。

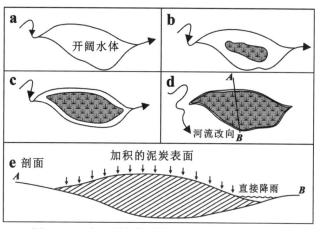

图 10-10　由开阔水体到凸起泥炭沼泽的演化阶段
（据 Moore 和 Bellamy,1974）

第二节　泥炭沼泽化与气候

一般认为,控制和影响泥炭沼泽及其在时空上分布聚积的各种因素,归纳起来主要有气候、海陆分布、地质地貌和水文等因素。从全球来看,气候是控制泥炭沼泽形成和分布的主导因素,它使泥炭沼泽的分布具有地带性规律（图 10-11）。但对一个区域来说,除受气候影响外,还受到海陆位置、地质地貌与水文因素的影响,使地带性规律受到破坏,因而使泥炭沼泽的分布又具有区域性的差异。本节主要介绍气候因素对泥炭沼泽及其分布的影响,其他影响因素将在下一章做具体介绍。

从现代全球泥炭的分布情况看,热带、温带、寒带都可以形成泥炭沼泽。在寒带,现代泥炭的堆积一直发展到了北极地区。如北极的北斜坡和阿拉斯加地区,主要由菅茅、草本植物和藓类形成了很厚的泥炭层。在温带,泥炭层的分布也很广泛,以美国密西西比河三角洲地区为例,河道之间形成的淡水沼泽泥炭一般厚 2～5m,微咸水和咸水

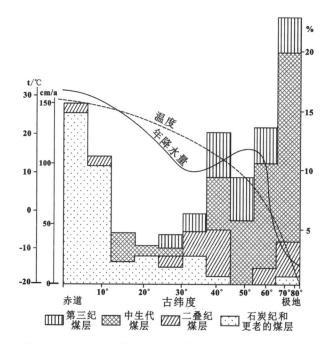

图 10-11　与古地磁控制有关的煤层等面积古纬度分布图
（转引自 Galloway 等,1983）
注:温度和降水量曲线根据现代资料绘制。

沼泽泥炭一般小于 2m。在热带许多地区，如马来西亚、印度尼西亚、苏里南、圭亚那等地沿岸地带也有泥炭聚集作用。但热带地区的大部分森林地带因有机质的快速分解而对泥炭堆积不利，只有年降雨量很大，且一年四季都降雨的地区才有主要的泥炭聚集。总体来说，现代大部分泥炭还是分布在寒冷地区，即北纬 50°～70° 之间的地带。

从古代煤层的分布情况看，煤层形成于各个纬度带，从极地到赤道带，但主要分布在中高纬度地带（图 10-11）。就各地质时代比较而言，早期的（石炭纪）煤主要分布在潮湿的热带地区，二叠纪和更晚时期的煤则主要是位于温带和寒带。少部分煤是位于纬度 15°～30° 的温暖、干燥条件为主的地区。图 10-11 和图 10-12 都是反映各时期聚煤作用及气候带关系的，但反映的方式，表述的内容不尽相同，故都加以引用以供读者参考。

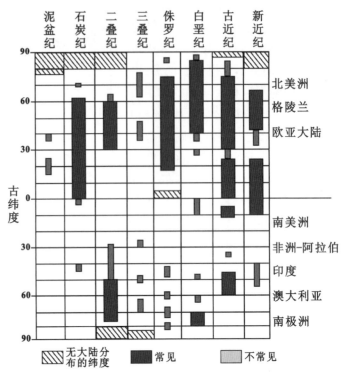

图 10-12 煤按古纬度的分布图
（据 McCabe，1984；据 Habicht，1979 修改）

决定植物生长量及类型的主要是气候条件。植物界聚煤作用的演化与气候带的变迁显然有关（图 2-9）。以蕨类为主的石炭纪植物，由于不适应地面环境，多集中在湿、热的滨海地区，这一时期赤道潮湿带的聚煤量相对较大（图 10-11）。古生代末期出现了适应性较强的种属，而到了中生代下半叶，成煤物质的主要来源可能已是更能适应内陆环境的耐寒植物种属了（图 10-11）。所以温暖潮湿带甚至是更高纬度地区的相对聚煤量显著增大。与此同时也出现了聚煤作用由滨海地区逐渐向大陆纵深地区发展的趋势。

综上所述，目前公认的意见是，气候因素中的湿度是最重要的，只要有足够的湿度，热带、温带、寒带地区都可以有聚煤作用发生。图 10-13 为欧美成煤沼泽区古植物学模式及相对湿度曲线显示出的干或湿旋回性（Phillips 等，1985），重复变化的干或湿条件导致了泥炭沼泽植物群的消亡和演变，也就是反映在煤中植物成分含量的变化。对于湿度的这种认识，一般情况下是对的。但把聚煤作用作为湿度大的标志，换句话说把湿度大作为聚煤作用的前提，严格讲又是不正确的。

众所周知，为使沼泽能够存在并堆积泥炭，下述的平衡式（Bellamy，1972）是重要的：

$$入流量 + 降水量 = 外流量 + 蒸发量 + 剩余量$$

式中的入流量既包括地面水系补给量，也包括地下水补给量，外流量也应包括地表和地下两个部分。可见，剩余量并不单纯取决于降水量和蒸发量的相互关系，而降水量和蒸发量这两者之间的相互关系恰恰是衡量气候条件 – 湿度的主要指标。

由此得出的主要结论是,只要入流量大于外流量,即使某地区的湿度系数(即年降水量/年蒸发量)稍小于1,也还是有可能发生沼泽化并形成泥炭。此外,湿度系数大于1也并不表明有很大的降水量。例如,现代一些比较寒冷的地区,年降水量只有几百毫米,但由于气温低,蒸发量小,同样可以出现沼泽化和堆积泥炭的条件。

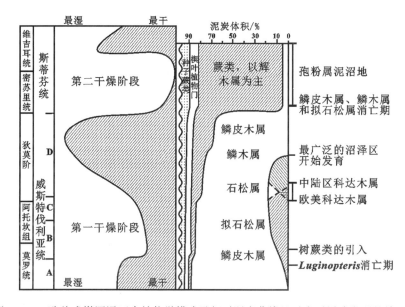

图 10-13　欧美成煤沼泽区古植物学模式及相对湿度曲线显示出干旱或潮湿的旋回性
(据 Phillips 等,1985)

第三节　植物遗体堆积方式

按成煤植物遗体是否经过搬运而后堆积的成煤过程,可把煤(泥炭)分为原地生成和异地生成两个大类。这样的分类既包含了植物遗体的堆积方式,也阐明了煤(泥炭)的生成和埋藏方式。

自然界绝大多数煤层(泥炭)都是原地生成的,即植物遗体是在原来生长的沼泽中堆积并转变成泥炭。沼泽范围内流动的水将部分植物遗体和已形成的泥炭短距离搬运后再堆积,称为微异地生成,但总体上仍应属于原地生成的范畴。

若植物遗体经过相当距离的搬运再堆积而形成泥炭,则称为异地生成。已经形成的泥炭经过搬运而后再沉积,属于异地生成的另一种情况。Stach 等(1975)描述过,在佛罗里达的西海岸,由潟湖泥炭岛上冲落的大块泥炭顺流搬运,在搬运过程中逐渐破碎、变细,而后堆积在潟湖被淤浅的部分,或是在海岸附近。

穿越辽阔森林地带的河流将大量植物遗体搬运到河口及湖、海沿岸带的情况还是比较常见的,如密西西比河、亚马逊河、刚果河、勒拿河等都有这种情形出现。但由于富氧水流的分解作用和其他原因,能够保存成为泥炭的并不多。有几个描述较好的异地生成泥炭的实例,如在马哈坎河三角洲沿岸带,滩脊沿着岸线延伸7km,宽2km,有厚达2m的植物细碎屑堆积。在密执安的萨克湖,河口地带由砾—粉砂级植物碎屑堆积成厚达15m的泥炭层,最低的灰分也超过30%。我国河北赞皇和易县发现古河床的河湾处埋藏有大量躺倒的树干形成的泥炭,在泥炭层中找到了卵石和卵石夹层,推断是洪水期由山区冲下来的大量树木搬运到河湾处,由于流速减小而形成的堆积。

由漂浮的植物遗体、泥炭碎块及由风搬运的孢子等与藻类遗体一道在湖底与有机质淤泥混合形成腐植腐泥混合煤的情况较为多见,它们或是以单独的煤层,或是作为腐植煤中的夹层出现。可以肯定属于异地生成腐植煤的实例甚少,这可能与异地生成泥炭多数未能保存下来有关,也可能与鉴别的难度较大有关。有些学者认为,二叠纪冈瓦纳大陆的煤中,有相当一部分物质是经过搬运的。另一些学者则认为,导致冈瓦纳大陆煤的岩石特征明显不同于北半球的主要原因更可能是气候和植物因素。

Прокопченко(1977)根据苏联顿涅茨煤田资料,对于原地和异地生成煤,提出了如下鉴定标志,可供参考。

原地堆积煤的主要特点是:①在煤层底板中普遍见有发育很好的根土岩,常见到根土岩逐渐过渡到煤层(图1-3、图10-14);②丝质体的结构和孢子的壳都保存完好;③形态分子基本上是无规则地分布在凝胶化基质中;④均一的或宽条带状的结构;⑤矿物杂质较少且分布均匀。

图10-14 准噶尔盆地西缘克拉玛依组的煤线及其底板根土岩(焦养泉摄,1997)

异地堆积煤的主要特点是:①煤层的厚度、结构和物质成分变化极大;②在底板中或是没有根土岩或虽有但已被局部冲刷;③矿物杂质含量很高;④煤的岩石夹层中不含根土岩;⑤在靠近煤层顶、底板处可以见到煤朝炭质泥岩和泥岩的逐渐过渡;⑥煤中壳质组分的含量增高并在一些分层中富集;⑦结构凝胶化物质的含量超过均一凝胶化物质。

原地和异地混合堆积煤的特点是:①在煤层底板中,有保存完好的或被冲刷的根土岩,这些根土岩与煤具有成因联系,有时在它们之间还会出现炭质泥岩或泥岩;②矿物杂质含量高;③壳质组分显著地多于丝质组分,后者通常保存程度差;④角质层和孢子壳受到磨损;⑤稳定组的含量增高并在某些分层中富集;⑥煤层(组)中各种煤岩类型的含量比较平均,以均一的或木质镜煤结构的凝胶化物质为主的岩石类型并不占优势;⑦煤层中有含根座和不含根座的岩石夹层。

第四节　泥炭堆积速度与压实作用

研究泥炭的堆积速度以及泥炭的压实(由泥炭到煤的厚度缩减率),可以帮助我们粗略地估计形成某个煤层所需的时间,这对于分析一个地区的沉积充填发展史无疑是有益的。图10-15 所示的就是从植物到泥炭再到煤的沉积发展史。

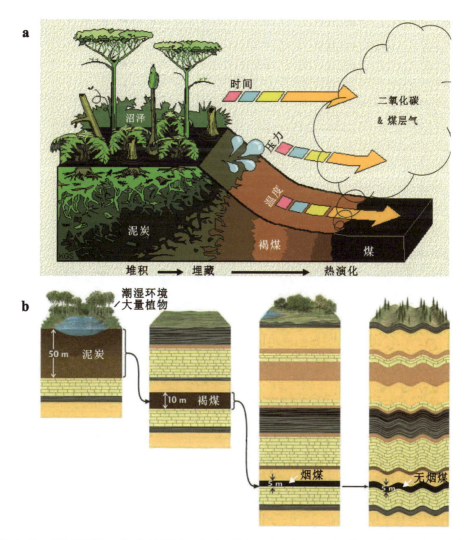

图 10-15　植物到煤的压实形成过程示意图(a. 据 Joan Esterle, PPT;b. 据 Press 和 Seiver, 2004)

一、泥炭堆积速度

根据对现代泥炭堆积的考虑,其堆积速度大致在每年 1mm 左右。McCabe(1984)列举了一些学者所提出的不同地区泥炭层的堆积速度（表10-1）。

表10-1 推测的泥炭堆积速度

地区	泥炭堆积速度/mm·a^{-1}	资料来源
阿拉斯加,育空河三角洲	0.1	据 Klein 和 Dupre（1980）
西欧的凸起沼泽	0.2～0.8	据 Barber（1981）
不列颠哥伦比亚弗雷泽河三角洲	0.9	据 Styan 和 Bustin（1983）
乔治亚奥克弗诺基沼泽	0.3～1	据 Spackman 等（1976）
佛罗里达埃佛克雷兹沼泽	0.8	据 Spackman 等（1969）
下密西西比河流平原	1.6	据 Frazier 和 Osanik（1969）
东南亚沙捞越的凸起沼泽	2.3	据 Anderson 和 Muller（1975）

Stach 等（1975）指出,在温带地区泥炭堆积速度大致为每年0.5～1mm,凸起沼泽可达1～2mm；佛罗里达和密西西比河三角洲亚热带芦苇沼泽泥炭的堆积速度分别为每年1.3mm和1mm。热带地区泥炭的堆积速度要高一些,如在婆罗洲岛的西北部,泥炭层每年可增厚3～4mm,换句话说也就是每300～400年可堆积1m厚的泥炭。据我国吉林地理研究所的资料,敦化县北岭甸子全新世泥炭堆积速度只有每年0.14～0.36mm（曲星武,1979）。可见,泥炭堆积速度与气候有密切关系。

泥炭堆积速度与气候中的温度因素关系最为密切。首先,温度影响植物的生长速度和生长量。我国华南亚热带森林的枯枝落叶层每年每公顷（1公顷＝0.01km^2）达24～35t,而小兴安岭寒温带则为几吨到十几吨。根据 Moore 等人的资料,热带雨林每年每平方米的有机质产量为3250g,温带沼泽的芦苇为2900g,温带橡树林为900g,而寒温带苔藓沼泽的苔藓仅340g。一个热带森林沼泽在7～9年内本身重建一次,在此期间树木的生长高度可达30m,而温带的沼泽森林中的树木,在同样长的时间内生长的高度只有5～6m。可见,在温度较高的条件下,植物生长较快,为泥炭的堆积提供了有利的先决条件。

另一方面,温度也影响微生物的繁殖与活动,从而影响植物死亡后的分解速度。在寒冷气候条件下,由于温度过低微生物活动极弱,植物遗体分解缓慢；反之,在温度较高的条件下,不仅化学作用进行得比较快,而且微生物非常活跃、繁殖迅速,加速了对植物有机质的分解（图10-16）。因此,温度过高或过低都不利于泥炭的堆积。现代泥炭沼泽工作者认为,只有在温暖和湿润的气候条件下,才有利于泥炭的堆积。温带湿润气候地区的泥炭层最厚,由此向南向北都有减薄的趋势。

需要指出的是,泥炭堆积速度不仅与温度有关,还可能和沼泽植被类型、沼泽覆

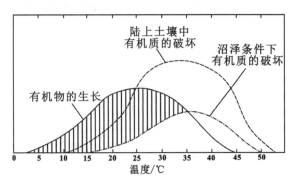

图10-16 温度和有机质的生长速度及其被细菌破坏的速度之间的关系（据 Gordon 等,1958）

水程度、介质酸碱度及其对微生物活动、植物遗体分解程度的影响等因素有关。

二、从泥炭到煤的压实作用

从泥炭经褐煤、烟煤到无烟煤,其体积缩减率是很大的(图10-15),缩减率可以根据直接观察一些标志粗略地估算。例如,图10-17为压扁的树干,可以通过测量树干横断面周长,换算出树干被压扁前的直径 d;若压扁树干的厚度(最厚处)为 m,则缩减率为 d/m。以云南小龙潭矿区第三纪褐煤为例,所计算出的缩减率为3.3左右。图10-18所示为直立树干经历了强烈压实之后,树干弯曲变形。在含煤岩系碎屑岩中压实作用也普遍存在(图4-6)。

图10-17 鄂尔多斯盆地西部延长组河道砂体中的压扁树干(焦养泉摄,2006)
a. 平躺的压扁树干;b. 为 a 的横断面

当煤层中夹有直立的树桩、结核、砾石、动物化石和岩石透镜体等较煤更难压实的物体时,可以通过比较该处剖面的厚度与相邻剖面(全由煤组成)的厚度来估算缩减率。

Зарицкий选择了含有结核的煤层(或煤分层)剖面与相邻的全由煤组成的剖面进行了比较(对结核自身的压缩忽略不计)(图10-19)。剖面的顶界面和底界面可以利用某种煤岩类型的分层或岩石夹层界定,并假设两个剖面的顶、底界面当初是相互平行的。当选定的界面紧贴着结核时,煤层缩减率 $k=\dfrac{c}{a}=\dfrac{10}{2}=5$,当选定的标志层离结核还有一段距离时,煤层厚度缩减率

10-18 鄂尔多斯盆地南部延长组砂泥互层中的直立压缩的树干(焦养泉摄,1996)

$$k=\dfrac{c}{a-(b-c)}=\dfrac{10}{7-(15-10)}=5.$$

上述计算方法同样适用于含有岩石包裹体的煤层剖面。

一些学者进行了测量,得到了基础计算数据。Зарицкий在顿涅茨煤田用这种方法测定了24次,其缩减率是从致密成熟泥炭状态计算起的(表10-2)。Егорова是根据孢子壳和花

粉壳的变形来计算植物质体积在不同阶段的缩减率（表10-3）。武汉地质学院煤田教研室（1979）综合当时文献资料,列出从泥炭到无烟煤各变质阶段的厚度缩减率（表10-4）。

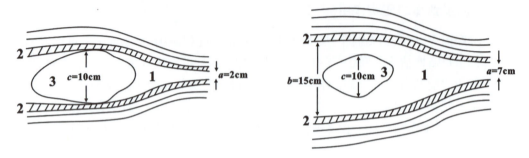

图10-19 根据结核测定泥炭层厚的缩减率（转引自 Волков, 1964）
a. 由煤组成的剖面厚度；b. 由煤和结核组成的同层位剖面的厚度；c. 结核的厚度；1. 煤；2. 标准层；3. 结核

表10-2 顿涅茨煤田中不同煤层的缩减率

结核类型	测量次数	缩减率
碳酸盐的	7	4.4～5.3 平均5.0
碳酸盐－硫化物的	3	4.6～5.1 平均4.8
黄铁矿的	8	3.9～4.5 平均4.3
硅质的	6	2.8～3.8 平均3.4

表10-3 植物质体积在不同阶段的缩减率

转变阶段		缩减率
泥炭阶段（由低分解的植物质到致密成熟泥炭）		4～6
褐煤阶段（由泥炭柴煤过渡为烟煤）		2～2.5（10～15）*
烟煤阶段	（a）到中变质烟煤	1.5～1.7
	（b）到无烟煤	2.5～3（28～40）*

注：表中有 * 者为从开始算起的总缩减率。

表10-4 成煤过程中各变质阶段厚度缩减率

变化阶段	不同文献中提到的厚度缩减率
表层疏松泥炭—致密泥炭	4～10
致密泥炭—褐煤	1.5～4 最多见的数字为2～2.5
致密泥炭—烟煤	2～10 最多见的数字为4～4.5
致密泥炭—无烟煤	5～12.5 最多见的数字为5～7

White（1986）报道了对美国怀俄明州保德河盆地怀厄德克煤层压实作用的研究结果。该作者在8个露天煤矿,精确地测量了煤层中54个变形的树干。各个测量值应用弹性理论得出了泥炭厚度与煤层厚度的比值（即压缩比）,其数值由1.7∶1到31∶1,平均为7.1∶1。这个结果与过去在其他地区用其他方法确定的数值相似。但是,统计分析以很高置

信度确立,每个露天矿的压缩比值变化较大,不能认为研究区内是个常数或均匀一致的变化。

考虑到泥炭具有不同的性质,所以,泥炭与煤的压缩比不是一个常数。压实程度决定于泥炭的原始组成和它所经受的降解作用。木质泥炭的压实程度比苔藓植物来源的泥炭小得多。在其他因素相同的情况下,高灰分泥炭的压实程度比低灰分泥炭小。煤级的增高也决定了压实程度,因为随着煤级增高,水分和挥发分减少。White 指出,由于环境的复杂性,压缩比是难以预测的,因此,应尽可能多地进行包括煤的压实作用在内的地质研究,而不是依赖一个数值。

一个泥炭层在堆积过程中,往往浅部还是疏松泥炭,而深部已变成致密成熟泥炭(图 10-15),因而在与围岩的厚度缩减进行比较时,这一变化阶段原则上可以忽略不计。但即使这样,煤层的厚度缩减率也将显著地高于围岩,这点在研究厚煤层发育地区的沉积发展史、构造发展史、识别同沉积构造时应引起适当注意。

第五节　泥炭沼泽环境恢复

在含煤岩系沉积体系中,煤层首先是一种沉积物并且作为成因相而存在,它归属于沉积体系。但是,煤层作为一种特殊的沉积物和成因相,需要借助有机岩石学信息来精确识别和恢复其原始聚煤环境——泥炭沼泽环境。煤的物质(岩石)组成是研究煤层沉积环境的重要参数。

众所周知,一个具有一定厚度的煤层在形成过程中,其环境或多或少是有变化的,诸如水深条件等。环境的变化,势必会影响到植物的习性,这些细节将会被记录到煤层的显微组分和显微煤岩类型中。在一个具有足够规模的煤层中,诸如沉积体系域中,一个煤层也有可能横跨几种沉积体系,例如河流岸后沼泽、三角洲平原沼泽、障壁岛内侧沼泽等,同样的道理——随着沉积体系类型的变化,植物习性也会随之发生变化并进而影响到煤层的显微组分和显微煤岩类型;而随着时间的演变,聚煤环境也会随条件的变化而相应地发生演变。所以,煤层的成因环境解释对于沉积学家而言是重要的,它可以告诉人们煤层的煤岩组成和煤质变化的形成机理,这对于煤的进一步利用并解释煤层气等有益矿产的形成具有重要意义。

一、显微组分与成煤环境

Diessel(1986)在研究澳大利亚二叠纪煤的沉积环境时,提出了可以反映成煤环境的两个以显微组分比为基础的煤岩学参数,即凝胶化指数(GI)和结构保存指数(TPI)。这两个参数可以用简单的数学式表达:

$$GI = \frac{镜质体 + 粗粒体}{半丝质体 + 丝质体 + 碎屑惰性体}$$

$$TPI = \frac{结构镜质体 + 均质镜质体 + 半丝质体 + 丝质体}{基质镜质体 + 粗粒体 + 碎屑惰性体}$$

Diessel 在研究了澳大利亚若干煤盆地不同类型煤层的基础上,建立了 GI 和 TPI 与泥炭沼泽类型之间的相互关系模式。如图 10-20 所示,图中实线封闭的弯月形区被认为是正常成煤环境分布区,实线箭头指示随着地势逐渐升高,沼泽积水深度逐渐变浅。与此相应的是泥炭沼泽由草沼泽-低位沼泽→潮湿森林泥炭沼泽→干燥森林泥炭沼泽。处于任何发展阶段的泥炭沼泽假若其基底沉降速度加快,有机物质补偿不足,泥炭沼泽积水变深,环境朝着湖沼-滞水泥炭沼泽或湖滨、浅湖相沉积环境过渡,如波形线箭头所示。与沼泽环境变化相适应,原地生长的植物群落也发生相应的变化,朝着积水增深的方向,低等植物和草木植物增多,在相反的方向上,森林密度增大,高等植物的比例增多。

GI 高值表示森林泥炭地相对潮湿,低值则表示相对干燥。极端潮湿或干燥均导致 TPI 低值。下三角洲平原煤以高 GI、低 TPI 值为特征。山麓冲积平原煤及辫状河平原煤两值均高。上三角洲两值居中。GI、TPI 平均值的有效偏差可指示特殊的环境,如后滨-沙坝环境的废弃三角洲。这既可以在海侵也可在海退条件下出现(图 10-21)。

Harvey 和 Dillon(1985) 在研究美国伊利诺斯煤田石炭系的 Spring-field 及 Herrin 煤层形成环境时,使用了镜质组(VI)/惰性组(I)比值(简称镜/惰比,不计矿物及微粒体)。两煤层的镜/惰比值与泥炭沼泽同生的古河道有关。在近古河道处,沼泽水面高,偏缺氧条件,形成的煤具有最高的镜/惰比值(12~27),而远离古河道

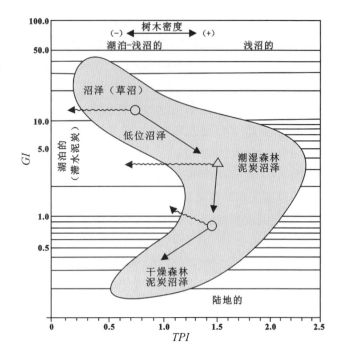

图 10-20 澳大利亚二叠纪煤的 GI 和 TPI 与沼泽类型的关系(据 Diessel,1986)

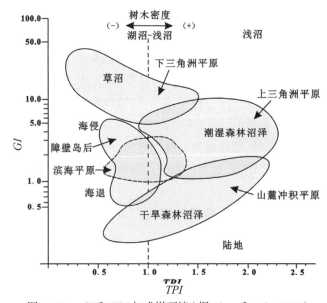

图 10-21 GI 和 TPI 与成煤环境(据 Alves 和 Ade,1996)

(10~20km),因沼泽水面低,使泥炭暴露易氧化形成的煤的镜/惰比值最低(5~11)。

Roslyn(1987)在研究澳大利亚新南威尔士州 Hunter 上游 Wittingham 煤系的煤层时发现,形成于海侵期的 Wynn 煤层煤的特征是镜/惰比值高、TPI 值中到高、GI 值也高、黄铁矿含量较高,显示了海水对该煤层的影响。形成于海退阶段的 Bayswater 煤层煤则表现出低的镜/惰比、低 TPI、低 GI 和低的黄铁矿含量。

在解释煤成因环境时,除了以上 TPI、GI 和 VI/I 显微组分比值外,还有大量的显微组分比值可以用来解释沉积环境(表 10-5)。

利用显微组分比值解释泥炭沼泽地类型是基于以下四种假设：

（1）有结构显微组分意味着是一种木本植被；无结构显微组分表明是草本植被（$TPI, VA/VB, VI$）。

（2）氧化的显微组分与泥炭沼泽地表面高出地下水位的高度有关，较高的泥炭沼泽地表面维持更似树状的植被（$GI, SF/F, VI/I, T/F$）。

（3）"凝胶化"显微组分受地下水的强烈影响而形成（$GI, GWI, T/F$）。

（4）"碎屑"显微组分意味着有搬运发生（$VA/VB, IR, W/D, S/D, VI$）。但是，"碎屑"显微组分可能是由于例如木质物质的原地互磨和破碎而形成的。

马来西亚和印度尼西亚现代热带穹丘状泥炭层多半由腐植泥炭类型组成，它们是由树状植物的降解形成的。可能存在富树叶的细粒腐植泥炭底部层，上覆腐植泥炭、粗粒腐植泥炭，最后是纤维状泥炭（图10-22）。

表10-5　解释沉积环境时采用的显微组分比值

方法1	VA/VB = 结构镜质体/无结构镜质体
方法2	SF/F = 半丝质体/丝质体
方法3	T/F = 总镜质组/半丝质体+丝质体
方法4	$IR = \dfrac{半丝质体+丝质体}{碎屑惰性体+粗粒体+微粒体}$
方法5	$W/D = \dfrac{结构镜质体+丝质体+半丝质体}{藻类体+孢子体+碎屑惰性体}$
方法6	$S/D = \dfrac{结构镜质体+丝质体+半丝质体}{藻类体+孢子体+碎屑惰性体+无结构镜质体+碎屑镜质体}$
方法7	$VI = \dfrac{结构镜质体+均质镜质体+丝质体+半丝质体+木栓质体+树脂体}{基质镜质体+碎屑惰性体+藻类体+孢子体+角质体+碎屑壳质体}$
方法8	$GWI = \dfrac{胶质镜质体+矿物质}{结构镜质体+均质镜质体+基质镜质体}$

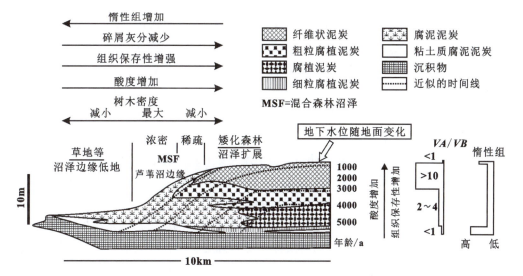

图10-22　降水性补给泥炭沼泽地中泥炭堆积模式（据Crosdale, 1993）

二、显微煤岩类型与成煤环境

在判别煤的沉积环境方面,说明显微组分之间相互组合关系的显微煤岩类型,是比显微组分更好的标志(Stach 等,1975)。煤层的岩相特征一直是同沉积环境相联系的(Britten 等,1973;Smyth,1979)。Smyth(1979,1984)通过绘制澳大利亚库珀盆地各地层组及其相应沉积环境的密度等值线的方法发现,不同沉积环境生成的煤,有其特定的显微煤岩类型组成。图 10-23 表示了各地层组密度等值线,及各沉积环境等值线中心点的显微煤岩类型组成特征。

从图 10-23 可以看出,各沉积环境区域有不同程度的重叠:"河道地带"与"河道沉积为主的区域"稍有重叠;"越岸沉积、湖泊和沼泽为主的区域"包括了下沿岸平原和以成煤沼泽为主区域的实际边界线在内,也包括了河道沉积为主区域的大部分和上沿岸平原区域的相当一部分。就煤堆积来说,以成煤沼泽为主的区域和以越岸沉积、湖泊和沼泽为主区域之间的差异难以判别,实际上这两种环境可联合为"成煤沼泽为主区域"的一种环境。虽然有重叠,但是几种环境之间还是能够很好地相互区分开。

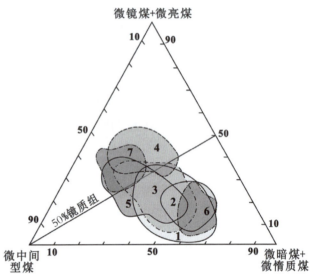

图 10-23 以不同的组合沉积环境为基础的显微煤岩类型密度等值线中心点(据 Smyth,1984)
1. 以越岸沉积、湖泊和沼泽为主的区域;2. 以煤沼泽为主的区域;3. 以河道沉积为主的区域;4. 河道地带;5. 上沿岸平原(富煤);6. 下沿岸平原(贫煤);7. 湖泊

Smyth(1979)和 Galloway(1983)等对库珀盆地的研究,还建立了以显微煤岩类型组成为基础的另一环境分析系统。图 10-24 是澳大利亚二叠纪库珀盆地煤的显微煤岩类型三角图,表示了湖泊、河流、半咸水后障壁泻湖、上三角洲平原和下三角洲平原堆积物之间的岩相差别,划分出五种不同的成煤环境。湖成煤(A)中的微镜煤+微亮煤不超过 50%,微惰质煤(惰性碎屑体+半丝质体/丝质体)特别丰富;河成煤(B)富含微镜煤和微亮煤;半咸水后障壁泻湖海湾煤(C)的显微类型介于河成煤与下三角洲平原煤之间,且煤层顶部的微暗煤中富含黄铁矿(Gallowy,1983),标志着沼泽常被海水淹没,后障壁泻湖海湾和下三角洲平原煤中常可见此情况;三角洲煤(D 和 E)倾向于富含中间型显微煤岩类型煤(微暗亮煤、微亮暗煤及微镜惰煤)。

两种环境系统可相互对应:湖成环境=下沿岸平原(近岸平原)+以成煤沼泽为主区域;下三角洲环境=以河道沉积为主+(少数)上沿岸平原区域;上三角洲环境=上沿岸平原(远岸平原)区域;泻湖环境=河道地带+大型湖泊区域。

两种环境系统之间不相吻合之处在于"河道地带"等于泻湖。河道带煤可能会落到靠近大型湖泊煤区,因为两者形成的条件相似,即充足的稳定供水和埋藏前有机物质没有受到强烈氧化。

上述研究表明,各种不同古地理环境中形成的煤,在岩石成分上和在显微煤岩类型组成上有显著差异。尤其像近岸与远岸平原的地理位置常常相邻,因而在这些环境中进行煤组分差别的研究对于区分环境就特别有用。

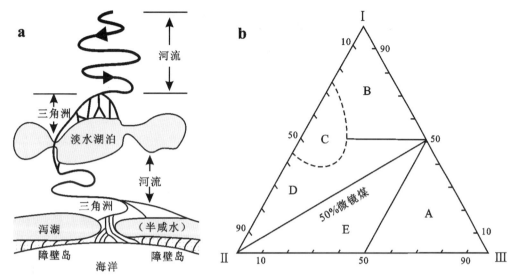

图 10-24　澳大利亚二叠纪库珀盆地聚煤环境(a)与显微煤岩类型(b)的关系(据 Smyth, 1979)
Ⅰ.微镜煤+微亮煤;Ⅱ.过渡型煤;Ⅲ.微暗煤+微惰煤;A.湖泊;B.河流;C.半咸水(格里塔煤系);
D.上三角洲;E.下三角洲

第十一章　聚煤作用制约因素

在泥炭形成与堆积机理一章中，笔者特别指出了泥炭沼泽的发育是聚煤作用得以发生的基本条件。本章将重点介绍对聚煤起控制作用的一般性沉积因素，如水位与水深变化、古地貌与差异压实、溢岸沉积作用与水系改道以及海侵作用等。鉴于不同沉积体系的聚煤作用有其自身的特点，对此将在后面的章节中分别予以说明。

第一节　水位与水深变化

泥炭沼泽的堆积与保存受到水位及水深的控制。当水位降低时，上层泥炭就发生降解，长时间的干旱可以使泥炭完全毁坏。如果泥炭堆积速度跟不上水位上升速度，沼泽就会被淹没。现代密西西比河三角洲上大面积的沼泽由于下伏富含粘土沉积物的快速压实，正在被水淹没。泥炭要能在岩石记录中保存下来，沼泽必定需要快速下沉或很快地被沉积物所覆盖。

大部分煤显然是由最终被淹没的沼泽演变而来。著名的美国（Weller，1930）和英国（Hudson，1924）的石炭纪含煤韵律层，在煤层上覆盖有海相灰岩或含化石页岩。在另一些地区，诸如加拿大新斯科舍的石炭系，煤层上覆的是湖相页岩和淡水灰岩（Duff 和 Walton，1973；Gersib 和 McCabe，1981）。

在气候、基底沉降、沉积补给等多种因素的综合影响下，浅海、海湾、泻湖、湖泊等蓄水盆地的水位和水深在沉积过程中都是变化的。这种变化对于盆地沿岸带聚煤地段的规模和分布有重要的控制作用，其表现形式，一是聚煤地段的迁移，二是聚煤地段的扩大和缩小。

由于盆地水位升降而引起聚煤地段的迁移在滨海地区表现得最为明显。在滨海地区，有利聚煤的地段大致沿着岸线分布，由淡水草沼泽带的下界到淡水树沼泽带的上界地带。这是一个低平的、大体上与海平面高度相当或只是略高于它的地区。这里既排除了海水和微咸水的影响，又保持了很高的地下水位，是聚煤的有利场所。再朝陆地方向，由于地表面和潜水面的间距加大，聚煤条件消失。据墨西哥湾北岸资料，淡水沼泽带的宽度可达几十千米。海岸带愈平缓，聚煤地段的宽度可能愈大。在估计聚煤地段的规模时，有三类地段应予排除，它们是活动的水系、深的水池和地势略高、地下水无法补给的地方，如沿岸的滩脊等。

以上所述的聚煤地段的规模和位置，都是针对某个特定时间而言的。一般在聚煤模式图上所反映的也就是这种分布状况。其实，这种模式图应叫作静态模式图（图 11-1a）。随着时间的推移和沉积环境的变化,聚煤地段的位置也发生变化,这种变化则必须用动态模式图来反映(图11-1b)。

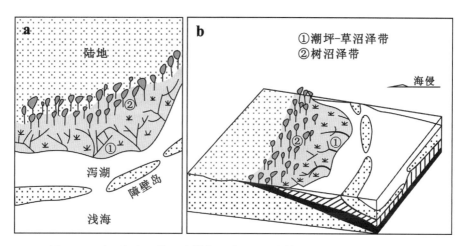

图11-1　表现沉积环境和聚煤作用关系的两者模式图(据陈钟惠,1988)
a.反映特定时间内环境分带和聚煤地段的静态模式图;b.反映随时间变迁而沉积相带及聚煤地段发生迁移的动态模式图

在海平面上升过程中,如果泥炭的堆积速度可以和海平面上升速度保持平衡,聚煤地段的位置可维持不变并形成较厚的煤层。但通常情况下,这种平衡只是暂时的。随着海平面的继续上升,原先的淡水沼泽地带被海水淹没,聚煤作用停止,而在新岸线的朝陆地一侧,由于海水水位升高导致地下水位相应升高,出现了新的淡水沼泽地带,发生聚煤作用。根据现代已埋藏的泥炭层的一些具体资料来看,沿岸地区的泥炭层随着海侵的加大而逐渐朝大陆方向发展,即泥炭层的上部层位有逐渐向大陆方向迁移的趋势。用碳同位素法测定荷兰沿海第四纪早期掩埋泥炭层年龄而编制出的顶底板等时线图表明,泥炭沼泽随海平面上升而向陆地推进的速度一个世纪内达几千米。美国康涅狄格州一个面积不大的掩埋泥炭田,也被用碳同位素法证实,在垂直海岸线1220m距离内,由海向陆的方向,泥炭的年龄愈来愈新。上述研究工作虽是针对现代泥炭田的,但对我们认识古代聚煤作用无疑是有益的。苏联学者Яблоков在20世纪50年代末就曾指出,在顿涅茨煤田可划分出三种类型的聚煤地段:紧靠海的地段,泥炭沼泽出现得较早,但随着海平面的上升,它的发育随后被海水淹没所中断;离海岸线最远的大陆地段,泥炭沼泽只在泥炭形成将近结束时方始出现;具有中间位置的地段,泥炭沼泽发育的时间最长,发育的条件最为有利。

由于海平面下降,或者说由于海岸线逐渐向海的方向推进,泥炭和泥炭沼泽带也可以相应地朝海的方向推进。图11-2展示的是犹他州中部曼科斯页岩费隆砂岩段在多期海平面升降过程中的聚煤作用变迁历史。

蓄水盆地的水位升降不仅可以造成聚煤地段的迁移,还可造成聚煤地段的扩大和缩小。这在一些中、小型湖泊盆地中表现得最为明显。在这类湖泊盆地中,其沿岸带靠陆一侧,或由于受到冲积扇前端、河流、三角洲等碎屑沉积体系的限制,或由于特殊的地表水和地下水的补给条件,再或是由于其沉降幅度较显著地小于湖心地带,导致有利聚煤地段比较稳定,较少受到湖水水位升降的影响;而朝湖心的一侧,则对湖水水位的升降非常敏感,水位上升时聚煤面积将明显缩小,水位下降时聚煤面积将明显扩大。由于水位的变化(这里所指的不是受洪泛

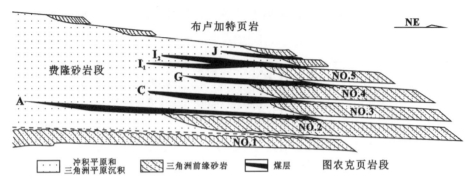

图 11-2　犹他州中部曼科斯页岩费隆砂岩段的综合横剖面（据 Rahmani 和 Flores，1984）

影响等而出现的短期涨落）取决于基底沉降、陆源物质补给、泥炭堆积速度等许多复杂因素，这就使得聚煤地段的扩大和缩小往往是通过煤分层和碎屑物质堆积指状交互的形式逐步完成（图 11-3）。

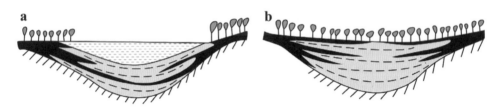

图 11-3　湖水深与聚煤带宽度的相互关系（据陈钟惠，1988）
a. 湖泊深度加大，聚煤面积缩小；b. 湖泊深度变小，聚煤面积扩大

在一些构造分异度很大的湖盆中，由于沿岸带和湖心带沉降幅度及速度的巨大差别，煤层分岔现象可以达到很大的规模。在进行成因解释时，我们可以假设湖水水位相对于稳定的沿岸带来说是基本不变的，主要是由于湖泊（特别是湖泊中心部分）基底沉降速度与沉积物补偿速度的差别导致了湖水水深的变化，使得聚煤作用时而出现，时而消亡，时而扩大，时而缩小。

还存在一种基底和水位都无明显变化，完全是由于湖泊淤浅而导致聚煤面积逐渐扩大的情况，这在上一章中已有说明。

第二节　古地貌与差异压实

在泥炭沼泽发育的初期，地形控制了泥炭的厚度（Staub 和 Cohen，1979；Kosters，1983），即煤层的厚度，而古地貌与差异压实造成了地形的差异，因此，古地貌与差异压实对煤层的厚度具有很大的影响。

一、古地貌

古地貌是沼泽形成、泥炭发育的基础条件，有些学者称之为"母体因素"。我们在这里讨论的古地貌与同沉积构造和差异压实作用等无关，纯属于沉积环境本身所产生的地形差异，特别是比较小型的地形差异。通常把这种小型的地形差异称为沼泽基底起伏不平。如潮坪上密布的潮沟、潮渠，海岸带上条带状的沿岸沙脊，决口扇上的决口水道等，都有可能成为影响随后聚煤作用的基底起伏地形（古地貌）因素。

Horne等（1978）在论述障壁岛后泻湖-潮坪环境聚煤模式时，曾对基底起伏地形影响煤层厚度作了很好的说明。

在障壁岛后，随着泻湖区被沉积物逐步充填，广泛发育了潮坪和盐沼（咸水和微咸水沼泽），在潮坪上有众多的、向陆方向分岔的次级潮道，形似树枝状。淡水沼泽最初发育在盐沼表面的高处，随后扩展到更大的范围。由于植被的不断繁殖，较小的潮道以及较大的潮道上游被有机质所塞满，而只有某些较主要的深的潮道还是畅通的。因而，煤层的变化最直接地反映出了先期沉积地形的影响。较厚的煤层出现在原先地势的低处，较薄的煤层则出现在高处。在少数几条依然畅通的潮道处，煤层缺失或显著分岔。

大凡在沼泽基底有起伏地形时，植物遗体都首先在低洼处堆积，随着泥炭层堆积的不断加厚，渐渐连成一片。因而，煤层顶板较平整，而在煤层与底板岩石的接触界面上，则可以看到煤的分层被底板截断，上、下分层呈超覆关系。这个特征也是区分原生煤层厚度变化与后期构造挤压造成煤层厚度变化的主要标志。

二、差异压实

严格说来，差异压实效应对聚煤作用的控制只能称为是准沉积控制因素。

愈来愈多的实例说明，由于差异压实效应所产生的地形差异对聚煤作用，特别是对煤层的厚度变化有直接的控制作用（图11-4）。

泥炭堆积之后，由于下伏沉积物的差异压实作用而在某些地方同时发生形变。在下伏沉积物中含有较大量粘土质和有机质的地方，压实沉降的速度要快一些；在下伏沉积物中含大量砂质或灰质的地方，压实沉降的速度要慢一些。如果这两类地区相毗邻，由于差异压实效应，必然产生地形上的高低差别。尽管这种地形差别也可能是不大的，但却可以导致如下几种结果：①地形低洼处由于得到地下水的补给成为聚煤地段，而地势高处无聚煤作用发生。②地形低洼处先发生聚煤作用，而后扩展到地势高处。如果有机质的堆积速度能够和压实沉降的速度保持平衡，那么低洼处的煤层厚度要大于地势高处。③如果地形低洼处植物遗体堆积

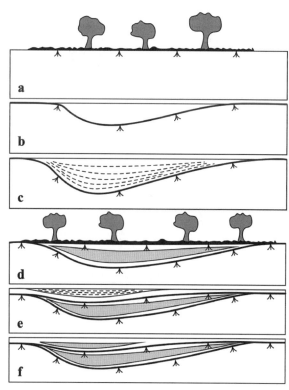

图11-4 解释洼槽成因和煤层分岔的示意图
（据Nelson，1979）

a. 初始表面可以是平的，泥炭能正常发育；b. 在泥炭堆积期间，由于下伏沉积的差异压实形成了洼槽（可能易压实的泥位于洼槽下方，而河道充填砂位于洼槽侧翼的下方）；c. 泥堆积在覆盖泥炭的低洼地区中，这可能发生在像洪泛一类短期事件时；d. 条件重新变得有利于泥炭堆积，在洼槽泥充填物之上发育了新的泥炭层；e. 再次发生洪泛事件和泥的堆积；f. 尽管由于压实作用而发生某些变化，但原始的形态和地形还是保存到现今的煤和共生岩层中

速度跟不上压实沉降的速度,则泥炭表面被水淹没,泥炭沼泽将转变为浅水水池,聚煤作用中断。而这时,在地势高处却可能继续有聚煤作用发生。④聚煤作用在地势高处或边坡上能持续进行,而在地形低洼处聚煤作用周期性地被浅水碎屑沉积作用所中断,这样就会出现煤层朝地形低洼处分岔的情况(图11-4)。

需要指出的是,并非所有下伏沉积物为砂岩时,其上的煤层厚度一定都小,厚煤带都位于砂体旁侧。厚煤带的分布取决于压实沉降、堆积速度的复杂平衡关系,大体上可区分出三种情况:①厚煤带位于砂体的旁侧,这通常出现在差异压实较小时;②厚煤带位于砂体的边坡处,这通常出现在差异压实中等处;③厚煤带位于砂体的上方,这通常出现在差异压实很显著时。陈钟惠(1988)通过对华北晚古生代含煤岩系研究认为,由于每个旋回层的厚度都不是很大,砂体的厚度多数为几米至一二十米,因此,差异压实和厚煤带的分布情况多数属于第一种和第二种。

顺便指出,聚煤阶段的同沉积构造活动可产生与差异压实效应相似的控制作用,而且很可能是在更大的幅度上和更持续的时间内起作用。Weimer(1977)引用的一个实例则准确地反映了同沉积断裂形成机制对地貌和泥炭沼泽发育所产生的影响(图11-5)。

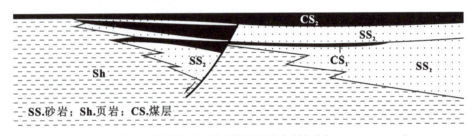

图11-5　同沉积断裂形成机制对煤层的影响(转引自Weimer,1977)

第三节　溢岸沉积作用与水系改道

溢岸沉积作用和水系改道阻碍有机质的堆积,在煤田中可能表现为局部的煤层变薄或局部地区煤的缺失(图11-6)。下面将分别对溢岸沉积作用和水系改道对聚煤作用的影响进行论述。

一、溢岸沉积作用

溢岸沉积(overbank deposit)是指"由溢出河道的洪水所携带的悬浮物在泛滥平原上堆积的细粒沉积物(粉砂和粘土)"(Glossary,1974)。Elliott(1974)将该定义扩大到包括三角洲分流间湾地区的溢岸沉积物。Costa(1974)指出,这类沉积物的粒级并不总是粉砂和粘土,还可以包括并非自悬浮物中沉积下来的砂和砾。Staub(1979)、Kravits等(1981)、Taylor(1981)对溢岸沉积物的类型和特征作了较深入的研究,分析了它们对煤层厚度、结构及煤质的影响,这些无疑对我们深入研究河流、三角洲及冲积扇等环境下的聚煤规律有重要的参考价值。溢岸沉积可根据洪水由河道溢出的方式、沉积物分布的几何形态以及影响沉积物厚度的其他因素作进一步划分。

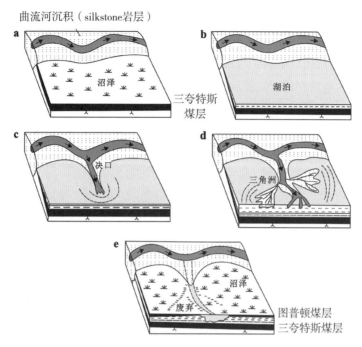

图 11-6　马克姆煤矿三夸特斯煤层顶板地层及图普顿煤层的发育过程
（据 Rahmani 和 Flores，1984）

a. 泛滥湖盆中泥炭堆积形成了三夸特斯煤层；b. 由于压实作用而使泥炭被淹没并终止堆积，湖相泥岩堆积；c. 决口改道的分流河道水体流向泛滥盆地，造成泥炭局部冲刷；d. 分流河道的进积和河口坝的发育，决口扇和越岸洪泛的沉积作用导致了泛滥盆地的充填；e. 泛滥盆地大部分充满沉积物时的废弃体系，泥炭堆积遍布表面形成图普顿煤层

一种溢岸沉积称为溢岸洪泛沉积，指的是在河道并无缺口情况下，由携带碎屑物的洪水以片流形式溢出河岸而产生的堆积。此时，粉砂通常堆积在堤岸上，而粘土则被搬运离开堤岸。

扇沉积物是另一种类型的溢岸沉积，又可进一步划分为决口扇和着火扇(fire splay，或译为火生扇)两种类型。①决口扇是指洪水越过河堤，在堤上侵蚀出一个缺口，并使部分水流短暂地改经缺口注入洼地，其结果形成扇状堆积物。决口扇沉积物的数量大，既有底负载的也有悬浮负载的，可由决口一直堆积到离河道较远处。②着火扇发生在泥炭堆积地区，当沼泽经历了一个干燥时期或着火以后，其表面将下陷，天然堤变得不牢固，河水从河道通过这个薄弱地点而流出。其沉积物在靠天然堤处较粗也较厚，向外则变细和变薄，总体上略呈楔状。与正常的决口扇沉积物相比较，它具有更大的地区分布，但厚度变化较大，很不规则。

溢岸沉积作用对聚煤的影响主要表现在以下三个方面：①溢岸沉积作用使碎屑物进入泥炭沼泽，可造成泥炭聚集过程的短暂中断，导致煤层朝河道方向分岔或煤层中广布夹石层；②夹带细悬浮物的水流可显著地提高煤中的灰分；③新鲜富氧水流的注入将改变沼泽中水介质的性质，从而影响到煤的性质。

决口扇是造成煤层朝河道方向分岔的重要原因。以上三角洲平原为例，据 Howell 和 Ferm（1980）的研究，煤层分布在具冲刷面的分流河道砂体之间，这些砂体的上部层位具有侧向伸出的，与分流间湾包括岸后沼泽沉积物呈舌状交互的决口扇体。朝两侧延伸的决口扇舌状体导致了煤层"鱼尾状"（fishtail）分岔，煤分层之间的页岩夹层朝河道方向过渡为决口扇顶部分选差的砂岩。煤层朝河道方向的分岔表明，决口扇沉积作用曾经导致聚煤作用的局部中断,以后由于决口扇沉积作用的中止和沉积物的压实沉陷,泥炭沼泽又重新扩展到决口扇的表面(图11-7)。

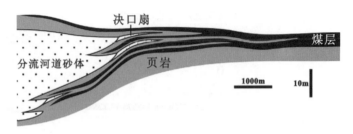

图11-7 西弗吉尼亚石炭系煤层朝着分流河道方向分岔变薄的剖面示意图(转引自Galloway等,1983)

溢岸洪泛和着火扇沉积是造成煤中夹石层的重要原因。溢岸洪泛所携带的悬浮物质造成煤中大量的、薄的泥岩夹层。着火扇沉积则形成比较广布的、厚度和粒度都变化较大的夹层,朝河道方向,厚度变大,粒度变粗。煤层结构复杂化,煤层总厚度可能增大,但纯煤层厚度减小。着火扇成因的夹石层靠底部常有丝质体富集带。

除夹石层外,许多由洪水携带的悬浮负载物以矿物杂质的形式混入到泥炭层中,从而使灰分增高。众所周知,煤中的灰分成因分为三种:一是来源于植物本身的矿物质,它的多少主要与沼泽滋育类型有关;二是由风和水搬运来的碎屑矿物质;三是自生矿物质,形成于泥炭堆积后及它被掩埋和转化为煤的过程中。由洪泛事件所带来的细碎屑悬浮物即属于第二种类型。看来,主要的洪泛事件能够沉积足够的碎屑物,以煤层中的夹石层形式保存下来,而小型洪泛事件所携带的沉积物则混入到泥炭基质中,提高了煤中的灰分。灰分在靠近河道部位较高,朝远离河道方向则明显降低。沼泽中的植被能阻碍洪水并有助于限制碎屑物质的分布,酸性的沼泽水也能沉淀悬浮物质,使它们不可能被带入到较远的沼泽中。这恐怕既是煤层灰分朝远离河道方向明显降低的原因,也是夹石层数量和厚度朝相同方向明显减小的重要原因。图11-8展示了二叠纪卡鲁煤盆地中河道砂岩厚度与煤层灰分产率变化的相互关系,显示平行于古河道有明显的高灰分趋势(Cairncross,1980),类似的情况在国内外许多煤田中都已发现。

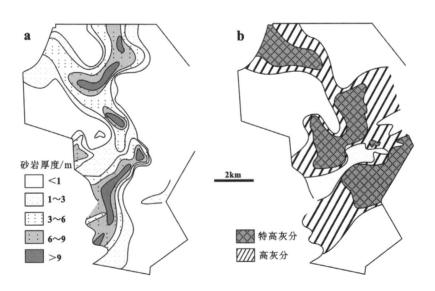

图11-8 卡鲁盆地北部范代克斯德里夫煤矿区河道砂岩厚度与其上覆煤层灰分产率关系图
(转引自Galloway等,1983)
a.河流砂体等厚图;b.上覆煤层灰分产率图

洪水进入泥炭沼泽还将使沼泽水介质特征发生变化。首先,沼泽水的pH值将升高,泥炭表面的生物降解作用加速,细胞结构中的无机组分富集到表面,成为煤中的灰分夹层。pH值的变化有可能造成低灰煤和高灰煤的有规律交替。从另一方面讲,因洪水是充氧的,当它与泥炭相接触时,能使泥炭中的镜质体氧化并形成假镜质体(pseudovitrinite),假镜质体的含量朝河道方向增高,与灰分的增高呈正相关关系(图11-9)。

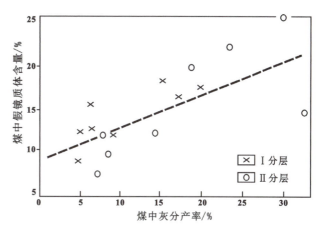

图 11-9 假镜质体含量与煤灰分产率的相互关系
（据 Kravits 等,1981）

既然溢岸沉积作用对聚煤作用有上述重要影响,因而在研究聚煤规律时,就应该注意研究毗邻聚煤地段的活动水系流动特征和沉积负载状况。具有高流量和高沉积负载的河流常堆积广布的席状和舌状的溢岸沉积物,而流量比较均匀、负载量较低的河流则只在偶发的洪泛事件中产生细粒悬浮沉积物,除造成一些薄的泥质夹层外,对泥炭堆积影响较小。

二、水系改道

河道在泥炭沼泽表面的迁移可能会大大地减少泥炭的厚度,甚至将它全部侵蚀掉。在河流三角洲平原上,河水由于决口而改道的现象是相当多见的,其中也包括河道袭夺这样一类大规模改道现象。

改道的水系经过泥炭沼泽地带,常冲刷泥炭的表层,造成煤层的局部变薄。但有时冲刷异常显著,甚至出现无煤带。冲刷的强度与河流改道时的流量有很大关系,并可分为强、中、弱等几种情况。冲刷的强度也与差异压实效应有密切关系。河流改道都是寻找地形低洼的去处,而厚层泥炭堆积处,由于迅速的压实,常常成为新的河道位置(图11-10)。也可能正

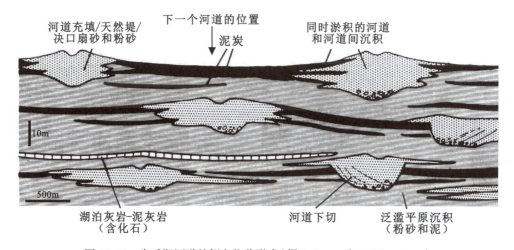

图 11-10 先后期河道的侧向位移形式（据 Galloway 和 Hobday,1983）

是因为有了现成的低洼地形,所以河道冲刷的宽度和深度都不一定很大。近年来国内外的许多研究表明,有些河道砂岩对下伏煤层几乎没有什么冲刷。可见,对河道冲刷问题必须作具体分析,不能一概而论。

Ferm 和 Cavaroc(1968)描述了美国西弗吉尼亚州中部和北部斯托克顿至 5 号块段各煤层分岔的一般模式(图 11-11)。在这个模式中,以砂岩为主的河流沉积物使煤层侧向分岔。在这些实例中,厚煤体的位置取决于下伏沉积物的特性。在难压实的厚砂岩地区,相对于侧向同期易压实的页岩和煤来说,形成地形"高地",而后者则形成地形"低地"。"低地"区利于粗粒河流碎屑物的流入,为砂的堆积提供了场所。因此,主要泥炭堆积地区是地形"高地"区,因为它在泥炭堆积时很少有碎屑物注入。

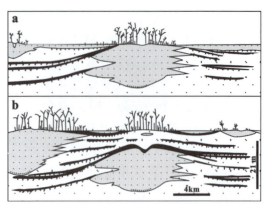

图 11-11 美国西弗吉尼亚州中部斯托克顿至 5 号煤层段中煤和共生岩石指状交互的一般模式
(据 Ferm 和 Cavaroc,1968)

地表水系短暂流经泥炭沼泽地区,使泥炭堆积作用局部中断,而后水系消亡,泥炭堆积过程又重新恢复,其结果就表现为煤层中不同规模的、呈带状延伸的碎屑透镜体,造成煤层结构的复杂化,图 11-12 为在野外露头见到的煤层中小型透镜状水道砂体。

图 11-12 贺兰山延安组煤层中的水道充填
(焦养泉摄,2006)

国外把河流改道流经泥炭沼泽地带的结果区分为带状分岔(ribbon splits)和带状冲刷(ribbon washouts)两种情况(图 11-13)。其共同点是砂体都呈带状延伸,或称为带状体

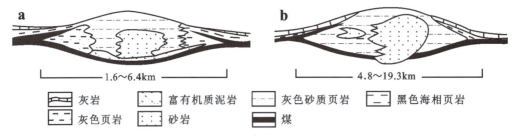

图 11-13 印第安纳州和伊利诺斯州福尔瑟姆维尔戴克斯伯格复合体中带状分岔(a)和带状冲刷(b)的示意性剖面图(转引自 McCabe,1984)

(ribbon body),宽几十米至几公里,长可达几十公里或更多,剖面上都具有透镜状形态。不同之处是在带状分岔情况下,砂体上覆和下伏都是煤层,砂体对下伏煤层只有极微弱的冲刷(图 11-14)。在带状冲刷情况下,下伏煤层受到较显著的冲刷,局部地段可冲刷到煤层底板,砂体之上不再有煤层覆盖。在带状分岔和带状冲刷之间存在各种过渡形态,甚至同一条带状砂体在不同地段也可具有不同的特点(图 11-15)。带状分岔和带状冲刷这两种情况在成因

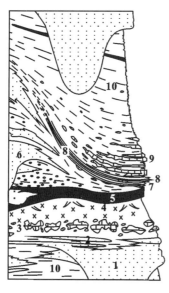

1. 向上变细的砂岩底部被剥蚀，河流和分流河道沉积；
2. 砂岩和页岩互层、代表河道废弃；
3. 团块状"底粘土"灰岩，为淡水湖或三角洲区域的半咸水澙湖沉积；
4. 粘土岩（"底粘土"），含根茎化石及成煤森林土壤；
5. Colchester煤层，原地泥炭沼泽沉积；
6. Colchester泥炭堆积过程中形成的淡水河流相砂岩、粉砂岩和泥岩，与三角洲沉积（Francis Creek页岩）有关；
7. 透镜状海侵海相灰岩；
8. 黑色易裂页岩（即Mecca Quarry页岩），形成于高度局限海环境；
9. 海退海相灰岩和页岩互层；
10. 向上变粗的泥岩和粉砂岩，代表着前三角洲和三角洲前缘沉积，成为Survant煤层的底层。

图 11-14　典型狄莫统旋回层 –Colchester煤层及围岩剖面示意图（据 Baird 和 Shabica，1980）

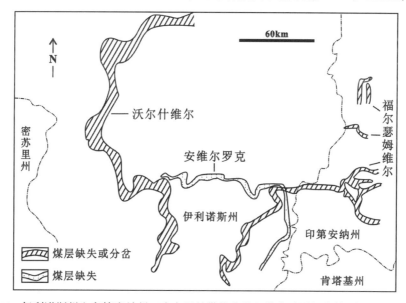

图 11-15　伊利诺斯州和印第安纳州三个主要的带状分岔和带状冲刷复合体（据 McCabe，1984）

上并无实质性的差别，只是反映了注入水流的强弱及存在时间的长短。如果注入水流较弱，对下伏煤层冲刷微弱，水系又较快消亡，那么泥炭沼泽就有可能在废弃河道砂体之上部分或全部重建，然后再被上覆沉积物和海相层所覆盖，这时就表现为带状分岔。如果水流较强，又持续时间较长，就可能表现为带状冲刷。

第四节　海侵作用

在海侵作用过程中，海滩沉积物可以覆盖沼泽。粗粒碎屑沉积物可以从沿岸沙丘和冲越扇带入沼泽。在大多数情况下，如果连续海侵，前滨和近滨地区内侵蚀作用将搬运这些沉积物和下伏泥炭。只有在泥炭的原始厚度大于侵蚀深度时，泥炭才能保存下来。在障壁岛一侧形成的盐沼沉积中，其前滨地区受到侵蚀。相反，在潟湖朝陆一侧形成的湿沼地，被一层薄的冲溢海滩沉积覆盖而保存。由此看来，在海侵以后保存下来的大部分泥炭，会被经大面积改造的潟湖泥或薄板状海滩障壁砂覆盖（图11-16）。

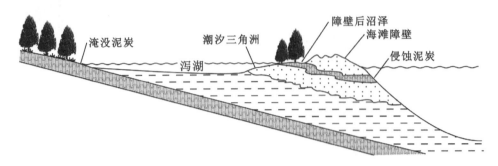

图11-16 经受海侵的海岸线泥炭沼泽横剖面分布图（据Kraft, 1971）

具有淡水性质的沼泽泥炭堆积后，如果发生海侵，会使泥炭层被海水所覆盖，将直接导致泥炭堆积作用的终止（图11-17），其可能产生的结果是：①泥炭层被部分冲蚀；②沼泽水介质的pH值明显升高，导致泥炭表层的降解和灰分的增高；③在海水作用下，泥炭的硫分增高。

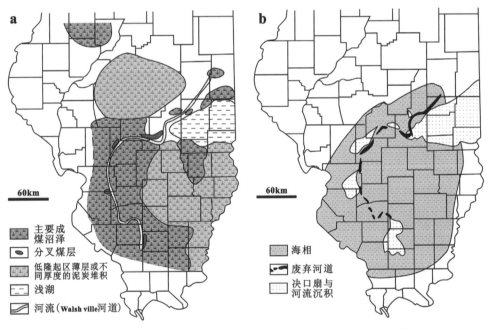

图11-17 Herrin成煤沼泽古地理图（据Nelson和Jacobson, 2010）
a. 同时出现的Walsh ville河道；b. 直接覆盖Herrin煤层的地层

研究表明，泥炭形成期硫含量的增高可能是受海水影响的结果（Casagrande等，1977；Wang等，1982）。日本早第三纪煤中硫含量变化范围较大，由于大部分煤沉积于近海环境，因而含煤岩系在某种程度上受海水侵入的影响。三池煤田煤层剖面中硫含量被认为是受后期海侵的影响，其垂向变化可以与佛罗里达大沼泽以及田纳西州的上格拉西斯普林层受海水影响的泥炭相对比。从表11-1中可以看出，现代半咸水、咸水环境中泥炭全硫含量明显增高。

图 11-18 为澳大利亚二叠纪不同沉积环境煤系地层中硫的含量，硫的存在形式既包括有机硫又包括无机硫，无机硫为黄铁矿硫和硫酸盐硫等。

Horne 等（1978）援引 Caruccio 的资料指出，二硫化铁以白铁矿或黄铁矿形式存在于煤中，它们呈自形颗粒、交代原生植物质的粗粒体，以粗粒板状体和莓球状黄铁矿形式分布在岩层节理中。莓球状黄铁矿被认为是在海洋或半咸水里由硫还原菌的作用而产生的，在那里，缺氧条件和高的 pH 值促使硫固定（Cecil 等，1979）。有些莓球状黄铁矿直接形成于植物降解作用的早期阶段（Renton 等，1979）。Cohen（1973）对现代泥炭的

表 11-1 泥炭相中的硫含量

泥炭类型	全硫百分比（干重）/ %	
	范围	平均值
纯泥炭藓	0.12～0.19	0.16
欧石楠型泥炭藓	0.15～0.23	0.19
苔草（淡水）	0.14～0.77	0.35
苔草（半咸水）	0.64～1.50	1.12
苔草（咸水）	5.30～6.30	5.90
萍蓬草属洼地	0.21～0.32	0.27
苔草—泥炭藓	0.19	0.19
苔草粘土（淡水）	0.13～0.16	0.15
苔草粘土（咸水）	3.30～5.90	4.30

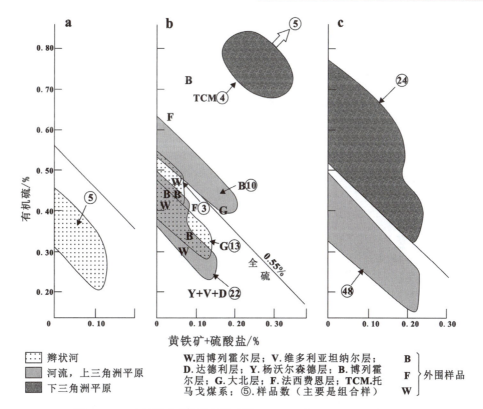

图 11-18 硫的形式和沉积环境（据 Rahmani 和 Flores，1984）
a. 冈尼达盆地早二叠世莫列斯克里克组；b. 悉尼盆地东北部晚二叠世纽卡斯尔煤系；c. 悉尼盆地南部晚二叠世伊勒勒瓦拉煤系

研究以及 Mansfield 和 Spackman（1965）对石炭纪煤的研究，进一步证实了高硫量与海洋影响之间的联系。泥炭沉积前的环境在决定硫的含量方面是最重要的（Williams 和 Keith，1963）。已有的材料还证实，莓球状黄铁矿硫含量高的泥炭形成在沼泽被海水和微咸水侵入处。图 11-19 为煤中全硫含量与煤层和上覆海水或半咸水层之间的距离关系，从图中可以看出随着煤层与上覆海水-半咸水地层之间距离的增大，煤中全硫含量呈双曲线型减小。

当先有了相当厚的堆积物使泥炭与海水和微咸水隔开时，煤层中硫的含量就会较低。溢

岸沉积物、风暴冲越扇沉积物等都可以起到隔挡作用,但下三角洲平原区的决口扇沉积物也许在这方面是最重要的。南非的卡罗煤提供了海侵影响煤成分的显著证据。这些煤层因为硫含量低而受到注意,这样的例外是由于下三角洲平原的煤直接被海洋改造的海绿石质沉积物的连续地层所覆盖的缘故(Cadle 和 Hobday,1977)。

下三角洲平原区的煤有相当部分直接被海相和微咸水相沉积物所覆盖,受海水的影响,通常趋于高硫分(大于2%),且大部分是莓球状黄铁矿。然而,当决口扇沉积物先期堆

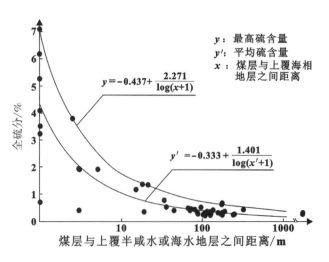

图 11-19　日本主要早第三纪煤中全硫含量与煤层和上覆海水或半咸水层之间距离的关系(据 Rahmani 和 Flores,1984)

积并有足够厚度时,它们将煤和能还原硫的细菌分隔开,故硫分仍然是低的(小于1%)。Horne 等(1978)用一个实例说明了这一规律。在该实例中,煤堆积在下三角洲平原区,具分散状黄铁矿硫的煤与海相和微咸水相顶板在分布上有很大的一致性。在该区的西部和南部,煤被陆源碎屑沉积的楔形体所覆盖,硫含量降低到1%以下(图 11-20)。

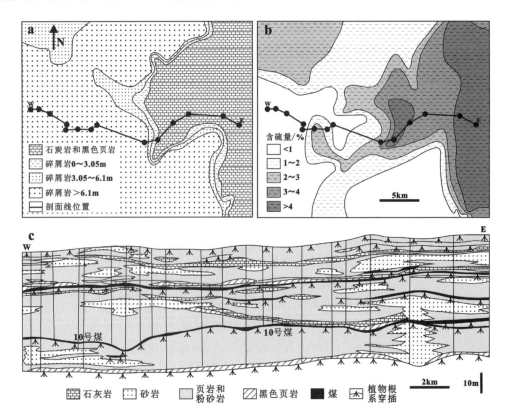

图 11-20　美国东部地区石炭系 10 号煤硫分及其与顶板岩性相空间配置规律(据 Horne 等,1978)
a.10 号煤顶板岩性分布图;b.10 号煤在 1.5 沉级洗选试验中尚未能排除的硫分分布图;c.10 号煤上覆岩性分布剖面图

图 11-21 是煤层堆积后立即出现的沉积环境的复原图。它说明,该地区西南部的分流河道的天然堤曾几次决口,并在北部和东部形成了巨大的冲积扇沉积,它覆盖在煤之上并插入到分流间湾中。海水和微咸水沉积物(灰岩和黑色页岩)覆盖了陆源碎屑岩这个事实表明,碎屑沉积物的堆积是较早的,它保护了煤,使煤免受海水和微咸水的影响。

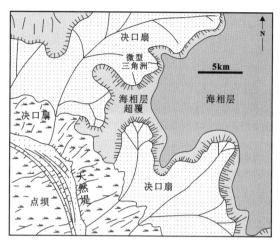

图 11-21　美国东部地区石炭系 10 号煤顶板沉积环境复原图(据 Horne 等,1978)

第五节　综合影响分析

以上列举了影响煤层分布、煤层厚度和煤质的若干沉积因素。这些因素并不是孤立的,而是综合地对某个沉积环境下的某个层位的聚煤作用产生影响。这就要求我们在实际工作中,既要善于分析各种因素自身产生了一些什么影响,又要能够归纳出这些影响所能产生的综合效应。

以内蒙古准噶尔旗煤田太原组下部的 9 号煤层为例,由于受到来自东南方向海侵的影响,煤层厚度自北向南逐渐变薄,并大致可划分为三个厚度带:3～5m 带,1～3m 带和小于 1m 带,在最大海侵岸线朝陆一侧,煤层的厚度最大。尽管煤层厚度的区域性变化发生在南北方向上,表现为大致平行岸线的、东西向延伸的煤层厚度带,但在每个具体的矿区或勘探区范围内,煤层等厚线却是南北向延伸的,这表明煤层厚度的变化在东西方向上更为强烈。深入研究表明,东西向的煤层厚度变化与下伏晋祠期河道砂岩的分布状况密切相关。河道砂岩自北向南延伸,砂岩及与砂岩侧向共生的泛滥盆地细粒沉积的差异压实效应,导致厚煤层发育在下伏河道厚砂体的两侧,即地形较低处。所以,在这里煤层厚度变化是岸线位置控制的南北向变化与砂体控制的东西向变化的综合效应(图 11-22)。

陈钟惠(1988)提出,上述现象在整个华北地区带有普遍性。煤层厚度的变化发生在两个方向上,即南北方向和东西方向。南北方向的变化是区域性的,第一位的;而东西方向的变化是第二位的,但在勘探区或矿区范围内则是起主导作用的(图 11-22)。

导致煤层厚度南北方向变化的原因有两个。

(1)沉积体系的相变发生在南北方向上,即由北而南,由河流沉积体系过渡到三角洲沉积体系,再到潮坪—海湾沉积体系。从聚煤角度,中带的三角洲沉积体系,优于其北面的河流沉积体系,更优于其南面的潮坪—海湾沉积体系。

(2)海侵总体上是自南而北发生的,在各期海侵最终岸线附近和前方,煤层具有较大厚度,朝陆和朝海方向煤层都变薄。

导致煤层厚度东西向变化的主要因素是自北而南沿古地面坡向延伸的河流三角洲

砂,并表现为以下五种形式。

(1)河道或分流河道对聚煤作用的控制。煤层发育在河道或分流河道两侧的泛滥平原中。煤层朝河道方向变薄、分岔、灰分增高。

(2)废弃河道或分流河道对聚煤作用的控制。煤层发育在已废弃河道或分流河道两侧原先为泛滥平原的低洼地形中。煤层朝河道方向变薄,但通常无分岔现象,也无灰分增高现象。

(3)砂体与周围岩性的差异压实所产生的地形对聚煤作用的控制。通常在下伏为厚砂体处,煤层较薄。在下伏为细粒沉积物处,煤层较厚。

(4)短暂注入聚煤沼泽中的河道对煤层厚度和煤层结构的控制作用。

(5)河道和分流河道对下伏煤层的冲刷作用。

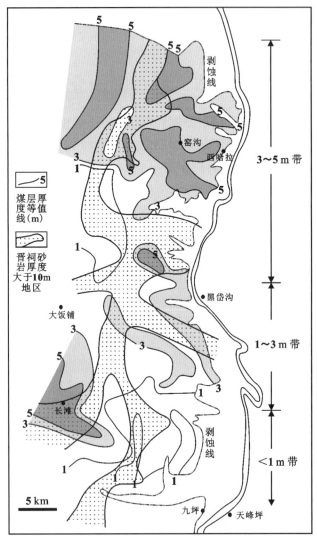

图 11-22　准旗煤田 9 号煤层厚度与晋祠砂岩厚度相互关系
(据陈钟惠,1988)

<<<<< 第五篇
聚煤盆地沉积体系分析

聚煤作用活跃的沉积体系

煤不仅是一种能源矿产,而且是一种特殊的沉积岩,它们依附于沉积体系而存在,因而我们有必要去了解聚煤沉积体系,在沉积体系内部识别包括泥炭沼泽在内的各种类型的成因相,揭示泥炭沼泽与其他成因相的空间配置关系,总结沉积体系模式,以起到预测的作用。在自然界,冲积扇沉积体系、河流沉积体系、湖泊沉积体系、三角洲沉积体系和碎屑滨岸沉积体系等,都具有较强的聚煤作用,但是聚煤作用和煤的赋存空间却完全不同。因此,准确判别沉积体系类型并在此基础上重建沉积体系域,将有助于准确定位预测和评价聚煤盆地的煤炭资源量。

第十二章 冲积扇沉积体系

冲积扇是由山前断崖向邻近低地延伸的主要由粗碎屑沉积物组成的圆锥形、舌形或弓形堆积体(Galloway等,1983)。冲积扇在植被贫乏的干旱或半干旱区最发育,但并不局限于此气候带中,它们也可以发育于地势和沉积物补给适宜的潮湿气候区。因此,前者被称为旱地冲积扇,后者被称为湿地冲积扇。冲积扇代表了陆上沉积体系中粒度最粗、分选最差的近源沉积,通常在下倾方向上变成相对细粒的河流体系。然而,有些扇的前端直接进入湖泊或海盆,则称为扇三角洲。

冲积扇单个扇体在平面上呈扇状,倾向剖面上为楔状,走向剖面上为凸透镜状。多个扇体在侧向上相连可以构成冲积扇裙。冲积扇体的大小主要受气候、盆地流域面积、流量、地形起伏和物源区母岩性质等因素影响。如气候,在干旱区冲积扇坡度大、扇体小;而在潮湿区冲积扇坡度小、扇体大。又如在以泥岩、页岩为源区形成的冲积扇往往要比以砂岩为源区形成的冲积扇大得多(Bull,1962)。

冲积扇的形成主要是由于坡度的突然减小和河流搬运能量的降低,通常伴有重力的不稳定性,也可能起因于陡坡上植被的破坏或由海平面变化引起的基准面下降(McGowen,1970),或者封闭湖盆中水位的下降等(McGowen等,1979)。

冲积扇大量地出现于构造活动区,如裂谷盆地、与走滑有关的拉张盆地及前陆盆地的断裂边缘一侧。

第一节 沉积作用过程及其沉积物类型

在活动性构造背景这一先决条件下,陡的坡度和丰富的粗粒碎屑物质供给,主要产生了两种沉积作用——河川径流和泥石流。它们在扇体中各自所占的比例随沉积物结构和气候等因素的变化而不同。如印度与尼泊尔接壤处的柯西扇及热带区的洪都拉斯扇,它们是单独的河流作用的产物。在冲积扇的另一端,几乎完全是由泥石流形成,这种冲积扇往往形成于半干旱地区。但大部分扇都反映出泥石流与河流的共同作用。次要的作用如筛积作用、风的作用、渗透作用等对冲积扇也有影响。

1. 河川径流

在潮湿扇面上以常年性河川径流作用占优势,如柯西扇等,而干旱扇面上则以季节性河流为主。水系均为辫状型,河道之间发育沙坝。这主要是由于出山口进入冲积扇的水流部分渗漏加之坡度变缓,沉积物大量卸载,残余河水趋向围绕这些堆积物流动而发生分岔形成辫状河道。河道间沙坝自扇根→扇尾的演化规律是扇根－平坦的菱形席状坝、扇中－突出的纵向坝、扇尾－砂质横向坝。

河道沉积物由砾石、砂组成,分选差。砾岩中叠瓦状构造发育,而砂岩中不同规模的板状、槽状交错层理发育,最典型的是具有冲刷充填交错层理(图6-16)。河道水流在间洪期多数局限于河道内,而在洪泛期可能以片流方式扩散于整个或部分扇面上。扇面主河道具侧向迁移能力。如柯西扇1736年以来的200多年间,主河道向西摆动了112km(图12-1)。而在特别潮湿的冲积扇上,可能由于植被的作用,河流迁移能力较差。河川径流作用受滑坡或湖水面、海平面的变化影响。水体阻滞促进加积作用,而基准面下降引起河流下切。不断加积使扇体本身坡度减小,源头河流的袭夺,可能使新的冲积扇发育于废弃扇的洼地区。

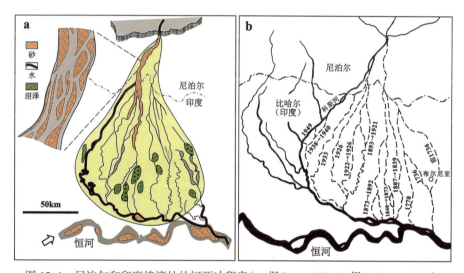

图12-1 尼泊尔和印度接壤处的柯西冲积扇(a. 据Seni,1980;b. 据Holmes,1965)

2. 泥石流

泥石流是由重力推动的泥水混合的低密度介质,具有高的屈服强度,其流动属于层流而不是紊流。流体内部的颗粒是由粒间的泥和水的混合物支撑,并在重力作用下进行搬运。Hampton(1975)认为泥石流搬运较大颗粒的能力在很大程度上取决于泥石流粘土基质的含量、粘土成分和流动延续时间。这种流体在流动过程中保持着一定的整体性,从而显示了层流的特点。泥石流的空间形态为两侧较平行的舌状体,顶面较平整,边缘清楚。泥石流沉积的总体特点是分选极差,有巨大的漂砾,一般不显层理,呈块状构造。

泥石流多发育于半干旱地区,潮湿扇上不很发育,也难以保存。泥石流经常由暴雨触发,持续时间较短。暴风雨的频率、流域盆地的地形、源岩的岩性和风化速度决定了沉积物的体积和质量,这本身又控制了泥石流的主要作用过程。

许多泥石流起始于滑坡和坡面冲刷。未固结松散物质的堆积是块体运动和崩积作用的结果,水的加入则触发泥石流。汶川地震后大规模的次生泥石流事件就是现代的典型实例。在美国西南部干旱地区观察到的泥石流,源于向下游迅速变平坦的32°的坡度,尽管如此,直径45cm的巨砾还是被搬运了近20km远。

即便是在一次特定的泥石流中,它的粘度也有变化。Bull(1972)研究的实例中泥含量变化范围为40%～90%。在大多数粘性流体内,较大的碎屑遍布于它们的沉积物中,但在低密度的流体中,其沉积物则可能显示出反的、正的和反－正的递变现象,且碎屑有较明显的定向性排列。顺坡而下,泥石流中的水分逐渐失散于下伏层中,导致基质强度的增加(Rust,1978)。根据这种机理,上倾方向的泥石流沉积物将比下倾方向相应的泥石流沉积物发育更好的结构排列和层理特征。但冲积扇泥石流通常由陆上延伸进入湖泊水体,在那里其流动性将大大增强而演变为稀性密度流(Nemec等,1980)。

3. 片流作用

主要发育于洪水期,形成席状分布的分选中等的砂、粉砂、砾石等。片流时间短、流体浅,能产生高流态,能量衰减快速,故平行层理、逆行沙丘、递变层理发育。

4. 筛积作用

在干旱冲积扇上许多沉积物表面是多孔的,携带着沉积物的一部分水流由于渗透作用而在扇表面上形成了舌状体(筛积体)。筛积体集中分布于扇周围,且明显与河道体系有关,因此筛积物通常被下一次洪水所改造。

5. 风的作用

在干旱的冲积扇中,中—细粒砂被风改造和沉积的现象是常见的。

第二节 现代和古代冲积扇实例

一、印度与尼泊尔接壤处的现代柯西湿地扇

(1)主要特点。受季节性洪水、冰融而发生季节性活动,以终年泄水为特点。河流作用几乎控制扇的整个表面(图12-1),扇体表面坡度低,上扇区坡降比为1～4m/km。沉积物粒度向下游方向有规律地减小,磨圆度增强。砾石叠瓦状构造发育,具颗粒支撑特征。

(2)内部构成。扇根主要受暴雨型流量控制,河道内主要发育沙坝,槽状交错层理发育。扇中上部菱形坝(粗砾)发育,而在扇中下部纵向坝(细砾)发育。扇尾的砂质底形如纵向坝、舌形坝、横向坝等常见,板状交错层理、槽状交错层理发育。

二、阜新盆地海州组古代湿地冲积扇

阜新盆地是中生代的一个断陷盆地,海州组沉积时期气候相对湿润,在盆地内部沿断裂

带一侧发育了大规模的巨厚泥石流和漫流沉积物,向盆地腹地方向粗碎屑沉积物呈楔状变薄尖灭,取而代之的是细粒沉积物和扇前湿地,那里发育有大规模的泥炭沼泽沉积,从而形成优质的工业煤层(图 12-2)。

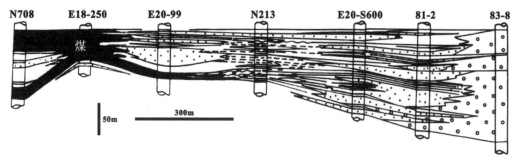

图 12-2　阜新盆地海州露天矿东北部中间段沉积断面(据李思田等,1988)

与海州组冲积扇有关的聚煤作用发生在扇间湾及扇前缘浅水湖泊中。各层段含砂率为 30% 的等值线所包括区域与该层段富煤带的分布范围相吻合(图 12-3)。李思田等(1988)将海州组冲积扇沉积物划分为五种组合类型,A 组合以巨厚的泥石流为主,夹较多的中—厚层透镜状河道充填砾岩;B 组合为巨厚的泥石流和厚层状漫流砂体;C 组合以薄—中厚层状漫流沉积物为主,含部分泥石流沉积物;D 组合是由浅水重力流沉积物、漫流砂体与煤层、炭质粉砂岩或泥质粉砂岩互层组成的沉积复合体;E 组合以厚煤层为主,夹薄层细粒碎屑岩。各种组合区(带)的空间分布关系可用图 12-4 来综合表示。根据对海州和新邱两个露天坑的观察,结合大量沉积剖面的统计分析,总结了五种冲积扇沉积物组合的平均分布宽度及其与所在层段含砂率值和煤层形态的大致对应关系(表 12-1)。

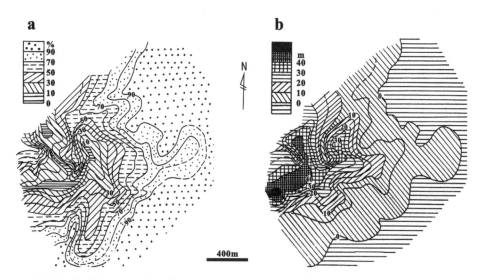

图 12-3　阜新盆地海州露天矿东北部海州组中间段含砂率(a)与煤层累计厚度图(b)(据李思田,1988)

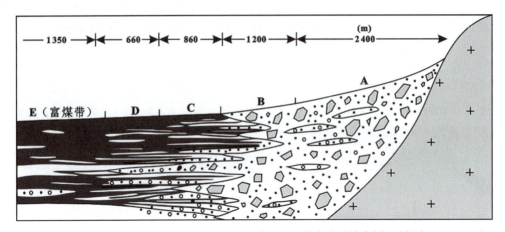

图 12-4　阜新盆地海州组各段冲积扇相沉积组合的空间分布关系综合剖面（据李思田，1988）

表 12-1　阜新盆地海州组冲积扇各种沉积组合的规模及其与含砂率和煤体结构的关系

组合类型	组合带平均宽度 / m	含砂率 / %	煤层形态
A	2 400（1 500～3 600）	99 以上	无煤区
B	1 200（500～2 000）	90 以上	煤层尖灭带
C	860（400～1 800）	70～90	强烈分岔带
D	660（200～900）	30～70	初始分岔带
E（富煤带）	1 350（650～2 000）	30 以下	煤层合并带

三、美国死谷的旱地冲积扇实例

（1）主要特点。间歇性河流发育，扇体规模小，呈锥形。由泥石流筛积叶状体、辫状河和漫洪沉积物组成（图 12-5）。

（2）内部构成。泥石流具陡的边缘叶状体，叶状体可以叠覆，也可以充填于河道中。叶状体向下游方向厚度减小，但基质含量保持恒定。它具有棱角状碎屑、分选差、层理不明显及基质支撑等特点。

筛积物很少被保存，由碎屑支撑的砾石组成，与下伏单元为渐变过渡。形态狭窄，倾向上呈断续的带状，横剖面呈椭圆形。

扇根为砂质沉积物。漫洪沉积由平行纹层砂组成，其特殊的沉积构造组合有高流态沉积构造（平行层理、逆行沙丘）及小型风成沙丘构造等。它们常受到化学沉淀的矿物生长的破坏。

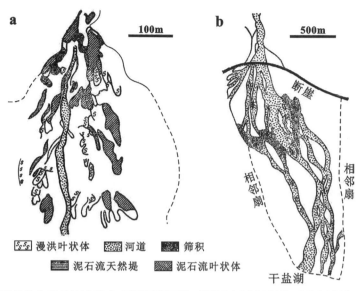

图 12-5 美国死谷的典型旱地冲积扇,展示了泥石流、筛积和河道沉积的不同比例(据 Hooke,1967)

第三节 冲积扇沉积物特征和垂向序列

冲积扇沉积物粒度和沉积构造随着坡降比的变化而变化。扇根的沉积物最粗,块状构造发育;扇中的砂和砾交替出现,重力流和牵引流并存;扇尾的牵引流更为丰富,各种交错层理的砂岩常见(图 12-6)。

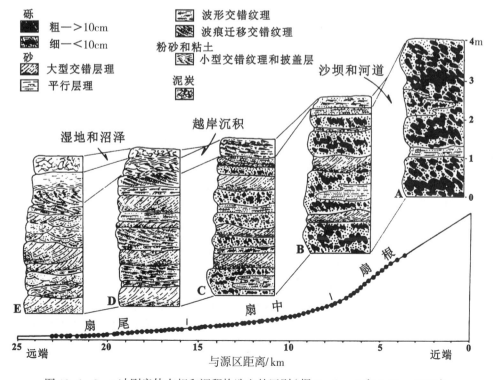

图 12-6 Scott 冲刷扇体在相和沉积构造上的区别(据 Boothroyd 和 Ashley,1975)

如果按沉积体系的叠置型式划分大尺度的垂向序列，那么冲积扇沉积体系具有两种垂向序列，进积型的冲积扇具有向上变粗的反粒序，退积型的冲积扇具有向上变细的正粒序。但实际上大尺度的垂向序列多数是由一系列小尺度的反粒序构成，小尺度的正粒序比较少见（图 12-7）。

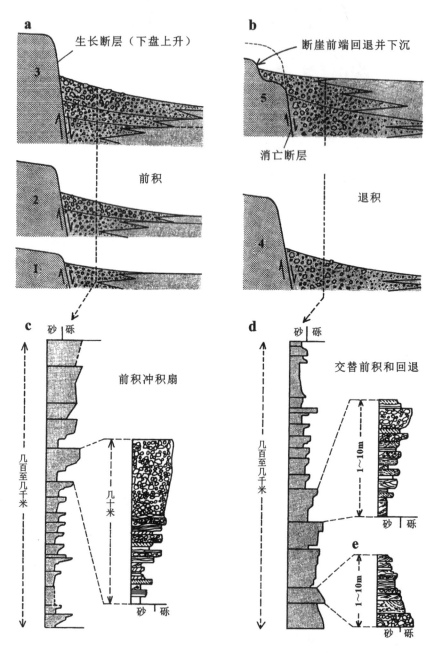

图 12-7 冲积扇沉积和可能相关成因相的理想化垂向层序（据 Ethridge, 1985）
a. 因持续的生长断层上升和扇体前积而形成的大规模向上变粗的层序（1～3）；b. 大规模向上变细的层序，可能因断崖前端回退和源区地形下沉而导致（4～5），也可能是后期发生了位移且扇体不再发育（未显示）；c 和 d. 因单个扇体突出的前积而形成的小规模向上变粗旋回；e. 小规模向上变细旋回，其类似河道的基底是点坝作用或辫状河道充填所致

第四节　冲积扇与聚煤作用关系

从聚煤角度来看,尽管冲积扇与河流、三角洲、湖泊等沉积体系相比是次要的,但仍有可观的煤炭资源与冲积扇有关。Galloway 等(1983)指出:"煤与各种山间盆地和前渊平原(foredeep plain)环境中的冲积扇和扇三角洲体系共生。与走滑断层组合有关的拉张盆地及其他断陷地段,对含煤冲积体系的发育最为有利"。

与走向滑动和断陷移位有关的盆地,在沉积阶段经常受到构造活动的影响,因而具有复杂的扇转移和局部基准面发育型式,这就导致了煤与砾岩、砂岩、页岩的复杂共生关系。与冲积扇沉积作用有关的煤已见于美国无烟煤盆地(Pedlow,1979)、西班牙北部(Heward,1978)、南非的卡鲁盆地(Tankard 等,1982)、新西兰南岛的西海岸(Jones,1982)和中国的东北亚断陷盆地(李思田等,1988)。

一、冲积扇的聚煤作用

在含煤冲积扇体系中,煤层的分布主要与扇间洼地、扇中朵体间以及扇尾和扇前缘过渡带等环境有关。扇顶区通常无聚煤作用发生(图 12-8)。

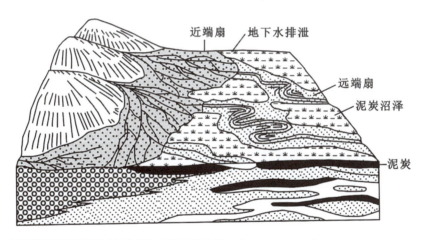

图 12-8　由近端扇到远端扇河流类型的变化及泥炭堆积与地下水溢出带的关系(据 Galloway 等,1983)

扇间地带(interfan)特指冲积扇与冲积扇之间的低洼地带,该区缺少碎屑物的补给,又常常是地下水的溢出带,因此是发生聚煤作用的理想场所。如果有同沉积构造发育,导致扇间地带的持续下陷并被有机物质所补偿,将形成很厚的煤层。但这种情形并不多见,且煤层的侧向连续性很差。

扇中区的洼地(interlobe depression)也可以有聚煤作用的发生。当活动扇迁移到别处时,废弃的扇朵体地带上有煤层与粉砂岩、细砂岩及根土岩共生。推断粉砂岩和细砂岩是较为快速的洪泛堆积。在沉积作用的间歇期形成煤。煤层通常是薄的,但如果碎屑沉积作用间断的时间很长,也可以形成较厚的煤层。

在扇尾区(砂质远端扇),河道成因的粗碎屑岩呈透镜状产出,分布较局限,四周被细碎屑岩如泥岩、粉砂岩、细砂岩等所环绕。这些细碎屑岩属于洪泛沉积。每次洪泛之后都有足够的时间,在先期沉积物之上发育大量植被。当时间间隔更长时,还能造成植物遗体的堆积形成炭质泥岩、薄煤和可采煤层。在这里，由扇的上部通过透水性好的砾质堆积物而溢出的地下水起了重要的作用。

由扇尾区向盆地腹地，进入与其他沉积体系的过渡带，这里通常有重要的聚煤作用发生，并可区分为两种不同的情况，一是与河流体系的过渡带，二是与湖泊体系的过渡带。这些地方由于地势低，是地下水溢出带，矿物养料充足，适宜植物大量繁殖，因而是聚煤有利地带。这一地带通常与河流平原或湖滨聚煤带连成一片，中间很难找到分界。不少学者倾向于把它们整个划归于河流和湖泊沉积体系。

二、冲积扇与干流过渡带的聚煤作用

当冲积扇朝下倾方向与一条主干河流邻接时，冲积扇前缘直接过渡到泛滥平原并成为它的一个组成部分。这里是聚煤的有利场所。Obernyer（1978）以美国怀俄明州约翰逊县沃萨奇组为例，对这类过渡带的聚煤作用特点做了很好的说明（图12-9）。这里所含的主要煤层——Lake de smet层南北向穿过该区，延伸长度至少有24km，宽1～3km，厚20～75m。该煤层朝东分岔为5个主要的比较广布的煤层，朝西则分岔为薄煤甚至炭质页岩并迅速尖灭。在该煤层以西与它同期的地层中，占优势的是透镜状和互层状的固结差的砾质砂岩、砂岩，还有粉砂岩、泥岩、炭质泥岩和薄煤，这种岩性再向西与山麓砾岩呈舌状交互。该煤层以东，位于5个可采煤层之间的岩性，主要是细至中粒砂以及粉砂、泥岩、粘土岩、炭质页岩和薄煤层。砂岩是多阶的，每个阶都由底部冲刷面开始，向上粒度变细，层理类型也由下部的槽状交错层理过渡到上部的板状交错层理和平行层理，有时还有攀升波痕层理。

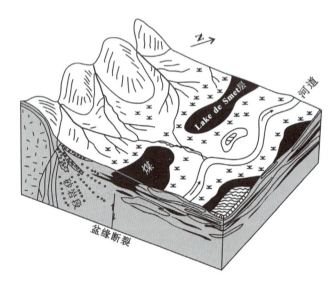

图12-9　美国怀俄明州约翰逊县沃萨奇组沉积环境示意图
（据Obernyer，1978）

鉴于主煤层东西两侧砂岩结构、构造特征及古流向的明显差别，Obernyer对总的沉积环境做了如下推断：由于西部山区的快速隆起，沿着山麓带形成了流经冲积扇的辫状河沉积，与此同时，在东面逐渐沉降的盆地中，受一条自南而北的干流的影响，形成了包括沼泽、曲流河道、天然堤、决口扇和湖泊在内的排水差的曲流河冲积平原。主煤层将这两种环境分开。Obernyer认为，主煤层是在曲流河岸后沼泽或泛滥盆地沼泽中形成的，从成因上应归属于其东面的曲流河沉积体系，而不是其西面的冲积扇和辫状河沉积体系。主煤层能达到如此巨大的厚度，与成煤期的隐伏基底断裂有关。

陈钟惠（1988）根据Obernyer所做的文字叙述及图12-9，认为该主要煤层恰是发育在冲积扇与干流的过渡带上，其形成应是受到两个沉积体系的控制，故不能把它完全归属于东面的曲流河沉积体系。当然,相比之下,曲流河沉积体系的控制作用是更主要的。

Кращёжичиеов(1957)对苏联乌拉尔东侧切利亚宾斯克煤田的研究表明,主要的聚煤地带分布于冲积扇带与干流河道沉积带之间(图12-10)。泛滥平原聚煤地带实际上也就是冲积扇前缘的聚煤地带。

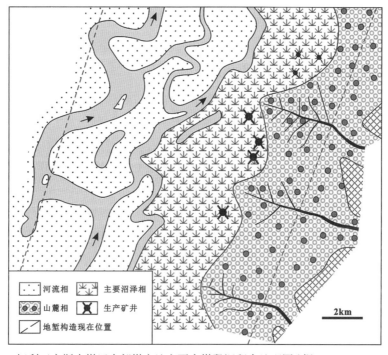

图12-10 切利亚宾斯克煤田中部煤产地主要含煤段沉积古地理图(据 Кращёжичиеов,1957)

Ригенбёрг(1960)研究苏联侏罗纪的麦库边煤田,得出了相同的结论(图12-11)。在麦库边盆地两侧边缘发育的是山麓冲洪积物,盆地中部为干流河道粗碎屑沉积,两者之间为过渡带的较细粒沉积。当构造活动加剧,地形高差增大时,两个粗碎屑沉积带可扩展并结合在一起。当构造活动减弱,地形高差变小时,过渡带加宽。在此基础上发生的聚煤作用显示出与沉积地形密切相关的厚度分带。在山麓冲洪积物分布地区,无聚煤作用或聚煤作用很弱;在干流河道分布地区,聚煤作用也很弱;过渡带上有最强的聚煤作用发生。

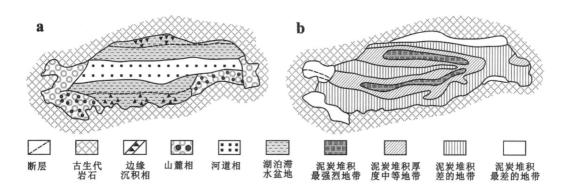

图12-11 麦库边煤田含煤沉积相与煤层厚度关系图
a.含煤沉积相图(据 Ригенбёрг,1960);b.某煤组煤层总厚等值线图(据 Ригенбёрг,1980简化)

Ригенбёрг 还认为,该盆地边缘的泥炭沼泽以 "干" 泥炭沼泽为主,覆水程度弱,流通程度高,煤的显微组分多由丝炭-木煤组成,有时出现高灰分的以暗亮煤为主的煤。在盆地内部,以覆水的滞水沼泽为主,所形成的煤多由亮煤和暗亮煤组成,灰分较低。

国内外的许多研究表明,煤岩特征的这种变化有一定普遍性。总体说来,扇的上部,煤岩类型趋于以暗煤为主,朝下倾方向镜煤和亮煤的含量增多。冲积扇上的煤总体上又比其下倾方向河流平原成因的煤偏暗。这些变化显然是与地下水位变化导致的沼泽覆水程度有关。

三、冲积扇与湖泊过渡带的聚煤作用

Heward(1978)指出,在冲积扇与湖泊的过渡带可以有广泛的聚煤作用发生。较厚的煤层或是与湖泊沉积物共生,或是在湖泊沉积物之上立即出现。朝山麓方向迅速分岔为多个薄的煤层。朝湖盆方向,以分岔方式逐渐过渡为湖相泥岩。

根据 Heward 和其他多人的研究,可以认为在这种由冲积扇沉积物和湖相沉积物呈舌状频繁交互的地区,沉积物粒度细,并由此表明在较多地受湖泊沉积作用影响的地区(即比较靠近湖心的地段),含有较少和较薄的可采煤层;反之,沉积物粒度较粗,并由此表明较少地受到湖泊沉积作用影响的地段(即靠湖岸地带),含有较多和较厚的可采煤层。至于湖泊沉积物在剖面中占多大比例和在什么粒级情况下对聚煤最有利,则视各煤田具体情况而异。

在湖泊扇三角洲的情况下,煤层形成在扇三角洲前缘的泥坪上(图12-12)。随着扇三角洲的推进,湖相粉砂岩和泥岩被煤层、砂岩和砾岩所覆盖,并形成具倒粒序的垂直层序。

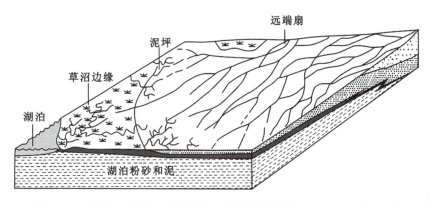

图 12-12　泥炭沿湖泊扇三角洲前缘发育的示意图(据 Galloway 等,1983)

李思田等(1982,1983,1984)对我国东北地区中生代断陷型聚煤盆地进行了深入的研究,发现这些断陷盆地属于地堑和半地堑类型。地堑盆地中两侧都发育冲积扇和扇三角洲,半地堑盆地中的一侧发育冲积扇和扇三角洲,另一侧为正常的三角洲沉积。盆地中心在不同时期可以是深湖、浅湖和干流河。后两种情况下,在它们与冲积扇或扇三角洲的过渡带上,有重要聚煤作用发生,最厚的煤层组可达百米以上。但这些厚煤层朝冲积扇和盆地中心都分岔尖灭(图12-13)。根据煤体的特点,通常可划分为三个带:

(1)煤层聚集带(或称为煤层合并带),在这个带内分布着巨厚煤层,其结构往往是复杂的,被夹矸分为许多个分层,这些分层的间距向两侧逐渐加大。

(2)煤层急剧分岔带,通常出现在边缘同沉积断裂与上述煤层聚集带之间,宽度不大。薄的煤分层与扇积物交替出现,朝盆缘方向煤层迅速尖灭。煤层中常有洪积物混入。

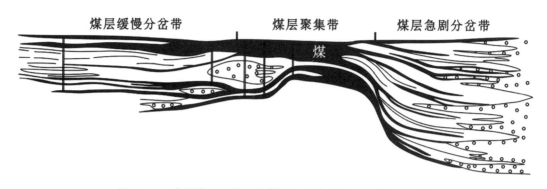

图 12-13　阜新煤田某煤组的煤层分带图（据李思田等，1984）

（3）煤层缓慢分岔带，通常出现在煤层聚集带朝盆地中心的一侧，煤分层的厚度逐渐变薄，煤层的分岔是湖相或河流相沉积物所造成。

在上述三个带之间通常有过渡带。

从平面图形上也可以明显地看出富煤带与冲积扇带的相互关系（图 12-14）。

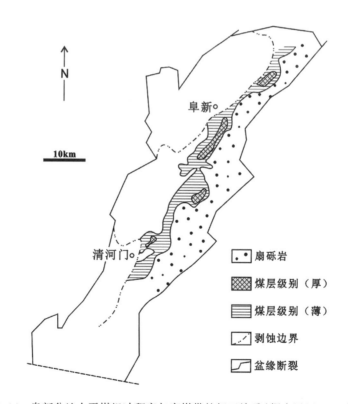

图 12-14　阜新盆地太平煤组冲积扇与富煤带的相互关系（据李思田，1984）

李世峰等（1987）对陈旗盆地宝日希勒区扎赉诺尔群主含煤段聚煤环境的研究也得出了相同的结论（图 12-15）。在这个半地堑盆地中，冲积扇前的浅水湖盆是聚煤的良好场所，而扇三角洲前缘湖滨地带、扇间湾是富煤地段。

综上所述，冲积扇环境形成的煤层，分布面积较局限，厚度变化大，煤体形态变化剧烈，煤层由富煤带向盆缘及腹地两个方向快速分岔、变薄、尖灭。煤岩类型以亮煤为主,硫含量通常较低(小于0.55%,全硫量),以有机硫为主,但滨海环境的冲积扇,镜质组含量变小,硫含量普遍偏高。

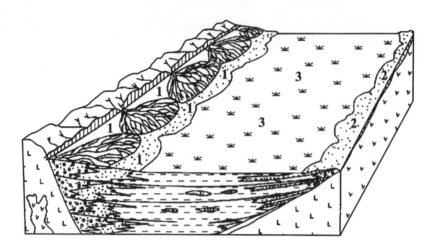

图 12-15　冲积扇扇前浅水湖盆聚煤环境模式图(据李世峰等,1982)
1.陡坡边缘(扇、扇三角洲带);2.缓坡边缘(小型三角洲带);3.大面积浅湖沼泽化

第十三章　河流沉积体系

"河流"是人们比较熟悉的一种地貌与沉积单元,它的主要作用是把沉积物汇集起来,输送到湖泊或者海洋中沉积。在自然界,河流往往起源于上游的冲积扇,向下游演化为三角洲。在流域范围内,由于坡降比的变化从而出现了不同形态和类型河流的自然过渡,通常上游为辫状河,中游为曲流河,下游为网结河(图13-1)。在陆相沉积盆地中,河流沉积体系可能是盆地充填中最为主要或占优势的单元,许多能源矿产及沉积矿产与其关系密切。

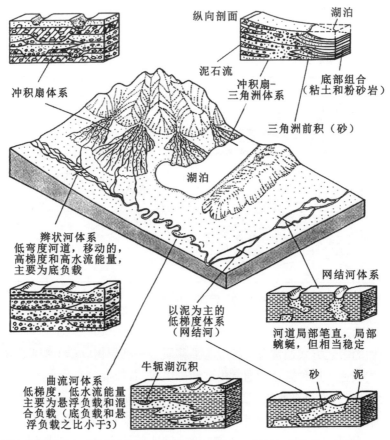

图13-1　河流体系的基本型式及剖面上的大致特征(垂向比例尺已扩大处理)(据 Einsele,2000)

第一节 河道型式与河道类型

河流沉积体系的主体是河道。河道型式通常是指河道在平面上的形态特征,它受河道坡度、河水流量、负载搬运方式和碎屑性质等多种因素控制,并随这些因素的变化而变化。自然界的河道类型是多种多样的,划分方案也不尽一致,但最常用的河道分类方案有两种,一种以河道的弯曲度和分岔性参数分类,另一种以河流搬运的沉积物负载类型来分类。

1.弯曲度和分岔性分类方案

弯曲度参数是用深泓线长度与河谷长度的比来表示。深泓线长度是指河道中水深最深处各点的连线轨迹长度,河谷长度是指测量深泓线长度的河谷部分直线距离。当弯曲度大于1.5时,称为高弯度;当它小于1.5时,称为低弯度(表13-1)。分岔性参数是一个河曲波长范围内的沙坝或岛屿的数目。当分岔性参数小于1时,为单河道河流;而当其大于1时,为多河道河流(表13-1)。根据上述两个指标参数,可以将自然界的河流划分为四种主要的河道类型:顺直河道、辫状河道、曲流河道和网结河道(Rust,1978)(表13-1,图13-2)。

表13-1 河流的形态分类(据Rust,1978)

弯曲度 \ 分岔性参数	单河道(≤1)	多河道(>1)
低弯曲度(<1.5)	顺直河	辫状河
高弯曲度(>1.5)	曲流河	网结河

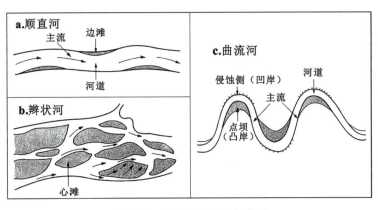

图13-2 河流的几种形态模型

2.沉积物搬运方式分类方案

河流沉积物的搬运方式通常有三种:①推移质——沉积物以单个颗粒沿着河床滚动、滑动或跳跃的方式搬运。这种搬运物通常由砂和砾组成,其粒度分布受水流搬运的起动能量控制。它们是无粘性的,并且被水流塑造成各种各样的沙坝和底形。②悬移质——沉积物(泥和粉砂)呈悬浮状态搬运。它们通常在泛滥平原中沉积。③混合搬运——上述两种搬运方式共同存在的一种搬运方式。根据河流搬运的沉积物负载类型,可以把河道分为底负载型、混合负载型和悬浮负载型三大类型(表13-2)。

表 13-2　冲积河道分类表（据 Galloway,1983）

沉积物搬运的主要模式和河道类型	河道充填沉积物（粉砂泥百分比/%）	底负载占总负载的百分比/%	河道稳定性		
			稳定的（均衡河流）	沉积的（超负载）	侵蚀的（欠负载）
悬浮负载型	>20	<3	稳定悬浮负载型河道。主要是河岸上的沉积,原始河床沉积较少	沉积悬浮负载型河道。主要是河岸上的沉积,原始河床沉积较少	侵蚀悬浮负载型河道。河床以侵蚀作用为主,原始河道拓宽不重要
混合负载型	5~20	3~11	稳定混合负载型河道。宽/深比10~40,一般弯曲度在1.3~2,中等坡度	沉积混合负载型河道。最初主要是河岸上沉积,随后有河床沉积	侵蚀混合负载型河道。原始河床侵蚀,随后河道拓宽
底负载型	<5	>11	稳定底负载型河道。宽/深比大于40,一般弯曲度小于1.3,坡降陡	沉积底负载型河道。河床沉积和形成江心岛	侵蚀底负载型河道。几乎没有河床侵蚀作用,以河道拓宽为主

第二节　沉积作用类型与过程

一、河道水流作用

流速和流态两个概念对于分析河道水流的沉积作用是非常有用的。在自然界,流速和流态（特别是流态中的紊流）的分布决定了河道内水流的性质和它对沉积物的侵蚀、搬运和沉积的影响。在流速和紊流发育的地区,通常是侵蚀区和沉积物旁通区。相反,则可能是河床的稳定区和沉积区。

1.河道中流速的分布规律

在枯水期的弯曲河道段,主流线紧靠凹岸,并且沿着对角线方向斜着通过相邻两个河曲之间的河段。由于主流线在河道中的摆动,以及主流线的位置靠近水面,从而导致了次级螺旋流的形成,它穿过河道底部向倾斜的凸岸上方运动,即可进入相对低流速区而导致沉积作用的发生（图13-3a）。在洪水期,水流趋向取直,主流线向凸岸方向偏移,并且可能掠过已沉积的凸岸点坝,从而造成对点坝的冲刷而形成流槽。在相对直河段中,主流线始终位于河道中央顶部附近（图13-3a）。

2.河道中流态的分布规律

在河道流态分析中,紊流是最为关键的一项参数。在河道的弯曲部分,最大紊流区主要位于紧靠凹岸的河道底部附近。而在相对直河段中,紊流区位于河道两侧底部（图13-3b）。在紊流区,水流的侵蚀作用最强,因而通常伴有河岸崩塌,侧方下切作用是河道拓宽的主要动力。

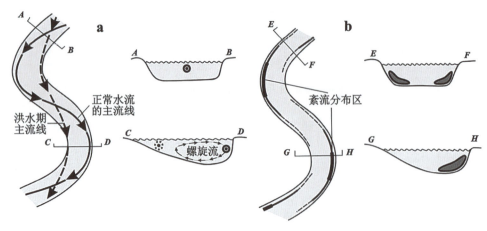

图 13-3　曲流河段内流速和紊流分布图（据 Galloway，1983）
a. 主流线；b. 紊流

在河曲段，流速和紊流的不对称分布以及持续作用，使河道曲度不断增大向曲流河演变。侵蚀作用主要发生于凹岸一侧的河床和河岸上，而沉积作用则集中于低流速、少紊流、坡度平缓的凸岸上，这些过程导致河曲不断地侧向迁移。从凹岸侵蚀下来的沉积物沿河道向下游搬运移动，沉积在下一个河曲凸岸的点坝上。

在直河段，主流线位于河道中央顶部附近，此区以高效输送和搬运沉积物为主。而河道两岸的强紊流区则可能发生侵蚀作用。

由此可见，在低弯度的直河段中，河道两岸受冲刷并由此导致河道的不断拓宽；相反，河道加深和侧向迁移往往是高弯度河道的特征。

二、漫滩流作用

洪水季节，携带沉积物的洪水可以越过天然堤进入泛滥平原，而发生垂向加积作用。水流一旦越过河岸就不再受到限制，如果受到植物的阻挡影响，其流速会迅速减慢，从而使沉积物快速沉积。通常情况下，砂和粉砂沉积于河道边缘，而泥则沉积在远离河岸的地方。其最终结果是在河道边缘形成天然堤，而在河道间地区形成泛滥平原。

当洪水通过较薄弱的天然堤时有可能发生决口作用。决口作用可以加深决口水道，从而使其与主干河道接通，起到分流作用。进入泛滥平原，随着决口水流迅速分散成分流或片流，能量丧失，粗粒沉积物迅速堆积，细粒沉积物以悬浮形式带到更远端沉积，这就是决口扇形成的主要作用过程。决口扇沉积物的粒度向远端逐渐变细（图 13-4）。

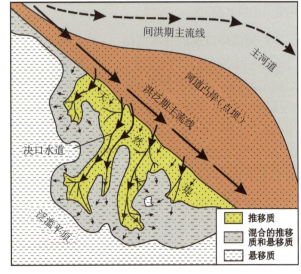

图 13-4　水流通过主河道天然堤的缺口形成决口扇的沉积作用过程和沉积格架（转引自 Galloway，1983）

三、河道废弃作用

河道的废弃通常起因于两种事件：①流速与紊流的不对称分布使河道弯曲度不断增加，最终被截弯取直，从而使原来河道段废弃形成牛轭湖；②突发性的冲裂作用（包括决口作用），可以使下游大规模的河道段废弃（图13-5）。

废弃河道段成为泛滥平原上的洼地，它们接受有限水流或者是越岸洪水所带来的沉积物，因而其粒度较细，并通常富含有机质。

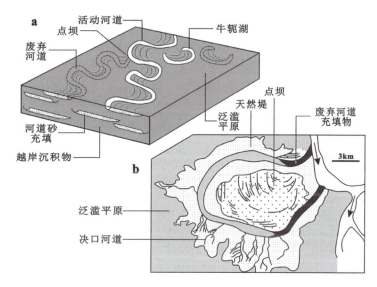

图 13-5　河道废弃作用及其成因相空间配置图
a. 相模式（据 Nichols, 2009）；b. 密西西比州福尔斯河的截弯取直河道（据 Fisk, 1947）

第三节　高弯度曲流河

高弯度曲流河的河床规模较窄，但由于侧向迁移性，它可以影响到较大的范围，从而构成宽阔的冲积带和更为广阔的泛滥平原。如图13-6所示，现今覆水的河床宽度不及河流影响范围的十分之一。理论上讲，洪泛时期洪水所能波及的范围均属于曲流河沉积体系的范畴。

一、内部构成与沉积特征

河流沉积体系是由呈镶嵌状的各种成因相构成的，但都可以归纳为河道充填、河道边缘和泛滥平原

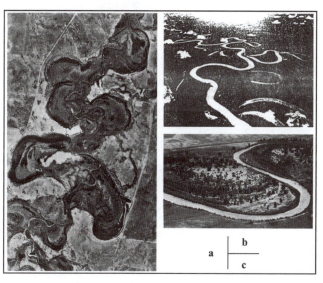

图 13-6　现代曲流河（a）、牛轭湖（b）和点坝（c）的航空照片
（a 和 c. 据 Schumm, 1968；b. 转引自 Pettijohn 等, 1972）

三大成因相组合。其中,河道充填组合中的点坝是最具特色的部分,对它的准确识别是区别于其他各种河道类型的关键。

高弯度曲流河主要由 10 余种成因相构成,其空间配置关系和相模式如图 13-7 所示。现代高分辨反射地震技术能够精细刻画曲流河沉积体系的基本沉积学特征(图 13-8)。

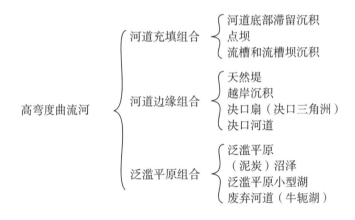

$$\text{高弯度曲流河}\begin{cases}\text{河道充填组合}\begin{cases}\text{河道底部滞留沉积}\\\text{点坝}\\\text{流槽和流槽坝沉积}\end{cases}\\\text{河道边缘组合}\begin{cases}\text{天然堤}\\\text{越岸沉积}\\\text{决口扇(决口三角洲)}\\\text{决口河道}\end{cases}\\\text{泛滥平原组合}\begin{cases}\text{泛滥平原}\\\text{(泥炭)沼泽}\\\text{泛滥平原小型湖}\\\text{废弃河道(牛轭湖)}\end{cases}\end{cases}$$

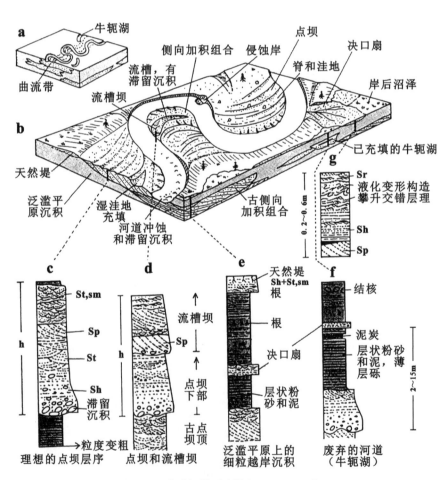

图 13-7 曲流河体系(据 Einsele,2000)

a. 洪泛盆地中砂质曲流河的形成;b. 曲流河的各种不同亚环境;c、d、e、f 和 g. 洪泛盆地中最新沉积物的典型垂直剖面;h. 一个河流沉积旋回;Sh. 平行层理砂岩;Sp. 侧向加积砂岩;St. 槽状交错层理砂岩;Sr. 波痕纹理砂岩;sm. 块状粉砂岩

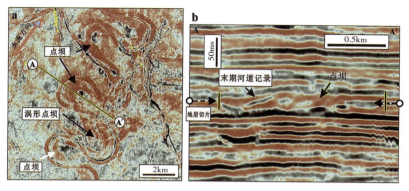

图13-8 曲流河沉积体系的地震水平切片特征和地震终端反射结构(据Kolla等,2007)

1. 河道充填成因相组合

河道充填沉积是河流体系中粒度最粗、砂质含量最高的部分,因此它构成了河流体系的骨架(图13-9)。

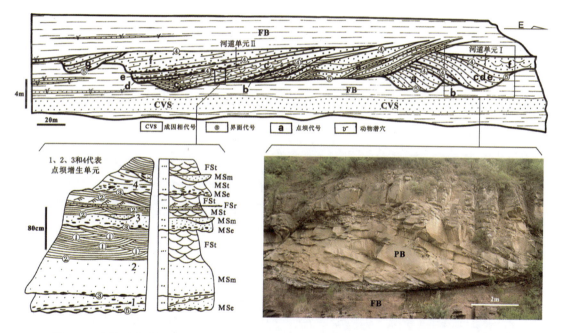

图13-9 鄂尔多斯盆地二马营组典型曲流河沉积体系内部构成写实图(据焦养泉等,1995)

PB. 点坝;FB. 泛滥平原;CVS. 决口扇;①第1级界面——纹层组界;②第2级界面——不同层理类型间界面;③第3级界面——点坝增生单元边界;④第4级界面——点坝边界;⑤第5级界面——河道单元边界;MSe. 具内碎屑泥砾的中砂岩;MSm. 具递变粒序或块状构造的中砂岩;MSt. 具大—中型槽状交错层理的中砂;FSt. 具中—小型槽状交错层理的细砂岩;FSr. 具波痕纹理的细砂岩

(1)河道底部滞留沉积。位于河道最底部的冲刷面或冲蚀坑之上,为滞留的泥砾、树干、砾石和粗砂等。块状构造以及由河床上移动的水下沙丘形成的中—大型槽状交错层理是河道底部滞留沉积物的特征构造。随着河道侧向迁移,不同时期的河道底部滞留沉积物会连成一片(图13-10)。

(2)点坝。点坝是曲流河体系的最重要且最具特色的部分,也是区别于其他河道类型的关键。点坝位于曲流河凸岸,向河心凸出。完整的点坝厚度与河流的深度相当,其表面发育

图 13-10 曲流河点坝及其相邻成因相侧向迁移的横剖面示意图（据 Bernard 等，1963）

沟脊地形。点坝的发育受曲流河道中螺旋流的控制，沉积物总是由河道下部沿点坝表面向上搬运并堆积。因此，①点坝垂向序列具有向上变细的特征；②点坝沉积表现出侧向加积的特点（图 13-11）；③点坝的沉积构造具有规律递变性。即点坝中、下部为大—中型槽状交错层理（沙丘），上部发育板状交错层理、攀升层理及小型水流波痕纹理（图 13-7、图 13-9）。宏观上，点坝的侧向加积作用可以形成 ε 层理或称 S 形侧向加积层理——曲流河体系的特征沉积构造（图 13-11b）。

图 13-11 曲流河点坝及其形成的 ε 层理
a. 乌拉特后旗巴音满都呼白垩系（焦养泉摄，2009）；b. 东胜侏罗系延安组（焦养泉摄，2010）

（3）流槽和流槽坝。流槽和流槽坝是在洪水期主流线取直后在点坝表面冲刷与沉积作用的结果。流槽位于点坝上游顶部，其底部具下凹弧形冲刷面，流槽中含有与主河道相似的粗粒滞留沉积物。在流槽水道的上游部分有叠瓦状的砾石层、平行层理和泥透镜体，在流槽末端和边缘为槽状交错层理。流槽坝位于点坝下游顶部，它由较粗的沉积物组成，主要发育板状和槽状交错层理（图13-7、图13-10）。

2. 河道边缘成因相组合

在河道边缘，天然堤是最为常见的成因相。然而在洪泛期，漫滩流作用会使河道边缘的沉积现象变得丰富多彩，决口扇（决口三角洲）、决口河道、越岸沉积是主要的成因相类型。

（1）天然堤。天然堤位于河道两岸，高于河道并分隔泛滥平原（图13-7、图13-10）。它是在洪水期由洪水中携带的沉积物在河岸堆积而成。其沉积物总体以细砂和粉砂为主，靠河道一侧沉积物厚而粗，远离河道一侧沉积物薄而细。其特征的沉积构造是攀升层理。由于洪水呈周期性发育，所以它具有周期性暴露的特征，泥裂和雨痕是常见的，后期根系穿插破坏现象明显。

（2）决口扇。决口扇位于河道边缘，平面上呈扇状，剖面上表现为楔状，通常具有大型底超前积层沉积结构（图8-30b、图13-7、图13-10、图13-12）。其沉积物既有负载型又有悬浮负载型。当决口扇发育于泛滥平原小型湖泊中时，则称其为决口三角洲。持续的决口作用会在扇表面形成决口河道。决口河道规模通常较小，以沉积物粒度粗、几何形态呈半透镜状为特征。

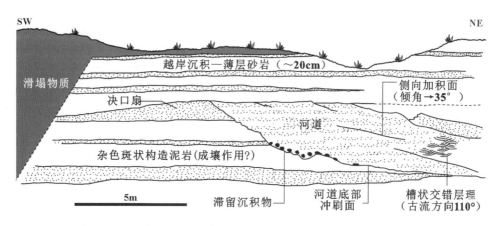

图13-12　河道、天然堤及其越岸沉积空间配置关系（据Nichols，2009）

3. 泛滥平原成因相组合

泛滥平原位于河道间的洼地区，洪泛期和间洪期的沉积面貌可能截然不同。洪泛期，洪水可能淹没整个泛滥平原，由河道带来的大量悬浮物随后逐渐沉积。随着洪水的退去，取而代之的可能是植被作用、小型湖泊作用和废弃河道作用。因此，泛滥平原中的成因相类型丰富多彩，包括有泛滥平原小型湖、废弃河道、（泥炭）沼泽，以及源于河道边缘沉积组合中规模较大的决口扇（决口三角洲）、决口河道和越岸沉积等。不仅如此，曲流河的泛滥平原相对于河道而言具有更大规模，这也是其有别于其他河道类型的重要特色之一（图13-5、图13-6、图13-13）。

(1)泛滥平原小型湖。泛滥平原小型湖是泛滥平原上的长期积水区。其沉积物由洪水的悬移质提供,因而水平纹理发育。沉积物中发育有丰富的动物化石(如双壳)和动物遗迹。

(2)废弃河道。废弃河道(牛轭湖)中或者以决口沉积物占优势,或者以悬移质沉积物占优势,或者二者皆有,它保存了原始河道的真实形态(图13-5、图13-6)。

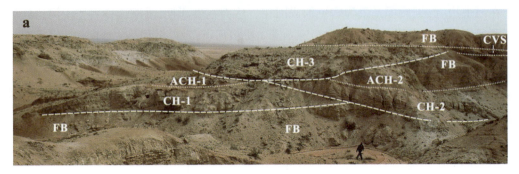

图13-13 曲流河河道充填与泛滥平原沉积

a. 内蒙古四子王旗古近系河道单元错落叠置于泛滥平原中的曲流河沉积(焦养泉摄,2009);b. 横山县响水镇延安组富决口扇和越岸沉积的泛滥平原沉积(据焦养泉等,1995)

CH. 河道单元;ACH. 废弃河道;FB. 泛滥平原;CVS. 决口扇

二、曲流河垂向序列

曲流河沉积体系的三大成因相组合具有不同的沉积方式。多数地貌学家和沉积学家趋向于把河道充填沉积作用作为侧向加积(lateral accretion)的产物,而把河道边缘和泛滥平原沉积称为垂向加积(vertical accretion)和填积(aggradation)。

Allen(1970)根据大量资料的综合,最先建立了曲流河模式层序,其特点是底部为一冲刷面,随后是具有水平层状或大型交错层状的粗砂或者砾状砂的河道滞留沉积、河床沉积及下部点坝沉积,向上渐变为点坝顶部的小型交错层状细砂。它向上被垂向加积的河岸和泛滥平原沉积物所覆盖。可以说,在冲刷面以上是一个典型的向上变细层序。随着粒度的变细,交错层理的规模也由大变小,层理类型由大型交错层理过渡到小型交错层理、攀升沙纹交错层理直到水平层理。Selley(2001)指出,一个完整的曲流河层序的厚度通常由几米至几十米(图13-14)。

在整个曲流河层序中,点坝沉积是一个重要的组成部分,它具有两种层序类型,即细粒点坝层序和流槽改造的点坝层序。细粒点坝层序对于许多高弯度曲流河是特征的,其基本特点符合Allen所描述的层序,其粒度可由砾到泥,但主要部分是中砂到细砂,沉积构造的顺序相当规则(图13-9,图13-14)。

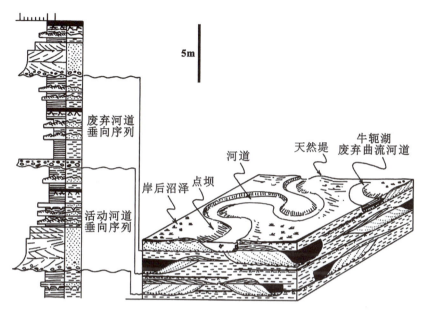

图13-14 曲流河沉积体系及其垂向序列模式图(据Selley,2001)

流槽改造的点坝层序,也有人称之为粗粒点坝层序。其主要特点是:上部点坝沉积被流槽和流槽坝粗粒沉积物取代,整个层序没有明显的向上变细的趋势,最粗的沉积物有时会出现在点坝砂体的最顶部,发育大型的板状和槽状交错层理以及冲刷-充填交错层理等(图13-7)。

应该指出的是,在有些河流沉积层序中,其侧向加积部分重复地出现并进而产生多个冲刷面,形成所谓的多阶性。造成该现象的原因可能有二,其一是河流往复侧向迁移,这种多阶性通常分布范围较小,侧向上不稳定,冲刷面有时不明显。被流槽改造过的点坝层序也可能造成局部的多阶性。其二是区域性的构造因素变化(如侵蚀基准面的变化等),这种多阶性通常分布较广,冲刷面明显。

三、曲流河的聚煤作用

在曲流河的冲积平原上,原地生成的煤发育在岸后沼泽(back swamp)和废弃河道充填沼泽中。岸后沼泽是主要聚煤场所。废弃河道充填沼泽是次要的,它发育在废弃河道充填的最后阶段,泥炭层(煤层)具正弦或弧曲状平面形态,宽度小于几百米,长度可达几千米。

关于曲流河的岸后沼泽聚煤作用,人们一直引用的是Coleman(1966)、Weimer(1973,1976)(图13-15)和Beaumont(1979)所提出的模式,Weimer(1976)对该模式做了详细的说明。

当大的洪水漫过天然堤时,所携带的呈悬浮负载的细砂、粉砂和粘土开始沉积,出现了堤的垂向增长。反复的洪泛和伴随的沉积作用造成了地势高于泛滥平原的河道及天然堤体系,

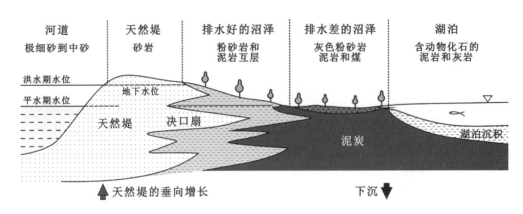

图 13-15　河道边缘的沉积分带剖面图（据 Weimer，1973）

对泛滥平原和岸后泥炭沼泽起着障壁作用，因此在天然堤的外侧可以发育沼泽并可进一步地向泛滥平原纵深发展。但是在洪泛期，导致决口扇沉积形成发育的决口作用会侵入到这种成煤地带，从而干扰或破坏已形成的泥炭。

河道边缘地区的沼泽可进一步划分为排水好的和排水差的两种类型。沼泽类型受到地下水位与沉积表面相互关系的制约。排水好的沼泽通常位于泛滥平原高处毗邻河道处，当河流涨水使河道边缘地区的地下水位升高时，这里就被水所覆盖，而在枯水期，河流水位和地下水位较低，水就从这里排出。因而，排水好的沼泽就以有效的排水而造成的氧化条件为特征，夹少量粉砂质透镜体的有机质含量低的粘土为主要沉积物。在一年中，所形成的有机质有几个月暴露在大气中，而这个时间对于有机质的氧化和破坏应该是足够了。如果有粘土存在的话，将朝着高岭石方向转化，黄铁矿则可变为菱铁矿或铁的氧化物及氢氧化物。与排水好的沼泽相反，排水差的沼泽位于泛滥平原的低处及远离河道处，因排水条件差而形成了占优势的停滞水体条件。沉积物由泥炭和富含有机质的粘土组成。有机质迅速堆积而沉积表面持续地被水覆盖，很少发生氧化，这对于泥炭层的堆积是十分有利的。在适宜的条件下，排水差的沼泽可以扩展到泛滥平原的广大地段并堆积广布的泥炭层。在地下水位过分地高于沉积表面以致植物界不能大量繁殖的地区，沼泽将让位于湖或湾。

天然堤的破坏或决口导致河流的悬浮负载注入到沼泽、湖泊中，形成了小的决口扇。如果一个主要的河道因决口而废弃，碎屑物供给中止，这时排水差的沼泽可迅速推进和扩展，并在各种类型的沉积物之上堆积泥炭，在排水好的沼泽中所堆积的浅色高岭石质淋滤粘土，这时将成为泥炭层的底粘土或根土岩。

综上所述不难看出，在曲流河平原上，有利聚煤地带和河道砂体的空间分布有密切关系。最厚的煤层形成在主要河道砂体之间的地带，朝着河道砂体的方向变薄和分岔，但在河道砂的轴部又有可能变厚。

由于地质情况的千差万别，有利聚煤地带和河道砂岩带的空间配置关系在细节上不会完全相同。在有些矿区两者可能相距甚远，而在另一些矿区两者可能比较接近，也许还会有其他一些情况。但是，就聚煤有利地段位于河道砂岩带外侧且平行于河道展布这一特征而言，应该是共同的。

Flores（1983）详细研究了保德河盆地北部尤宁堡组汤河段的沉积特征和含煤性，并用一系列图件表示了聚煤有利地带和河道砂的相互关系（图 13-16）。Flores 根据汤河段下部的沉积特征,划分出了三种岩相(lithofacies):①曲流带(meander belt)岩相,由紧密分布的河道砂岩以及废弃河道沉积物组成,其间夹一些天然堤沉积物;②湖泊-泛滥平原岩相,由决口扇和决口三角洲-湖泊沉积物组成,垂向和侧向上均与曲流带岩相互相过渡;③岸后沼泽岩相,由煤层(最厚可达20m)和炭质页岩组成,它与上述两种岩相密切共生。厚煤带分布在曲流带的侧翼,两者间距超过了60km。

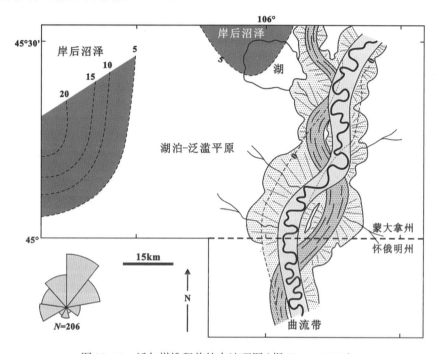

图 13-16　沃尔煤堆积前的古地理图(据 Flores,1983)

注:交错层玫瑰花图是根据研究区东部河道砂岩资料绘制的,沃尔煤的厚度用虚线表示于图上,单位为m。

Flores指出,一般情况下,由于决口扇和溢岸沉积物频繁地破坏岸后沼泽环境,再加上曲流带多次的袭夺,在曲流河平原上难以出现有利于聚煤作用持续进行的条件。然而,在研究区内,事实上存在着相当厚的(>20m)煤层。笔者认为是以下五个相关因素的综合影响控制了厚煤层的形成:①地域受限的(即位置比较固定的)河道填积作用;②因基底构造控制和沉积物差异压实而产生的沉降;③泥炭堆积的持续时间;④岸后沼泽古植物群落的性质;⑤古气候条件。

在汤河段,地域受限的河道填积作用表现为曲流带沉积物聚集成组(簇)出现。活动河道沉积作用集中在一个狭窄的带内,有利于在排水差的岸后沼泽中出现长时期不受决口扇和溢岸沉积作用破坏的地段。冲积平原在任何地点和任何时间所出现的曲流带沉积物集中分布现象都可能部分地受控于基底软弱带的持续下沉。

粗粒的曲流带沉积与细粒的湖泊-泛滥平原沉积的差异压实造成了冲积平原上正向和负向的地形。湖泊-泛滥平原沉积物和共生的泥炭因易于压实而具有低于相邻曲流带的地形。在不遭受决口扇和溢岸沉积物周期注入影响的这一低伏地区,将形成具有停滞水体的排水差的岸后沼泽。

在排水差的岸后沼泽中,厚层泥炭的堆积是时间的函数。这一条件表示于图13-17中,该图所反映的基本观点是,为了能形成厚煤层,需要有比较稳定的河道位置,比较少的溢岸碎屑物注入,比较持续的差异压实沉降。

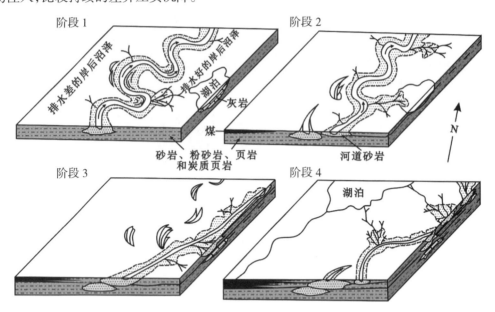

图 13-17 排水差的岸后沼泽中厚层泥炭长期堆积的事件顺序示意图(据 Flores,1983)

第一阶段,泥炭开始堆积在远离袭夺范围的泛滥平原上的排水差的岸后沼泽中;第二阶段,由于活动的溢岸和决口扇沉积作用持续地朝向曲流带另一侧的排水好的岸后沼泽,使得在排水差的岸后沼泽中持续堆积较厚的泥炭;第三阶段,由于决口扇进积和充填了湖泊,顺着决口扇三角洲的某一通道开始了河流的袭夺作用,活动碎屑沉积作用进一步推向排水好的岸后沼泽的纵深,而这将进一步导致排水差的岸后沼泽区新的泥炭堆积;第四阶段,由于在排水差的岸后沼泽中形成了更多的泥炭,早先形成的泥炭被后来形成的泥炭负载所压实,持续的下沉将导致出现新的水体(湖泊)。

McCabe(1984)在解释曲流河平原可采煤层形成时,对上述聚煤模式的普遍适用性提出了疑问。他认为,除非是聚煤沼泽远离活动河道,或有特殊沼泽水介质条件,使注入的碎屑物在沼泽边缘快速堆积下来,否则在河流平原岸后沼泽中很难形成低灰的、有工业价值的煤层。McCabe 认为,曲流河沉积体系中的低灰可采煤层应有相当一部分是形成在河道已经废弃的情况下,这时发育在原先泛滥平原位置上的泥炭已经脱离了活动碎屑体系的影响。也就是说,煤层与其下伏泛滥平原沉积物之间有沉积间断存在。这时,对煤层厚度和煤层分布起主要控制作用的将是原先的沉积地形和随后由于差异压实而产生的地形差别。陈钟惠(1988)认为,应该对 McCabe 的观点做一重要补充,即许多煤层可能具有复合的成因,即早期阶段的聚煤作用是与活动河道碎屑沉积共生的,而晚期阶段随着河道的废弃,聚煤作用除利用原先的沉积地形和差异压实地形

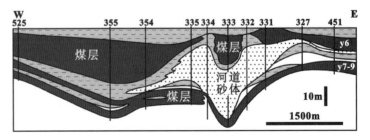

图 13-18 内蒙古准格尔旗煤田河道砂体与 6 号煤的相互关系沉积剖面图(据陈钟惠,1988)

继续进行外,还朝着河道方向推进,使聚煤地段扩大到了原先河道位置的上方(图13-18),造成了厚煤带与厚砂带在空间位置上的部分叠置。如果是这样的话,那么两个阶段的聚煤作用有可能是连续进行的,未必有沉积间断出现。

如果有确切证据表明可采低灰煤层与活动河道碎屑沉积是同期的,那么最大的可能性就是聚煤泥炭沼泽属于凸起沼泽类型。McCabe(1984)提供了发育凸起沼泽的曲流河平原的模式图(图13-19)。由于是凸起泥炭沼泽,它摆脱了洪泛事件的影响,所形成的泥炭具有低得多的灰分。与此同时,凸起泥炭沼泽的发育限制了河岸的侵蚀和河道的蛇曲。如果溢岸沉积物的垂向加积速度快于活动河道区内的填积速度,袭夺现象将不会发生。如马来西亚的巴拉姆河,两侧都发育了凸起沼泽,其河道位置在近5000年内没有明显变动。而如果沉积区持续下沉的话,将出现垂向叠置的河道砂体与厚的泥炭层侧向共生的情况。

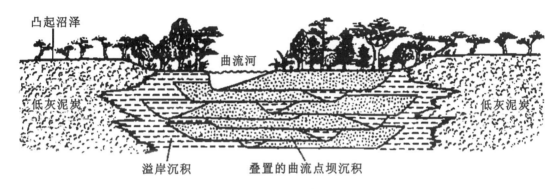

图13-19 凸起沼泽地区河流沉积结构的理论模式(据McCabe,1984)
注:凸起的泥炭限制了溢岸洪泛,防止了袭夺作用,导致了叠置河道砂体的发育。

第四节 低弯度辫状河

辫状河是一种富砂的低弯度河道,枯水期河水在多个心滩之间迂回流动,而洪泛时期心滩则被淹没并成为活动的底形(图13-20)。与曲流河相比,辫状河的沉积特点有:①由于相

图13-20 加拿大南Sasketchewan河的主要地貌特征(据Cant和Walker,1978)
1.水道;2.横向坝;3.沙坪;4.植被岛和泛滥平原

对邻近物源,沉积物略粗,含砾砂岩和砂岩常见;②河道以其极大的宽/深(厚)比为特征;③泛滥平原沉积不发育(图13-21a)。

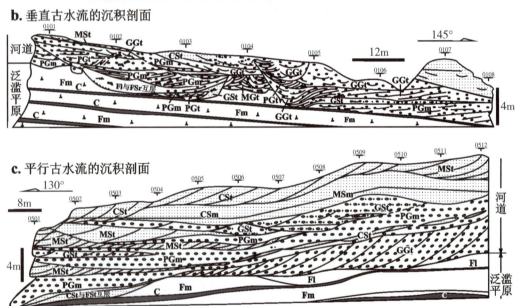

图13-21 克拉玛依油田露头区八道湾组辫状河沉积体系写实剖面(据焦养泉等,1997)
PGm. 块状,或大致呈层状的中砾;PGt. 槽状交错层理中砾;GGt. 槽状交错层理细砾;GSt. 槽状交错层理含砾砂;CSm. 块状粗砂;CSt. 槽状交错层理粗砂;MSm. 块状中砂;MSt. 槽状交错层理中砂;FSt. 槽状交错层理细砂;FSr. 各种小型交错纹理细砂;Fm. 块状,泥裂粉砂或泥;Fl. 细纹理、很小的波痕粉砂或泥;C. 煤或炭质泥岩

一、内部构成与沉积特征

辫状河同样包含有河道充填、河道边缘和泛滥平原沉积三大组合。

1. 河道充填成因相组合

辫状河道以发育各种类型的河道沙坝为特征,水流因沙坝的存在而频繁地分岔与合并

（图 13-20）。

在沙坝之间的河道深处，呈透镜状产出的河道底部滞留沉积物及一些粗粒底负载沉积物通常不显示沉积构造，但当水的深度允许形成移动的水下沙丘时，将显示槽状交错层理。

辫状河的沙坝可以根据其地貌形态、大小以及它们与河岸的关系，细分为侧向坝、横向坝和纵向坝。侧向坝（lateral bar）沿河道边缘发育，间洪期露出水面，洪水期被淹没。在洪水期，粗粒沉积物通过沙坝表面，在沙坝下游方向的边缘不断沉积从而促使了侧向坝的发育。横向坝（transverse bar）是辫状河中最典型、最具特征的一类沙坝。它位于河心，其沙坝轴线与水流垂直。在洪水期，沉积物沿迎水面向上运动，而后堆积到背流面，从而促使沙坝向下游方向增长，并形成崩塌或板状交错层理。在间洪期，横向坝将被切割侵蚀。纵向坝（longitudinal bar）是辫状河中最常见的一类沙坝，它亦位于河心，但沙坝长轴与水流方向平行。洪水期，浅水流经过沙坝表面，形成大量的平行层理，而沿坝的边缘和下游方向由于加积作用而形成中-低倾角的交错层理。间洪期，沙坝边缘受到冲刷。

在地质历史记录中，辫状河道在垂直古流方向上总体显示为众多河道充填透镜体的相互叠置（图 13-21b），而在平行古水流方向上则表现为众多大型底形的逐渐前积过程（图 13-21c）。

2. 河道边缘和泛滥平原组合

由于河道处于经常的位移中，因而没有明显的天然堤发育，也没有很好的泛滥平原发育。造成泛滥平原不很发育的另一个重要原因，是洪水期河流往往重新利用先前废弃的河道，而只有主要的洪泛事件，河水才从它们的主河道体系中溢流到周围的泛滥平原中。沉积的是一些具小型交错层理和水平层理的粉砂岩和泥岩，泥裂、雨痕和生物扰动构造发育。

二、辫状河垂向序列

辫状河具有向上变细的正粒序。但由于沉积物粒度粗，加之缺乏泛滥平原沉积，所以有时候正粒序并不清楚（图 13-22）。

Cant 等（1976）在描述加拿大魁北克省泥盆纪巴特里角砂岩的垂向层序时共划分出了八种相：最底部为河道底部的滞留沉积物及具有不明显槽状交错层理的含砾粗砂岩（A 相），与下伏层呈侵蚀冲刷接触（SS）。向上为单组的板状交错层理粗砂岩（C 相）和具较清楚槽状交错层理的粗砂岩（B 相）。沙坝顶部沉积物主要由多组小型板状交错层理砂岩（D 相）组成，偶见大型水道冲刷-充填交错层理砂岩（E 相）。顶部薄的垂向加积物包括板状交错层理粉砂岩和泥岩互层（F 相），以及一些具有模糊不清的、角度平缓的交错层理砂岩（G 相）。整个层序具有自下而上由粗变细的特点。

三、辫状河的聚煤作用

较大的坡降比导致辫状河的水动力强度高，冲刷和搬运能力强且影响范围广，因而活动的辫状河体系聚煤作用很弱，但是当活动的水系废弃后就为大规模聚煤作用奠定了基础。因而准确辨别活动水系和废弃水系对于辫状河体系聚煤作用研究意义重大（图 13-23）。

大量的勘查资料表明，可采煤层通常与废弃的辫状河沉积共生，也就是说，如果其他条件具备，在废弃辫状河平原地形上可以发生工业性的聚煤作用。

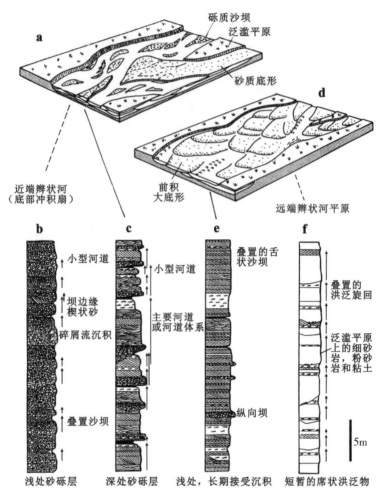

图 13-22 辫状河体系及其垂向序列(据 Miall, 1985)

a~c. 近端至中端沉积; b. 以砾质为主; c. 以砂质为主, 含少量砾质; d~f. 远端沉积; d 和 e. 主要为砂质体系, 有宽阔的河道和平坦的舌状沙坝; f. 偶尔接受洪泛的广阔的泛滥平原沉积

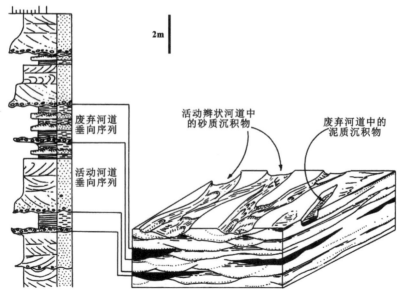

图 13-23 缺少泛滥平原的辫状河沉积体系及其垂向序列模式图(据 Selley, 2001)

Hazeldine 和 Anderton（1980）通过对英国东北部威斯特伐利亚 B 期几个煤田的研究，提出了煤层发育在辫状河废弃体系之上的观点（图 13-24）。在这些煤田中，含煤岩系由多个沉积旋回组成。每个旋回大体上都可以划分为上、中、下三个相组合。上部为海相含动物化石的粉砂质泥岩，一般厚度可达 2m。中部为含煤相，由含淡水动物化石的黑色页岩、灰色细纹层状的泥岩、粉砂岩以及根土岩和煤组成，厚0.1～15m，其成因属于被沼泽植被

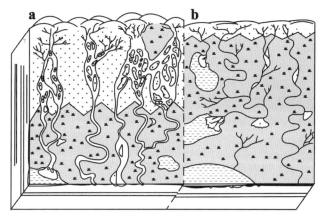

图 13-24　表示煤系中大规模环境变化的示意性古地理图
（据 Haszeldine 和 Anderton，1980）
a. 辫状河平原鼎盛发育期，横穿滨岸平原；b. 辫状河平原废弃，滨岸平原沼泽扩展

覆盖的、具小型三角洲充填的浅水湖泊相。下部为河流相，由细到极粗粒砂组成，厚 4～35m，具侵蚀底面，对下伏煤层有冲刷。砂岩层下部通常为砾质，含菱铁矿碎块、泥砾、泥炭碎屑等，向上为槽状和板状交错层砂岩，层组厚 1～3m，复层组厚 5～16m。顶部为波痕纹层状粉砂岩和细砂岩，厚 2m 左右。再向上被含煤相的根土岩和煤所覆盖。砂体最大厚度可达 35m，覆盖面积可达 1500km^2，呈席状分布。根据上述情况，判断是周期性复活的辫状河侵入低能的滨岸平原，形成了大范围的砂质辫状河平原。复活的原因可能是构造、气候或海平面变化导致的坡度和流量的变化。此后，由于物源区的侵蚀，辫状河能量降低，滨岸平原重新扩展，再次发生聚煤作用。

Martin 等（1987）认为，澳大利亚鲍恩盆地科林斯维尔煤系的布莱克煤层也是与废弃的辫状河体系共生的（图 13-25）。该煤层厚 0～12m，灰分 20%，硫分 1%，肉眼类型为暗淡煤。煤层或是以突变接触关系覆盖在砂质和砾质的辫状河流沉积物之上，或是含炭质泥岩的过渡层。煤层形成后，又发育了辫状河流，并对于布莱克煤层有一定的冲刷，导致煤层厚度的变化。

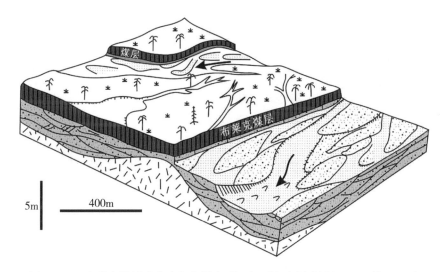

图 13-25　布莱克煤层形成阶段含煤岩系沉积环境示意图（据 Martin 等，1987）

新疆克拉玛依油田露头区的八道湾组含煤岩系,也属于废弃的辫状河平原聚煤作用(图 13-21)。该区八道湾组含煤岩系厚 72m,共由 5 个沉积旋回构成,除第 1 沉积旋回属于冲积扇-辫状河的过渡型沉积体系外,其余 4 个旋回均为辫状河体系。特色是,该地区八道湾组 5 个沉积旋回具有区域稳定性,每个沉积旋回均具有正粒序结构,但是粗碎屑的河道沉积占据了旋回的大部分,仅在旋回顶部出现薄的粉砂岩、泥岩并伴生有工业煤层。这种煤系结构显示了工业煤层是由废弃的辫状河平原形成的(焦养泉等,1999)。

第五节　网结河

自然界的网结河(anastomosed river)相对较少,主要出现在坡降比较小的水系下游地带(图 13-1),河流能量较低,往往同时伴随有潮湿的气候环境。在平面上,网结河是由多条河道一起构成的网状结构(图 13-26)。

一、内部构成与沉积特征

1. 河道充填组合

网结河的河道体系是稳定的,缺少迁移的迹象(图 13-1)。河道充填具有较小的宽/深比,砂体厚而窄,具多层垂向叠置的特点。河道底部一般具有阶梯状的底冲刷面,内冲刷面多平坦。河道充填物由含大量粉砂和泥的极细砂组成,粗粒物质很少,但可能含砾石、泥砾和植物碎屑等。沉积构造主要以大型-小型槽状交错层理为主。向上层理规模变小,也可能不明显,常见变形层理。河道中局部可发育点坝(图 13-27)。

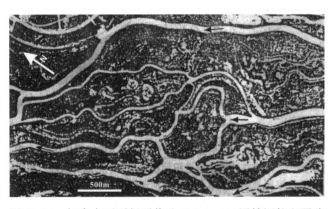

图 13-26　加拿大不列颠哥伦比亚 Columbia 网结河航空照片
(据 Smith 和 Putnam,1980)

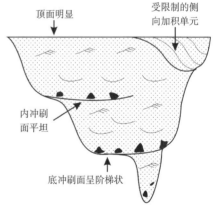

图 13-27　网结河道砂体综合剖面图
(据 Rust 等,1984 修改)

2. 河道边缘组合

位于网结河道两侧的天然堤极为发育,通常由密集的植被和厚层泥炭构成。持续的泥炭堆积使天然堤呈上凸状高地,从而大大地限制了河道的侧向迁移。在洪水期,天然堤接受细粒沉积物。因此,天然堤主要由与泥炭化作用关系密切的粉砂组成,含有大量植物根。

虽然网结河的天然堤较为发育,但是在洪泛期决口作用也时常发生从而形成决口扇。由于决口扇通常离河道较近,其数量较曲流河道多。决口扇为席状砂质沉积,垂向上有向上变细或先变粗后变细的特点。向上、向下以及横向上过渡为泛滥平原沉积。

3. 泛滥平原（湿地环境）

泛滥平原包括了沼泽、泥炭沼泽和小型湖泊,它们与湿地有关。湿地被天然堤沉积所包围,占据了网结河体系的最广泛地区(60%～90%),而河道、天然堤和决口扇的分布要局限得多(图13-28)。湖泊沉积物由纹层状粘土和粉砂质粘土组成,含少量植物根。沼泽沉积由粉砂质泥和泥质粉砂组成,含不同数量的有机质碎屑,植物根系穿插扰动现象常见。

从上述三大成因相组合可以看出网结河沉积具有自身的特色,Smith等(1980)把网结河体系的主要特征归纳如表13-3所示。

表13-3 网结河体系的主要特征（据Smith等,1980）

沉积环境	稳定
沉积作用过程	河道和溢岸沉积物及生物质的快速垂向加积
河道形态	平缓坡降、侧向局限、变化的弯度、深的复合河道
湿地形态	浅的洪水湖、湖泊、泥炭沼泽和森林沼泽
相的几何形态	透镜状的、多层叠置的、线状的河道砂和细砂,不规则席状的决口扇砂,溢岸粉砂-粘土和有机沉积(湿地)相的侧向分异

二、网结河垂向序列

潮湿气候带的网结河总体的沉积物粒度较细,河道迁移不明显,泛滥平原发育。垂向序列也为正粒序(图1-28)。

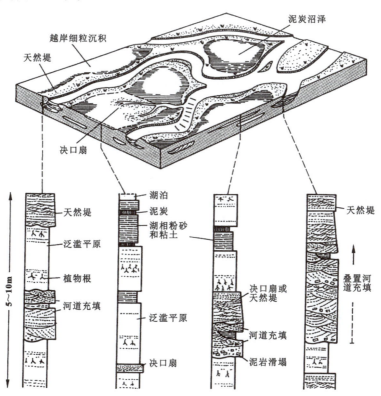

图13-28 网结河流体系与低至高弯度分支河道（据Einsele,2000）

注:河道沉积形成了独立的条带状砂体,且伴随有细粒砂或粉砂的天然堤沉积,侧向堆积较少。决口河道和决口扇很常见。河道间聚集了越岸细粒沉积(泛滥平原沉积)或浅的湖相泥和泥炭。

三、网结河的聚煤作用

网结河中的泥炭沼泽主要堆积在泛滥平原。通常认为网结河具有优于曲流河的聚煤条件,其理由在于被限制的河道以及广泛的湿地环境为聚煤提供了理想的场所。但是 Flores(1984)和 Rust 等(1983)的工作则表明,网结河的聚煤条件并不优于曲流河平原,所形成的煤层并不厚而且灰分较高,其原因在于洪泛碎屑物频繁地注入到泛滥平原中,妨碍了植物的生长,增加了煤层的灰分。而大大小小的洪水湖泊的发育减小了泥炭沼泽的分布面积,限制了煤层的发育。

Smith(1983)也注意到了网结河聚煤作用的差异。正如图 13-29 所显示的那样,加拿大下萨斯喀彻温河段较之于上哥伦比亚河段有更大规模的泥炭堆积。究其原因,是由于在较长时间内下萨斯喀彻温河段的大面积泥炭沼泽与活动的河道相分隔,这样的环境满足了厚层泥炭堆积和埋藏的全部必要条件。

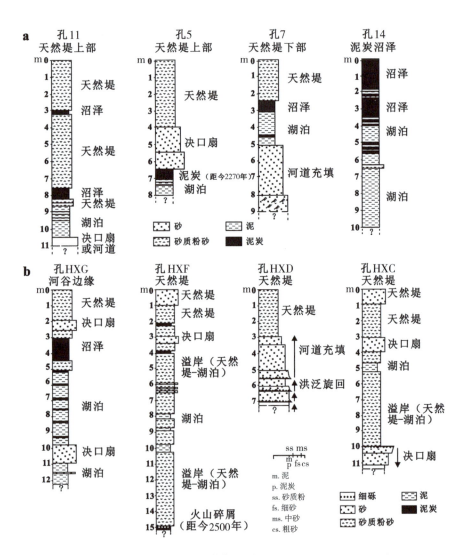

图 13-29　网结河沉积与聚煤作用(据 Collinson 和 Lewin,1981)
a. 萨斯喀彻温河段具有丰富泥炭堆积的网结河沉积;b. 哥伦比亚河段不利于聚煤作用的典型网结河沉积

第六节 几种河流特征的比较

Smith 等（1980）把各种河流沉积体系的基本特征进行了全面对比，从表 13-4 中不难看出，辫状河、曲流河和网结河体系之间的区别是比较明显的，反倒是网结河与下三角洲平原有类似之处，但下三角洲平原有滨海砂沉积、海相生物和在河口分流处的指状沙坝，这些在网结河中是没有的。Smith（1983）又专门把网结河和曲流河的地貌特征作了对比，其结果见表 13-5，这为人们认识网结河、曲流河和辫状河的相互区别提供了许多信息，因而是非常重要的。

自然界的河流类型不仅可以随地形的变化而演变（图 13-1），还可以在地史演化过程中随沉积条件的变迁而演变。Flores 和 Hanley（1984）系统性地重建了保德河盆地尤宁堡组的上汤河段古地理面貌，总结了随地质时代的推移而发生的古地理演化规律（图 13-30）。笔者对曲流河体系转化为网结河体系提出了如下设想：曲流河泛滥平原由于沉降的加速或压实效应，出现了大型的泛滥平原湖泊。由于决口扇和众多决口河道的进积，在决口三角洲上，决口河道逐渐扩大、连通，发展成为大型的网结河（图 13-30）。笔者认为曲流河某个发展阶段出现的河湖环境，可以看作是曲流河和网结河环境的过渡阶段。

表 13-4 各种河流体系的鉴定标志（据 Smith 等，1980）

标志	辫状河	曲流河	网结河	上三角洲平原	下三角洲平原	在古代沉积物中的可见性
坡降	高	中等	低	低/中等	低	无
弯度	低	高	多变	高	低	很少
宽/深比	高	中等	低	中等	低	无
粉砂和粘土在岸后沼泽中所占的比例	低	中等	高	中等	高	很少
ε 交错层理	无	常见	很少	常见	很少	很少
多层叠置的河道沉积	常见	很少	常见	很少	常见	有
侧向迁徙	常见	常见	很少	常见	很少	很少
复合交织河道	常见	很少	常见	很少	很少	很少
冲积扇和袭夺现象	无	很少	常见	常见	常见	有
煤	无	很少	常见	很少	常见	有
下伏的湖相或海相页岩	无	无	无？	常见	常见	有
共生的滨海砂	无	无	无	无	常见	有
动植物群	淡水的	淡水的	淡水的	淡水的	海水或淡水的	有

表 13-5　典型曲流河与下萨斯喀彻温河段及上哥伦比亚河段网结河的详细地貌对比（据 Smith，1983）

地貌	曲流河	所研究的网结河	
	阿沃雷奇曲流河（不列颠哥伦比亚东北部比顿区）	下萨斯喀彻温河段（坎伯兰沼泽）	上哥伦比亚河段（镭迪厄姆—戈尔登）
坡度	中等（30cm/km）	低（12.2cm/km）	低（9.6cm/km）
弯度	高（2.1）	中等（1.4）	低（1.16）
天然堤	稀少	显著	显著
点坝	常见	少	稀少
牛轭湖	常见	稀少	没有
废弃河道	没有	常见	常见
袭夺现象	未发生	少	常见
决口扇	没有	少	常见
曲流带	宽	局限	没有
浅湖	稀少	常见	常见
泥炭沼泽	稀少	常见	少

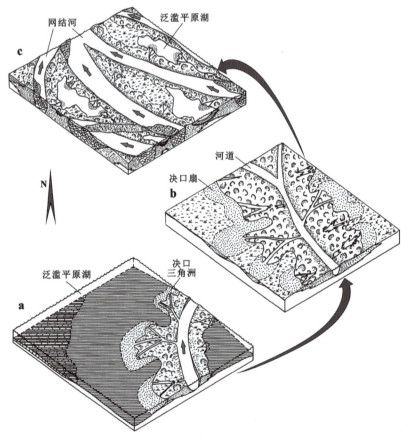

图 13-30　保德河盆地尤宁堡组上汤河段曲流河体系向网结河体系转换的古地理恢复图
（据 Flores 和 Hanley，1984）

a. 湖泊—决口三角洲和河道相，泛滥平原湖由滨外的碳酸盐沉积和近滨的细粒碎屑沉积构成；b. 决口扇和河道相；c. 河道和河道间相；大箭头指示随地质时代的推移而发生的古地理演化

第十四章 湖泊沉积体系

自然界的湖泊类型多种多样。按介质含盐度的不同,可分为淡水湖泊和盐水湖泊;按沉积物的特征,可分为碎屑沉积的湖泊和化学沉积的湖泊;按湖泊所处的位置,可分为滨海湖泊和内陆湖泊。

含煤岩系中的湖泊沉积物大都属于淡水、碎屑沉积的滨海湖泊相和内陆湖泊相。有些湖泊沉积物是河流、三角洲等沉积体系的一个组成部分;而大型或较大型湖泊的沉积物,以及构造成因的小型湖泊沉积物,通常构成独立的沉积体系。

第一节 湖泊沉积作用

影响湖泊沉积作用的因素既可能涉及到整个盆地,例如气候和湖平面变化等因素,也可能与局部因素有关,影响范围有限。

大小、深度、温度和水化学性质不同的湖泊,有各种各样的物理、化学和生物作用过程。非补偿的深水湖泊,主要是与水体温度分层和化学分层有关的有机沉积作用和化学沉积作用。有陆源沉积物注入的浅水湖泊,可以发育一些湖泊三角洲。然而,湖泊的水位和岸线位置变化很快。水进、水退变化和岸线切蚀作用留下了复杂的沉积记录。

(1)温度和化学分层。表层水温度随季节的变化而产生密度分层,即上部为湖面温水层,下部为较冷的、密度较大的湖底静水层,两者之间由温跃层隔开。湖面温水层由于连续循环含有充足的氧,而下部水层为缺氧的静水层。河流把磷酸盐和硝酸盐类营养盐带入湖泊,加速了上部水层中生物的繁衍。这些漂浮有机物质的沉淀导致下部水层缺氧,形成一个大部分生物不能生存的富营养环境。这种情况在热带地区最为明显。热带地区由于高温,所以湖水的原始溶解氧含量较低,而且缺乏季节性湖水的对流作用。

化学分层主要表现在盐度分层,盐度分层作用可以促进温度分层。由于蒸发作用等使盐度增高,从而产生密度差,随之高盐度水体下沉到湖底。一个盐跃层把低盐度的表层水和通常含 H_2S 的高盐度的底层水分开。

(2)河流注入。注入的河流扰乱了原先存在的水体分层现象,从而形成复杂的循环模式(图14-1)。河流注入作用随季节而变,在一年中的不同时期,同一湖泊随密度变化而产生表流、层间流和底流。温暖的、密度较低的淡水羽状表流以不断变细的形式向盆地分散沉积物。地球的自转使这些惯性流发生偏转,形成旋转环流。在层间流情况下,河水的密度介于湖底静水层和湖面温水层之间,因此这种湖流出现在温跃层顶部。这些湖流也遵循旋转路径,在25m水深处速度达5cm/s(Nydegger,1976)。细粒沉积物被分散到湖底的广阔区域,而最细的

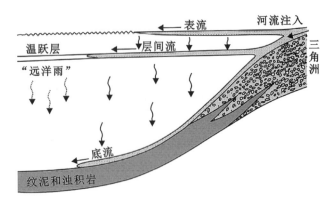

图 14-1 河流注入湖泊导致的复杂分层流动机理及其沉积过程(据 Sturm 和 Mattet,1978)

碎屑仍保留在温跃层内,在季节性湖水对流期才沉积下来。从温跃层内迅速降落的沉积物形成冬季纹层,它与夏季悬浮物质连续降落形成的不同纹层组合起来,构成一个年纹泥层偶(Sturm 和 Matter,1978)。

咸的或者挟带沉积物的较冷河水进入湖泊后,在密度较低的湖水之下产生底流。这一过程经常与春融期间浑浊冰川融水的注入同时发生。河流的沉积物负载类型和能力取决于气候和流域盆地的特性,它直接影响底流的特征。

在注入水流的密度与湖水密度相等的地方,快速的混合作用造成推移质的迅速沉积,而悬浮物质则沉降在离岸不远的地方。这种局部性的沉积作用有利于三角洲的发育。

(3)生物作用。生物作用在湖泊环境是丰富多彩的,但是与聚煤作用相关的生物作用主要发生于滨湖地带。滨湖地带由于潜水面较高,因而适宜于植物生长。如果构造条件稳定也有可能发育为泥炭沼泽。在鄂尔多斯盆地北部,一些第四系的湖泊滨岸带沉积物中就保存有泥炭沼泽的沉积记录(图 14-2)。泥炭沼泽为黑色,具纹层状结构,可能由于失水、压实或者构造的原因发育有垂直裂隙(图 14-2a)。它们与三角洲成因的富有机质的暗色砂岩和粉砂岩互层,螺化石丰富(图 2-11),说明其发育于湖滨地带。根土岩的存在说明泥炭沼泽为原地堆积(图 14-2b)。

(4)波浪。湖滨的波浪作用与海洋滨岸带波浪作用相似,但在强度和规模上都较小。在风吹湖浪较大的地区,波浪改造湖岸沉积物,特别是在碎屑沉积物供应不足的地方更是如此。虽然出现的几率较低,但暴风浪的侵蚀作用令人注目,因为它能轻易地剥去大部分的狭窄湖滩。

在非常浅的湖泊中,涌浪可能是搬运沉积物、夷平高地并把沉积物再分配到高地间洼地的主要机理。

(5)气候变化。湖泊的物理和化学作用随气候的波动而发生很大的变化。由于干旱引起的水位下降,造成河流的下切,粗的推移质在河口处沉积,以及凝聚作用和化学沉淀作用的增强(McGowen 等,1979)。边缘湖底出露水面形成干裂,同时湖滨沉积物遭受切蚀和风的改造。

湖面随潮湿气候的来临而上升,从而淹没了深切的峡谷和附近的平地,使河流坡降比降低,因而减小了沉积物的粒度。

浅水湖泊的表面积受气候的影响变化极大。

图 14-2 鄂尔多斯盆地北部第四系古湖泊滨岸带的泥炭沼泽沉积（焦养泉摄,2010）
a. 泥炭；b. 泥炭及其根土岩

气候的周期性变化为化学沉积作用和碎屑沉积作用的交替进行创造了条件（Van Houten,1965）。季节性的影响可能叠加在这些长期的旋回上。

第二节 湖泊体系的内部构成特征

由于聚煤作用通常与淡水碎屑湖泊沉积体系关系密切,所以碎屑湖泊沉积体系的成因相类型和空间配置关系成为分析解剖的重点。

理想的碎屑湖泊沉积体系模式基本上呈环带状分布,即湖滩砾石外带、砂质沉积带、粉砂质和泥灰质沉积内带、湖中心软泥沉积带。这个理想模式与湖水水动力条件的变化大体是一致的,即波浪带、浪基面上带和浪基面下带。但实际的分带情况要复杂得多。例如,由于定向盛行风的影响,因而湖滨砾石仅见于湖的一侧,当湖岸很陡时砂带可以完全消失。此外,由于流入湖泊河流的影响,还会形成三角洲的沉积；由于浊流作用,在深水湖泊区可出现粗屑的浊流沉积。所有这些因素都可破坏上述沉积物呈环带状分布的规律性。如果有充足的物源供应,三角洲和浊流砂体可以在湖泊中延伸相当远,不局限于哪一个深度而自成系统。

从宏观的角度,湖泊沉积体系可以按照是否具有河流注入划分为两大类,即三角洲岸线沉积和非三角洲岸线沉积。湖泊中的三角洲由于驱动机制和沉积背景不同,又可以分为具有源远流长的河流入湖形成的湖泊三角洲,以及具有陡坡背景、短距离搬运沉积的吉尔伯特（Gilbert）型三角洲。湖泊中的非三角洲岸线沉积是指没有河流注入影响的湖泊沉积区域,也就是泛义的湖泊沉积。

一、吉尔伯特型三角洲内部构成特征

三角洲在一些湖泊中是很发育的，它们位于河口，有的呈扇形，有的呈伸长的舌形，向湖泊内部延伸。与周围地区相比，沉积总厚度大，砂岩比较发育，在剖面上呈凸镜状夹于周围的其他湖泊沉积物中。

吉尔伯特将三角洲沉积分为三层，即顶积层(topset)、前积层(foreset)和底积层(bottomset)。这一沉积构成模式迄今依然在采用，但也有些人转向采用从研究海洋三角洲发展起来的一套术语，如三角洲平原、三角洲前缘及前三角洲等。

1. 顶积层

吉尔伯特型三角洲的水平顶积层是正常的河流沉积在三角洲上的延伸，其中河道沉积以粗碎屑为主，河道间地区通常沉积物较细，并有沼泽和泥炭沼泽沉积发育（图14-3a）。

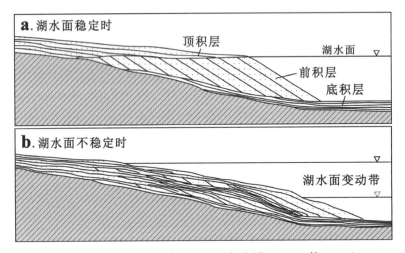

图 14-3 吉尔伯特型三角洲沉积示意图（据 Dunbar 等，1963）

2. 前积层

前积层是吉尔伯特型三角洲的典型沉积物。在水面稳定又没有强大波浪作用的湖中，三角洲前积层以较陡的原始产状与其他部分相区别，并完全由河流搬运来的碎屑物组成。这些碎屑物是在河口被湖水阻挡而突然倾泻下来的，以砂和粉砂为主，自下而上逐渐变粗。有时含岩屑碎块（泥砾）、泥炭碎块、植物树干等。沉积构造以交错层理为特征（图14-3a）。

如果湖水面不稳定，波动又大，整个三角洲沉积将表现为较厚的砂泥互层带，其中向陆一侧的较粗的河流沉积物与向湖一侧的较细的湖底沉积物互相穿插，而仅以散布其中的具楔状交错层理的砂层代表前积层（图14-3b）。

3. 底积层

底积层是加厚的湖底沉积，位于三角洲的下部及其前方，以泥质和粉砂质为主，水平层理发育（图14-3a）。

4. 典型实例

在鄂尔多斯盆地北部神木县考考乌苏沟侏罗系和第四系均发育有典型的吉尔伯特型三角洲，三角洲均发育于湖滨地区，具有典型的三层结构（图14-4）。

图14-4 鄂尔多斯盆地北部神木县考考乌苏沟吉尔伯特型三角洲（据焦养泉等，1995；焦养泉摄，2003）
a. 侏罗系富县组；b. 第四系；BDB. 底积层；FDB. 前积层；TDB. 顶积层

构成侏罗系富县组吉尔伯特型三角洲的砂岩成分成熟度与结构成熟度极高，为纯石英砂岩，指示了一种来源于三叠系顶部风化壳物源的沉积特色（图14-4a）。

该三角洲的底积层由细砂岩、粉砂岩和泥岩组成，呈现水平状的、薄的砂泥互层，其底部为一具有下蚀作用的、起伏不平的冲刷面，其内部对称波痕和生物扰动构造发育，湖泊沉积记录的标志清晰而且特征明显（图14-5）。

顶积层也显示为水平层状结构，除具有下蚀的透镜状河道粗粒石英砂岩外，还发育有植物根，暴露标志明显（图14-6）。

特征的前积层厚度大且前积角度高，易于与顶积层和底积层相区别，其前积方向指示了三角洲向湖泊进积的方向（焦养泉等，1995）。前积层主要由中粒和粗粒石英砂岩构成，可以识别出一系列"S"形前积增生单元，每个前积层的增生单元可能代表了一次由洪泛事件驱动的吉尔伯特型三角洲生长周期（图14-7）。在前积层中还保存有罕见的鸟足遗迹化石（图6-33d）。

图 14-5　吉尔伯特型三角洲的底积层沉积记录（焦养泉摄，2001 和 2010）
a. 底积层结构；b. 波痕；c 和 d. 遗迹化石（水平潜穴）；BDB. 底积层；FDB. 前积层

图 14-6　吉尔伯特型三角洲的顶积层沉积记录（焦养泉摄，2010）
a. 顶积层结构，注意底部的冲刷面及其废弃后的泥炭沼泽沉积；b. 对下伏前积层有明显冲刷作用的
分流河道沉积；c. 顶积层中的两丛植物根系分别位于照片的左右两侧；TDB. 顶积层；FDB. 前积层

图 14-7　吉尔伯特型三角洲的前积层沉积记录（焦养泉摄，2008 和 2010）

a. 前积层结构（前积倾角 26°）；b. 平行古水流剖面上的前积层增生单元结构；c. 垂直古水流剖面上的前积层增生单元结构；TDB. 顶积层；FDB. 前积层

注：b 和 c 中前积层增生单元的周期性沉积记录，洪泛期为白色中粒石英砂沉积，间洪期为灰色粉砂—粗粉砂沉积。

二、湖泊三角洲内部构成特征

湖泊三角洲是河流进积到湖泊中形成的三角洲。20 世纪 90 年代，我国学者通过对鄂尔多斯盆地的研究，识别和建立了一种由河流进积于湖泊之中形成的湖泊三角洲沉积模式（李思田等，1990；胡元现等，1989；焦养泉等，1992；王龙樟，1992；李思田等，1992）。而另一个典型实例，则是由 Ayers 和 Kaiser（1984）报道的美国保德河盆地尤宁堡组的湖泊三角洲体系。实际上，湖泊三角洲属于河控三角洲系列，只不过其蓄水盆地是相对较浅的湖水而已。由于河流作用明显，湖泊三角洲的分流河道可以在湖泊中延伸很远，所以湖泊三角洲具有鸟足状形态（图 8-19）。具有浅水性质的湖泊三角洲沉积体系在沉积构成上与密西西比河三角洲相似，它也可分为三大组合，成因相达 16 种之多（图 14-8）。

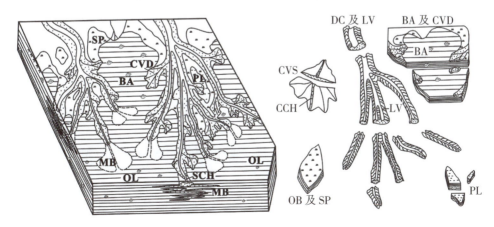

图 14-8　鄂尔多斯盆地东北部延安组湖泊三角洲沉积体系内部构成模式（据李思田等，1992）

DC. 分流河道；LV. 天然堤；CCH. 决口河道；CVS. 决口扇；CVD. 决口三角洲；OB. 越岸沉积；BA. 分流间湾；SP. 沼泽；PL. 三角洲平原小型湖；SCH. 水下分流河道；MB. 河口坝；OL. 开阔湖泊

以鄂尔多斯盆地为例,延安组湖泊三角洲沉积体系各种成因相的识别标志、沉积特征与空间配置如下。

1. 湖泊三角洲平原成因相组合

湖泊三角洲平原成因相类型复杂多样,但成因相的空间配置具有规律性(图14-9)。主要成因相有分流河道、废弃分流河道、天然堤、越岸沉积、三角洲平原小型湖、分流间湾、决口扇、决口三角洲和泥炭沼泽等。

(1)分流河道。分流河道是三角洲的骨架部分(图14-9)。通常位于三角洲平原的底部,平面上呈指状分布,剖面上为透镜状,厚15m左右,宽度小于200m。其底界面为冲刷面,通常下切三角洲前缘沉积。河道内部以大型槽状交错层理为主,向上层理规模变小。在湖泊三角洲沉积体系中其粒度最粗、杂基最少、孔渗性相对最高。

图14-9 鄂尔多斯盆地考考乌苏沟延安组湖泊三角洲平原成因相配置图(焦养泉摄,2010)

(2)废弃分流河道。废弃分流河道沉积通常位于分流河道顶部,能完整保存原始分流河道的透镜状形态,宽70m左右,深8m左右。河道底部具有冲刷面和泥砾等滞留沉积物,之上直接充填富含有机质的粉砂岩和泥岩,偶尔夹有决口扇砂体(图14-10)。

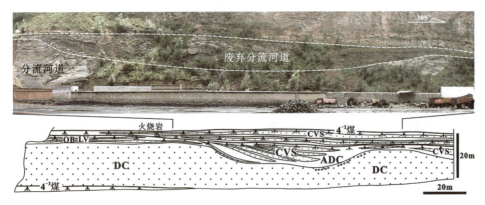

图14-10 鄂尔多斯盆地考考乌苏沟延安组湖泊三角洲平原废弃分流河道沉积(据焦养泉,1995)
DC. 分流河道;ADC. 废弃分流河道;CVS. 决口扇;OB. 越岸沉积;LV. 天然堤

(3)天然堤。天然堤位于分流河道砂体旁侧,一般厚2m左右,宽通常小于10m。主要为细砂与粉砂或泥岩互层,可见根化石和泥裂。其中,攀升层理发育,攀升方向指向分流间洼地。向分流间洼地过渡为越岸沉积(图14-11)。

(4)越岸沉积。越岸沉积位于分流间洼地的边缘,为砂泥互层沉积。薄层砂岩为洪泛事

图 14-11　鄂尔多斯盆地东北部考考乌苏沟延安组湖泊三角洲平原上的天然堤沉积（焦养泉摄，1996）

件沉积，粉砂岩或泥岩为背景沉积（图 14-12）。小型水流波痕纹理、波状层理及水平纹理发育，植物碎屑及根化石丰富。

（5）分流间湾。位于相邻的分流河道之间，可以与开阔湖相连通。因此，暴露标志和覆水标志可以伴生出现。沉积物通常为浅灰色细粒沉积物，产有大个体双壳类化石珍珠蚌（*Margaritifera*）、叠锥（图 6-37b 和 c）、植物根、植物茎和叶片等生物化石。

图 14-12　鄂尔多斯盆地东北部考考乌苏沟延安组湖泊三角洲平原上的越岸沉积（焦养泉摄，2010）

（6）三角洲平原小型湖。三角洲平原小型湖位于分流间洼地区，有水体覆盖，沉积物主要是富含有机质的暗色泥岩，水平纹理发育，顺层面保存有大量较完整的大型羽状真蕨叶化石，偶尔可见小型双壳类化石等。

（7）决口扇。位于分流河道旁侧、分流间湾洼地中，平面上呈扇状，面积一般大于 2km²，剖面上呈板状或楔状，厚度一般为 1～3m（图 14-13）。其顶底界面平整，反映了洪泛事件的突发性特点。决口扇具有特征的较大规模的低角度倾斜层，其倾向与决口扇的进积方向一致（图 14-13）。

图 14-13　鄂尔多斯盆地东北部考考乌苏沟延安组湖泊三角洲平原上的决口扇沉积
（据焦养泉等，1995）

（8）决口三角洲。当大量决口沉积物进入分流间湾或三角洲平原小型湖中时，即构成决口三角洲。其几何形态与决口扇相似，沉积构造以块状构造、小型水流波痕纹理为主，变形层理发育。其底界面处常保存有分流间湾中的大型双壳类化石，常与分流间湾泥岩共生。倒粒序常见。

（9）决口河道。通常保存于决口扇或者决口三角洲层序的顶部，砂体为小型透镜状，宽小于5m，厚小于3m。底部可见被冲倒的炭化树干，两侧及上部沉积物暴露标志发育。

（10）沼泽。分布于三角洲层序的上部和顶部，由泥岩和粉砂岩组成，有机质丰富。当持续发育演变为泥炭沼泽时，则可形成煤层或煤线。煤层或煤线的底部通常发育大量的植物根化石，即根土岩（图1-3b、c和d）。

2. 湖泊三角洲前缘成因相组合

湖泊三角洲前缘的主要成因相有水下分流河道、河口坝、水下天然堤和水下越岸沉积等。其空间配置关系如图14-14和图4-10所示。

图14-14　鄂尔多斯盆地考考乌苏沟延安组湖泊三角洲前缘沉积剖面（据焦养泉，1993）

DC. 分流河道；SCH. 水下分流河道；MB. 河口坝；SP. 沼泽

注：相应的沉积写实剖面见图4-10a。

（1）水下分流河道。水下分流河道是三角洲平原上分流河道在湖泊中的延伸部分，通常被包围于河口坝砂体之中。水下分流河道通常由一系列侧向叠置的透镜状河道单元组成，单个河道单元一般宽20~35m，厚0.7~2m（图14-14，图14-15）。其沉积构造或者以复合层理为主，或者以小型槽状交错纹理为主。与分流河道砂体相比，除了规模小以外，还具有冲刷能力弱、粒度细、杂基含量高、孔渗性低、钙质胶结发育等特征。

图14-15　鄂尔多斯盆地考考乌苏沟延安组湖泊三角洲水下分流河道及其河口坝沉积
（焦养泉摄，2010）

(2)分流河口坝。河口坝砂体通常与三角洲前缘泥(无暴露标志,产双壳类化石)互层,据两者所含比例不同,可将其分为近端河口坝、远端河口坝及介于近端与远端之间的过渡型河口坝。典型的近端河口坝砂体呈透镜状,一般厚0.4~0.5m,宽8~10m,底部冲刷现象明显,前缘泥所占比例极少;远端河口坝砂体很薄,厚5~8cm不等,呈不连续的席状分布,前缘泥占有相当大的比例;具有特色的是席状的过渡型河口坝砂体,厚度一般为0.1~0.4m,宽可达400~500m,前缘泥较近端多、较远端少,层理类型丰富(块状构造、小型水流波痕纹理、攀升纹理、反丘层理、小型槽状交错纹理、变形层理等)。河口坝砂体往往是多次决口事件的叠加复合体(图14-14,图14-15)。

(3)水下天然堤。位于水下分流河道旁侧,以攀升纹理为主,外侧逐渐过渡为水下越岸沉积。

(4)水下越岸沉积。最主要的特点是越岸的细砂岩与三角洲前缘泥呈互层状。

3.前三角洲成因相组合

前三角洲主要由开阔湖泊沉积组成,砂质重力流沉积常见,特殊情况下可以发育水下河道沉积。

(1)开阔湖沉积。通常位于湖泊三角洲沉积层序的最底部,以暗色泥岩为主,水平纹理不发育,含少量菱铁矿结核,产小型双壳类动物化石费尔干蚌(*Ferganoconcha*)和西伯利亚蚌(*Sibireconcha*)等。

(2)砂质重力流。砂质重力流沉积即具浊流性质的薄砂岩夹层,具有突变的底界面和递变粒序,厚度一般数毫米至数厘米,反映洪水事件时以底流形式进入湖泊的碎屑沉积。

图14-16 贺兰山汝箕沟延安组前三角洲地区开阔湖泊中的水下河道沉积
(焦养泉摄,2006)

(3)水下河道沉积。在前三角洲的湖泊泥岩中常有不同规模的水下河道,具有冲刷的底界面,两侧一般无水下天然堤,河道宽一般数十米至百余米(图14-16)。

4.湖泊三角洲垂向序列

在垂向上,三角洲具有先反粒序、后正粒序的基本特征。各种成因相的有序出现,显示了湖泊三角洲体系的明显进积过程。值得注意的是,鄂尔多斯盆地东北部延安组的湖泊三角洲体系属于浅水三角洲,所以前三角洲沉积相对较薄,而且与三角洲前缘呈过渡关系(图14-17)。

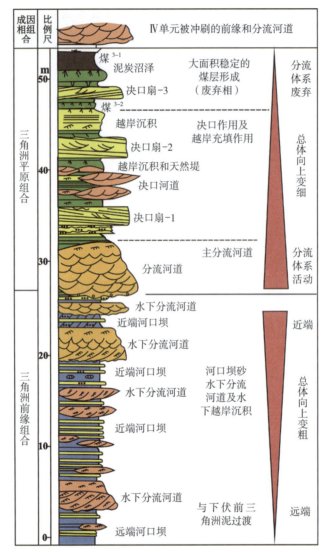

图14-17 鄂尔多斯盆地延安组第Ⅲ成因地层单元湖泊三角洲垂向序列
（据李思田等，1992）

三、非三角洲岸线的湖泊沉积记录

非三角洲岸线的湖泊沉积也就是指泛义的湖泊沉积，主要包含滨湖沉积、浅湖沉积、湖湾沉积、深湖沉积、重力流或浊流沉积等几种成因相。

1. 滨湖沉积

滨湖位于湖岸线附近，一般介于洪水时期湖岸线与枯水时期湖岸线之间的地带。这里水动力条件复杂，拍岸浪和回流的冲刷筛选作用强烈，也有潮汐的作用。受波浪冲击的湖岸地带，较细的碎屑被冲刷到较深的水中，较粗的碎屑则沿湖岸形成沙滩或在湾口形成沙嘴和沙洲。

滨湖沉积的岩石类型多样，以砂岩与粉砂岩为主。如果湖岸较陡，也可形成砾石质的湖滩。砂的分选和磨圆程度由中等到较好，交错层理发育，以小型的为主。此外，还有透镜状层理和不规则水平层理等。层面上常有泥裂、雨痕、动物遗迹和冲迹等，斜坡地带还有滑坡引起的变形构造。由于湖浪强烈的淘洗作用,常形成与湖岸平行的重矿物或粗贝壳屑层沉积。

2. 浅湖沉积

浅湖位于枯水时的湖面以下,浪基面以上的浅水地带。浪基面的深度与湖泊的大小有关。小型湖泊的浪基面只有几米深,而大型湖泊的浪基面可达到一二十米的深度。这里已没有拍岸浪的影响,起主导作用的是传递到湖底的水面波动和湖流。在面积小的湖泊中,它与滨湖带不大容易区分开。

浅湖沉积物以粉砂和泥质为主,有不等数量的细砂岩呈透镜体产出。这些碎屑物或是被波浪从岸边沉积物中分选出来的,或是被流水从三角洲沉积物中分选出来的。层理主要为对称和不对称的浪成波痕交错层理、不规则的水平层理等。在沿岸湖流比较发育的地段,还可出现一些板状交错层理。

浅湖区由于波浪能触及湖底,水底氧气充足,又因靠近湖岸,河水带来的养料充足,故生物繁盛。在浅湖沉积物中常见到多种生物化石,保存也较好,以薄壳的腹足类为主。此外,还有介形虫、叶肢介和鱼类化石,以及保存程度不等的植物化石。

3. 湖湾沉积

在滨、浅湖地带,或水下局部隆起周围,由于水浅常形成沙坝、障壁沙坝(岛)等砂体,使近岸水体被阻挡,形成半封闭的湖湾。湖湾内水体浅而静。它的大部分地区淹没于水下,但其边缘地带较易于暴露水面。沉积物主要为砂质泥岩和泥岩。在气候潮湿时,植物化石及其碎屑甚多,甚至可发育成泥炭沼泽。泥质湖湾沉积物中以水平纹理和季节性韵律层理最常见,有时为块状层理,偶见泥裂、雨痕和潜穴(孙永传等,1986)。

4. 深湖沉积

深湖是湖泊浪基面以下静水区的沉积。大型湖泊的深水区大都在一二十米以下。这里一般指的是湖面波和潮流已影响不到的地方,在地球化学条件上是属于还原环境。深湖区不一定位于湖泊的中央。在不对称的断陷湖盆中,它偏向于边界断层下降盘的盆地陡坡一侧。

深湖沉积物主要为黑色或深灰色的泥岩,有时可夹有少量的灰岩、泥灰岩和油页岩(图14-18)。岩石的特点是粒度细、颜色深、有机质含量高。层理发育,主要是细薄的水平纹理,有时有明显的季节纹理(图6-11b、c和d)。无底栖生物化石,只有介形虫、叶肢介等浮游生物化石和鱼类。

5. 重力流或浊流沉积

重力流或浊流沉积在碎屑湖泊沉积中较为常见,尤其在断陷湖盆中更为发育,它们主要分布在盆地内部的深湖地区,但在湖缘区亦有发育。

孙永传等(1986)根据砂体分布和形成机理初步分析,将湖泊重力流沉积归纳为三种类型:水下冲积扇、深水浊积扇和深水重力流水道沉积。

水下冲积扇即扇三角洲。它发育在湖盆边缘,扇体主要发生在水下。在这种沉积物中出现相当数量的递变层理,说明具有重力流性质。

深水浊积扇主要是由水下冲积扇、三角洲或其他湖岸沉积在外力作用下发生滑动或滑塌,经过搬运和沉积作用而在湖盆内部深水地区堆积形成的扇形或舌状砂体,其性质属滑塌浊积岩。以发育经典浊积或较完整的鲍马序列和碎屑流成因的混积岩或滑塌岩为特征。

图 14-18 鄂尔多斯盆地中生界的深湖沉积物

a. 神木县考考乌苏沟延安组第Ⅱ单元暗色泥岩深湖沉积(焦养泉摄,2008);b. 铜川市延长组第七油层组受到后期构造挤压变形的油页岩深湖沉积(焦养泉摄,2006)

深水重力流水道沉积可能主要是由于近源的洪水浊流或滑塌浊流在湖盆内深水区的沟谷或断凹处堆积而形成的长条状浊积砂体。其平面形态呈椭圆形定向排列,横剖面上有时见有上平下凸的水道形态,并侵蚀湖底泥质沉积。地层剖面中,它们表现为大段灰黑色、质纯的湖泊泥岩夹块状砂岩和递变层理砂岩的层序。

第三节 湖泊沉积垂向序列

虽然湖泊和海洋的动力分带颇为相似,但湖泊的发育历史却与海洋迥然不同。湖泊最终都无例外地以退缩、填积而告终。这种历史特征反映在纵向上,湖泊沉积物的垂直层序都是从浪基面以下的细粒沉积物(但有时有浊流粗粒碎屑沉积共生),向上渐变为浅湖、滨湖、三角洲和河流的较粗粒沉积。

Reineck 等(1980)援引 Müller 等(1970)的资料,对经过详细研究的瑞士康斯坦司湖现代沉积的理想序列(自下而上)做了如下说明。

(1)湖心中央平原沉积。沉积物极细,粘土矿物约占 25%～75%。薄层状,夹少量的薄层递变砂层。

(2)以砂质和粘土沉积物为主的向前推进的三角洲前积层。向下部,粉砂和粘土含量增加。

（3）水下三角洲顶积层的砂和泥。泥堆积在两条分流河道之间的地区。

（4）河流沉积物。包括河道、牛轭湖，天然堤及泛滥平原沉积（有土壤化作用和根土岩或有局部泥炭堆积）。

李思田等（1982）曾以霍林河煤盆地为例，描述过古代小型湖滨三角洲沉积。他指出：河流注入湖泊形成的小型三角洲在断陷盆地中普遍存在，但规模很小。具有含碎屑物较多的高密度水流注入淡水湖盆的三角洲典型特征，三层结构清楚，很容易区分出底积层、前积层和顶积层。沉积物具有向上变粗的垂直层序（图14-19）。由于距物源区近，河道短，水流季节性变化大，因而前积层粒度较粗，为中—粗粒砂岩，含有大的菱铁矿结核，有时还夹细砾岩。

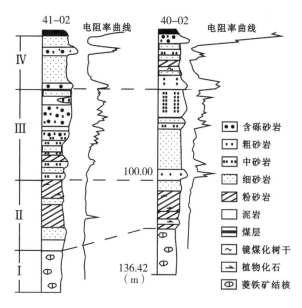

图14-19 霍林河盆地露天区17煤组底砂体垂直层序
（据李思田等，1982）

以上介绍的是有湖泊三角洲发育地带的垂直层序。在缺少三角洲沉积的地带，其垂直层序自下而上则为深湖沉积—浅湖沉积—滨湖沉积。

在含煤岩系中，不论有无湖泊三角洲沉积，垂直层序的顶部通常都出现沼泽和泥炭沼泽沉积，反映了湖泊淤浅并沼泽化的过程。在泥炭层之上有时又覆盖了细粒的静水的湖泊沉积，含有许多保存完好的植物叶片化石，有时还有动物化石。

关于湖泊沉积的垂直层序，陈钟惠（1988）认为有两点必须强调指出。

第一，尽管湖泊沉积到处都表现出充填变浅的层序，但由于湖泊环境的复杂性，层序的特征在各处可能很不相同。在大型湖泊的陡岸和缓坡岸，地貌景观差别很大（图14-20）。在结构不对称的断陷湖泊中（如半地堑盆

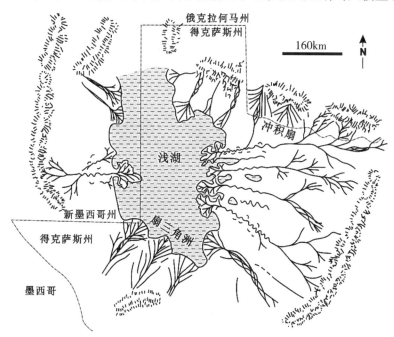

图14-20 三叠纪多昆群的一个大型浅水湖泊，其四周具有不同类型的朝湖泊汇聚的河流和三角洲体系，浅湖轮廓不断发生变化（据McGowen等，1979）

地），这种情况表现得尤为明显。河流、湖泊三角洲、滨湖和浅湖沉积在构造条件较稳定的缓坡带一侧较为发育，相带较宽，而在同生断层发育的陡岸一侧则很窄，甚至缺乏，这时冲积扇（扇三角洲）可直接与湖泊甚至深湖沉积相接触。

第二，湖泊沉积体系通常由若干个充填层序组成，有时可达到很大的厚度。在这种情况下，既要注意充填层序的特点及其横向变化，也要注意这些层序总体上所表现出的演化趋势。在构造控制的盆地演化过程中可能出现以深湖相为主的若干层序向上演化为以浅湖相含煤沉积为主的若干层序，或者是这两类情况交替出现。

第四节 湖泊的聚煤作用

煤层的形成与湖泊环境有密切的关系，湖泊沼泽化是形成泥炭沼泽的一种重要途径。

一、碎屑供应不足的湖泊聚煤特点

碎屑供应不足的湖泊（sediment-tarved lake），其底部沉积物主要是由周围搬运来的砂、粉砂和粘土。这时湖中的有机物质很少，湖泊的有机质产率较低（低滋育湖），周围陆地上的植物也不多。如果湖盆周围地区有一些石灰岩或白云岩，其淋滤物质将在湖泊中富集为碳酸钙。一旦碳酸钙达到饱和程度，将沉淀下来并与碎屑物相混合，形成富碳酸盐的粘土，成岩后即是泥灰岩。当周围地区碳酸盐岩被淋滤的同时，如果营养物也被淋滤并被带到湖泊中，湖泊的有机物产率将增大。有机物或是混入到沉积物中，或是腐烂，释放出更多的为生物所需的养料。有机物质也可来自周围的植物。当湖泊比较开阔时，有机质的最重要来源是漂浮的藻类或浮游植物（图 14-21）。这时湖泊进入到高滋育阶段，所形成的是褐色或黑色的、富脂的、有机质含量高的沉积物，称为湖积有机软泥（gyttja），有机含量可以达到 20%～50%。如果湖泊是非常高滋育的，有湖泊下层滞水带，一年中多数时间是缺氧的，含硫化氢或甲烷（或二者皆具），如沉积物像黑色软泥，称为腐泥，其中含有许多富脂有机物和 FeS_2。

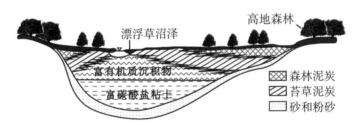

图 14-21 碎屑供应不足的湖盆中泥炭覆盖在粘土、粉砂和砂之上（据 Dean，1981）

当湖泊变浅时，漂浮的苔草席向湖心推进，苔草泥炭覆盖在湖积软泥之上。当苔草泥炭成为稳定的台地时，森林沼泽发育，森林泥炭又覆盖在苔草泥炭之上。

在含煤岩系中如此典型的层序很难见到，但腐植煤、腐泥煤、油页岩以及泥灰岩垂向和侧向上共生的情况却颇为多见，因而这一模式层序对于理解上述共生现象具有参考价值。

二、碎屑供应充足的湖泊聚煤特点

一般情况下,湖泊三角洲及湖泊滨岸地带是聚煤作用最有利的场所,朝陆地方向和湖心方向,煤层都逐渐变薄或分岔尖灭。如编制岩比图,通常都可以发现,厚煤层与砂岩占一定比例的岩相带有密切关系并呈带状分布。

在我国东北一些晚中生代断陷盆地中,据李思田等的研究,含煤岩系的剖面表现为湖泊相、沼泽相和泥炭沼泽相的频繁交替。湖泊相又主要由砂岩、粉砂岩互层的滨湖沉积和厚层砂岩的三角洲沉积组成。从全区情况来看,厚的含煤组的存在有两种情况,一是发育在湖泊沼泽沉积长期稳定发育的地区,整个含煤段为煤层和滨湖沉积的交替;二是厚煤层发育在厚层的三角洲砂体之上。煤层朝陆方向急剧分岔,分成许多小薄层,朝湖泊中心方向,煤组间距加大,煤层也逐渐分岔直到尖灭(图14-22)。

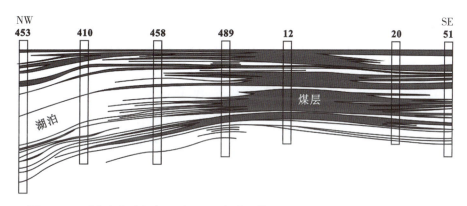

图14-22 元宝山盆地红庙区元宝山组湖泊相煤层形态剖面图(据李思田等,1988)

李思田等还把湖盆聚煤环境划分为滨湖-深水湖盆型和浅水湖盆型。滨湖-深水湖盆型的特点是,盆地中心长期发育的深水湖泊与滨湖地区的聚煤环境同时存在。煤层只形成在滨湖地区,向盆地中心尖灭。浅水湖盆型的特点是,主体部分是在大型湖泊被淤浅的基础上形成的洼地,洼地沼泽化并成为聚煤场所,含煤段堆积过程中浅水湖泊仍周期性出现。煤层稳定性好,分布面积可占盆地面积的一大部分。

国内外均已发现,在一些煤田中,煤层最厚处靠近湖盆中心地带。造成这种情况的原因可能是湖很浅,湖泊沼泽化后,原湖心地带沉降速度与泥炭堆积速度长期保持平衡,导致厚煤层的形成。这种厚煤层多数属于凸起沼泽成因。

Ayers等(1984)对美国怀俄明和蒙大拿州保德河盆地尤宁堡组(下第三系)湖泊三角洲成因煤层的研究,为深入研究其他地区同类型煤层提供了重要线索。笔者根据1400个钻孔的测井资料,确认尤宁堡组的汤河段在这里是向西注入勒伯湖的一套三角洲沉积物,集中反映为五个主要的三角洲沉积体(图14-23)。Ayers对吉莱特三角洲和赖特三角洲及两者之间的三角洲间湾地带进行了详细研究,发现主煤层在三角洲间湾地带是单一的厚煤层,向北(朝吉莱特三角洲的主体)、向南(朝赖特三角洲的主体)和向西(朝勒伯湖中心方向),煤层都迅速分岔(图14-24)。在三角洲间湾地带,即14号主煤层为单一煤层处,煤层厚度变化与下伏分流河道(由吉莱特三角洲伸入三角洲间湾地带的几个非主要的分流河道)的位置有密切关系,厚煤发育在分流间湾地带(图14-24)。

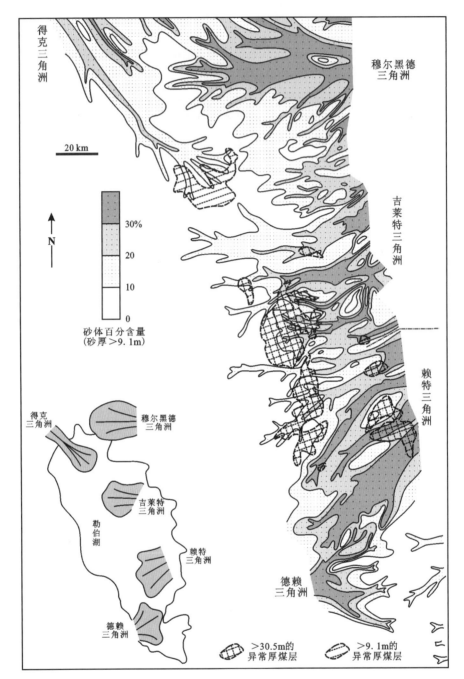

图 14-23 尤宁堡组汤河段主砂体百分含量与异常厚煤层空间配置关系图（据 Ayers 等,1984 简化）

Ayers 等以此为基础提出了湖泊-三角洲间聚煤模式（lacustrine-interdeltaic coal model）（图 14-25）。在模式图中，吉莱特和赖特三角洲分别位于北侧和南侧。三角洲沉积物是由源于古布莱克高地的河流补给的，并朝勒伯湖中心进积。只有少数的、小的分流河道进入吉莱特和赖特三角洲之间的地带，由于碎屑注入物少，这一地区就成为聚煤有利地段。与此同时，汤河段的骨架砂体充当了地下水的通道。在河流-三角洲朵体的末端，骨架砂岩与泥质沉积物呈舌状交互，这限制了地下水流朝湖盆方向的运动，强迫它向上溢出。随着沉降和被掩盖，受限的浅的含水层中的流体静压增高，导致了大范围的溢出带。这里开始形成泥炭，并最终扩大

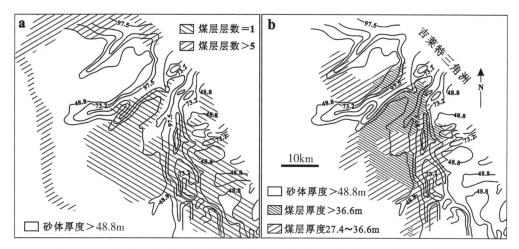

图 14-24 吉莱特与赖特三角洲间湾区的 14 煤聚煤特征（据 Ayers 等，1984 简化）
a. 砂岩厚度与煤层层数叠置图；b. 砂岩厚度与煤层厚度叠置图
注：14 煤在分流间湾部位最厚，向北和向西均分岔。

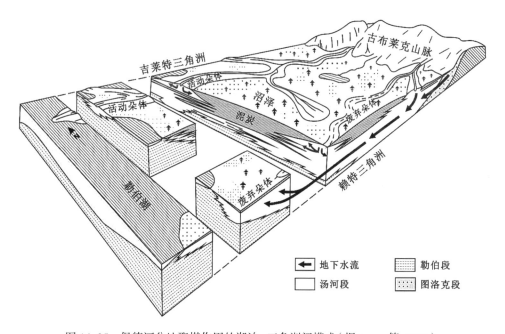

图 14-25 保德河盆地聚煤作用的湖泊-三角洲间模式（据 Ayers 等，1984）

到分流间湾和三角洲沉积物的远端部分。总之，地下水由受限和不受限含水层的溢出使得地下水位保持在相当于地表或接近于地表的高度，泥炭堆积过程可以持续进行。由于南面赖特三角洲的废弃，已开始发育的三角洲间湾泥炭沼泽可扩展到废弃三角洲之上，变为更加广布的平行于沉积走向的泥炭沼泽。如果三角洲重新活动并导致分流河道流经泥炭沼泽，煤层中将出现大型的砂质透镜体。

朝湖泊方向，煤层分岔并逐渐尖灭。朝上倾方向，由于地下水位较低及泥炭较快的氧化，煤层变薄。盆缘河流体系的碎屑注入又促成了煤层的分岔。

第十五章　三角洲沉积体系

> 三角洲沉积体系主要发育于蓄水盆地的边缘，它们是由源于河流、冲积扇或辫状平原的陆上部分和与其相连接的水下部分所构成，蓄水盆地可以是海盆也可以是湖盆。由于三角洲体系是主要能源矿产（石油、天然气和煤）的载体，因而对其研究历史久远，研究程度较高。

第一节　三角洲沉积作用类型

三角洲体系是在冲积扇或河流体系的建设性沉积作用与蓄水体对沉积物再改造、再分配的破坏性作用的相互竞争下产生的。

一、建设性沉积作用

三角洲沉积体系的建设作用通常体现在三角洲平原上，这些沉积作用与冲积扇体系和河流体系沉积作用相类似。例如：扇三角洲体系包括了冲积扇的所有沉积作用过程，如碎屑流、河川径流、片流和筛状沉积；辫状河三角洲由限定性差的底负载辫状分流河道控制；普通三角洲由限定性差的混合负载分流河道控制。由于冲积扇及河流的沉积作用过程前已述及，此处不再重复。本节仅介绍属于三角洲体系特色的沉积物输入量、河口沉积作用、碎屑流和决口作用。

（1）沉积物输入量。扇三角洲的沉积物输入量展现出一种瞬时的，甚至是突变性的沉积事件，它们以最短的沉积时间、最大的流量与最大的可变性为特征。辫状河三角洲通常是由季节性的、湍急的洪水沉积作用控制。普通三角洲则由相对连续的终年性河流沉积作用控制。

（2）河口沉积作用。当水流从一个受限制的分流河道或扇表面注入蓄水盆地时，水流将散布开并与蓄水体相混合。在以河流作用为主的三角洲中，河流注入海洋的水动力类似湍流通过一个稳定不变的孔口喷射卸载，根据喷射流密度与蓄水体的密度对比可分辨出三种喷射流类型：①当高密度流体注入蓄水体时，具较高密度的注入流沿盆地底部流动，推移质沉积部位取决于注入流的速度与搬运能力；②相反，当低密度流体注入蓄水体时，注入流将在蓄水体上部流动，推移质将在河口处沉积形成河口坝，悬移质将在河口外沉积；③当注入流体密度与海洋或湖泊水的密度几乎相同时，产生轴向喷射流。据研究，这种喷射流在湖泊中常见，并认为正是这种喷射流形成了具顶积层、前积层和底积层结构的吉尔伯特型三角洲。

（3）碎屑流。碎屑流是冲积扇和扇三角洲的重要沉积作用。扇三角洲的碎屑流通常由陆面进积到停滞水体中，在水下它们的流动性不断增强，随后演化为较稀释的密度流。

（4）决口作用。通常发生于洪水期，决口扇和决口三角洲是其主要的沉积单元。决口作用使三角洲平原的负地貌得以充填。位于三角洲平原顶端的长期决口作用会使原三角洲朵体废弃，而形成新的三角洲朵体。决口作用的填平补齐过程以及决口导致的废弃三角洲朵体，均有利于泥炭沼泽的发育。

二、破坏性沉积作用

使三角洲沉积物遭受再改造、再分布的各种蓄水体作用都可以归为破坏作用，它包括了波浪、潮汐、入侵的洋流、风吹飘流以及由盆地边缘与盆地之间高度差产生的重力势能等。

河口沉积作用使推移质进入波浪和潮汐改造作用的最佳位置。波浪在河口坝上产生紊流并在沿岸漂流的方向上搬动并沉积，使砂子在侧向上重新再分布；潮流在河口的流入和流出，使河水水流交替地增强和减弱，重新活动的砂子在倾向方向上移动并形成狭长形的沙坝。波浪和潮汐对三角洲沉积物的改造改善了沉积物的分选。恒定的入侵洋流可以有效地再分布前三角洲环境的沉积物，这种洋流主要作用于悬浮沉积物。河口沉积物及其海洋改造过的三角洲前缘沉积物，位于由重力势能改变、破坏和重新活动的理想位置。由于沉积物的快速堆积加之三角洲前缘固有的地形坡度，它们在沉积物负荷引起的差异压实作用下发生形变作用和断裂作用。

第二节　三角洲体系的分类

传统的三角洲分类一直是根据河流流量、波浪作用和潮汐作用三者的相对强度划分的（图15-1）。密西西比河三角洲是以河流作用为主的河控三角洲的典型代表；而巴西的圣佛郎西斯科河和非洲的塞内加尔河三角洲是浪控三角洲的最好实例（Coleman，1980）。孟加拉国的恒河-布拉马普特拉河三角洲，马来西亚的巴生-朗加河三角洲和巴布亚的弗来河三角洲是潮控三角洲的代表。

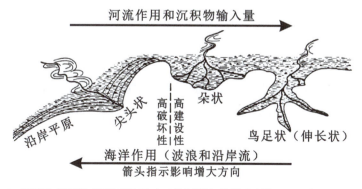

图15-1　河流和海洋作用相对强度对三角洲形态的影响（据Fisher和McGowan，1969）

但是,随着研究的不断深入,在20世纪80年代,Nemec和Steel(1988)、McPherson等(1988)、Galloway和薛良清(1988)等沉积学家在粗粒沉积物中识别出了两种三角洲,即扇三角洲(fan delta)和辫状河三角洲(braided delta)(图15-2)。

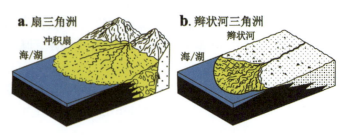

图15-2 粗粒三角洲类型及沉积背景模式图
(据McPherson等,1988)

因此,如果从沉积物粒度上粗略地划分三角洲的话,那么先前提到的诸如密西西比河三角洲显然属于细粒三角洲,或者称普通三角洲;而扇三角洲和辫状河三角洲则属于粗粒三角洲。在自然界,扇三角洲、辫状河三角洲(粗粒三角洲)和细粒三角洲的发育背景、沉积物特征是不同的,但其间的演化是有规律的,实际上它们是一个连续谱系中的端元组分(图15-3)。

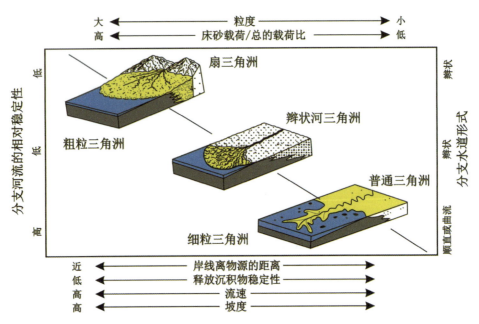

图15-3 几种三角洲端元类型的发育背景和沉积物特征比较(据钱丽英,1990)

目前,关于三角洲沉积体系更为详细的分类主要依据其沉积作用类型进行划分。首先,根据陆上的沉积作用过程将三角洲体系分为三大类,即扇三角洲、辫状河三角洲和普通三角洲。其次,再根据河流作用与蓄水体改造作用的相对强度,将每一大类再细分(图15-4)。这样一来,三角洲体系共有九种类型(表15-1)。

沉积学家通过对粗粒三角洲及湖泊三角洲的补充性研究,使人们对三角洲体系的认识及分类更加全面和系统化。

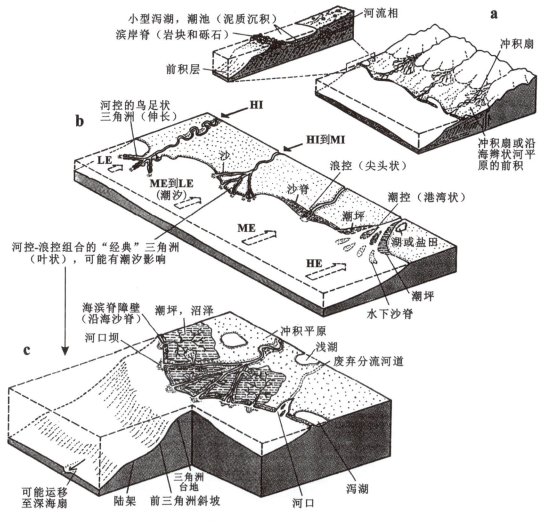

图 15-4 三角洲沉积体系类型（据 Einsele，2000）

a. 冲积扇或辫状河平原向海进积形成的海相扇三角洲 [注意粗粒的海滨脊（岩块和砾石）能使泻湖或池塘免受波浪和气流影响，古海滨脊和泻湖相的粉砂及泥岩可能被河流沉积所覆盖]；b. 不仅受沉积物供给影响（HI. 高供给；MI. 中度供给），而且还可分为浪控和潮控的不同大型海相三角洲型式（LE. 低能量；ME. 中等能量；HE. 高能量）；c. 大型朵状浪控-潮控三角洲体系的各种不同亚环境（与现代 Niger 三角洲类似）

表 15-1 三角洲体系的分类（据 Galloway 和薛良清，1988 修改）

三角洲前缘 \ 三角洲平原	冲积扇	辫状河平原	分流平原
河控	扇三角洲	河控辫状河三角洲	河控三角洲
浪控	浪控扇三角洲	浪控辫状河三角洲	浪控三角洲
潮控	潮控扇三角洲	潮控辫状河三角洲	潮控三角洲

第三节 河控三角洲体系

河控（普通）三角洲是人们早已熟悉的一种细粒三角洲沉积体系（图15-5），它是"一种由河流补给的沉积体系，它使滨线不规则地向水体中推进（Fisher等，1969）"。密西西比河三角洲是以河流作用为主形成的三角洲的一个典型实例（Coleman，1976，1980），也是世界上研究的最早、最详细的一个，因此它一直被当做参考的标准（图15-6）。

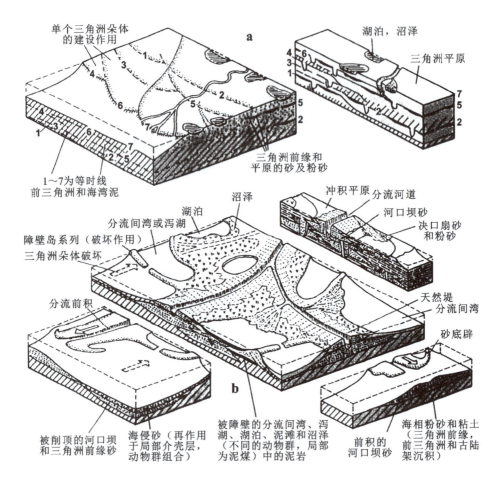

图15-5 河控的细粒三角洲内部构成与沉积特征（据Einsele，2000）

a. 鸟足状三角洲和叠瓦状三角洲朵体的大型相构成单元，局部为浅水和深水沉积环境；b. 鸟足状三角洲（密西西比型）的相关相，有两支向海推进的独立的分支（三角洲破坏作用）。三角洲前缘和河口坝砂为条带状的线型砂体，因此三角洲平原的沉积可能直接残留在前三角洲沉积或分流间湾泥上

一、河控三角洲内部构成特征

如图15-5和图15-6所示，类似密西西比河三角洲的河控三角洲可划分为一系列的成因相，但可以归为三角洲平原成因相组合、三角洲前缘成因相组合和前三角洲成因相组合三大部分。

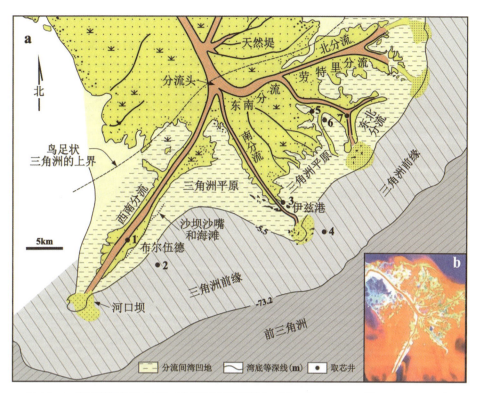

图 15-6　密西西比河鸟足状三角洲的沉积环境（a. 据 Fisk, 1961；b. 据 Roberts, 1997）

1. 三角洲平原成因相组合

暴露地表的部分是三角洲平原成因相组合，由分流河道、天然堤、越岸沉积、决口河道、决口扇、分流间湾和泥炭沼泽等成因相构成（图 15-5，图 15-6，图 15-7）。

分流河道是该组合的骨架部分，它向下游频繁分岔，是河水及其所携带沉积物的主要运移通道（图 15-8）。分流河道被粉砂质的天然堤所限定，天然堤把分流河道与分流间湾隔开（图 15-7）。洪泛期，洪水既可以越岸进入分流间湾形成越岸沉积物，也可以冲破天然堤形成决口扇，持续性的决口事件还可以形成决口河道，决口河道是未来分流河道的雏形（图 15-7）。分流间湾中沼泽的发育是常见的，有些分流间湾可以与广海连通。

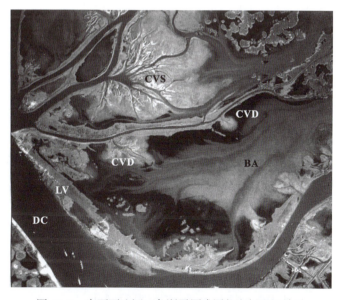

图 15-7　密西西比河三角洲平原成因相空间配置关系
（据 Roberts, 1997）
DC. 分流河道；LV. 天然堤；CVS. 决口扇；CVD. 决口三角洲；BA. 分流间湾

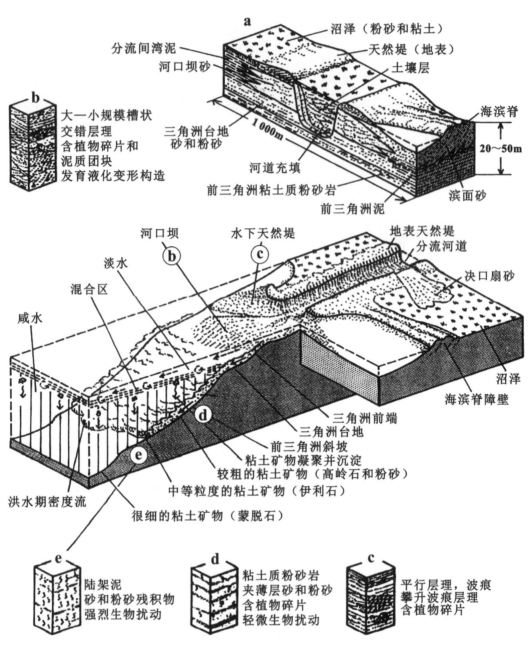

图 15-8 分流河道(鸟足状或朵状三角洲类型)模式和河口沉积作用过程(据 Einsele, 2000)
a. 分流河道及临近沉积物的剖面图; b~e. 一些成因相中的沉积构造特征

2. 三角洲前缘成因相组合

在正常天气条件下,三角洲所控制的水下部分称为三角洲前缘。三角洲前缘主要由水下分流河道、水下天然堤和河口坝砂体组成。

水下分流河道是三角洲平原上分流河道的延伸,与分流河道相比其沉积物相对偏细。

在水下的河口地区,由于水下分流河道天然堤消失和河道下蚀能力的丧失,上游搬运来的沉积物以河口为点源向盆地一侧呈面状扩散沉积形成河口坝。洪水季节是河口坝发育壮大的最佳时期,间洪期则接受悬浮沉积物,所以三角洲前缘通常为砂泥互层结构。

河口坝可以依距离河口的远近,细分为近端河口坝和远端河口坝。近端河口坝砂体发育频繁,厚度大,偶尔可见下蚀的透镜状结构,在砂泥互层结构中砂占有绝对比例。远端河口坝砂体厚度小,发育数量少,在砂泥互层结构中泥占有绝对比例。由于三角洲前缘主要位于水下,所以各种水生生物繁盛。

3. 前三角洲成因相组合

在三角洲前缘的更远端,洪泛期三角洲所能波及的范围大致属于前三角洲的范畴。由于分流河道中的水体能量大,它可以把所携带的沉积物搬运到前三角洲地区沉积,这些沉积物往往具有重力流色彩(图15-8)。洪泛期过后,背景沉积将占优势。所以,前三角洲地区的沉积物以较细的砂泥互层为特征。

4. 河控三角洲垂向序列

通常认为,三角洲的垂向序列具有反粒序特征。事实上,三角洲向上变粗的反粒序主要出现在从前三角洲到三角洲前缘的地层段内,而在三角洲平原地层段内通常具有正粒序。所以,三角洲的垂向序列应该是先变粗再变细,即反粒序+正粒序(图15-9)。

值得强调的是,三角洲的反粒序并不是指单个河口坝砂体具有由下向上粒度逐渐变粗的序列,事实上野外露头调查发现,河口坝砂体内部的沉积序列是多样化的,有反粒序,但看到更多的是正粒序。三角洲的反粒序可以理解为从前三角洲到三角洲前缘,砂岩(主要为河口坝)越来越多,而且厚度越来越大,相反,泥岩渐少并且厚度渐薄(焦养泉等,1992,1995)。

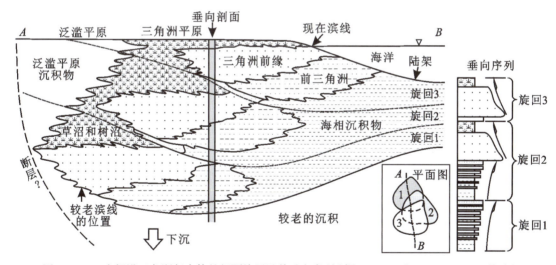

图15-9 一个假设三角洲复合体的超覆旋回及其垂向序列(据 Coleman 和 Gagliano,1964 修改)

二、河控三角洲的聚煤作用

在三角洲的建设阶段,在不断向前推进的广布三角洲平原上的分流河道间湾地带以及三角洲前缘滨岸地带,都可以有聚煤作用发生(图15-10)。在三角洲朵体因河道迁移而废弃之后,亦即在三角洲开始废弃阶段,废弃的低平三角洲朵体为聚煤作用提供了良好的场所。一般认为,这类三角洲的废弃阶段要比建设阶段对聚煤更为有利。

1. 下三角洲平原与聚煤作用关系

在下三角洲平原区,由于分流间湾宽而深,泥炭沼泽可以发育的唯一地点是位于沿分流河道的狭窄的、发育不好的堤岸处。河控下三角洲平原的分流河道通常是直的,并朝着沉积倾向迅速向前推进。发育在这种环境中的煤层沿沉积倾向有较好的连续性,而平行沉积走向则是不连续的,被分流间湾沉积物所取代,只有当分流间湾被充填后才有聚煤作用发生。在下三角洲平原区,煤通常较薄,还有因决口扇而造成的大量无煤带或分岔带。煤层因顶板多为分流间湾或海相层,故硫分含量较高(图15-10)。

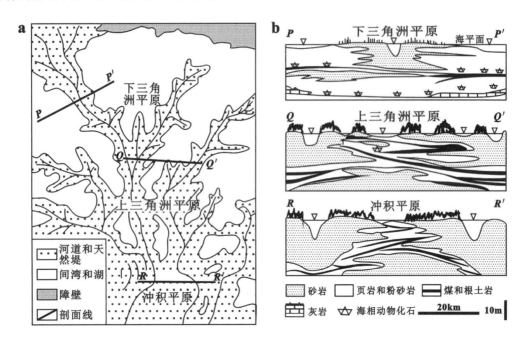

图15-10 美国东部石炭系阿勒格尼组的沉积环境图(据Ferm等,1974)
a.沉积环境平面图,显示由冲积平原向上三角洲平原和下三角洲平原的连续演化;b.沉积环境剖面图

现代的弗雷塞河三角洲具有强烈的泥炭堆积作用,其中在邦德里湾一带泥炭主要堆积在下三角洲平原的活动部分(未受任何大规模的河流活动的影响),为三角洲前缘的边缘,咸水和半咸水草沼发育在广阔而不活动潮坪上,从而导致泥炭堆积(图15-11)。Coleman和Smith(1964)把这种广布的但薄而不连续的泥炭层称之为"毡状泥炭"。沉积物的压实和海平面上升的速度控制了各泥炭层的边缘位置。在泥炭堆积

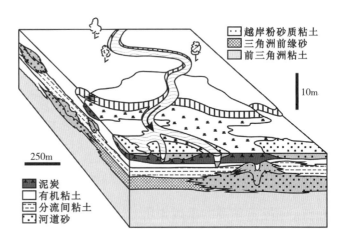

图15-11 在下三角洲平原远端环境内泥炭与其他岩相关系的简要模式(据Rahmani和Flores,1984)

速度超过海平面上升速度的地方,各泥炭层合并为以甜土植物(glycophte)群落为主的较大的"泥炭岛"(Staub和Cohen,1979)。否则,泥炭的发育受到海侵沉积物的限制,或者以此而告终。在埋藏之前,受海侵作用影响,泥炭的硫分增高、分解程度增高,部分遭受侵蚀。

在邦德里湾整个泥炭剖面中向上变细的河流单元覆盖在向上变粗的厚层沉积层序上,而泥炭覆盖于河流单元之上。海侵单元侵蚀并改造已变薄而不连续的泥炭。接近泥炭层的底部,冲溢沉积增多,并逐渐过渡为下伏的河流沉积物或三角洲前缘粉砂质砂。它们都覆盖在极厚的、向上变粗的前三角洲粉砂质粘土和粘土之上(Blunden,1973)。

关于决口扇沉积作用对下三角洲平原区聚煤作用的影响,Galloway 等(1983)有较详细的论述。他指出,泥炭的堆积由狭窄的堤岸处随着分流间湾的充填而逐渐扩展。分流间湾的充填变浅过程主要包括细粒的溢岸洪泛沉积、较粗粒的决口扇沉积,以及由波浪和潮汐流带来的海岸沉积物,但决口扇充填过程是最主要的。浅的决口扇表面迅速地生长植物,使泥炭很快地扩展。先是出现草沼泽,而后由于有机质和无机质的堆积,使沼泽表面升高,出现了树沼泽泥炭。泥炭层发育过程中,由于溢岸洪泛和决口扇的影响,造成了煤层的分岔。此后,由于泥炭台地的下沉又使得泥炭重新恢复到分流间湾的环境,先是泥炭被粉砂和粘土覆盖,而后重新出现决口扇的朵体,扇体表面再出现泥炭堆积。这样就导致在下三角洲平原区多次出现非常特征的、顶部有煤层发育的薄的分流间湾充填层序(图 15-12)。

2.上三角洲平原与聚煤作用关系

在上三角洲平原区,泥炭堆积区不那么广布,但环境是比较稳定的。沼泽条件可以较持续存在,淡水条件占优势,故能够形成较厚的煤层,但在短距离内厚度可以有很大变化。煤层在分流间湾的低洼处最厚,顺沉积倾向(平行于分流河道方向)煤层连续性较好,但就是在这个方向上,在靠近分流河道堤岸处,也因决口扇而造成众多的无煤带和分岔尖灭带。决口扇从分流河道向外延伸导致煤层广泛的鱼尾状分岔,夹层的岩性由页岩朝分流河道方向逐渐变为砂岩(图 11-7)。当分流河道废弃后,周围的泥炭沼泽扩展到废弃河道的顶部,使聚煤地段扩大。煤通常是低硫的,且大部分是黄铁矿硫,它们可能主要是次生的,以交替植物遗体及裂隙充填形式为主。

皮特草地泥炭为堆积在弗雷塞河上三角洲平原-冲积平原过渡区的实例,泥炭位于向上变细的河流沉积层序的顶部。泥炭最厚的地方出现在被微异地植物质充填的决口洪泛河道内。在皮特草地泥炭中洪泛沉积物罕见,这是由于沿活动河道两侧有发育很好的天然堤(图 15-13)。

3.上、下三角洲平原过渡带与聚煤作用关系

Horne 等(1978)认为,尽管上、下三角洲平原都有重要的聚煤作用,但过渡带对形成有工业价值的煤层是最为重要的。美国东部石炭纪大部分重要的煤矿区都位于这个带内。

在上、下三角洲平原过渡带,许多大的分流间湾因水浅而易被沉积物充填,这就为聚煤提供了宽阔的场地。所造成的煤体在侧向上是比较广布的,具有沿沉积走向稍许伸长的趋势(图 15-10)。也存在冲刷和决口扇造成的无煤地带。煤的含硫量中等。

在弗雷塞河三角洲的卢卢岛,泥炭堆积在受半咸水和潮汐活动影响的上、下三角洲平原的过渡环境中。向上变细的河流层序覆盖在较厚的前三角洲的层序之上,而泥炭覆盖于河流层序之上。小分流河道使泥炭厚度减小,形成众多的越岸和决口扇沉积,而较大的分流河道侵蚀了整个泥炭剖面,取而代之的是河道充填沉积(图 15-14)。在卢卢岛沉积中,厚度大于 4m 的最厚的泥炭出现于分流河道早已废弃的分流间湾地区,在整个泥炭堆积过程中始终有活动河道,越岸粉砂质粘土中夹有苔草泥炭,被偶尔发育的粉砂和粉砂质砂决口扇沉积所中断。

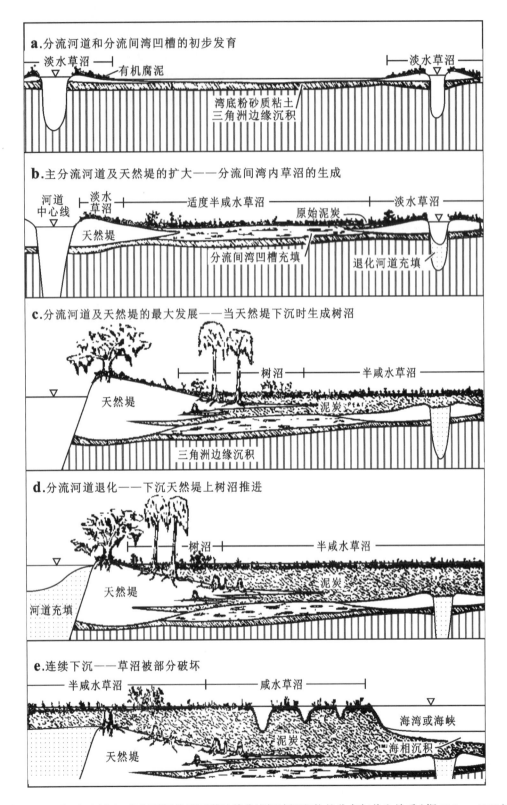

图 15-12　密西西比河三角洲平原分流河道及其分流间湾沉积物的分布与共生关系（据 Fisher，1963）
注：注意分流河道翼部发育良好的天然堤沉积和共生的有机腐泥、泥炭沉积与海侵的关系。

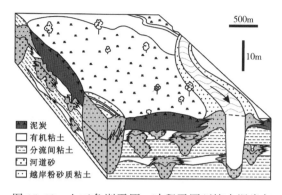
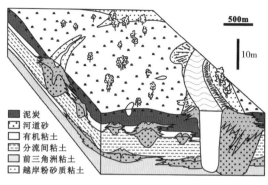

图 15-13　上三角洲平原－冲积平原环境中泥炭与其他岩相关系的简要模式
（据 Rahmani 和 Flores，1984）

图 15-14　上、下三角洲平原过渡带环境中泥炭与其他岩相关系的简要模式
（据 Rahmani 和 Flores，1984）

Ryer（1981）对美国西部白垩纪含煤岩系的研究没有进一步划分上、下三角洲平原及其过渡带，却着重注意富煤带与三角洲前缘砂岩朝陆地方向尖灭线的相互关系。他指出，在所研究的地区内，每一个前缘砂岩朝陆地方向的尖灭带（最大海侵时的岸线位置）都伴有一个较厚的煤体，其分布范围从砂岩尖灭点附近到陆上 10km 处（图 11-2）。

陈钟惠（1988）认为，不论是 Allegheny 模式，还是 Ryer（1981）提出的模式，都只应看作是沉积环境对聚煤作用宏观控制的模式，不可能要求这些模式能对每个勘查区或矿区的煤层厚薄、煤质优劣都做出正确的预测，还有许多具体因素影响着煤层的分布以及煤厚的变化。

4. 三角洲朵体迁移与聚煤作用关系

在三角洲的建设（进积）阶段，泥炭沼泽通常发育在三角洲分流河道的两侧。随后因分流河道决口，水流通过决口处取得通向毗邻分流间湾或三角洲间湾的最短途径。原先的三角洲朵体（亚三角洲或次三角洲）废弃。在废弃的朵体上，由于压实作用，地势变得低洼，发育了广布的泥炭沼泽，而后又被海侵阶段的潮坪泥质沉积粘土、滨外贝壳粘土及灰质泥所覆盖（图 15-15）。一般认为，煤的出现标志着一个过渡时期，这时（在相对短的时间内）沉降与补给保持平衡。灰质泥的形成则是沉降超过补给这一个时期的标志。此后，由于这里地势低洼，原先已迁移到别处的分流河道又可以通过决口的方式重新返回这里，开始新的建设阶段。聚煤场所则由这里转移到毗邻的废弃三角洲朵体之上（图 15-15）。以这种方式形成的煤层和三角洲朵状砂体一样，都具有比较广泛的分布，但从大范围来看又都是不连续的，缺少区域稳定性。

Donaldson（1974）以美国东部石炭系莫农加希拉群下部几个层位的古地理图（图 15-16），展示了一个大的三角洲体系中一些迁移的亚三角洲（朵体）。这些图件立足于以下的推断，砂岩以及煤在大区域范围内都是不连续的。当活动的三角洲朵体迁移到另一地区时，在废弃的亚三角洲间滨海平原上形成了广布的煤层。也就是说，这些亚三角洲（朵体）是同一个古代三角洲迁移造成的，而不是几条近于平行的河流在河口处同时向前推进形成的几个三角洲。

综上所述，三角洲体系不同演化时期形成的煤体形态和煤质差异较大，其主要聚煤特征概括于表 15-2 中。从表中明显可以看出，三角洲废弃期的聚煤作用好于三角洲建设期。在三角洲朵体建设时期，尽管在分流间湾可形成不稳定厚煤层，但大多不具工业价值。

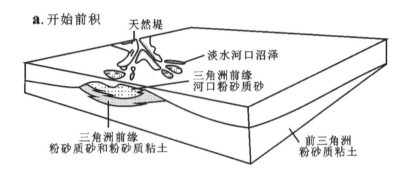
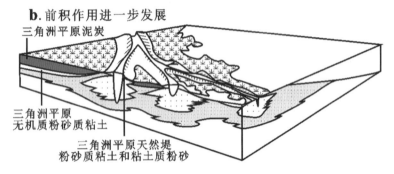
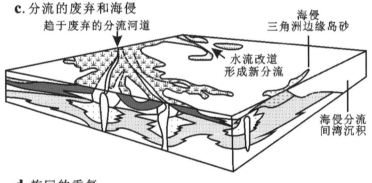
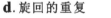
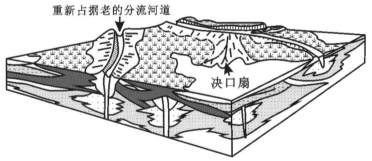

图 15-15　密西西比河三角洲沉积与泥炭堆积作用的相互关系
（转引自 Weimer，1970）

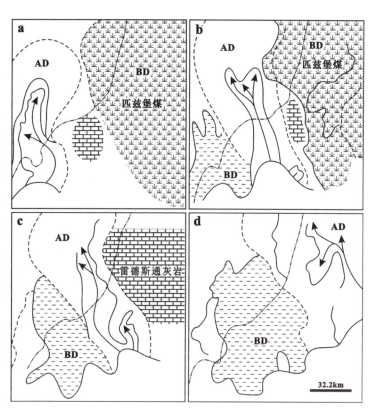

图 15-16 早莫农加希拉时期各阶段的古地理演化图（据 Donaldsoa，1974）
AD. 活动亚三角洲（匹兹堡砂岩）；BD. 废弃亚三角洲（部分发育匹兹堡煤）
注：图中设想一条大河周期性地位移并发育了亚三角洲，由 a 到 d 代表环境演化的不同阶段。

表 15-2 三角洲体系各聚煤环境的煤层特征对比（据李思田，1996，修改）

泥炭沼泽形成环境		厚度	连续性	方向性	分岔现象	煤质	聚煤环境示意图
三角洲建设期	上三角洲平原	厚度不均匀，一般为不可采煤层，局部可达可采厚度	连续性差	厚煤带平行于分流河道砂体展布	煤层向分流河道砂体方向出现分岔	高灰低硫	
	下三角洲平原	一般为不可采，厚度变化较小	连续性稍强	煤层限于间湾地带，向间湾覆水区和分流河道方向变薄	煤层分岔较少	高灰高硫	
三角洲废弃期		厚度较大且变化较小	连续性较好	与废弃三角洲朵体吻合	煤层分岔较少，一般为 1~2 层	中—低灰中硫	

第四节 浪控和潮控三角洲体系

从形态上看,浪控三角洲和潮控三角洲具有很大的差别(图15-17),而且它们也完全不同于河控三角洲。

一、浪控三角洲体系沉积特征与聚煤作用

浪控三角洲也可以依据其形态称为尖头状三角洲或朵状三角洲。在强波浪作用条件下,河口坝沉积物被不断地改造成为一系列叠加的滨岸坝。这些滨岸坝可以在最终的沉积地层中占完全的优势(图15-17a)。砂体趋于平行岸线分布,这与河控三角洲恰恰相反,那里的砂体近于垂直于岸线(陈钟惠,1988)。

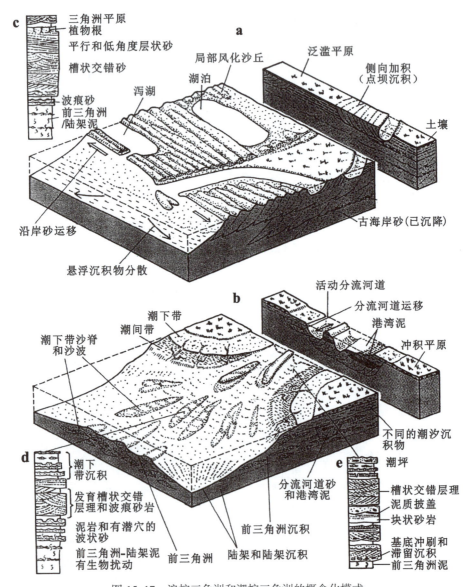

图15-17 浪控三角洲和潮控三角洲的概念化模式

a. 浪控三角洲; b. 潮控三角洲; c. 不断前移的前滨/沿海沙脊障壁的垂向剖面; d和e. 港湾状河道充填和潮控三角洲的前三角洲台地上潮汐沙脊的垂向剖面(a、b和d据Einsele,2000;c和e据Galloway和Hobday,1983)

在三角洲平原上,由于有海滩-障壁坝的保护,大部分地区为河控的,所以可以见到分流河道(图 15-18)。

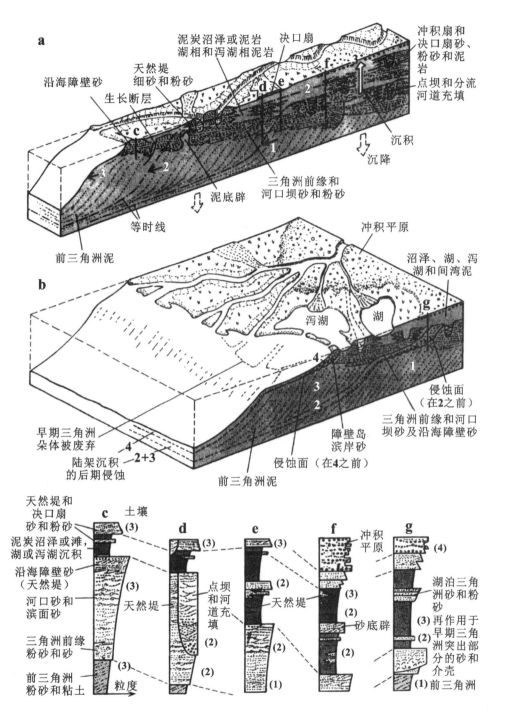

图 15-18　经典朵状三角洲中成因相的空间配置关系(据 Allen,1970;Doust 和 Omatsola,1990)
a. 建设作用过程,不变的是前三角洲泥不断进积,三角洲平原上的沉积物也在沉积(注意等时线的不一般的位置);b. 交替的建设和破坏过程(不连续的进积,为阶段性的局部三角洲的破坏(侵蚀面 1、2)所间断,且破坏作用不但影响了上覆於浅的分流间湾、泻湖、沼泽地和湖泊中的部分沉积物,还移动了河口坝和水下天然堤的砂及粉砂沉积);c、d、e、f 和 g. 垂向剖面(位置标注在 a 和 b 中)
注:由于持续不断地沉降形成了沿海向陆的下蚀和河流沉积,与 Niger 三角洲类似。

波浪真正浪控的是三角洲前缘部分。在河流-波浪相互作用下,三角洲前缘以比较平直的尖头或弧形海滩岸线沉积为特征。在分流河口附近出现的局部突起部分是由河口坝组成的,河口坝在波浪的改造下重新分配,与侧翼的海滩脊相连。三角洲的进积作用是通过海滩脊的加积作用和河口坝的进积作用完成的。

浪控三角洲垂向序列的最底部为泥质或粉砂质的前三角洲和陆棚沉积。向上可以过渡为海滩-障壁沙坝远端部分的泥、粉砂和砂互层。再向上过渡为海滩-障壁沙坝的主体部分,该部分以砂质沉积为主,下部为槽状交错层理,上部为低角度的海滩冲洗交错层理。顶部通常是三角洲平原的沼泽和泥炭沼泽沉积,有时出现分流河道(Oomkens,1967;Galloway 等,1983)。

浪控三角洲表现为一系列依次平行海岸的滩脊,其间插入沼泽和海湾,随着充填作用的继续进行,这些泥沼和海湾变成泥炭沼泽(图 15-19)。因此,伴生的煤往往呈平行海岸线的带状展布,但却垂直穿过废河道和进潮口延伸。这些煤层在某些地方被冲溢扇所中断,并含有一些风成碎屑颗粒。废弃阶段的煤层很可能在一定程度上是沿走向延伸的。

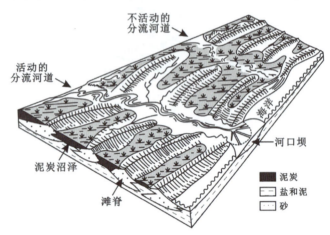

图 15-19 浪控三角洲特色的滨岸沙坝及各个进积滩脊之间的泥炭堆积(据 Galloway 和 Hobday,1983)

二、潮控三角洲体系沉积特征与聚煤作用

潮汐作用影响着潮控三角洲的发育。随着潮差的增大,潮流加强了对分流河口坝的改造,并导致底负载沉积物的重新分配。与波浪作用不同,受潮汐影响所发生的沉积物搬运基本上是顺沉积倾向的。分流河口坝被改造成为一系列伸长状的,由河口延伸到水下三角洲前缘的沙坝(图 15-17b)。所形成的三角洲平原被描述为不规则状的或港湾状的(陈钟惠,1988)。

潮汐活动的影响不仅限于三角洲前缘地区,有时还可以深入到三角洲平原区,从而形成潮控的三角洲平原。在具有中到高潮差的地区,潮流在涨潮时侵入分流河道,漫溢河岸,淹没分流间湾。在潮汐平静时期,这些潮水就暂时积蓄起来,然后在退潮时退出去。因此在分流河道的下游以潮流沉积为主,主要为平行河道走向排列的线状沙脊。而在分流间湾则以潮间坪沉积为特征(Elliott,1978)。

潮控三角洲前缘的主要特点是从分流河口向海洋一侧具有呈放射状分布的沙脊。

潮控三角洲的垂向序列比较特征。底部为前三角洲的泥;中部的三角洲前缘部分为向上变粗的反粒序,下部为扰动构造发育的泥、粉砂和砂互层,上部为潮流沙脊,沙脊间通常具有双向交错层理、冲刷面和泥盖层组成的砂质沉积物;顶部为潮坪和潮道沉积(或受潮汐流控制的分流河道沉积),潮道或分流河道沉积物常具有双向交错层理,底部有冲刷面,有时可下切到三角洲前缘中(图 15-17b)。

与潮控三角洲体系有关的煤是不多的,但阿尔伯达省卡尔加里附近白垩系霍斯休(Horseshoe)峡谷组中的煤显然是例外情况(Rahmani,1981)。从许多热带潮控三角洲具有繁茂树沼的特征来看,这是令人意想不到的。在热带的马来西亚,巴生河和冷甲河的复合三角洲提供了一个很好的例子(Coleman 等,1970)。当海岸在某些地方以每年 6m 以上的速率推进时,红树林沼泽不断向海延伸。潮差大约为 4m,并且被一般为北西向的水流所增大,它在马六甲海峡形成高达 12m 的沙波。三角洲前缘砂向上逐渐变成潮道和潮坪沉积物(图 10-8),显示一个向上变细的层序。红树林粘土富含有机质,但在它们类似于根土岩的上部沉积物却是浅色的。泥炭形成于淡水树沼,并且由厚达 5m,在细粒有机基质中正在分解的木质碎屑组成。Coleman 等(1970)估计,泥炭的加积速率大约为 10cm/100a。他们把这种较快的速率归因于高的有机质生产能力、浓密树盖之下的持续高湿度以及对植物分解菌有毒的环境的联合作用。

第五节 扇三角洲和辫状河三角洲体系

如前所述,扇三角洲和辫状河三角洲属于粗粒三角洲。较粗的粒度通常源于较大的坡降比,它们通常发育于(断陷)湖盆边缘,同样也具有较好的聚煤作用(图 1-5)。

一、扇三角洲体系内部构成与沉积特征

扇三角洲沉积体系是由冲积扇提供物质并沉积在活动扇与静止水体分界面处的,全部或大部分位于水下的沉积体(Nemec 和 Steel,1988)(图 15-2a)。

不同的学者对扇三角洲亚相的划分方案是不同的。有人将发育于湖泊中的扇三角洲总体划分为顶积层、前积层和底积层(图 15-20),也有人将扇三角洲体系的成因相划分为扇三角洲平原成因相组合、扇三角洲前缘成因相组合和前三角洲成因相组合,许多古代和现代的实例都应用了后者划分的方案。由 Marzo 和 Anadon(1988)提供的西班牙 Ebro 盆地始新世扇三角洲体系是一个比较典型的实例。

1. 扇三角洲平原成因相组合

扇三角洲平原主体暴露地表,其成因相组合类似于冲积扇体系,主要的成因相有以下几种。

(1)重力流沉积体。以极差的分选和磨圆,以及杂基支撑的块状构造为特征,其空间形态为具有较陡边缘的舌状体。但地史时期记录的扇三角洲,尤其是在潮湿-半潮湿气候环境条件下发育的扇三角洲,碎屑流沉积物容易受到牵引流的改造(图 15-21a)。

(2)辫状分流河道充填。辫状分流河道有时可以控制几乎整个扇三角洲平原,其纵向坝和横向坝较发育。底部为冲刷面,砾石的叠瓦状构造、冲刷充填交错层理以及正递变粒序是其特征构造。河道可以是单个的,也可以是多个透镜体的有序叠置。平面上通常向盆地方向分叉。

(3)越岸沉积。所占比例较少,比较多地发育于扇三角洲平原靠近蓄水体地区。通常很薄,呈席状分布。以粒度细、具小型波痕纹理和攀升纹理、并与背景沉积呈互层为特征。

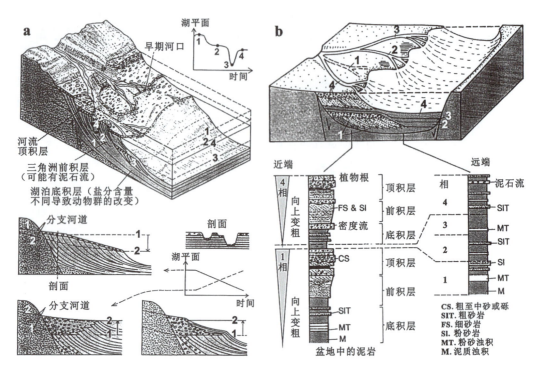

图 15-20　湖泊中扇三角洲的三层结构特征

a. 河流阶地、河口坝和湖泊沉积，受湖平面的周期变化影响（1～4）（据 Einsele，1991）；b. 扇三角洲沉积的相关相，包括湖盆中的顶积层、前积层和底积层，且受易变的河口和下沉的湖底所影响（注意三角洲前积的几种相，向上变粗的层序和三角洲前缘附近的重力流运动）（据 Einsele，2000）

图 15-21　准噶尔盆地南缘侏罗系扇三角洲沉积（据焦养泉，1997）

a. 被改造的扇三角洲平原沉积；b. 扇三角洲前缘的河口坝、水下重力流及湖泊沉积（一些河口坝砂体顶底界面保留有对称波痕，箭头所指为块状水下泥石流的泥砂砾混杂堆积）；c. 河口坝沉积物表面的波痕

（4）泛滥平原及沼泽沉积。通常出现于体系废弃阶段，以相对细粒的沉积物为主，有比较广泛的分布面积。

2.扇三角洲前缘成因相组合

扇三角洲前缘主体位于水下。在扇三角洲前缘组合中，河口坝沉积和水下重力流沉积是比较重要的成分（图15-21b和c），特别是水下重力流，它们是区别于其他三角洲类型的重要标志。

（1）近端河口坝。呈席状分布，厚度多数在1m左右。既有牵引流成因，更普遍的是重力流成因，或者二者兼有。它向上与扇三角洲平原碎屑体相连，向盆地中心可过渡为远端河口坝沉积。

（2）远端河口坝。其分布和成因与近端口坝相同，但单层厚度明显减薄，粒度变细，前缘背景沉积比例增加。此处重力流可演变为浊流。

（3）浅水重力流沉积。当大规模的高密度流体注入蓄水盆地时，可以在水下形成重力流的沉积夹层，厚度可以达几米至几十米。浅水重力流按其成因可分为两类，即洪水性水下重力流和滑塌性水下重力流，二者在沉积物粒度、沉积构造和内部构成上都有明显区别（李思田等，1988）。

3.前三角洲成因相组合

前三角洲沉积通常位于三角洲层序的最底部，可以是海洋或者开阔湖的细粒沉积，其中浊流沉积是常有的。

二、辫状河三角洲体系沉积特征

辫状河三角洲沉积体系是辫状冲积体系进积到稳定水体中形成的以砾石和粗砂为主的粗粒三角洲（图15-2b），其辫状分流平原是由源于单条底负载的河流形成，在此未考虑辫状河或辫状平原的最终来源（McPherson等，1988）。

辫状河三角洲体系的平原组合以辫状分流河道充填为骨架，它具有与辫状河道相似的内部构成。其次为泛滥平原、越岸沉积和决口扇，但通常所占比例较少。

辫状河三角洲前缘是由牵引流所形成的近端河口坝、远端河口坝和湖泊泥组成。

前三角洲的细粒沉积受蓄水体性质而定（图15-22）。

图15-22 博斯腾湖盆地第三系辫状河三角洲沉积
（据焦养泉，1997）

a.辫状河三角洲序列；b.三角洲前缘及其河口坝与湖泊泥沉积

第六节　几种三角洲特征的比较

在岩石记录中,可以根据独特的陆上成因相组合来识别扇三角洲、辫状河三角洲和河控普通三角洲,它们的沉积物具有特色,相互有别。我们更应该注意这些三角洲的发育背景和沉积作用的比较(表15-3)。

表15-3　扇三角洲、辫状河三角洲及普通三角洲的比较

三角洲类型		扇三角洲	辫状河三角洲	普通三角洲
产出背景		位于断裂带一侧的构造陡坡上	多数远离断裂带	远离断裂带,发育于构造缓坡上
沉积体系表面坡度		很陡	陡—中等	平缓
几何形态及大小		楔形、透镜状,数十平方千米或更小	席状,数百平方千米	席状,数十或千平方千米
侧向连续性		差	中—好	好
三角洲的补给系统		冲积扇	辫状河	曲流河
沉积物输入量		突发型流量	季节性洪水控制的流量	终年性的连续型流量
体系内部构成	水上部分	沉积物重力流体;片流沉积;筛状沉积;辫状河沉积	辫状分流河道沉积(三角洲骨架);决口沉积;片流沉积	分流河道沉积(三角洲骨架部分);分流间沉积;决口沉积
	水下部分	水下重力流(源于陆上)极丰富;具稳定性差或缺乏河口坝	洪水型浊流常见;具限定性的河口坝	水下重力流较少,具限定性强的河口坝
最常见的沉积物		颗粒或杂基支撑的砾岩、平行层理砾岩	大型槽状或板状交错层理的砾岩或粗砂岩	具各种层理的砂岩、粉砂岩和泥岩
分选性		差,无粒序	中等,有粒序	好,常见粒序
颗粒形态		不规则,棱角—次圆	次圆—圆	次圆—圆
杂基含量		高	低	中等—低
储集性能		差	好—较好	很好
地史上的出现率		多	很多	很多

第十六章　碎屑滨岸沉积体系

碎屑滨岸带是指不包括三角洲在内的,由浪基面向上延伸到冲积海岸平原、阶地、陡岸边缘的一个狭窄的高能过渡环境。尽管在特定的时间内,碎屑滨岸带的宽度是有限的,但由于岸线的侧向迁移,可以形成广布的碎屑滨岸沉积(Galloway 等,1983)。

碎屑滨岸带沉积物的补给方式:①河流沉积物入海后的沿岸搬运;②陆架沉积物的向岸搬运;③局部的陆岬侵蚀;④残留物的富集;⑤小型的滨岸水系。

波浪和潮汐决定滨岸带的特征,它们都与潮差有直接的关系(Hayes 和 Kana,1967)。波浪的效率与潮差成反比关系,因为在每个潮汐周期中,随着潮差的增加,滨岸带变宽,从而使波浪能量分散。滨岸带的地形与潮差类型有关(图16-1):小潮差(潮差0~2m)地区,发育浪控海岸,较长的不中断的障壁岛与有关的环境所占比例最大;中潮差(潮差2~4m)地区,发育低矮短小的障壁岛和广阔的潮坪或沼泽,入潮口和涨退潮三角洲发育;大潮差(潮差大于4m)地区,为潮控海岸,潮汐能量阻碍了障壁岛的发育,代之以宽广的潮坪和盐沼,并被活跃的潮道所切割(Hayes,1976)。

碎屑滨岸带体系中包括海滩面、潮坪、障壁岛和泻湖等,它们可以是其他沉积体系的构成部分,但当其规模较大时也可以构成独立的沉积体系。

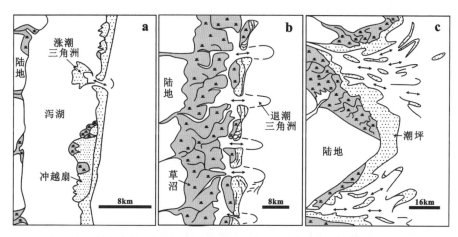

图 16-1　海岸砂体几何形态随不同潮差的变化(据 Barwis 和 Hayes,1979)
a.小潮差,发育窄长形障壁岛;b.中潮差,具有短小的障壁岛;c.大潮差,出现垂直于海岸的线状沙脊

第一节 沉积作用类型

修饰滨岸带的沉积作用有潮汐、波痕、风生海流和沿岸流。除此之外,还有风暴作用,它对滨岸带的影响主要是破坏性的。

一、波浪(表面波)

在海洋中常见两种类型的波浪,一种发育于海水深处,是由于密度差或温度差等因素引起的内波;另一种形成于海水表面,被称为表面波。由于本节研究的范围限于滨岸带,故仅论述表面波的沉积作用过程。

波浪一旦离开其生成区而不再受其他因素影响时,它们就会在传播中进行分选而转变成规则的深水涌浪,深水涌浪的剖面形态十分接近正弦曲线,水质点只是围绕一个近似封闭的圆或椭圆运动,并无明显的前后移动。当逼近海滨的深水涌浪在水深大约是波长的1/2处"触及海底"时就演化为浅水波和孤波。孤波属浅水推移波,其波谷平坦,仅有波峰突起于水面上,孤波的水质点仅朝波浪传播方向运动而没有回流。当波高(H)/波长(L) = 0.78时,波浪破碎形成破波,破波是波峰处水质点向前的轨道速度超过波浪速度的结果。破波区水流具环流性质(图16-2)。破波向岸进一步演化为激浪和高出静水位的冲流。当其能量耗尽后,即形成离岸流。

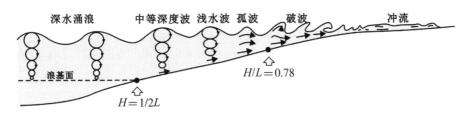

图 16-2 表面波靠近岸滩时的变形过程与水质点运动图

与沉积物搬运和沉积关系最密切的是:①中等水深度的波和浅水波近底面处水质点运动的最大水平分速度;②孤波近底面处水质点的运动速度;③破波区水流中的环流;④冲流和离岸流的能量。

孤波、破波区的波痕轨迹运动及冲流把砂粒向陆搬运,离岸流则相反,它们向海搬运沉积物。

波浪摆动形成的波痕有长的脊线,它们或者分叉或者以单线型式中止,波痕剖面是对称又圆滑的,极少是尖的,随着水深变浅,定向水流与波痕运动叠加,使波脊变得弯曲和不连续。至冲流/离岸流带,砂受到良好的分选,并形成典型的低角度冲洗交错层理。

二、潮汐

潮汐运动具有周期性,其能量大小取决于潮差,潮差越大潮汐能量越强。潮流中水质点运动的最大特点是具有双向性和周期性(图16-3)。涨潮时,潮水向岸运动,当潮水上涨达到最高潮时,产生高潮平潮期(憩水期)。随后的落潮时期,潮水向海运动,落到最低水位时产生落潮平潮期。潮汐涨落周期中总有一个主潮流（能量强的）和相对应的次潮流（能量较弱的）。潮流运动对沉积物都有搬运和沉积过程，但搬运方向和沉积厚度随潮流性质的不同而不同。涨潮期沉积物向岸搬运，落潮期向海搬运。主潮流期的沉积物厚度大且对下伏沉积物造成较严重的冲刷，次潮流期则相反。在涨潮平潮期和落潮平潮期各有一次悬浮沉积物的沉积过程。羽状交错层理、再作用面和双粘土层等是潮流作用的典型沉积标志。

除波浪和潮汐作用外，持续的沿岸流及短期的风暴潮流作用亦不容忽视。

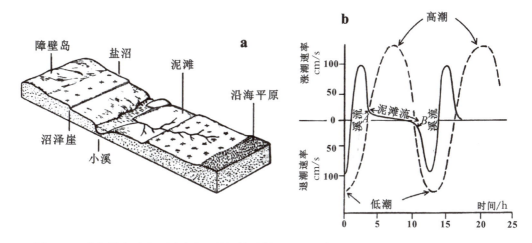

图16-3 北海沿岸溪流–泥滩流–盐沼体系剖面（a）和单个水分子在潮汐旋回（虚线）的速率变化（实线）（b）（据Pethick, 1984）

注：速率峰值仅在涨潮前半期或退潮后半期出现在水平面低于平均值（0）的溪流中。水平面一旦高于0，水流就会低速流过泥滩（点A和B之间）。

第二节 海滩面沉积体系

一、成因相类型

海滩面是一种与大海连通的无障壁海岸带，由陆向海依次出现风成沙丘→后滨→前滨→临滨，再向外过渡为远滨或称陆架体系（图16-4）。

（1）临滨沉积。临滨（nearshore）又称近滨，是指从平均低潮线至波基面之间经常淹没在海水中的地带。根据临滨沉积的结构、物理构造和生物特征将其区分为下临滨、中临滨和上临滨沉积。

下临滨通常由砂、粉砂和泥的薄互层组成，每个沉积作用单元（几厘米厚）被认为是与风暴事件有关。典型的遗迹化石包括直立管，如 *Asterosoma*（海星迹），以及食悬浮物和食沉积物的遗迹组合，如 *Thalassinoides*（海生迹）和 *Teichichnus*（墙迹）。

中临滨受到更强大的波浪及其伴生的沿岸流和离岸流的作用，留下更复杂的沉积记录。在好天气时形成向岸或斜交岸线倾斜的、中等规模的前积层和近于平行的纹层。在古代沉积物中存在平行于海岸的单向或双向的沿岸流沉积物。中临滨的风暴沉积比下临滨的厚，而且构成透镜状，每个沉积单元厚度可达1m。*Skolithos*（石针迹）和 *Rosselia*、*Diplocraterion* 和

Ophiomorpha（蛇形迹）是常见的遗迹化石。

上临滨相当于破波带的上部，受强大的向岸流、离岸流和沿岸流的控制。好天气时，向海倾斜的低角度槽状交错层理是最为特征的沉积构造，但随着沿岸流的增强，槽轴倾向变为平行于岸线方向。遗迹化石以 *Skolithos* 居多。

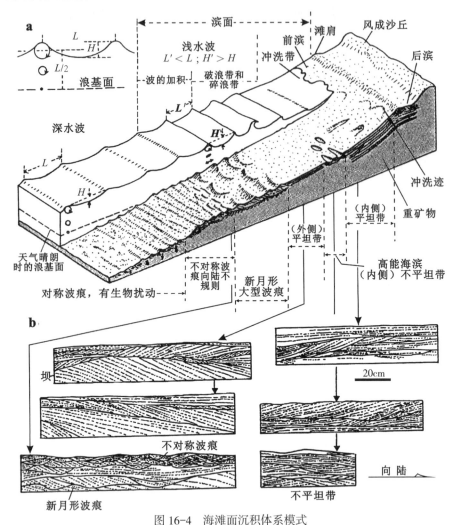

图 16-4　海滩面沉积体系模式

a. 从深水波到滨岸面的浅水波和冲洗带（逆流）的过渡，与层型和内部沉积构造有关（据 Einsele，2000）；b. 由于波浪的特征变化引起相变而形成的更复杂的沉积构造（据 Clifton 等，1971）

（2）前滨沉积。前滨（foreshore）位于平均高潮线与平均低潮线之间，相当于波浪冲流带，是海滩的主要部分。前滨带的主要层理类型是平行层理和大型低角度冲刷冲洗交错层理。但也可以看到一些向陆倾向的较陡的纹层砂。沿滩肩顶部的贝壳富集层记录了波浪上冲的界线。

前滨带可有一个或多个大致平行于岸线分布的沿岸沙坝，其发育程度与海岸波浪的能量大小有关，波能愈弱沙坝愈不发育。在横剖面上，沙坝呈不对称状，向海坡度较缓，与其相应的纹层倾角也极平缓；而向陆一侧坡度较陡，主要由倾角 16°～20° 的板状交错层理组成。

（3）后滨沉积。后滨（backshore）是海滩的上部，位于平均高潮线以上，只有在特大风暴或异常高潮期间才会受到海水作用。最主要的沉积物是水平纹层的砂，有时也有低角度的交错层理。

后滨地区通常发育有滩肩,滩肩一般位于高潮线附近,它可以单独出现或平行成排出现,高一般为几米,宽几十米,长几百米至几千米。主要由砂、砾和介壳碎屑等粗粒沉积物组成。

(4)滨岸的风成沙丘沉积。指后滨带以上经风的改造作用而成的沙丘堆积,它们沿海岸可占据相当的宽度。在砂供应充足,并且向岸有盛行强风的地区经常发育风成沙丘。风成沙丘以分选好的中—细砂为特征,具大型的风成沙丘交错层理,前积纹层相当陡(倾角可达 30°～40°)。

二、成因相时空分布规律

海滩面沉积体系各成因相之间分布特点有:①沉积倾向上,各种成因相随水动力条件和水深的改变而呈有序排列,成因相之间均为过渡关系;②在沉积走向上,各成因相可延伸很远,且平行岸线分布;③在时间序列上,最容易保存下来的是向海进积的海滩面体系。这种进积层序的特点是,临滨沉积覆盖在远滨沉积之上,前滨沉积覆盖在临滨沉积之上,而前滨沉积又被后滨沉积所覆盖。总的来说,具有由下向上粒度变粗、生物扰动减弱,而波浪成因的沉积构造相应增多,沉积物分选向上变好的特点。

三、海滩面体系聚煤作用

海滩面体系的聚煤作用有限,但是归纳起来通常体现于以下三个方面。

(1)沼泽和泥炭沼泽可以发育于岸后风成沙丘背后朝陆地的一侧,随着海岸线的逐渐向前推进,沼泽和泥炭沼泽也可以相应地朝海的方向推进。

(2)老的、废弃的海滩沉积可以成为聚煤的台地,在这一点上其与浪控三角洲的聚煤作用有某些相似之处(图 15-19)。

(3)海滩面作为其他沉积体系的一种组合,如作为浪控三角洲沉积体系或者障壁岛-泻湖沉积体系的一部分,在沉积体系迁移演化过程中海滩面直接或者间接地参与了聚煤作用过程(图 1-4,图 11-16)。

第三节　潮坪沉积体系

一、成因相类型

潮坪沉积体系出现在波浪能量低的中潮差和大潮差地区。该体系主要包括了潮下带沉积、潮间带沉积(狭义的潮坪或潮间坪)、潮上带沉积和潮道等四种成因相(图 16-5)。

1.潮道沉积

潮道(tidal channel)通常发育于潮间带和潮下带,其底部是具介壳碎屑的粗砂岩和大量泥砾的滞留沉积物,向上砂泥质增多。在潮坪体系的不同地带,潮道的特征也不同。由海向陆,根据岩性特征可分为砂质潮道、砂泥质混合潮道和泥质潮道。在同一方向上,潮道的形态也有变化:潮下部分,潮道较直,潮汐脊和纵向沙坝、斜向沙坝等比较发育,侧向迁移能力强;在砂质潮间带，潮道也较直，分支较少，剖面上的形态比较对称；在泥质潮间带，潮道呈树枝状，剖面形态强烈不对称，弯曲度增高，有发育很好的类似的曲流点坝，并以向潮道缓倾斜的侧向加积层理为特征。

在潮道砂质沉积物中，作为涨、退潮流的反映，一般具有羽状交错层理，但由于通常只有一个方向的主潮流，其结果出现了由单向交错层理组成的具多个再作用面的砂层。

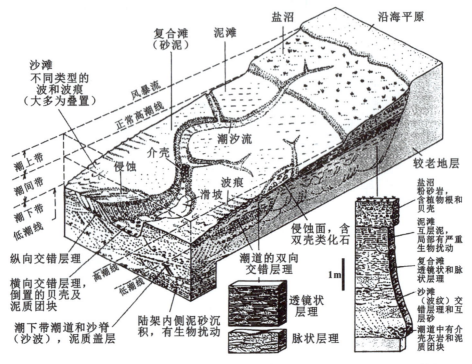

图 16-5　潮汐间硅质碎屑潮坪的主要特征和特征沉积构造（据 Reineck，1984 等）
注：垂向比例尺扩大 500 倍。

2. 潮下带沉积

潮下带（subtidal zone）位于平均低潮线以下，主要由潮道中的沙坝和浅滩沉积物组成，是以砂质为主的沉积区。由于潮流能量大，再加上波浪的作用，发育大型交错层理，也有波痕纹理、平行纹理和双粘土层出现（图 16-6）。

3. 潮间带沉积

潮间带（intertidal zone）位于平均高潮线与平均低潮线之间。由海向陆依次出现沙坪、混合坪和泥坪沉积。沙坪位于低潮线附近，以砂质沉积为主，其构造以发育大型板状或楔状交错层理和双向（羽状）交错层理为特征，有时可见再作用面和冲刷–充填构造；混合坪由薄层的砂泥

图 16-6　塔里木西缘四十厂志留系的潮汐双粘土层沉积
（据林畅松和刘景彦，2010）

互层组成，其中发育脉状层理、波状层理、透镜状层理和砂泥互层层理及各种面状构造。黄乃和等（1994）通过对我国东海现代潮坪的考察，发现潮间带广泛发育有潮汐周期层序，如递变式周期层序和规律间隔层组式周期层序。这类周期层序在我国西南晚二叠世含煤岩系（黄乃和等，1994）和华北石炭-二叠含煤岩系中都有发现（陈钟惠等，1988）；泥坪位于高潮线附近，沉积物主要为泥和粉砂，发育水平纹理或块状层理和波状层理，并可见泥裂和植物根痕。

4.潮上带沉积

潮上带（supratidal zone）位于平均高潮线之上，为咸水沼泽（盐沼）沉积与粉砂和粘土的互层状结构。由于生物扰动、植物根系穿插和发育结核等，使原生沉积构造遭到严重破坏。

二、成因相时空分布规律

潮坪体系中，沿沉积倾向由海向陆依次出现潮下带、潮间带（沙坪→混合坪→泥坪）和潮上带沉积，各带之间为渐变过渡关系；各带的沉积走向平行岸线，且在走向上延伸较远；潮道对潮间带和潮下带沉积形成明显的改造，其支流和主干潮道的走向总体垂直沉积倾向；在时间序列上，最为常见的是进积型的碎屑潮坪体系，自下而上依次为潮下带砂质沉积、潮间带的沙坪、混合坪和泥坪沉积以及潮上带的泥质沉积，总的趋势是沉积物粒度向上变细。其中潮间带沉积物厚度通常可以反映该区古潮差的大小。

三、潮坪体系聚煤作用

潮间带不存在聚煤条件，潮上带的泥坪由于特大高潮时依然受到潮水的影响，只能发育微咸水草沼泽，所以也不利于聚煤作用。Breyer 等（1986）在讨论与潮坪沉积有关的聚煤作用时，设想可采煤层的形成可能有两个途径，一是由微咸水草沼泽逐渐发展成为凸起沼泽，也就是说煤层是在潮上带泥坪沉积后立即开始发育的；二是在潮上带泥坪发育后经过一段间隔才开始发育低伏沼泽，而这时岸线已朝海的方向推进了几十千米。Breyer 等根据得克萨斯南部下第三系威尔科克斯群煤层中的孢粉分析资料，认为那里的煤层是属于第二种情况。

我国华北地区太原组某些在潮坪基础上发育的煤层，具有分布面积广及朝海方向逐渐变薄的总趋势，也还发现有些地段上煤层底部的硫分和灰分偏高。陈钟惠（1988）据此设想，不排除煤层是在潮上带泥坪之上立即发育的可能性。但总体上讲，煤层的继续发育是在岸线已大大推进的情况下进行的。换句话说，也就是聚煤作用主要发生在已废弃的潮坪沉积体系之上。因此，残留的潮坪地形、差异压实地形、距海岸线的远近、新一次海侵到来的早晚时间等因素是控制煤层厚度和分布的决定性因素。

第四节 障壁岛-泻湖沉积体系

一、成因相类型

如图1-4、图8-1、图16-7和图16-8所示，障壁岛-泻湖沉积体系共有九种成因相，即障壁岛、冲越扇、入潮口、涨潮三角洲、退潮三角洲、潟湖、潟湖三角洲、潮坪和沼泽。其中，平行岸线的障壁岛、封闭的潟湖和促进水体交换的入潮口是该体系的主要成因相组合。

（1）障壁岛。障壁岛（barrier island）是一些高出水面的狭长形砂体，主要由海滩面（临滨、前滨、后滨和风成沙丘）砂体构成，海滩面位于障壁岛朝海一侧（图16-7）。关于障壁岛的成因，至少已提出了三种不同的机理：①滨外沙坝垂向生长并露出水面；②沙嘴的生长；③由于海平面上升使滩脊与大陆分离（Nummedal等，1977）。

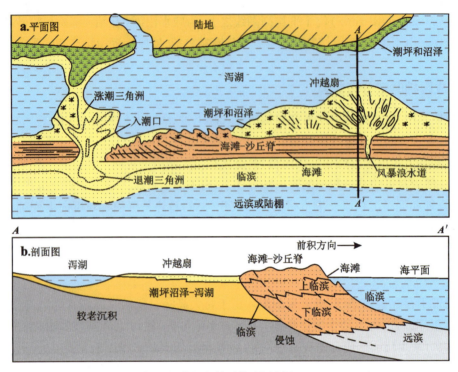

图 16-7　障壁-潟湖沉积体系模式图（据 McCabin, 1982）

（2）入潮口。入潮口或者潮道（tidal channel）的方向与障壁岛垂直（图16-7）。大多数入潮口的最底部为深切的侵蚀面，其上不规则地分布着砾石和介壳。入潮口深部受退潮流控制，由于沙波的向海移动，形成了大型面状交错层，并受到涨潮作用的改造而出现再作用面。在中等深度的地方，以双向的底形和交错层理为特征。再向上则是潮汐和波浪相互作用的产物，以冲洗交错层理为特征。

入潮口通常受沿岸流的影响而发生侧向迁移。持续的侧向迁移会使相当一部分障壁岛沉积层序被入潮口充填层序所取代。

（3）潮汐三角洲。潮汐三角洲（tidal delta）位于入潮口两端。在入潮口朝潟湖一侧通常发育涨潮三角洲（flood tidal delta），由于受波浪和风的作用较小，所以以单向或双向的交错层理占优势。三角洲平原上具有分流河道。退潮三角洲（ebb tidal delta）堆积在朝海一侧，除涨潮流和退潮流影响外，还受到沿岸流、波浪等多种因素的影响，常出现多方向的交错层理（图16-7，图16-8）。

潮汐三角洲因潮差的不同，其发育程度较大。在中潮差地区，涨潮三角洲和退潮三角洲的发育程度相当，但规模不大；在小潮差地区，涨潮三角洲的发育程度明显地高于退潮三角洲，并可达到相当的规模。

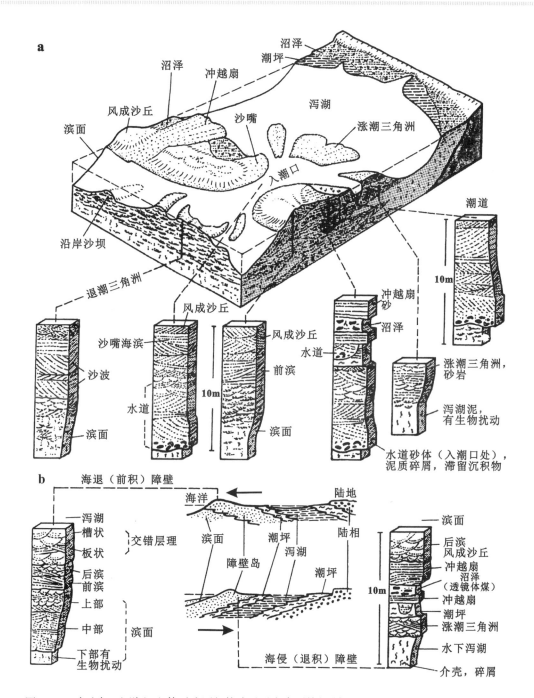

图 16-8 障壁岛-泻湖沉积体系成因相构成及垂向序列特征（据 Elliott, 1986；Reinson, 1992 等）
a. 障壁岛-泻湖体系在微潮汐至潮汐环境下的沉积物。此处假设入潮口在后期发生了变动；b. 向海或向陆移动的障壁岛系列和因之形成的退积或加积沉积序列
注：这些序列可能有局部因侵蚀而缺失。

（4）泻湖。泻湖（lagoon）是障壁岛后在低潮时仍充满残留海水的地区（图16-7）。泻湖沉积以泥和粉砂为主，通常含较多的钙质，以水平纹理为主，有时层理不明显，常见菱铁矿结核及星散状黄铁矿。能保存完整的植物化石。动物群有明显的异化现象，和正常海比较显得单调，而且出现生物畸形，这主要是受水体含盐度的影响所致。

（5）泻湖三角洲。在泻湖向陆一侧可以发育小型的泻湖三角洲，它们除了是建造在低能的泻湖中外，与河控三角洲的内部构成相似。

（6）潮坪和沼泽。潮坪（tidal flat）发育于泻湖周围（图16-7），沼泽的分布与潮上带的分布基本一致，这种沼泽多数是微咸水沼泽（盐沼）（图16-9）。

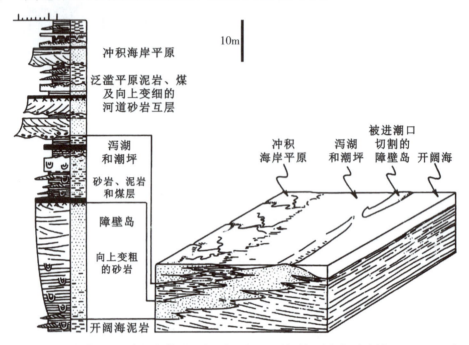

图 16-9　进积障壁 – 泻湖沉积体系的成因相空间配置关系与垂向序列图（据 Selley，2001）

（7）冲越扇。冲越扇（washoverfan）是非常天气条件下风暴浪的产物，位于障壁岛朝泻湖一侧。其成因是风暴涌浪越过障壁岛（尤其是薄弱地带）延伸至泻湖中而形成的一种朵状或席状砂（图16-7，图16-8）。冲越扇多数是复合体，每次风暴事件所形成的沉积物均较薄，底部有平坦的侵蚀面，宽数百米。而由多次事件组成的冲越扇复合体厚度较大，宽度可达数千米。冲越扇主要由中—细砂构成，具近水平的纹理和小到中型的交错层理，在冲越扇的末端可见前积层理。

二、成因相时空分布规律

障壁岛 – 泻湖沉积体系的叠加型式有进积、退积和加积三种，这取决于沉积速率与可容空间增长速率的比值。可容空间定义为可供沉积物沉积的新空间（Van Wagoner，1990），并被解释为是海平面升降和盆地的函数（Jervey，1988；Posamentier 等，1988）。

进积型：当沉积速率比可容空间增长速率大时，逐渐变年轻的沉积体系单元（或称 parasequence 即小层序，或称地层成因增量 GIS）将向盆地方向进积。退积型：当沉积速率比可容空间增长速率小时，逐渐变年轻的沉积体系单元以退积方式逐层向陆地方向延伸。加积型：可容空间增长速率接近或等于沉积速率，逐渐变年轻的体系单元逐层向上沉积而没有大的侧向移动。

图 16-9 展示了一个进积型的障壁岛 – 泻湖沉积体系动态演化模式。随时间的推移和海平面下降（海退），沉积体系内部的成因相沿着向海的方向逐渐迁移，并由此形成了特征的

自开阔海→障壁岛→泻湖和潮坪→冲积海岸平原的垂向演化序列。

三、障壁岛-泻湖体系聚煤作用

除三角洲和河流环境外,障壁岛－泻湖体系与聚煤作用的关系是讨论得比较多的一个问题,图 16-10、图 16-11 分别为我国华北和华南地区障壁岛－泻湖体系的聚煤作用的实例。国外一般称之为障壁岛后聚煤模式。所援引的实例,现代主要是斯纳格底沼泽,古代主要是美国东部地区的石炭系。

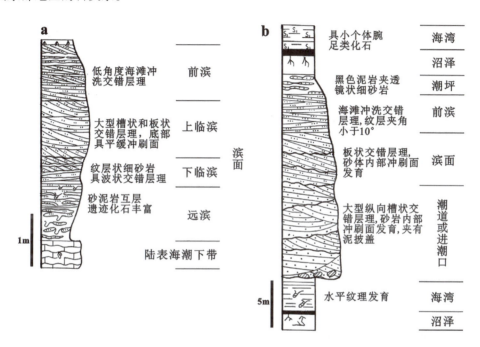

图 16-10　华北内陆表海山西组海滩面沉积体系的相序图(据陈钟惠等,1991)
a.河东船窝北岔沟砂岩；b.河东平垣北岔沟砂岩

1.现代障壁岛后沼泽

斯纳格底沼泽位于美国南卡罗来纳州沿岸的障壁岛后。据 Staub 等(1979)的研究,随着泻湖的逐渐淤浅,在泻湖的浅水地带和潮坪上开始出现微咸水的沼泽并堆积了泥炭。这类泥炭通常是很薄的,富含硫化氢,底板有根土层。在泻湖和微咸水沼泽沉积物堆积的同时,靠近障壁岛并摆脱了微咸水影响的地区,最先出现了淡水植被,它附着在已形成的微咸水沼泽的表面上(图 16-12a)。在海平面不断上升和粘土、粉砂等注入微咸水沼泽的同时,淡水泥炭堆积作用继续进行。当泥炭堆积速度超过海平面上升速度时,淡水泥炭岛开始扩展(图 16-12b 和 c),并结合成一个大型的具有起伏底界面的泥炭(图 16-12d)。

如果泥炭堆积速度只能与海平面的上升和碎屑注入保持同等速度时,泥炭层向上堆积并保持稳定的边界,周围则是微咸水沼泽的粘土堆积。所堆积的泥炭层可以很厚,但侧向上迅速相变为粘土层。当泥炭堆积速度跟不上海平面上升速度和碎屑注入的速度时,微咸水侵入,淡水植被死亡,泥炭堆积中断,泻湖和微咸水沼泽的粘土及粉砂将覆盖早先的泥炭层。

淡水泥炭沼泽在地势上只是略高于微咸水沼泽的表面,其植被包括了多种淡水的树和草,所形成的泥炭层比较厚,其下部的泥炭通常富含硫化氢,而当泥炭层被微咸水沼泽沉积覆盖时,上部的泥炭也富含硫化氢。

Staub 等认为,在与斯纳格底沼泽相类似的环境下形成的古代煤层将包括两种类型,由微咸水沼泽泥炭形成的煤层是薄而不连续的,侧向上过渡为根土岩;由淡水泥炭形成的煤层要厚得多,但在许多地方含有大量的炭质泥岩和泥岩夹石层,煤层不稳定,侧向上过渡为炭质和非炭质岩石。预期可以观察到的垂直层序有三种(图 16-13)。每个层序都由底部砂岩开始,向上为变粗的泻湖相页岩和粉砂岩,含根化石、潜穴构造以及薄的高硫煤。再向上为富含高岭石的底粘土以及薄—厚煤。靠近潮道处,煤层硫分高,有大量的岩石夹层,夹层可以是非炭质页岩、炭质页岩或高炭质的矸石层。非炭质的夹石层是决口扇的产物,而炭质的则是着火扇的产物。靠近障壁岛处,煤层中有薄的冲越扇夹层。

根据碳同位素测定的结果及其他资料,斯纳格底沼泽原先是分布在更新世障壁岛之间的一个浅而开阔的泻湖,该泻湖在全新世快速充填了一套潮坪、潮道、微咸水沼泽泥炭和淡水沼泽泥炭。由于水体浅,实际上并不存在典型的泻湖沉积物,即使有,也只是在个别地段上。

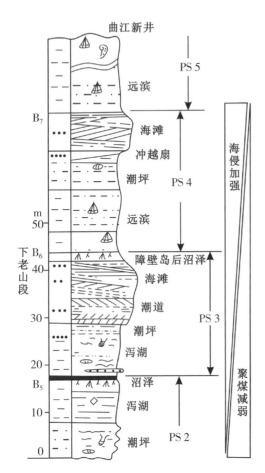

图 16-11 华南晚二叠世陆表海沉降区海侵体系域障壁岛-泻湖沉积体系的相序图
(据李思田,1996)

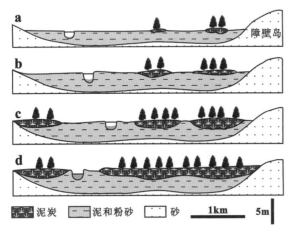

图 16-12 障壁岛后泥炭岛的发育阶段
(据 Staub 等,1979)

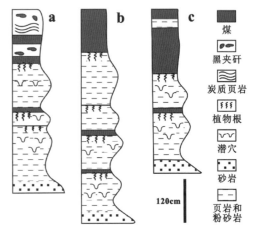

图 16-13 据斯纳格底沼泽资料推断古代类似环境下的聚煤特点(据 Staub 等,1979 简化)
注:图中三种垂向序列具有类似演化过程,上部为淡水成因的煤,中部为盐沼成因的煤。

Staub 等(1979)指出,在斯纳格底沼泽中,泥炭的厚度与距更新世障壁岛的远近有关。最厚的泥炭发育在靠障壁岛处,这里地势稍高并有淡水补给。然而,也有一些厚泥炭发育在离障壁岛较远处,这些地方在沉积界面以下大都有砂质的"高地",最厚的泥炭平行或基本平行于障壁岛的延伸,但在原先入潮口处则变得与障壁岛垂交。在斯纳格底沼泽中所发现的最厚泥炭也只有 4.6m,因此所谓的厚泥炭也只是相对该沼泽中其他地点而言的。

Staub 等根据斯纳格底沼泽资料推测,在古代类似环境下形成的煤层厚度和分布将与两个环境因素有关:其一是障壁岛的大小和分布于其间的潟湖的宽度;其二是海平面上升或盆地沉积的速度以及沉积物注入的速度。这两个因素决定了淡水沼泽将以多快的速度扩展,以及在淡水植被被咸水破坏和泥炭沼泽被掩埋之前能有多少泥炭物质堆积。

2. 古代障壁岛后的聚煤作用

美国东部石炭系障壁岛的一个重要特点是它分布在三角洲平原沿岸带(图 16-14)。因此,它的沉积和聚煤作用特点有时被包括在阿勒格尼组沉积模式中。Horne 等(1978)在描述障壁岛后的聚煤作用时,提出了障壁岛后沉积物的模式层序(图 16-14b),表明了煤层与潟湖、潮坪、潮道、涨潮三角洲以及冲越扇的密切共生关系。

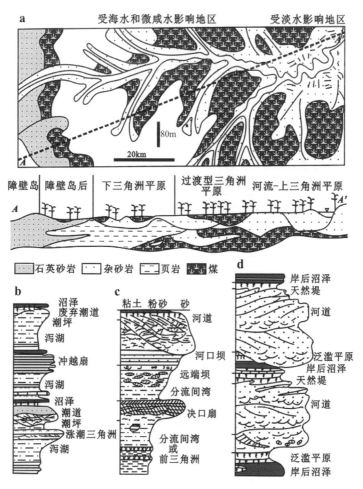

图 16-14　适用于滨岸地区聚煤环境的沉积模式(转引自 Horne 等,1978)
a. 平面相配置;b. 障壁岛后沉积物的垂直层序;c. 下三角洲平原区的垂直层序;d. 上三角洲平原区的垂直层序

在美国东部石炭系中,障壁岛后的煤通常是覆盖在向上变粗的、含植物根化石和潜穴以及菱铁矿结核的泻湖相页岩和粉砂岩之上。这些泻湖层序朝陆方向与三角洲以及海湾充填层序呈舌状交互,而朝海的方向则与障壁成因的(包括冲越扇、涨潮三角洲、潮道充填物)石英砂岩呈舌状交互。障壁岛后的煤常直接盖在潮坪沉积物之上。图 16-15a 和 b 表示了障壁岛后泥炭沼泽环境的分布特点及其与其他沉积环境的相互关系。图 16-15c 表明,有些煤层可直接覆盖在障壁砂岩之上,而煤层又被冲越扇沉积物所覆盖。

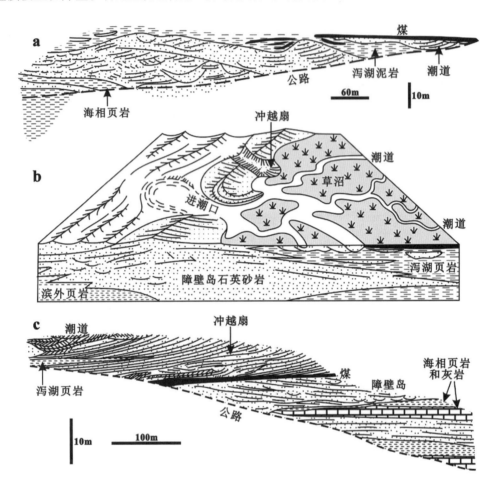

图 16-15 亚拉巴马州罗克莱奇区石炭纪障壁岛后煤、相关成因相以及障壁石英砂岩的相互关系
(据 Galloway 等,1985)
a. 野外观察到的成因相几何形态;b. 成因解释;c. 朝陆方向增厚的煤覆盖在障壁石英砂岩之上,煤层之上又被潮道切割的朝陆倾斜的冲越扇砂岩覆盖

障壁岛后的煤通常是薄而不连续的,硫分较高,但也有一些煤层达到了可采厚度。西弗吉尼亚的贝克利煤层就是一个实例。该煤层发育在一个稳定的、宽的障壁岛之后,煤层覆盖在泻湖 - 潮坪层序之上,直接下伏的是一套含有脉状、透镜状层理的潮坪沉积物。煤层的厚度与下伏潮坪、潮道地形有非常密切的关系。煤层具有底面凸凹不平、顶面平整的特点。

美国东部石炭系障壁岛后的聚煤模式,反映了很典型的聚煤作用与活动障壁碎屑体系共生的情况。非常有趣的是,Cohen(1984)在研究奥克弗诺基沼泽的基础上,提出了聚煤作用与完全废弃的障壁体系共生的模式。

3. 废弃障壁体系的聚煤作用

奥克弗诺基沼泽位于大西洋滨海平原上，距大西洋海岸160km，高出海平面28m，紧靠晚上新世到早更新世期间形成的特雷尔脊的背后（图16-16）。奥克弗诺基沼泽发育在特雷尔脊背后老的、透水性差的泻湖-微咸水沼泽的砂质泥和泥质砂之上。泥炭的厚度达5.9m，最底部的泥炭大致形成于7000年前。在泥炭与下伏沉积物之间有明显的间断现象。奥克弗诺基沼泽有一部分属于草沼泽（湿地），有一部分属于树沼泽。泥炭具有低灰、低硫的特点。这种现象在从新泽西到佛罗里达的整个大西洋滨海平原上都是很典型的。在每个障壁的背后都有比较平、比较不透水的（老的）微咸水沼泽沉积层表面，其上多数都发育有泥炭层。

根据上述情况，Cohen（1984）提出了障壁间聚煤模式（interbarrier coal-forming model）。按照该模式，无论是在温带还是在热带，与滨岸带有关的聚煤环境都可以分为三种类型（图16-17）。

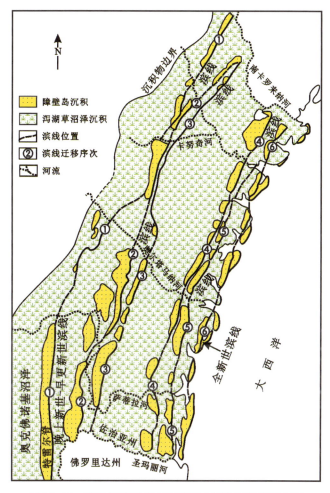

图16-16 美国佐治亚州更新世到全新世海岸带演化图
（据Cohen，1984）

在温带模式中，类型Ⅰ是紧靠海岸并分布在活动障壁背后的沼泽，这里只能形成高灰、高硫到中硫的薄煤层。美国东部石炭系障壁岛后的煤大体上属于这种情况，所不同的是那里一侧是活动的障壁岛，而另一侧是三角洲前缘砂（图16-14a）。类型Ⅱ的典型代表则是斯纳格底沼泽，它位于边缘海（河口湾的上段）部分，虽分布在老障壁的背后，但仍能受到海水的影响，主要是通过潮道有一些海水进入潮坪地区。所形成的是中等厚度但有时不连续的煤，灰分、硫分变化较大。类型Ⅲ的典型代表就是奥克弗诺基沼泽，它完全是在大陆上未受到海水影响的沼泽，在这里有利于形成厚的、侧向上广布的低灰、低硫煤。

潮湿热带模式只建立在佛罗里达埃佛格累兹的红树林泥炭以及马来西亚半岛的泥炭等少数资料的基础上，因而具有很大的假设性和推断性。Cohen（1984）指出，在热带地区可预期出现的不仅是红树林沼泽（它将形成高灰、高硫的红树林泥炭），而且还有凸起的泥炭体。凸起泥炭沼泽出现在降雨量非常大的地区，所形成的是低灰、低硫的煤层。即便是类型Ⅱ和类型Ⅰ，只要出现凸起沼泽的条件，也可形成较好的煤。

Cohen（1984）还指出，在较小的海平面变动或海岸带下沉的情况下，将会导致石英砂岩和煤都呈叠置状态。同一时期的煤本应是形成在朝海方向依次降低的低地中（图16-18），而

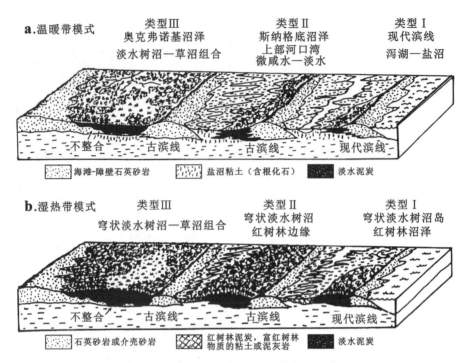

图 16-17　不同气候条件下与滨线有关的聚煤模式图（据 Cohen，1984）

如果采用孢粉、植物化石、种子等进行对比，会错误地把相同类型的煤认为是同时期形成的。这是因为，同一类型的煤产于同样的环境，其孢粉、植物、种子的面貌基本相同。

陈钟惠（1988）指出，国外有些学者非常重视聚煤作用与废弃碎屑体系共生的情况，Cohen（1984）的研究虽然是针对障壁岛后环境的，但对浪控三角洲沿岸带、进积海滩面环境等都有一定参考价值，因为在这些环境中也都存在平行岸线分布的滩脊或沙脊。

Reinson（1992）总结了障壁岛－泻湖体系泥炭沼泽发育的模式图（图 1-4b）。在该体系中，煤主要形成在障壁岛后有泻湖、潮坪沼泽化的地区，煤层最厚的部分是平行障壁岛靠陆一侧。煤的硫分相对较高，煤层层数多，但煤层分布连续性通常较差，这是由于障壁岛后泻湖受海水影响较大，潮道和冲越扇不仅影响泻湖沼泽的水介质条件，也经常破坏泥炭层的发育。

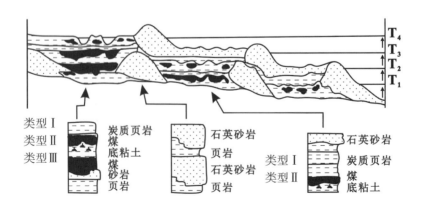

图 16-18　由于岸线下沉或海平面上升导致的叠置障壁岛后层序（据 Cohen，1984）

注：$T_1 \sim T_4$ 表示不同的时期。

第六篇 聚煤盆地沉积体系分析

弱（无）聚煤的沉积体系

在一个足够大的沉积盆地中，聚煤沉积体系通常与弱（无）聚煤的沉积体系隶属于一个自然的有机整体。在横向上它们可以构成一个体系域，在垂向上它们可能是含煤岩系的顶底板，这些沉积体系之间或多或少具有成因联系。如果因为聚煤因素而排除一些重要的或者常见的沉积体系似乎不妥，所以聚煤盆地分析有必要简要介绍诸如陆源陆架－盆地沉积体系、碳酸盐岩沉积体系和风成沉积体系等这些弱（无）聚煤的沉积体系类型。了解它们，是为了更好地认识聚煤沉积体系中那些优质泥炭堆积所需要的环境地质条件。如果这些沉积体系赋存有其他类型的沉积矿产，且与含煤岩系共存富集，那么了解它们就显得更为必要。

第十七章　陆源陆架-盆地沉积体系

聚煤作用与陆源陆架、陆坡和盆地体系并无太大关系，除非是异地煤堆积。但从盆地分析的完整性出发，考虑到它们是聚煤盆地向海洋的自然延伸，因而有必要简要了解其环境与沉积特色。大陆架以具有中等到低的斜坡为特征，其分布范围从下临滨（深度大约10m）到海平面以下约200m的大陆斜坡坡折处。陆坡和盆地体系位于陆架坡折以外相对深水的地方。陆坡的典型倾角为1°～3°，局部地区接近10°。陆坡的几何形态根据构造背景、进积史和侵蚀修饰的情况而变化。现今的上陆坡虽然有局部进积和海底峡谷充填，但一般都是一个沉积物的旁通区（Galloway等，1983）。下陆坡和更平缓倾斜的陆隆周期性地接受陆源碎屑物，到平坦的深海平原则以细粒的远洋沉积作用为主（Galloway等，1983）。

第一节　沉积作用类型

陆架上的沉积物来自于毗邻的大陆，可以通过河口、冰川和风的作用等方式输送搬运，另外海浪对海岸基岩的侵蚀也提供极少的沉积物，但是其中最为重要的是河口作用。直接通过河口作用搬运到浅海的沉积物大部分是细粒悬浮沉积物，主要是泥及少部分粉砂和砂。陆架沉积物中粗碎屑的来源主要是受潮流、风暴回流的影响从近滨带搬运而来的。其中，潮流和风暴作用对内陆架的影响最大，而水体的密度分层和大洋环流则影响外陆架。此外，在临近火山活动区还有火山物质混入。水下陆坡体系的特点是重力块体搬运和密度底流作用及它们的沉积产物占优势。另外，一些作用包括远洋沉积、等深流和往复潮流，这类永久性的洋流主要影响悬移质沉积物（Galloway等，1983）。

（1）潮汐作用。潮汐作用可以是永久的。陆架的潮汐与月球和地球、太阳和地球之间的万有引力所产生的半日、全日、双周和长期海平面变化有关。由于潮波是从开阔大洋传播到陆架上的，所以它在向岸方向变得越来越不对称，而且有涨潮流速超过退潮流速的趋势，从而导致沉积物的向陆搬运和沉积，也可能作为前进潮波沿海岸运动（Mofield，1976）。在每两周一次的大潮期间，尤其是在得到每半年一次的强潮叠加时，潮差和共生的潮流最大。潮流速度的变化随水深变浅而增大。

（2）风暴作用。风暴作用是季节性的或周期性的。风暴作用能产生风暴潮和风暴流两种流体，风暴潮通常是由7级以上的台风所形成的常见事件，而风暴流则是由时速极大的飓风产生的罕见事件（图17-1）。

风暴潮是由传播速度巨大的风暴波能将海水涌向滨岸，使潮面巨升形成的。一般的风暴

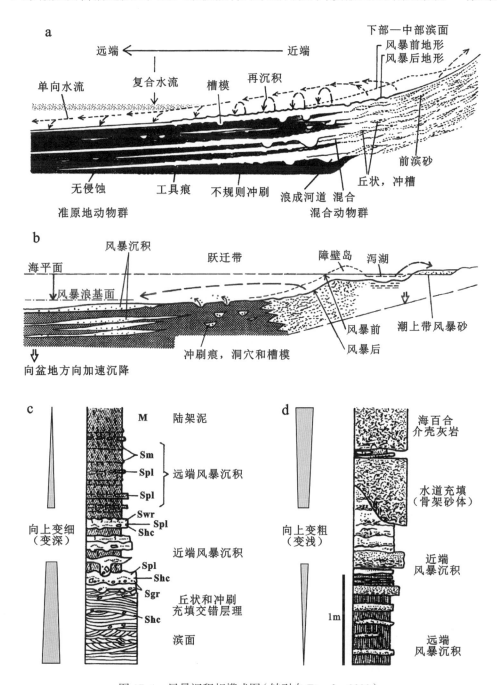

图17-1 风暴沉积相模式图（转引自Einsele，2000）

a. 风暴沉积相模式剖面，从滨面到内陆架（从近端至远端）；b. 跃迁模式，注意远端的透镜状-波状层理；c. 理想化的向上变深（变薄）或变细的硅质碎屑沉积岩风暴沉积层序（M. 陆架泥；Sm. 块状构造砂岩；Spl. 平行纹理砂岩；Swr. 浪成波痕纹理砂岩；Shc. 丘状交错层理砂岩；Sgr. 递变内碎屑）；d. 向上变粗（变厚）或变浅的碳酸盐岩风暴沉积层序（减少了层数）

潮高差在 6m 以上。强大的向岸风暴潮流主要发生在潮坪环境内,可以越过障壁岛或后滨上部的风成沙丘地带。风暴潮流的性质接近于牵引流。风暴潮包括三个组分:前兆涌浪、反气压波浪和风增水。风暴来临前长周期涌浪或前兆涌浪运动,产生缓慢上升的浪增水。伴随风暴发生的气压下降,引起海平面上升,并结合风力的驱动使海水向海岸集中,这一现象就是通常所说的风增水。风暴潮可能因共振和水深的影响而得到加强(Swift,1969)。风暴潮通常使碎屑滨岸沉积体系受到冲刷,其回流所携带的滨岸带沉积物向海运移可加入风暴流的行列(图 17-1)。

风暴流是一种罕见事件,主要由飓风或强台风(9级以上中纬度的冬季风)等引起的回流、振荡水流产生的一种向海流动的高密度重力流。与真正重力流不同的是波浪作用较强。风暴流主要发生在小于 200m 的浅海中,在 30m 左右水深处最常见,即主要限于正常浪基面与风暴浪基面之间(图 17-1)。风暴流具有能量大、持续时间短的特点。风暴流沉积作用过程分三个阶段:①风暴高峰期。水体强烈扰动,海底遭受强烈的侵蚀作用,所形成的高密度流(风暴流)向下移动。风暴流所携带的物质主要来源于正常浪基面以下的沉积物,当然也可能有风暴潮回流的加入;②风暴衰减期。风暴流中粗的颗粒(包括生物碎屑)首先堆积、填平冲刷凹坑。向上沉积纹层状(余波作用)的细粒物质(具丘状交错层理);③风暴平静期。恢复到正常天气时的细粒沉积,此时生物活动再度加强。

(3)风成海流。风对水面的剪切应力产生单向海流,但由于受科氏力影响,这种海流稍偏离海面的风向。持久的吹流是伴随季风体系出现的。最强的风成海流是伴随向岸风或沿岸风出现的。沿岸风往往产生大致平行陆架边缘流动的单层海流体系。在华盛顿—俄勒岗陆架上,这种单向海流的流速可以超过 80cm/s,并能搬运砂和粉砂(Sternberg 和 Larson,1976);向岸风能产生双层海流体系,其上层向陆流动,而下层向海流动(Forristall 等,1977)。这些海流与波浪联合作用有助于挟带沉积物,同时也可能加强或减弱潮流。

(4)水下重力流。水下重力流是由重力推动的含有大量碎屑物质的高密度流体。这种流体在运动过程中保持着一定的整体性,显示一定的边界,因此也有人称之为整体流。水下重力流有多种类型,即浊流、液化沉积物流、颗粒流、水下泥石流(碎屑流)和水下滑塌。其相关术语体系和沉积特征参见第三章第一节。

(5)密度流。水体中密度的差异可以是水平的或垂直的。水平方向的密度差可以由淡水流入、浅水层日光曝晒和不同的蒸发速率造成。由河流成因的向海外流的和逐渐变薄的温暖淡水羽状流,覆盖于密度较大的咸水体之上,并把陆源粘土有效地搬运到陆架及其远方沉积,其下部的陆架水向陆流动。夏季,大约在水深 30m 处的温跃层把水体分为两层(Csanady,1974),风压应力仅直接影响可能有悬浮物的上层水;近滨的过渡蒸发可能产生向海的咸水底流。咸水底流是在没有大量河水注入的广阔陆架泻湖中,由卤水的蒸发浓缩所形成,流体通过狭窄的通道以紧贴海底的密度流形式向外流动可达深海平原区。盐水底流沉积以牵引流沉积构造为主,从近端到远端在结构和构造上没有明显的变化(Galloway 等,1983)。

(6)半永久性洋流。一些陆架的外部受到了大洋环流的影响。印度洋西部的厄加勒斯洋流产生持续的单向流,它沿非洲南部外陆架向南流动(Fleming,1980),其速度足以搬运大量的推移质沉积物,其中的一些沉积物倾泻到海底扇峡谷的沟头。太平洋东北部陆架上的洋流随季节而变化,而且方向相反,这些洋流虽弱,但在冬季可以因风暴浪和潮汐或风成海流而得到加强,因此能搬运悬浮物(Johnson,1978)。

（7）海洋生物和化学作用。海洋生物大部分聚集在陆棚浅海地带，其生活遗迹及遗体可以构成或影响沉积物。在海洋环境中，底栖生物在陆架上达到最大数量（150～500g/m^2），而在深海平原减至1g/m^2。底栖生物作用在底质表层10～15cm深度范围最活跃，生物扰动构造、生物遗迹的出现是浅海沉积物中最普遍的现象。浅海水化学作用主要参与自生矿物，如海绿石、鲕绿泥石、磷块岩等的形成过程，在海底胶结和成岩过程中具有重要意义。古代远洋沉积物主要是细粒石灰岩、燧石和泥灰岩，由于彻底的生物扰动或重结晶作用，粗看都是块状的（Galloway等，1983）。

第二节　陆架体系沉积构成特征

陆架沉积的结构、几何形态和内部构成随沉积物供给及主要沉积作用等因素而变。陆架砂是由潮汐和风暴形成的，而泥质沉积物则代表了悬浮物的缓慢沉积，并受生物所改造。

一、内部构成特征

（1）陆架沙波（横向底形）。陆架沙波横切主潮流路线。它们可能是对称或不对称的。相反方向潮流的同等作用产生对称的沙波，但无论是以涨潮流为主还是以退潮流为主，均产生向沉积物搬运方向倾斜的高1～10m的滑落面。波纹和沙丘常叠加在沙波的迎流面上，偶尔也可叠加在滑落面上。

（2）陆架沙脊（纵向底形）。沙脊不管是由潮汐形成的（Houbolt，1968），还是完全与风暴有关的（Swift，1976），其走向总是平行于主要的海流方向。在以潮汐作用为主的北海，沙脊在平面上是线状的，高达40m，剖面上是不对称的，其延伸方向平行于潮流方向。而在以风暴为主的美国东海岸外，许多沙脊平行或斜交岸线，它们在很大区域内彼此平行分布，沙脊间距随陆架变深而增大（Swift，1973，1977）。

（3）风暴沉积。风暴沉积具有如下特点：①物质来源大部分是原地的和接近原地的。风暴来临时，出现猛烈的风暴浪击高能事件，它们对陆架沉积物表层（主要位于正常浪基面以下）进行切割冲刷，冲刷过程中一些海底沉积物及其内部的生物、生物介壳以及泥砂等离开海底呈悬浮状态。②风暴属于波控的紊流事件。波浪作用一般比较固定，并局限在一定的区域内。因而，风暴期间的侧向搬运往往是次要的，无论在搬运距离和速度上都不如浊流和洪流。③风暴沉积过程是侵蚀到再沉积的改造过程。风暴沉积从高峰期到衰退期，表现为高能到低能的变化，以及侵蚀作用到再沉积作用过程的转变。④风暴沉积物，粗碎屑局部集中，韵律性增强以及较粗粒碎屑分布不连续。风暴高峰时粗粒、细粒物质呈悬浮状，一旦风暴衰退就立即发生分异，首先粗碎屑（滞留沉积物）堆积在侵蚀凹坑中，随后逐渐沉积细粒物质，构成明显的韵律层（余素玉，1985）。

风暴沉积的识别标志有：①侵蚀构造。侵蚀构造多种多样，有袋状，两边坡一陡一缓的槽状，两边坡对称的沟状、波状、微波状和平坦状等。其中，袋状构造为风暴流冲刷所特有。在侵蚀面状构造之上充填有与下伏物质成分接近的滞留物质，这是风暴沉积的基本特点。②浪成沉积构造。风暴衰减之后，余波的振荡既可以形成丘状交错层理，也可以形成浪成波痕。

但是要注意,在有水流振荡的场所均可形成丘状交错层理,所以丘状交错层理不能作为判别风暴沉积的唯一标志,尽管它在风暴沉积中是重要的。③多向水流标志。压刻痕的方向变化大或指示相反方向,生物骨骼(两向延长)无优选的方向。④特殊的岩层。介壳缩聚层,其中生物有拖泥现象,泥的成分与下伏地层沉积一致。⑤层序。风暴流分近基层序和远基层序两种(图17-1)。近基层序发育于内陆架,其底部为起伏的侵蚀面,之后出现滞留段、纹层段和泥岩段。位于外陆架的层序底部侵蚀面平坦,其上的三段式明显,所不同的纹层段中以水平纹理为主,整个层序的厚度较薄(余素玉,1985)。

(4)陆架泥。陆架泥通常含有少量的砂和贝壳,而且除了沉积速率高或底层严重缺氧的地方外,往往都被生物彻底扰动。缺氧的底层水之下是富含有机质的纹层状泥。

二、陆源陆架沉积模式

根据能量和沉积物组成的不同,可将陆源陆架沉积物划分为砂质高能浅海、砾质高能浅海及泥质低能浅海沉积层序。Einsele(1991)又依据沉积物的供给量,将其划分为两类:高碎屑供给盆地浅海(高能浅海)与低碎屑供给盆地浅海(低能浅海)沉积序列(表17-1)。

表17-1　陆源陆架沉积序列的成因分类(据Einsele,1991)

高碎屑供给盆地的陆架沉积序列				低碎屑供给盆地的陆架沉积序列			
低能		高能		低能		高能	
泥质型	砂、泥型	风暴型	潮控型	泥质型	砂、泥型	风暴型	洋流型
反韵律	反韵律	反韵律	略显韵律	反韵律	略显韵律	正韵律	韵律不显

1.高碎屑供给型盆地

(1)低能泥质型陆架。以泥岩或泥质粉砂岩沉积为主,持续的低波浪能量,滨面泥质沉积物常被薄层的滩砂和前滨沙坝所覆盖,泥质一部分来源于河口,另一部分是由适中的风暴从滨外带来,生物碎屑不发育(图17-2b)。

(2)低能砂、泥型陆架。滨岸砂明显较前者增厚,在深水的过渡带包括远滨砂或近源砂质风暴沉积,常见有生物介壳层,远滨沉积中,生物扰动强烈。垂向上生物扰动的泥质风暴沉积与自生的粉砂质粘土呈交互层(图17-2c)。

(3)高能风暴型陆架。陆架平缓,砂质沉积形成明显的相带。以砂为主,可有滩砂水道和风暴沉积,具丘状交错层理,风暴沉积可延伸至深水之中。砂质沉积在整个剖面中占有相当大的比例,部分砂质由风暴带至深水中,并受到风暴与洋流的改造(图17-2d)。

(4)高能潮控型陆架。水深较浅,以潮流作用为主,可发育沙脊和潮汐通道沉积,具有明显的潮汐层理,可形成障壁-泻湖的沉积序列,垂向上的韵律性不太清晰(图17-2e)。

2.低碎屑供给型盆地

(1)低能泥质型陆架。与高碎屑供给的低能泥质型陆架的主要区别在于富含生物成因的产物——生物介壳层发育,可见浮游生物,生物扰动强烈。由于水体相对较为安静,因而陆架外可形成碳酸盐岩(图17-2f)。

（2）低能砂、泥型陆架。与高碎屑供给状态相比，其最大特点是可发育生物礁与潟湖序列的沉积，可见生物碎屑层、远洋泥及碳酸盐沉积，而生物扰动并不强烈。由于注入量的限制，进积作用不太明显(图17-2g)。

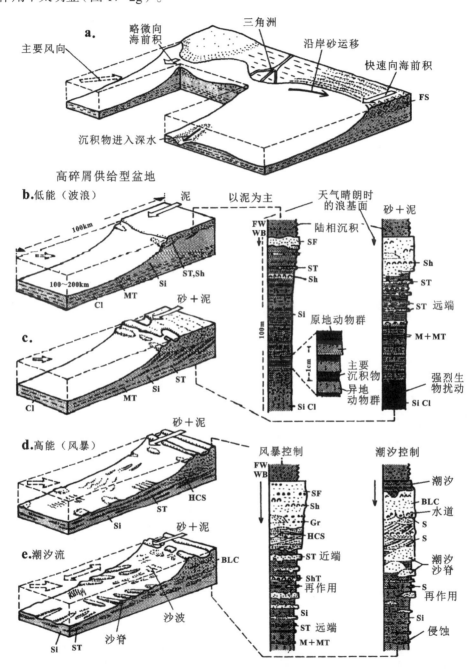

图17-2 大陆架沉积体系模式(据Einsele, 2000)

a. 浅海, 沿海岸线有局部的慢速或快速前积, 由沿海地形、河流三角洲的位置和风向、气流等控制; b和c. 低能相模式, 快速前积(海退)及其形成的垂向沉积序列; d. 高能浪控盆地及其垂向沉积序列; e. 高能潮控盆地及其垂向沉积序列

注: 所有盆地均接受大量陆源碎屑物供给, b以泥为主, c、d和e为砂和泥。假定海平面稳定, 没有沉降。

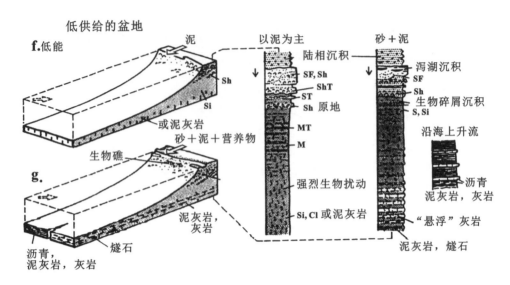

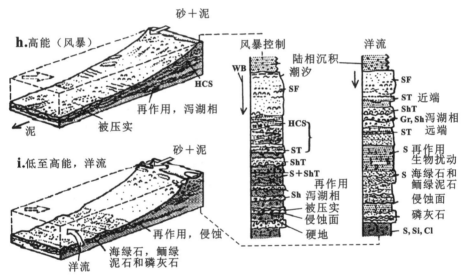

续图 17-2　大陆架沉积体系模式(据 Einsele, 2000)
f~i. 低碎屑供给型相模式，沿海岸线慢速前积及相应的垂向序列

M. 以泥为主; S. 以砂为主; Si. 以粉砂为主; Cl. 粉砂质粘土; Sh. 介壳富集; Gr. 砂砾; ST. 砂质风暴沉积; ShT. 风暴沉积中的介壳层; MT. 泥质风暴沉积; HCS. 丘状交错层理; FS. 前滨砂; SF. 滨面砂; BLC. 障壁岛-泻湖组合(包括潮汐沉积); SB. 沿岸沙坝; SW. 沙波; MD. 盖层泥; WB. 浪基面

注：所有的盆地均接受少量陆源碎屑供给。f 以泥为主，g、h 和 i 为砂和泥，区别在于水力体系和生物产物。假定海平面稳定，没有沉降。沿海上升流可能导致富含有机碳和沥青的泥灰岩和灰岩沉积。

（3）高能风暴型陆架。陆架沉积物的进积通常由于注入量太小而受到限制；陆架坡度十分平缓。与高碎屑供给状态相对比，介壳层与细粒的生物成因沉积则更为发育，在整个剖面中占有十分重要的地位。在远滨至临滨的过渡带，砂岩底部常见明显的冲刷现象和滞留沉积，深水中可出现致密层(凝缩段)；同样可见丘状交错层理(图 17-2h)。

（4）高能洋流型陆架。持续的洋流活动，形成以细砂为主的沉积，垂向剖面中可发育多个冲刷面，并在冲刷面上形成砾岩滞留沉积。由于沉积速率十分缓慢，在沉积物与水的界面间常可发育海绿石和鲕绿泥石矿物，磷块岩也可在此环境中形成(图 17-2i)。

第三节　陆坡和盆地体系沉积构成特征

在受陆源碎屑注入影响的陆坡和盆地沉积体系中,海底峡谷、斜坡裙、海底扇、等深流丘状体和漂积体、盆地平原是几种主要的沉积构成单元。

(1)海底峡谷。海底峡谷可以发育于陆架和陆坡地区,与较陡的坡度相伴生。这些峡谷是搬运粗粒沉积物到达深海的运移通道,它的深度可达1 000～2 000m。其尾部通常与海底扇相连(图17-3)。深海泥质的沉积物易于从堤上滑塌并充填峡谷,由于峡谷充填物和堤的抗压实能力的差异,致使峡谷充填物在地震反射上显示出下凹的特征(图17-4)。

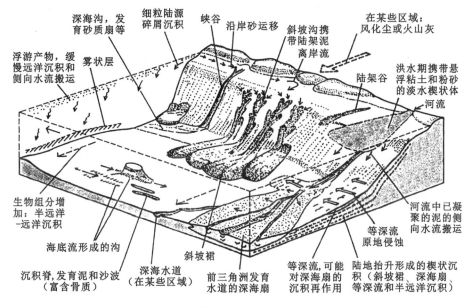

图17-3　深海沉积体系分布结构(据Einsele,2000)

(2)斜坡裙。斜坡裙是上陆坡和陆架边缘块体坡移的产物,主要由那些经常在到达陆坡底以前就终止运移的滑塌和泥石流供给沉积物。滑塌产生的浊积岩与混杂滑塌单元和泥石流单元呈不规则互层。基质含量高并极少受改造。一些大型泥石流持续流径陆隆进入深海平原,产生舌状突起体。

(3)海底扇。相比而言,海底扇体系的研究程度较高。海底扇体具有复杂的内部构成和特征的几何形态(图17-5,图17-6)。

扇根的主要成因相是水道(或峡谷)和天然堤。峡谷是沉积物运移的通道。扇根水道可能规模巨大,如罗讷深海扇上部的单条弯曲水道,宽2～5km,侧翼天然堤高达75m(Bellaich等,1981)。最粗的沉积物堆积于水道的深泓处。水道均典型地发育向上变细的层序,厚15～50m,也可能超过90m(Walker,1978),由砾石、含砾砂或块状砂和细粒递变的沉积物组成(Galloway等,1983)。侧翼的天然堤通常是细粒沉积物的堆积场所,能形成薄的递变。这些薄层底部通常是突变的,含压刻痕、火焰状构造,显示出不完整的鲍马(Bouma)序列(Walker,1978)。

富砂体系的扇中以具有平缓上凸表面的迁移叠置朵体为特征(Normark,1970)。每个朵体都由分叉的分流水道或辫状水道补给(图17-5),其中堆积了具透镜状层理和块状的含

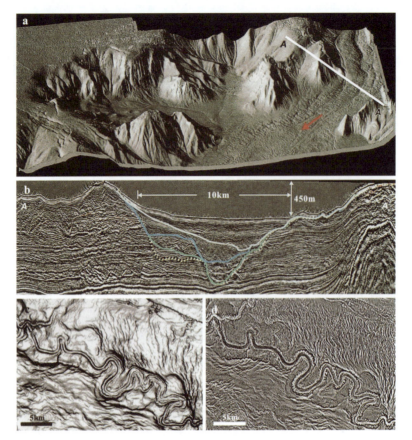

图 17-4 密西西比峡谷的地球物理特征（据 Posamentier, 2005）
a. 现代海底地震图像；b. 展示多阶段加积和侵蚀演化过程的峡谷横剖面；
c 和 d. 分别由地震的倾角幅度属性和曲率属性表征的海底峡谷水平切片特征

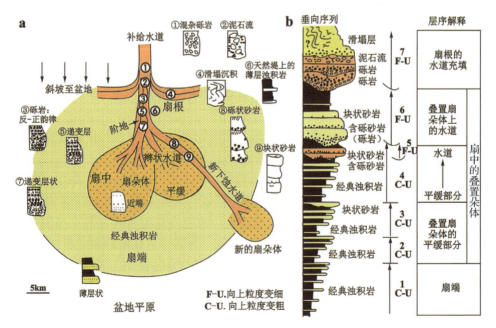

图 17-5 得克萨斯州中北部上石炭统西斯科组的海底扇（a）与垂向序列（b）
（据 Galloway 和 Brown, 1973）

砾砂岩（Walker，1978）。当水道迁移时，朵体间沉积物部分甚至全部被改造。水道的迁移可能产生多层次的、向上变细的层序，但远端向上叠置的扇朵体可能由一个向上变粗的层序组成，它的上部覆盖着废弃阶段的泥质披盖层，向上叠置的朵体的砂体厚度为 10～50m 不等（Walker，1966，1978；Hsu，1977）。

富泥的海底扇（如墨西哥湾东部的密西西比扇），没有发育良好的扇中水道和叠置扇朵体。相反，泥石流和滑塌沉积十分丰富，侧向分布广。水道化的沉积物分散体系发育差，而且大部分为细粒泥质沉积所充填（Moore 等，1978）。

扇端有一个平缓的坡面，并接受悬浮沉积物的缓慢加积，夹有细粒浊积岩。所形成的递变层较薄，侧向连续性好，并均匀叠置，从而能形成相当厚的地层（图 17-6）。

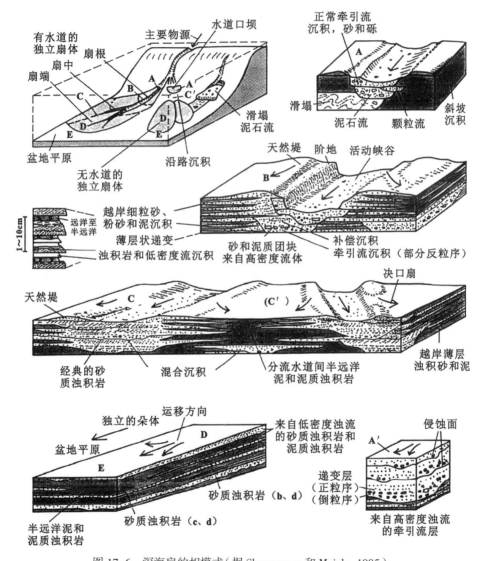

图 17-6　深海扇的相模式（据 Shanmugam 和 Moiola，1985）
注：注意有水道的、相连的扇体和独立的、无水道的扇体的区别，独立朵体更能表现规则的浊积序列。

在海底扇体系中，峡谷水道是以砂、泥混合到泥质为主的陆坡背景为主要特征。河道可能是侵蚀的、沉积的水道和天然堤的复合体，或者是混合型的（图 17-7）。侵蚀水道一般发生在重力流速度增加的陆坡最陡峭的地区，沉积性的水道和天然堤在流速减小的下陆坡处形成。与它们陆上冲积的对应部分相似(Lane,1955；Schumm,1993)，河段通常由侵蚀的变为沉积的，以响应沉积物负载/卸载比值的变化或者坡度和基准面边界条件的变化。沉积水道的横截面表现为下凹到底平；侵蚀水道则表现为具有侵蚀阶地或"U"形或"V"形剖面形态到宽阔的上凹冲槽(图17-7)。

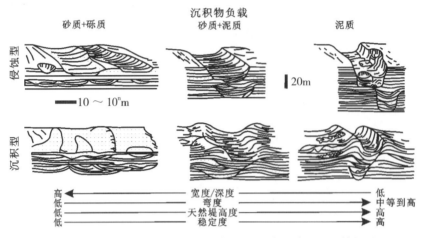

图17-7　侵蚀型和沉积型浊积水道沉积的几何形态及沉积特征对比
(据Galloway和Hobday,1996)

海底扇朵体是位于陆坡末端峡谷水道下游砂质浊流的局部沉积(Mutti等,1987；Mutti和Normark,1991)。这些朵体记录了水道化的浊流减速和扩散时粗粒沉积物的集中加积。粗粒浊积体的堆积，形成了面积分布有限的丘状朵体。更有效的是，泥质浊积体系将砂质分散到远处进入盆地(Mutti,1992)，形成席状的朵体。朵体的形成需要相对稳定的水道汇集多股水流于盆地的特定位置上。因此，沉积朵体在非常粗的砾质陆坡体系中和泥质陆坡体系中很难发育，砾质陆坡体系中的水道是不确定和不稳定的，而在泥质陆坡体系中，高速的流体流动形成席状砂体而不是集中的朵体(图17-8)。

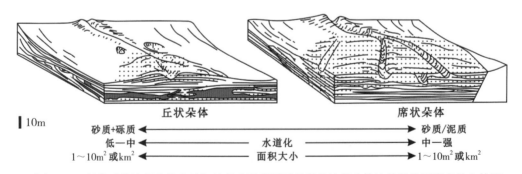

图17-8　粗粒丘状浊积朵体和较细粒的砂质到泥质的席状浊积朵体地貌及地层形态的立体图
(据Galloway和Hobday,1996)

并非所有的峡谷水道在它们的末端都有分散的浊积朵体，但彼此伴生十分常见。水道/朵体复合体的组成包括：①在相对陡的中—上陆坡上的下切水道(及任何浊积体)；②在坡度逐渐变缓的下陆坡上的具有天然堤的水道；③渐变为盆地平原细粒沉积物的末端朵体。在一个理想的水道/朵体复合体中，每一个单元都具有特定的沉积形态、相组合、结构和层理序列以及综合测井模式特征(图17-9)。

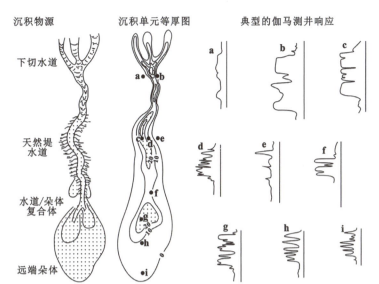

图 17-9 海底扇中水道/朵体复合体的地貌和沉积单元及典型测井响应
（据 Galloway 和 Hobday，1996）
a. 上陆坡滑塌与粘性碎屑流沉积；b. 砂质/泥质碎屑流侵蚀水道充填；c. 粗粒浊流与砂质碎屑流混杂的水道沉积充填；d. 异类岩性的天然堤沉积；e. 具有随机溢岸砂质浊积层的泥质水道外泥流、细粒浊流和半远洋沉积；f. 粗粒浊流及水道/朵体过渡带的牵引流沉积；g. 近端朵体的叠置浊积体；h. 中部朵体的异类岩性的浊积体；i. 远端朵体的细粒浊积体

（4）等深流丘状体。深水等深流沉积表现为无定型的加积丘状体和横向上加积的细砂、粉砂、泥质及深海碎屑沉积体（Stow 和 Piper，1984；McCave 和 Tucholke，1986；Pickering 等，1989）。沉积体的几何形态取决于水流的方式及其与等深线之间的关系。厚的等深流沉积可依据它的以下特征来识别：①加积层理结构；②狭长的流线型几何形状；③沿陆坡的相带走向。巨大层型的发育和迁移也产生多种多样爬升的弯曲至规则的波状地震反射结构（Pickering 等，1989）。在重力流堆积过程中短暂的中断可能使等深流改造陆坡沉积物，产生较小的冲刷、滞留沉积物和薄层的再沉积物。

（5）盆地平原。盆地平原是海洋最深最平坦的部分，主要由远洋悬浮沉积和远端浊积岩构成，以侧向连续和均匀层理为特征，能反映古深海的海底地貌（图 17-10）。

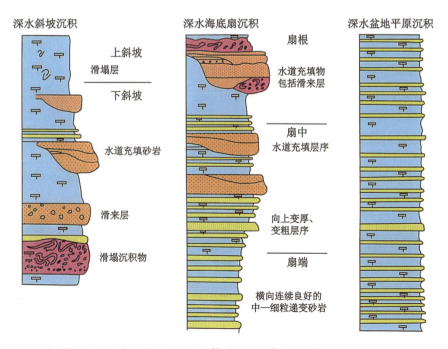

图 17-10 陆源斜坡、海底扇和盆地平原沉积体系的垂向序列图（据 Mutti 和 Ricci-Lucchi，1972）

第十八章　碳酸盐岩沉积体系

> 碳酸盐岩（carbonate rock）是指主要由沉积的碳酸盐矿物（方解石、白云石等）组成的沉积岩，主要的岩石类型为石灰岩（方解石含量大于 50%）和白云岩（白云石含量大于 50%），它们经常与陆源碎屑组成各种过渡类型的岩石。碳酸盐岩中蕴藏着丰富的油气资源以及金属和非金属矿产，也可以形成具有工业价值的煤层，例如我国桂中晚二叠世合山组煤系地层。

第一节　碳酸盐岩矿物

碳酸盐沉积物是在沉积环境中生成的，现代沉积考察认为生物可以分泌碳酸盐，它们可以被看作是沉积物的主要产生者（表 18-1）。

现代碳酸盐沉积物中主要矿物为文石（斜方晶系）、低镁方解石及高镁方解石（三方晶系）和少量白云石。

文石的镁含量极低（< 5 000mg/L），锶含量可达 1 000mg/L，主要分布于温暖地区的浅海灰泥沉积物及碳酸盐颗粒（如鲕粒、球粒及团块等）之中，部分出现在海滩岩、生物礁及浅海碳酸盐颗粒沉积物的胶结物中。文石也是六射珊瑚和某些软体动物介壳的典型矿物成分。

低镁方解石含有不到 4%mol 的 $MgCO_3$，为深海有孔虫及深海碳酸盐沉积物的特征矿物，在温暖的浅海地区不是主要的沉积矿物。

高镁方解石含有大于 4%mol 的 $MgCO_3$，但一般含量变化在 11%～19% 之间。高镁方解石大都发现于温暖浅海的钙质红藻和许多无脊椎动物的外部骨骼中，在某些海滩岩中也可发现作为胶结物存在。

由于文石、高镁方解石是准稳定矿物，随着沉积物被埋藏及成岩变化，或遇淡水作用，文石可转变为方解石；而高镁方解石在析出所含的镁离子后，也转变为方解石。低镁方解石属稳定矿物，一般不发生成分变化，因而在地质历史时期中石灰岩的主要碳酸盐矿物都是方解石。

白云石与方解石和文石可以通过下列方法区别：一是在稀盐酸下反应较弱（只有刻划下来的粉末有反应），二是它们一般趋于形成 1～2mm 大小的半自形—自形的菱形体（极细晶体的菱形习性只有在显微镜下鉴定时才能看出来，较大的晶体一般为他形晶）。另外，白云石在薄片下几乎没有双晶（方解石普遍具有）和显示出波状消光（而方解石几乎没有）。进一步了解区别白云石和其他碳酸盐矿物的染色方法或更精密的实验室分析（诸如：X射线衍射和差热分析等）通常也是必要的。

表18-1 能产生和固结碳酸盐的现代生物及其相对应的生物化石和沉积特征
（据詹姆斯,1992）

现代生物	相对应的生物化石	沉积特征
珊瑚	古杯动物、珊瑚、层孔虫、苔藓动物、厚壳蛤类、水螅类	常在原地大量堆积,形成礁体
瓣鳃类	瓣鳃类、腕足类、头足类、三叶虫和其他节肢动物	整体或分成几片,形成砂粒和砾石大小的颗粒
腹足类、底栖有孔虫	腹足类、砂壳纤毛虫、竹节石、Salterellids、底栖有孔虫、腕足类	整体坚硬部分,形成砂粒和砾石大小的颗粒
Codiacean 科藻类——*Halimeda* 属、海绵	海百合类及其他有柄亚门、海绵	死后自行解体,形成许多砂粒大小的颗粒
浮游有孔虫	浮游有孔虫、颗石藻（侏罗纪以后）	在盆地沉积物中形成中等大小的或更小的颗粒
包壳有孔虫和珊瑚藻	珊瑚藻、假叶藻、Renalcids、包壳有孔虫	在坚硬的附着体上或附着体内结成壳层,形成很厚的沉积,或在死后形成钙质砂粒
Codiacean 科藻类——*Penicillus* 属	Codiacean 科藻类——似 *Penicillus* 属	死后自行解体,形成钙质软泥
蓝绿藻	蓝绿藻（特别是奥陶纪以前）	能捕捉和固结细粒沉积物,形成席状岩石和叠层石

第二节 碳酸盐岩分类

碳酸盐岩首先可按成分划分为石灰岩（limestone）及白云岩（dolostone）两种基本类型。

一、石灰岩分类

1. 成分分类

石灰岩有众多的分类系统,但最常用的是 Folk（1959）的成分分类系统。其依据是石灰岩中泥晶、亮晶和异化颗粒等主要成分的存在和含量。

（1）泥晶。泥晶（灰泥）由小于 4μm 的方解石（最初很可能是文石）微晶组成。它通常是在沉积环境中形成,并构成各种粒级颗粒的基质。在薄片中,泥晶呈暗色的"背景"。泥晶被认为是在各种富集碳酸盐的环境中都会形成的矿物,不能反应水流的簸选作用。泥晶通过碳酸盐碎屑的磨蚀、动植物骨骼的解离、无机沉淀作用和成岩重结晶作用形成。

（2）亮晶。亮晶（spar）是由晶质碳酸盐胶结物组成的、粒度大于 10～15μm 的明亮晶体,通常是在沉积物沉积之后从过饱和的粒间孔隙水中析出,成为孔洞填充物。不过它也可以由泥晶或其他碳酸盐颗粒通过成岩或变质重结晶作用形成。

（3）异化颗粒。异化颗粒（allochem）是一种分散颗粒,在其生成环境内通常经历过局部搬运。它们有化石碎屑、团粒、鲕粒和内碎屑四种基本类型。①化石碎屑是一种生物或骨骼的组分,其大小和形状不定。②团粒(pellct)是一种呈卵形或球形的圆颗粒均质泥晶,直径可达 0.2mm。所以,即使是在薄片中要辨认它们也是困难的。在新生代岩石中球粒少见,主要是无脊椎动物的粪便排泄物。③鲕粒(ooid)是一种直径可达 2mm 的球形颗粒,有同心状或放射状构造,其核为别的异化颗粒或碎屑颗粒。鲕粒一般形成于高能环境(诸如潮沟)和温水环境($CaCO_3$ 过饱和)。然而,表皮鲕和豆鲕有其特殊性。表皮鲕仅在核外有 1~2 层同心状包壳。豆状与鲕粒相似,但大于 2mm。这两种颗粒类型皆是在不同于真鲕粒的条件下形成的。④内碎屑(intraclast)是一种不规则的、圆状或棱角状颗粒,其大小自 0.2mm 直至巨砾,由一个或多个异化颗粒(或碎屑颗粒)组成,通常嵌在泥晶中,或者由均匀的泥晶组成。它们代表了附近的海底沉积物尚处于部分固结时,受猝发的高能作用击碎而成的沉积碎屑。内碎屑必须与岩屑区分开来,后者来自完全固结的岩石。由具亮晶胶结的异化颗粒组成的碎屑也算作岩屑,因为其源区沉积物是固结的,但局部海底的胶结作用可以是同生沉积的,因此,在 Folk 的定义中,某些这样的碎屑其实是真正的内碎屑。

假若异化颗粒在组成岩石中占 10% 以上,则属于异化颗粒岩石,并且视哪一种颗粒为主,在泥晶灰岩或亮晶灰岩(或微亮晶灰岩)前饰以生物的、团粒状的、鲕状的或内碎屑的等形容词。如果有几种异化颗粒存在,则可以按含量加几个前缀,例如生物团粒亮晶灰岩。

如果岩石中化石碎屑的类型极为常见,达到了可以辨认的程度,则在岩石类型前冠以该化石的名称,例如腕足类亮晶灰岩、厚层藻生物亮晶灰岩等。

石灰岩成分分类体系见表 18-2。

表 18-2 碳酸盐岩的分类(据 Folk,1959)

				石灰岩、部分白云岩化石灰岩和原生白云岩				未受搅动的生物灰岩	交代白云岩
				异化颗粒>10%		异化颗粒<10%微晶质岩石			
				亮晶质胶结物>微晶质软泥	微晶质软泥基质>亮晶胶结物	异化颗粒1%~10%	异化颗粒<1%		粗、中、细或极细的晶质白云岩(如果有异化颗粒的"影子"可见,则把它们的类型加在白云岩之前,如细晶含化石白云岩)
异化颗粒组分的体积	内碎屑<25%	内碎屑>25%		内碎屑亮晶灰岩	内碎屑泥晶灰岩	含内碎屑泥晶灰岩	根据最多的异化颗粒	泥晶灰岩或泥晶白云岩	生物灰岩礁灰岩	
		鲕粒>25%		鲕粒亮晶灰岩	鲕粒泥晶灰岩	含鲕粒泥晶灰岩				
		鲕粒<25%	化石与团粒体积上的比率 >3:1	生物亮晶灰岩	生物泥晶灰岩	含化石泥晶灰岩				
			3:1~1:3	生物团粒亮晶灰岩	生物团粒泥晶灰岩	含团粒泥晶灰岩				
			1:3	团粒亮晶灰岩	团粒泥晶灰岩					

2. 结构分类

石灰岩结构分类最具影响的是福克的分类和邓哈姆的分类。

（1）福克的分类。福克（Folk，1959，1962）的石灰岩分类基本上是一个三端元的分类。这三个端元是：①异化颗粒，相对于颗粒；②微晶方解石泥或简称为微晶，相当于灰泥或泥晶；③亮晶方解石胶结物或简称为亮晶。

福克以这三个主要结构组分当作三角形图解的三个端点，把石灰岩划分为三个主要的类型，即Ⅰ. 亮晶异化石灰岩；Ⅱ. 微晶异化石灰岩；Ⅲ. 微晶石灰岩，如图 18-1 所示。

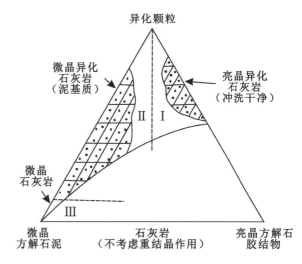

图 18-1　石灰岩的结构分类（Ⅰ）（据福克，1962）

福克把亮晶异化石灰岩和微晶异化石灰岩称为异化化学岩，把微晶石灰岩称为正常化学岩。

此外，还有生物格架所形成的礁石灰岩，福克把它称为生物岩。这是福克分类中的第Ⅳ类石灰岩。

在这四种主要石灰岩类型的基础上，福克又根据异化颗粒的类型及其他特征，把石灰岩细分为 11 种类型，如表 18-3 所示。

表 18-3　石灰岩的结构分类（Ⅱ）（据福克，1962）

	异常化学岩石		正常化学岩
	Ⅰ 亮晶方解石胶结物	Ⅱ 微晶方解石基质	Ⅲ 微晶方解石 无异化颗粒
内碎屑	内碎屑亮晶石灰岩	内碎屑微晶石灰岩	微晶石灰岩
鲕粒	鲕粒亮晶石灰岩	鲕粒微晶石灰岩	扰动微晶石灰岩
化石	生物亮晶石灰岩	生物微晶石灰岩	原地礁石 Ⅳ 生物岩
球粒	球粒亮晶石灰岩	球粒微晶石灰岩	

亮晶方解石
微晶方解石

福克还根据异化颗粒、微晶方解石泥、亮晶方解石胶结物在岩石中的相对百分含量,尤其是微晶方解石泥及亮晶方解石胶结物的相对含量,仿照碎屑岩的结构成熟度的概念,提出了石灰岩的结构成熟度的概念,如表18-4所示。

表18-4 石灰岩的结构成熟度图示(据福克,1962)

异化颗粒%	灰泥基质>2/3				灰泥=亮晶	亮晶胶结物>2/3		
	0~1%	1%~10%	10%~50%	>50%		分选差	分选好	磨圆及磨蚀
岩石名称举例	微晶石灰岩及扰动微晶石灰岩	含化石的微晶石灰岩	稀少的生物微晶石灰岩	密集的生物微晶石灰岩	冲洗差的生物微晶石灰岩	未分选的生物微晶石灰岩	分选的生物微晶石灰岩	磨圆的生物微晶石灰岩
图示								
1959年命名	微晶石灰岩及扰动微晶石灰岩	含化石的微晶石灰岩	生物微晶石灰岩			生物亮晶石灰岩		
类似的陆源岩石	粘土岩		砂质粘土岩	粘土质或不成熟砂岩		次成熟砂岩	成熟砂岩	极成熟砂岩

福克分类的核心是把碎屑岩的结构观点系统地引进到碳酸盐岩中来。他首先提出异化颗粒和异常化学岩的观点,从此打破了石灰岩为"化学岩"的概念。异常化学岩也和碎屑岩一样,由颗粒(异化颗粒)、充填物(微晶方解石泥)和胶结物(亮晶方解石胶结物)组成。它除了是化学沉淀成因以外,同时还受水动力学条件的控制。所谓"异常",就在这里。

(2)邓哈姆的分类。邓哈姆(Dunham,1962)的分类在欧美最具影响(表18-5)。

表18-5 碳酸盐岩的结构分类(据邓哈姆,1962)

沉积时原始成分中无生物胶结作用				原始组分被胶结在一起	不可识别的沉积结构	原始组分未被有机质粘结		当沉积时原始成分中有生物粘结作用		
含泥晶			无泥晶		结晶碳酸盐石	>2mm的颗粒>10%		生物起障碍作用	生物起捕集和粘结作用	生物建造坚固的格架
泥支撑		颗粒支撑				基质支撑	颗粒支撑>2mm			
颗粒少于10%	颗粒多于10%									
泥岩	颗粒质泥岩	泥质颗粒岩	颗粒岩	粘结岩	结晶岩	漂浮岩	灰砾岩	障积岩	粘结岩	格架岩

邓哈姆的分类,对于颗粒—灰泥石灰岩来说,是两端元组分的分类。这两个端元是颗粒和泥(相当于灰泥或微晶方解石泥)。邓哈姆根据颗粒和泥的相对含量,把常见的颗粒—灰

泥石灰岩分为四类,即颗粒岩、泥质颗粒岩(泥粒岩)、颗粒质泥岩(粒泥岩)和泥岩。

颗粒岩是高能环境的产物,泥岩是低能环境的产物,颗粒质泥岩和泥质颗粒岩介于两者之间。此外,邓哈姆还分出两类特殊的石灰岩类型,即粘结岩(boundstone)和结晶碳酸盐岩。

邓哈姆的分类简明扼要,有高度的概括性。他的颗粒岩、泥质颗粒岩、颗粒质泥岩、泥岩,与福克的亮晶异化石灰岩、微晶异化石灰岩、微晶石灰岩,从形式上看互不相同,实质上是一致的。邓哈姆的粘结岩与福克的生物岩或礁石灰岩相当。另外,邓哈姆增加了一类结晶碳酸盐岩也非常恰当。这样,邓哈姆分类的三分性(即把石灰岩以致整个碳酸盐岩划分为颗粒—泥岩、粘结岩、结晶岩三类)就十分明显了。

除了福克和邓哈姆的分类外,曾允孚等(1980)和冯增昭等(1993)也提出了在国内有一定影响力的分类方案。

二、白云岩分类

1. 结构分类

白云岩是主要由白云石组成的沉积碳酸盐岩。在白云岩的结构分类中,应强调以下三点:①石灰岩的结构分类系统和命名原则基本上也适用于白云岩。因为白云岩也主要是由颗粒、泥、胶结物、生物格架以及晶粒等五种结构组分组成的。所不同者,仅是成分。因此,只要把石灰岩结构分类表中的"石灰岩"改为"白云岩","灰泥"改作"云泥",则石灰岩的结构分类命名原则就能适用于白云岩。②在白云岩中,晶粒结构发育,除泥晶结构外,粉晶、细晶、中晶以至粗晶结构都相当常见。晶粒较粗的,晶形常较好且多呈自形或半自形晶,其集合体常呈砂糖状。③在白云岩中,交代结构发育,如晶粒较粗的白云石菱形体交代各种颗粒及化石等。晶形较好的白云石菱形体,常具有环带或污浊核心等,亦是交代残余现象;部分有白云石化石灰岩中的云斑,以及白云岩中的石灰岩残余体等,亦是交代作用所致。另外,与交代结构相伴生的,还常有一些交代构造现象,如在部分白云化的石灰岩中,白云岩菱形体常沿缝合线或裂隙发育;沿岩层走向追索,常见白云岩与石灰岩的界线突然变化,有时这一界线还常切穿层理等。根据交代结构及与其伴生的其他交代现象的有无,可把白云岩划分为具有交代结构的白云岩(包括含白云石的石灰岩)和不具交代结构的白云岩。

2. 成因分类

根据白云岩的生成机理,首先把白云岩划分为原生白云岩和次生白云岩两大类。原生白云岩是指由以化学沉淀方式从水体中直接沉淀出的白云石所组成的白云岩。次生白云岩是指一切非原生沉淀作用生成的白云岩,即由交代作用或白云化作用生成的白云岩。次生白云岩还可根据成因类型再分为同生白云岩、准同生白云岩、成岩白云岩和后生白云岩。

第三节 碳酸盐岩沉积体系

随着对现代碳酸盐沉积环境研究的不断深入,人们发现碳酸盐沉积受生物、气候、水文和自然地理等多种条件影响,沉积作用十分复杂。所以,目前人们对碳酸盐岩沉积环境的划分也各有特色,难以统一。但是,从沉积体系分析的角度看,碳酸盐岩体系内部构成单元不外乎由潮坪、局限陆棚(泻湖或海湾)、台缘浅滩、陆棚、生物礁、礁前斜坡、盆地边缘和远洋碳酸盐沉积等成因相构成,一些经典的碳酸盐沉积相模式也广为人们所接受。

一、沉积体系内部构成单元

1. 潮坪

潮坪(tidal flat)是指具有明显周期性潮汐活动,但无强波浪作用的平缓倾斜的海岸地区。在缺乏陆源碎屑物输入和波浪被阻止的碳酸盐台地海岸带,潮汐作用为主,形成潮坪碳酸盐沉积(图18-2)。

碳酸盐岩潮坪环境实际上也是一个综合沉积体系,可分为潮上带、潮间带和潮下带。暴露构造是潮坪环境的重要鉴定标志。从潮上带到潮下带碳酸盐沉积物中暴露构造逐渐减少。在此环境中,藻类及其粘结作用十分发育,形成于一个广布于潮坪的藻席带,这也是鉴定碳酸盐岩潮坪环境的重要标志。

碳酸盐岩潮坪与陆源碎屑岩潮坪有重要的区别,它的形成不像后

图18-2 巴哈马现代碳酸盐潮坪环境
注:潮道的平面特征(a)及其沉积序列(b)。

者一样一定要发育在障壁岛或海滩之后。碳酸盐岩潮坪,有时完全与藻席广泛发育有关,因为藻席的广泛发育同样能起到阻挡外海波浪的作用,使大部分碳酸盐台地免受海浪作用干扰,而成为一个以潮汐作用为主的碳酸盐沉积环境。

(1)潮上带。属于正常平均高潮线以上、大多数时间暴露于海平面之上,只有在大潮或者风暴潮期间才会被海水淹没的地区。

形成的层理大都厚 2~3mm,有时可达 2~3cm,纹层由风暴潮形成,往往与富有机质黑色藻席纹层交互而成。特有的沉积标志有泥裂、层纹、藻类沉积构造、鸟眼构造、窗格构造、帐篷构造、内碎屑等(图18-3)。

(2)潮间带。位于平均高潮线和平均低潮线之间,每天暴露 1~2 次,潮汐流往复作用明显。生物扰动,如昆虫、蠕虫的居住构造、蟹和其他甲壳动物的活动等导致沉积均一化(图18-4),纹层不发育,发育潮道沉积,鸟眼构造限于潮间带上部。

潮间带和潮上带依气候条件分为潮湿型和干燥型两种。

潮湿型的潮上带以碎屑岩–碳酸盐沉积韵律为特点;潮湿型的潮间带通常有两种类型的沉积体,一种是潮坪灰泥质沉积或扁平砾石类沉积,最突出的是发育大量藻叠层石。另一种则是潮道沉积,由于潮湿、降水量大,故潮道发育。

图 18-3 潮上带特有的沉积特征
a. 泥裂；b. 叠层石；c. 鸟眼构造；d. 层纹和内碎屑

干燥型的潮上带以蒸发岩－碳酸盐岩沉积韵律为特点；由于蒸发作用强烈，干燥型潮间带具有"萨布哈"沉积特点，白云岩、纹层状白云岩发育，有时可形成蒸发岩（石膏、硬石膏及盐岩）。

（3）潮下带。位于向海一侧的高能带与潮间带之间，平均低潮线以下，或者潮道内部，几乎很少出露水面。水流循环不畅，在干燥气候条件下更易咸化。以白云岩、球粒状泥晶灰岩沉积为主，鸟眼构造不发育，向外海方向渐变为鲕粒滩、生物礁或者"碳酸盐缓坡"。

图 18-4 潮间带的生物扰动构造（波斯湾）

2. 局限陆棚

所谓局限陆棚是指地理上或水动力上受到限制的一种潮下浅水低能的碳酸盐沉积环境（Scholle，1983）。从地貌角度看，它可以包括海湾、礁后潟湖、台地边缘鲕粒滩、骨屑滩和障壁岛之后的潟湖。

沉积物以灰泥为主，生物群分异度低，生物扰动发育，非骨屑颗粒（球粒、核形石）发育，普遍可见藻团块（即葡萄石）（图 18-5a）。在极端情况下，发育纹层或者蒸发岩。常见的生屑有有孔虫、介形虫、腹足类和双壳类。生屑分选磨圆差，机械磨蚀、改造弱；颗粒泥晶化，藻钻孔常见，包壳等慢速沉积标志常见（图 18-5b）。

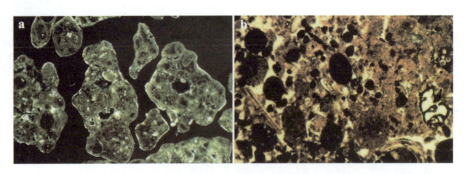

图 18-5　巴哈马局限陆棚碳酸盐沉积的显微结构（据 Illing，1981）
a. 葡萄石（浅水条件慢速沉积，球粒互相粘结）；b. 含大量球粒（泥晶化生物碎屑）

3. 陆棚

这里的陆棚（continental shelf）是指朝海岸方向与近滨或大陆相邻，朝滨外方向与斜坡和盆地相邻的一个浅水碳酸盐沉积环境。

陆棚沉积具有以下特征：

①具有正常海相生物群组合（图 18-6）。②沉积物通常由粒泥灰岩和泥粒灰岩组合组成。由于斑礁和碳酸盐浅滩时有发育，因而局部可见粘结灰岩和生物碎屑灰岩

图 18-6　发育大量浅海底栖和浮游生物的陆棚碳酸盐沉积

（图 18-7）。③通常有具透镜状或楔状形态的、层厚不等的岩层，薄层页岩层可以中断陆棚碳酸盐相层序。④广泛的生物扰动构造、潜穴、结核状和脉状层是陆棚沉积构造中的典型特征。

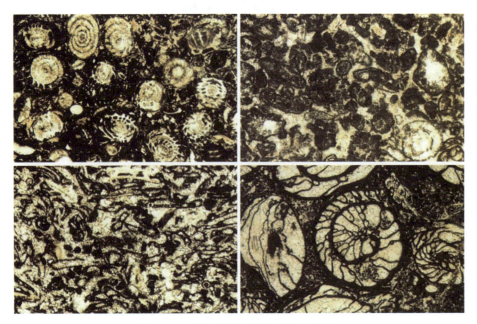

图 18-7　常见的浅海陆棚环境生物组合

4. 台地边缘浅滩

台地边缘浅滩是台地向外海扩展的重要组成部分。岩石类型以色浅的亮晶颗粒灰岩为主，常见鲕粒灰岩（图18-8）及其他包粒灰岩，有时为磨圆的生物碎屑灰岩。沉积构造主要是各种规模的交错层理（如槽状、羽状等），也有板状交错层理，底冲刷面和波痕也较为常见。陆源碎屑一般仅见很少的石英砂。台地边缘浅滩很少有原地生物。

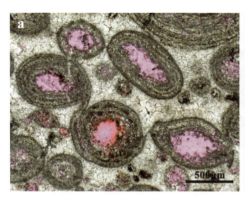

图18-8　四川江油二郎庙鱼洞子剖面鲕粒滩岩性特征（据荣辉等，2010）
a. 鲕粒个体较小、核心遭受溶蚀的鲕粒灰岩，单偏光，×5；b. 分选磨圆相对较好的鲕粒灰岩，单偏光，×1

5. 生物礁

生物礁（reef）是指由造礁生物原地生长建立起来的水下隆起，沉积厚度比相邻地区大，具有完整的生物骨架，形成深度一般从海水表面到水深200m以内，有些地区可延伸到深达500m。现代生物礁主要是珊瑚礁。

礁灰岩可划分为原地礁灰岩和异地礁灰岩。原地礁灰岩有三种类型：障积岩、粘结岩和骨架岩。异地礁灰岩是生物骨架被破碎、搬运再堆积形成的，主要堆积于礁的翼部，实际上是礁核的塌积物。因此，异地礁灰岩也被称之为生物碎屑滩。

无论任何类型的礁，都可按其在平面上的形态分为线状和点状两类。前者，又可分为礁前、礁坪及礁后三个部分（图18-9）：礁前是一个陡坡，造礁生物在其上部造礁，并出现生态分带，为生物礁生长和原地堆积作用最活跃的部位；礁坪上的水深不超过2m，沉积物主要来自前方被波浪打碎的礁屑，但可含有丰富的原地固着生长的造礁生物；礁后区沉积物由来自附近礁坪更细的礁屑组成，向岸方向进入泻湖。对于点状礁体也同样可以明显地划分出礁核、礁翼和礁间三个部分：礁核为块状的、非层状的，通常是结核状和扁豆状碳酸盐岩块体，由

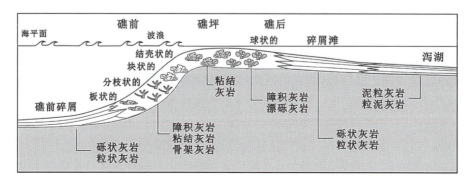

图18-9　线状礁的理想横剖面（据Nichols，2009）

原始礁灰岩组成；礁翼（侧）为由来自礁核的物质组成的层状灰质砾岩和灰质砂,自礁核向四周以指状交互尖灭；礁间与礁的形成无关,实际上是背景沉积物,为正常浅水的潮下灰岩和页岩,或者是细粒的碎屑沉积物。线状胶体多出现在陆棚（或台地）边缘,如堡礁。点状礁多见于较低能的环境,如在陆棚内（或开阔台地内）发育的斑礁。

焦养泉等（2011）通过露头研究剖析了以生物礁为特色的各种成因相空间配置模式,并将其命名为台缘生物礁-生屑滩沉积体系。该体系由生物礁、生物滩和台缘背景沉积三种成因相组合构成。其中,生物礁由礁基和礁核组成,生屑滩产出于生物礁周围,礁前滩由内侧砾质滩、内侧砂质滩和外侧砂质滩构成,礁后滩由内侧砂质滩和外侧砂质滩构成,其间还穿插有潮汐水道,背景沉积物则为台地浅海沉积（图18-10）。由于受到频繁的海平面变化的影响,在三级层序的海侵体系域中出现了退积型的台缘生物礁-生屑滩沉积体系,而在高位体系域中则通常发育前积型台缘生物礁-生屑滩沉积体系（图18-11）。

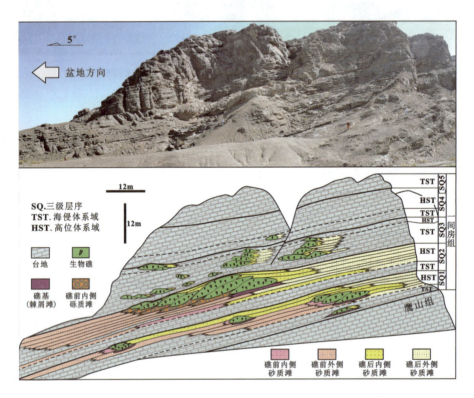

图18-10 塔里木盆地西缘中奥陶统一间房组台地边缘生物礁-生屑滩沉积体系露头剖面沉积写实
（据焦养泉等,2011；李思田和焦养泉,2014）

6.礁前斜坡

礁前斜坡是指镶边陆棚礁、孤立碳酸盐台地边缘礁或环礁的向海一侧的斜坡,其坡度不等,一般大于30°（图18-12）。由重力流带来的浅水碳酸盐碎屑是礁前斜坡的主要沉积物,也有来自浮游生物、相邻碳酸盐台地和重力流派生出的细碎屑。所有塌积碎块、塌积堆积物、碎屑流、浊流与悬浮沉积物共存,是礁前斜坡沉积物的主要特征。

礁前斜坡环境最主要的标志是含有礁灰岩岩块的沉积角砾楔状体。在塔里木盆地西缘,还能见到典型的与礁前斜坡共生的斜坡扇体系,其中扇面水道、砾质与砂质扇体、滑塌体是台

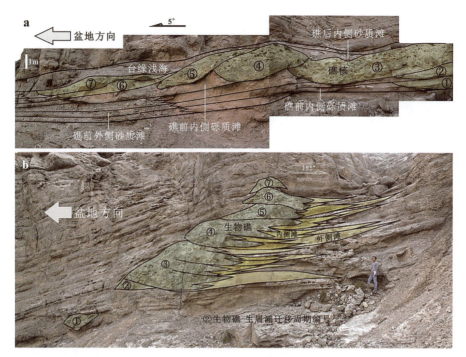

图 18-11 塔里木盆地西缘中奥陶统一间房组进积型（a）和退积型（b）台地边缘生物礁－生屑滩沉积体系
（据焦养泉等，2011）

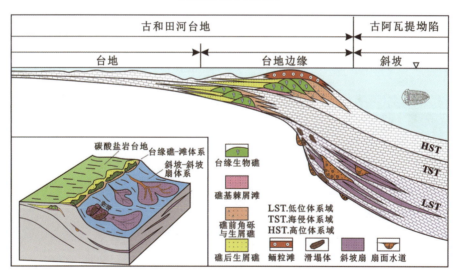

图 18-12 塔里木盆地西缘中奥陶世碳酸盐岩台缘沉积体系构成模式图
（据焦养泉等，2011）

缘斜坡－斜坡扇沉积体系主要的组成部分（图 18-13）。

7. 盆地边缘

盆地边缘是指陆棚与深海盆地之间的陆坡地带，作为一种碳酸盐斜坡环境，主要是指迅速产生碳酸钙沉积的浅海与缓慢沉积远洋灰泥的深海之间的斜坡地带。

盆地边缘环境主要由两类沉积物组成：未被破坏的远洋与半远洋沉积物和块状搬运的重力流沉积物。换言之，在斜坡环境中，短期的由重力流引起的崩塌作用与长期比较宁静的远洋沉积相互交替出现。

图18-13　塔里木盆地西缘良里塔格组台缘斜坡扇沉积体系（据焦养泉等，2011）

a和b. 近端砾质扇面水道，能量高，分选差；c. 远端砂质斜坡扇；d. 砂质斜坡扇底部的较粗粒砂屑灰岩，单偏光；e. 砂质斜坡扇上部的较细粒砂屑灰岩，单偏光；f. 产出于斜坡中的滑塌体及其伴生的小型扇体；g. 滑塌岩块中的造礁生物；h. 具有重力流特色的伴生砾质小型扇体；i. 滑塌岩块左侧伴生的前积结构清晰的砂质小型扇体

8. 远洋碳酸盐沉积

远洋碳酸盐沉积是开阔海中由垂直沉降作用形成的碳酸盐沉积物。它主要来源于栖息在上覆水层中微体—超微体浮游生物骨骼物质。现代远洋碳酸盐主要由翼足类（文石质）、颗石藻和有孔虫（低镁方解石质）组成，分布在外陆棚、陆坡及陆源粘土补偿不足的海底，以及覆盖在海底隆起、沉没的礁、海山及海岭之上。所以，远洋碳酸盐不是一个表示沉积作用或

沉积物的术语,而是一个环境术语。

二、碳酸盐岩沉积相模式

20世纪80年代后,人们摆脱了以往静态碳酸盐沉积模式的束缚,开始了动态碳酸盐沉积模式的研究,强调碳酸盐缓坡(ramp)沉积相模式的重要性(Read,1982,1985;Tucker,1985;Carozzi,1989),并把碳酸盐沉积相模式直接与成岩环境、矿产和油气资源勘探联系起来。

1. Wilson模式

Wilson(1969,1975)综合了许多古代及现代碳酸盐岩沉积模式,按照潮汐、波浪、氧化界面、盐度、水深及水循环等控制因素,建立了碳酸盐沉积相模式,划分出九个标准相带:盆地相、广海陆棚相、深陆棚边缘相、台地前缘斜坡相、台地边缘生物礁相、台地边缘浅滩相、开阔台地相、局限台地相和台地蒸发岩相(图18-14)。

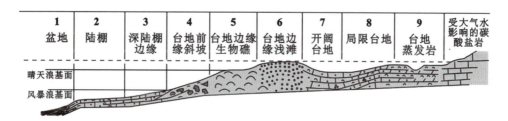

图18-14 Wilson(1975)的碳酸盐岩沉积模式

2. Tucker的模式

Tucker(1981)认为,一个典型而完整的碳酸盐沉积相模式应具如下特征:在近岸潮间-潮上区,以碳酸盐泥坪为主,如果处在干燥气候带,向陆方向过渡为萨布哈及盐沼;在浅水到深水陆棚区,为碳酸盐颗粒及灰泥沉积,其中陆棚上或沿陆棚边缘发育的高能浅水区是鲕粒等颗粒生成的场所,由鲕粒和骨骼堆积形成沙坝或浅滩。沿着沙堤岸线,在沟通潟湖与开阔陆棚的主要潮汐通道口上,可以发育碳酸盐潮汐三角洲,也是鲕粒生成场所;沿着陆棚边缘,礁等碳酸盐岩隆发育,可形成障壁地形,导致礁后陆棚静水潟湖的形成,海水循环受到限制。在陆棚或开放潟湖内,常形成小的斑礁;沿陆棚边缘,来自礁及滩的碳酸盐碎屑可以通过碎屑流及浊流被搬运到邻近的盆地。在很少陆源物注入盆地时,则可有异地搬运的远海碳酸盐沉积作用发生(图18-15)。

Tucker模式的主要特点是,将碳酸盐沉积作用与七个主要环境联系起来划分成潮上-潮间坪、潟湖及局限海湾、潮间-潮下浅滩区、开阔陆棚及台地(由浅水至深水)、礁及碳酸盐岩隆、前缘斜坡和盆地七个相带,其中盆地包括其他欠补偿的远海碳酸盐沉积区和碳酸盐浊积盆地。Tucker又将前五种环境划归碳酸盐台地-陆表海,将后两种划归盆地较深水斜坡区(图18-15)。

该模式与Wilson模式相比较,不同点在于Tucker模式中将盆地与陆棚放在一起,台地边缘生物礁与浅滩合并。在碳酸盐台地中,则将潟湖(局限台地)与潮坪分开,开阔台地内又分出浅滩和静水碳酸盐岩泥,局部见点礁及泥丘。相对Wilson模式,Tucker模式更切合陆表海碳酸盐沉积作用。

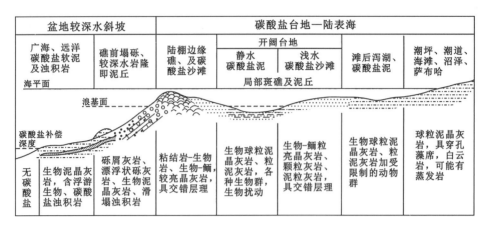

图 18-15　主要碳酸盐沉积物的沉积环境及其相特征（据 Tucker，1989）

3. Read 模式

在总结归纳已有海相碳酸盐沉积模式的基础上，Read（1989）提出了碳酸盐缓坡和碳酸盐台地模式。

（1）碳酸盐缓坡模式。在如图 18-16 所示的碳酸盐缓坡模式中，Read 又将缓坡进一步划分为等斜和远端变陡的两种类型。

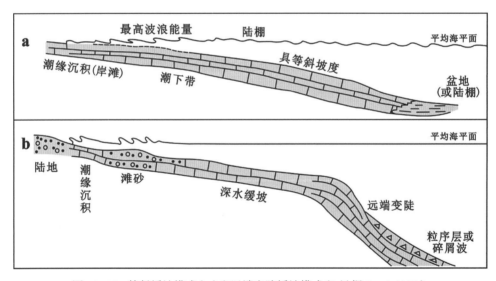

图 18-16　等斜缓坡模式（a）和远端变陡缓坡模式（b）（据 Read，1989）

等斜缓坡是指具有比较均一和平缓的、从岸线逐渐进入盆地的缓慢倾斜的斜坡，与较深水的低能环境之间无明显的坡折，波浪搅动带位于近岸处（图 18-16a）。由岸向海划分为四个相带：①潮坪和泻湖相；②浅滩或鲕粒（团粒）沙滩的浅水组合；③较深水缓坡粒泥灰岩（颗粒质灰泥石灰岩）或灰泥灰岩，含各种完整的广海生物群化石、结核状层理、向上变细的风暴层序和生物潜穴，斜坡下部也可具海底胶结的碳酸盐建隆；④斜坡和盆地的泥灰岩和具页岩夹层的泥灰岩，重力流成因的角砾岩和浊积岩十分少见。现代实例包括波斯湾和沙克湾。

远端变陡的缓坡在近岸处具有类似等斜缓坡的特征，而在远岸较深水处由加积和滑塌作用可形成较明显的坡折，并以具有某些台地的性质为显著特征（图 18-16b）。然而，远端变陡的缓坡不同于下述的镶边台地或孤立台地，后两者的坡折带与陆棚边缘高能带重合，而前者高能带则位于近岸处,不仅坡折带不与高能带重合,而且为处于水下较深处的低能带。远端变陡缓坡的沉积相划分与等斜缓坡类似,一般也分为四个相带,前三个相带沉积特征与等斜缓坡一致,在斜坡和盆地边缘相带的沉积物类型则不同于等斜缓坡,岩层内夹有斜坡相碎屑的砾屑灰岩,浅水相的碎屑罕见。砾屑灰岩呈楔状或席状,同时还有一些互层状的浊流和等深流成因的异地颗粒灰岩。这些特征均反映了进入斜坡的坡度较陡(图18-17)。古代实例为Cook等(1981)描述过的美国西部上寒武统—下奥陶统的沉积层序,现代实例为犹长坦半岛。

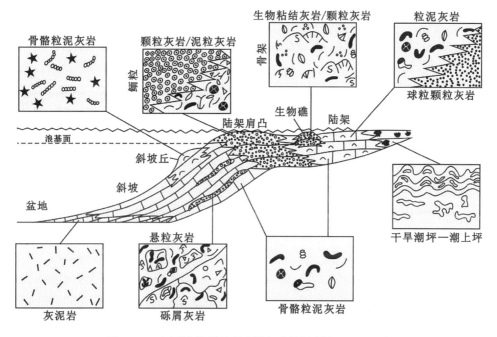

图 18-17　远端变陡缓坡的岩性组合特征(据Sarg,1988)

(2)碳酸盐台地相模式。碳酸盐台地这个术语尽管在国内外得到广泛地应用,但不同学者对它的认识不完全一致。1989年,Read给出了碳酸盐台地的概念,主要指具有水平的顶和陡峻的陆棚边缘的碳酸盐沉积海域,在这个边缘上具有"高能量"沉积物,而不管该海域是否与陆地毗连和海域的延伸范围。根据碳酸盐台地的定义,Read在1985年所建立的镶边陆棚和孤立台地(包括海洋环礁)都属于碳酸盐台地相模式中的类型。如果不考虑是否与陆地毗连,孤立台地(海洋环礁)也可视作镶边的陆棚。图18-18为Tucker和Wright(1990)提出的碳酸盐岩台地分类和概念模式。

镶边的碳酸盐陆棚是一种典型的浅水台地,其特征是它的外部扰动边缘是以坡度明显增加而进入深水盆地,并以此与碳酸盐缓坡模式相区别(图18-18),沿陆棚边缘有连续到半连续的镶边或障壁礁或滩限制着海水循环和波浪作用,向陆一侧则形成局限的陆棚或低能潟湖(Ginsburg和James,1974)。全新世镶边陆棚的实例有澳大利亚大堡礁(Maxwell,1968)、伯利兹陆棚、南佛罗里达陆棚(Enos和Penkins,1977)和昆士兰淹没陆棚。Read根据地形特征、沉积物类型及其分布和水动力条件等,以岸礁或缓坡的加积建隆为背景,将镶边陆棚模式又进一步划分成加积边缘型、沟槽型和侵蚀边缘型三种镶边陆棚类型和演化序列,Tucker和Wright(1990)用图18-19表现了这些模式。

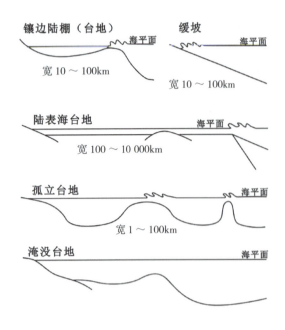

图 18-18　碳酸盐台地的分类和概念模式
（据 Tucker 和 Wright，1990）

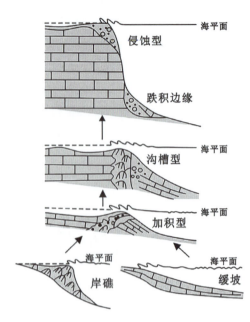

图 18-19　镶边陆棚的类型及演化序列
（据 Tucker 和 Wright，1990）

孤立台地和海洋环礁的四周都被深达数百米至数千米的海水所包围，其边缘及内部的沉积特征和相带划分与前述的镶边陆棚较为类似，都具有堆积塌积物为主的边缘陡崖（60°或更大）和发育于台地边缘坡折带上的高能带（图 18-20），以沉积生物礁或鲕粒滩为主。区别是，孤立台地边缘可以迎风也可以背风，并围绕台地呈环状分布。如巴哈马台地即属于一种典型的孤立台地，它发育在由于断裂所引起的迅速下沉的地垒上，其基底可能是陆壳或过渡壳。海洋环礁属于孤立台地的特殊类型，常发育在隆起的大洋火山上，周缘水深可达近千米至数千米（图 18-21）。我国南沙群岛中的永兴岛是属于此类型的现代实例。

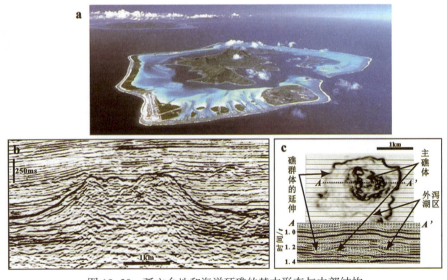

图 18-20　孤立台地和海洋环礁的基本形态与内部结构
a. 孤立台地典型照片；b. 菲律宾外地区中新统"宝塔"形孤立碳酸盐岩台地（据 Emery 和 Myers，1996）；c. 过艾伯塔塔礁区三维地震资料（相干体时间切片，t=1.200s）（据 Catuneanu，2002 修改）

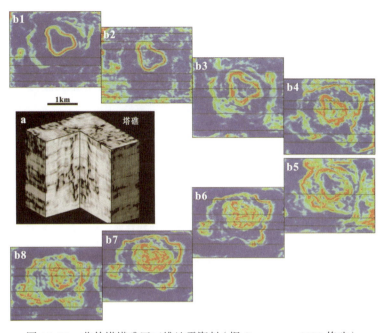

图 18-21 艾伯塔塔礁区三维地震资料（据 Catuneanu，2002 修改）
a. 相干体的剖视图；b1～b8. 时间增量为 0.02ms 的相干体时间切片
注：随时间增量的加大礁体范围逐渐扩大，内部细节逐渐明显。

第四节 碳酸盐岩体系聚煤作用

碳酸盐岩沉积体系的聚煤作用主要表现为两个方式：一种属于碳酸盐岩台地沉积体系，含煤岩系均为碳酸盐岩沉积；另一种情况属于碎屑岩－碳酸盐复合沉积体系，含煤岩系为碳酸岩盐和碎屑岩交互沉积。

一、碳酸盐岩台地聚煤作用

国外很少见到产于碳酸盐岩台地沉积体系中聚煤作用实例的报道，而在我国广西中部晚二叠世合山组却以其碳酸盐岩夹煤的层序而著称。国内许多学者饶有兴趣地对煤系沉积模式、聚煤规律和聚煤特征等方面进行了系统研究（刘焕杰等，1982；卓越，1980；谌建国等，1983；张鹏飞等，1983；张鹏飞和邵龙义，1990）。

合山组厚度约一百余米，以碳酸盐岩为主，约占岩石总量的 85% 以上。碳酸盐岩全部由石灰岩组成，以泥晶生物灰岩、微晶－生物灰岩、微晶－生物屑灰岩为主体，其次为海绵骨架灰岩、海绵障积灰岩和海绵粘结灰岩。大量生物化石及化石碎片是含煤岩系的主要特色之一。成因相主要是碳酸盐潮坪相、局限碳酸盐台地相、礁后泥炭坪相、台地边缘生物礁相、台地前缘斜坡相、开阔海相。以上这些成因相的发育，反映了陆表海碳酸盐岩台地沉积体系的面貌。生物礁的发育，特别是障壁礁的存在，造成礁后背风而平静的浅水环境，礁后坪发育。在条件适宜的情况下，礁后坪上可生长大量的植物形成礁后泥炭坪，有利于煤层的形成（图 18-22）。

由此可见，碳酸盐岩台地沉积体系中成煤作用主要与潮坪（泥炭坪）有关（张鹏飞和邵龙义，1990）。成煤作用的特点表现为：①泥炭坪面积宽广，煤层层位稳定，分布面积广。潮汐水道系统发育，泥炭堆积不均一，煤层厚度变化大，分叉尖灭现象显著。②煤层多为复杂结构，夹矸层数多，厚度变化大。③高灰分、高硫分，这是泥炭坪成煤的重要煤质特点。有机硫主要来源于类似红树林生态的适盐植物本身或是在成煤过程中硫酸盐与植物分解产物相作用的结果。

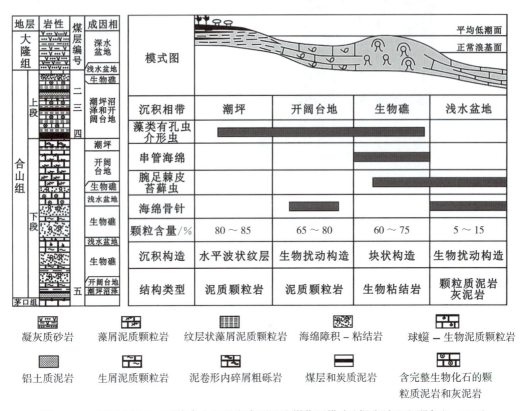

图 18-22　广西中部上二叠统合山组垂向序列及聚煤作用模式（据张鹏飞和邵龙义，1990）

二、碎屑岩-碳酸盐岩联合聚煤作用

比较而言，含煤建造中碳酸盐岩与碎屑岩交替出现的情况是相当普遍的，以往人们认为这就是海陆交互相沉积。随着研究工作的深入，人们发现这种碳酸盐岩常形成于浅水碳酸盐台地环境，而碎屑岩多形成于海岸带、泻湖、潮坪等环境。整个含煤建造多数属于碎屑岩-碳酸盐岩复合沉积体系。

我国北方大部分地区石炭二叠系本溪组、太原组与南方多数地区上二叠统龙潭组含煤岩系多属于碎屑岩-碳酸盐台地复合沉积体系（刘焕杰等，1982，1997；陈钟惠，1998；杨起，1987）。该类型沉积体系的主要特点：①陆源碎屑浑水沉积与碳酸盐岩台地的清水沉积共生。碳酸盐岩台地环境位于陆源碎屑沉积的外缘，伴随着海平面的变化，陆源碎屑沉积与台地体系的碳酸盐沉积在时间和空间上，于陆表海范围内广泛地交织共生在一起（图 18-23，图 18-24）。②主要成煤条件是发育在该沉积体系中不同类型的泥炭环境，它们形成了具有重要经济意义的煤层（图 18-24）（刘焕杰等，1987）。

这类沉积体系中的泥炭坪属海相沉积，由于障壁海岸的特点，泥炭坪的水深很浅、半咸水,与正常广海有差异。成煤植物生长在周期性潮汐作用的影响下,与正常陆生植物不同,往往造成煤层具有硫分高、灰分高、复杂结构的特征。

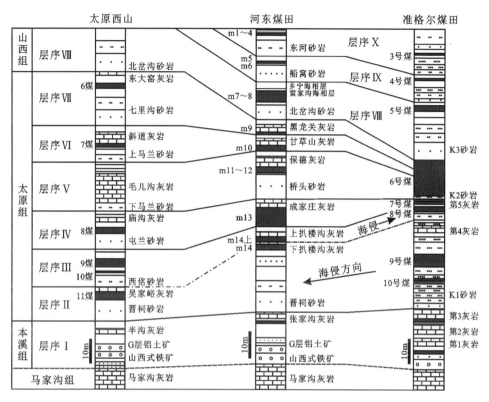

图 18-23　鄂尔多斯盆地东北缘及太原西山晚古生代含煤岩系层序划分及对比图(据杨明慧等,2008)

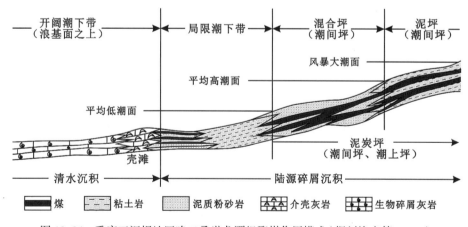

图 18-24　重庆三汇坝地区晚二叠世龙潭组聚煤作用模式(据刘焕杰等,1982)

第十九章　风成沉积体系

  风成砂体是由风搬运沉积物而沉积形成的。虽然风的作用遍布全球,但是炎热干旱区是大规模风成砂体堆积的最有利场所(Galloway 和 Hobday,1983)。在潮湿和极地地区,水分的粘结力阻碍了风对沉积物的搬运作用。风成沉积可以分为内陆沙漠沉积和海岸沙漠沉积。内陆沙漠通常处于干旱气候背景中,不利于成煤,而有些海岸沙漠却存在着较弱的聚煤作用。如非洲南部海岸,第四纪早期胶结的海滩–沙丘脊在局部覆盖了宽广的泥炭沼泽(Hobday,1976)。

  目前,学者们对风成沉积体系的研究不仅关注地层中风成沉积物本身,还注意到了沙漠环境与季节性的河流、冲积扇、干盐湖、干旱滨面(萨布哈)等各种环境的相互作用,以及由其产生的复杂沉积体(Miall,1984;Ahlbrandt 和 Fryberger,1981)。人们将以风的沉积环境和沉积作用为特色,其间包含一些次要的非风力成因的沉积记录,而形成的复合沉积体称为风成沉积体系。这个概念,一方面特别强调了风的重要地位和作用,另一方面也强调了将风成沉积物与其伴生沉积物(如水成沉积物)进行整体系统分析的理念。也就是说,在沙漠环境中,诸如季节性的河流以及沙丘间的湖泊等是作为风成沉积体系的内部构成单位而存在的。

第一节　沉积作用与特征沉积构造

一、风的沉积作用

  风的搬运和沉积作用与水携沉积物的搬运过程具有相似的流体机制和原理(图 19-1)。主要区别在于风的搬运介质密度和粘度(较小)所引起的搬运效果,而且风的搬运属于大范围的不限定流体,因而风吹沉积物的侵蚀速度要比水携沉积物大得多(Vries,1985)。一般来说,这样的搬运是限定在超临界流体内的(Sundborg,1956)。沉积物堆积的颗粒限制在砂粒级范围内,尤其是细至中粒砂,因为它们具有相对较小的侵蚀度(图 19-1)。不过,已经证实,强大

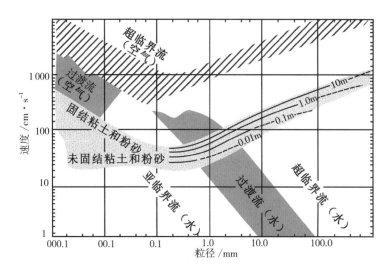

图 19-1　不同粒径沉积物在水中和空气中的侵蚀速度曲线
（据 Sundborg，1956）

的风暴可以以跳跃的方式搬运粒径达 4mm 的颗粒，而且已知风系还能搬运更大的颗粒（Sharp，1979；Sakamoto-Arnold，1981）。

风系搬运颗粒的效力与空气的密度和粘度较小有关，这一性质使颗粒在搬运过程中具有更大的弹性效应（Bagnold，1979；Sharp，1963，1964）。在水携体系中，较大的水流粘滞性给颗粒表面施加了额外的拖拽力，有助于缓和颗粒的碰撞作用。由于在空气中不存在这种效应，因而颗粒具有更大的弹性。因此，在搬运过程中以跳跃方式搬运砂粒的效力明显提高，以这种方式搬运沉积物的量很大。

在风的搬运过程中，假定存在混合的粒度分布，就可观察到明显的分选作用。于是，当风速增大和沉积物侵蚀开始时，大部分细粒的粉砂和粘土就被悬浮搬运分散到大气中，然后沉积到较远的地方（Bagnold，1941）。砂粒在沉积物表面之上大约 0.5m 范围内跳跃搬运和滚动搬运，其跳跃高度比在水中的大 1 000 倍（Bagnold，1941）。砂粒跳跃的高度随风速的增大而增高，而且磨蚀作用在跳跃带的顶部更大。在跳跃带内存在着粒度分带性，较粗的颗粒集中在底部（Bagnold，1941；Sakamoto-Arnold，1981）。

风积砂的分选特点是具有峰值很高的单众数分布。内蒙古乌拉特后旗巴音满都呼地区上白垩统风成沙丘沉积物的粒度参数特点是：平均粒径 2.8φ 左右，粒度较细；分选系数较好，一般以负偏为主。其概率曲线的特征是跳跃总体几乎占粒度分布的全部，坡度陡，总体斜率一般大于 50°，分选很好（图 19-2）。

风积砂颗粒的表面特征看来也是多变的，有些颗粒显示出充分的磨圆作用，有些却显示霜化面（frosting）的形迹。但这些霜面化看来是表面化学反应的结果（Kuenen 和 Perdok，1962），或者是由很细的石英颗粒的次生加大产生的（Amaral 和 Perdok，1971）。显然，石英颗粒的霜面化是成岩或化学现象，而不是风的磨蚀作用造成的。虽然在潮间带的砂体可观察到双众数的分布特征（Klein，1977），但在沙丘间或沙漠沙丘的石漠带也是较常见的（Folk，1968）。

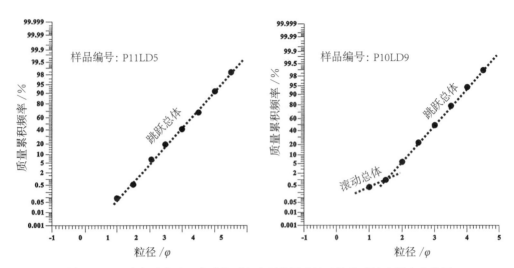

图 19-2　巴音戈壁盆地巴彦满都呼上白垩统风成沙丘的典型粒度概率曲线图

二、风积物的特征沉积构造

风成沉积以具有特征的沉积构造区别于其他沉积体系,最常见的是大型板状交错层理和楔形平面状交错层理(图 19-3)。这些交错层系含有分选极好的砂,其厚度变化很大,已了解到的可超过 10m。这样的厚度是由起伏很高的风成沙丘造成的。由于不仅风向可以发生变化而且风速也会改变,所以可观察到更为复杂的多样化的交错层系。

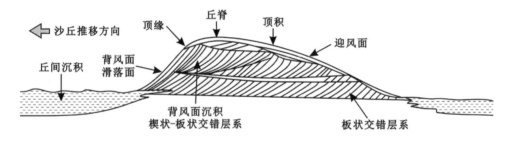

图 19-3　风成沙丘基本构造及其与风向关系(据 Ahlbrandt 和 Fryberger,1982)

风成沉积物中发育有大型—巨型的交错层理,这对于识别风成沉积物来说是最好的沉积标志之一。大型—巨型交错层理是风成沙丘典型的内部构造,亦称沙丘层理。其特征之一是具有较大的休止角,即交错纹层与纹层组边界之间的夹角(图 19-4a)。风成沙丘的休止角远远大于水携沉积物休止角,其前积纹层可以以 30°～36° 的高角度呈上陡下缓的趋势收敛于纹层组边界上,接近纹层组的底界面纹层渐变为水平平坦纹层(图 19-4b),大型交错层系厚度可达 8m。由于沙丘类型和形态各异,并受到风蚀界面不同形式的切割,或所处沙丘的位置不同,这种风成交错层理常显示板状、楔状、槽状等多种形态(图 19-4c)。由于沙丘迁移所形成的前积纹层的倾向指示了古风方向(图 19-4c)。在风成沙丘的迁移过程中,陡倾的前积纹层因重力作用发生顺层滑脱或滑塌,可以形成准同生变形构造,如小褶皱、断层等。变形构造类型主要取决于潮湿度。干砂常受到平缓褶皱的影响纹层变得模糊;而粘结性较大的湿砂显出较陡的不对称褶皱、层面旋转、断裂及角砾化作用。

图 19-4 风成沙丘内部的大型—巨型交错层理

a. 巴音满都呼上白垩统风成沙丘中的高角度休止角（焦养泉摄，2009）；b. 鄂尔多斯盆地下白垩统罗汉洞组风成沙丘内部结构（焦养泉摄，2004）；c. 鄂尔多斯盆地下白垩统洛河组风成沙丘沉积（焦养泉摄，2004）

第二节　沉积体系内部构成特征

在区域上，风成沉积体系通常与山麓剥蚀区、山前冲积扇、冲积平原和内陆湖泊共生过渡（图 19-5、图 19-6），因此对风成沉积体系亚环境的划分就存在分歧。例如，Reineck 和 Singh

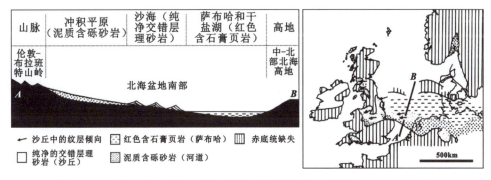

图 19-5　北海盆地二叠纪赤底统砂岩与沉积环境分布图（据 Glennie，1972）

(1975)将尘土或者黄土沉积划归沙漠环境,而江新胜和潘忠习(2005)却认为把尘土或者黄土沉积放在沙漠环境中是不恰当的,而应归于漠外风成环境。因为尘土或者黄土不仅物源不全来自沙漠环境,而且有些沉积位置也在沙漠环境外,尽管它的形成与沙漠事件有密切联系,例如海滨或湖滨的零星沙丘,但它们并不构成沙漠。为此,江新胜和潘忠习(2005)提出了一个关于沙漠及其有关风成环境的系统分类(表19-1)。

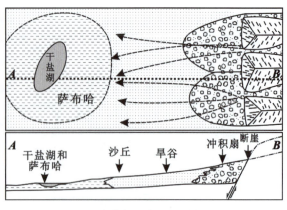

图19-6 风成沉积体系示意图(据弗雷德曼,1987)

按照江新胜和潘忠习的观点,风成环境分为沙漠(广义的沙漠)和漠外(extra-desert)风成环境。在沙漠环境中可分为岩漠、砾漠和沙漠(砂质沙漠或狭义沙漠,sand desert)三种亚环境,分别以风蚀残丘、砾石和风成沙丘为主要特征,互相有少量交汇。其中,沙漠(狭义)则以沙丘为特色,依据与沙丘的空间位置和沉积物的差异可以再细分为沙丘、丘间和丘外三种小环境。丘间和丘外都是非沙丘的平缓地带,因而沉积物相类似,但干丘间以沙席为主(小型的薄砂条带),而干丘外以流沙为主;湿丘间的旱谷、沙漠湖和盐碱滩没有湿丘外那么发育。

表19-1 沙漠和有关风成环境分类(据江新胜,2005修改)

沉积体系	成因相组合			成因相
风成环境	沙漠风成环境	岩漠		哈马达(Hamada);沙影
		砾漠		戈壁滩;沙流、沙影;旱谷;沙漠湖和盐碱滩
		沙漠	沙丘	新月形沙丘;纵向沙丘;横向沙丘;抛物线沙丘;穹形沙丘;星状沙丘;反向沙丘;草丛沙丘
			丘间 干丘间	沙流、沙影;高茜斯(Gozes);沙席
			丘间 湿丘间	旱谷;沙漠湖和盐碱滩
			丘外 干丘外	沙席;沙流、沙影;高茜斯(Gozes)
			丘外 湿丘外	旱谷;沙漠湖和盐碱滩
	漠外风成环境	尘土沉积		黄土或尘土
		非漠沙丘		海滨沙丘;湖滨沙丘;河岸沙丘

在自然界,虽然现代沙漠环境中主要沉积物有岩漠沉积、砾漠沉积、旱谷沉积、沙丘和丘间沉积、沙漠湖和内地盐沼沉积七种,但在古代沙漠沉积中有些沉积物是不易保存和辨别的。因此,本节将重点介绍几种较为特征的风成体系沉积单元。

一、岩(石)漠沉积和砾漠沉积

岩漠是沙漠边缘山前的山麓或者沙漠内的风蚀残丘,是遭受长期风蚀作用形成的风蚀地形及其物理化学风化的棱角状石块,其分布高低不平,石块大小不等,可见风棱石化和沙漠漆特征。由于所处的侵蚀基准面低,岩漠堆积常处于剥蚀状态,很少留下地质记录。

戈壁滩是砾漠环境的主要沉积物,由砾石、卵石和粗砂组成,是风力搬运后残留下的粗碎屑。颗粒表面常有碰撞痕和风磨痕,并有沙漠漆包裹,看起来很光滑(图19-7)。戈壁表面约呈水平状,最大倾角5°~10°。戈壁沉积的成因常与新近的古水流沉积的风蚀有关,故在分布状态和结构特征上与岩漠有所区别。在砾漠沉积环境中不仅可以发育广阔的戈壁滩沉积,而且还有旱谷沉积和沙漠湖以及盐碱滩出现。研究表明,戈壁滩的形成将影响沙丘的发育,因为戈壁滩之下的细粒沉积物受戈壁保护而得以固定。

图 19-7 带有铁和锰氧化物沙漠漆的砾石
(据 Gary,2009)

二、沙漠(狭义)沉积

沙漠沉积由沙丘、丘间以及丘外成因相组成,它们的有机结合构成了沙漠体系。沙丘在遭受风蚀和地下水作用后,其上部会沉积沙丘间沉积物——席状沙体。然而,它们中还可以进一步进行亚相的划分,例如,丘间地带经常有旱谷和干旱盐湖等沉积(图19-8)。

1.风成沙丘沉积

沙丘是沙漠中给人们印象最深刻、特征最显著的风成砂沉积。沙丘是由风力吹积的小沙堆发育而成的,是一种在风力和重力作用下移动的床沙形态。沙丘有各种不同的类型,但在构造上又有一些共同特征。沙丘是进行古沙漠研究和古风向恢复的最重要的部分。

图 19-8 非洲西部的一个现代沙漠的多样化地貌图
(据 Breed 等,1979)

Wilson(1972)认为大型底形是由于原来存在的次生气流通过砂质表面的一个障碍物或者凹凸不平底形时形成的一种局部现象。风搬运的最后产物是形成大规模的不对称底形,通常称之为风成沙丘。在风成沙丘上,沉积物的分异作用是明显的,但是它与水携沉积物相比却具有差异。在风成波痕表面上,最粗的颗粒集中在波脊上,而水成波痕的最粗颗粒通常堆积在波谷内(图19-9)。

由于物源、风态和沉积环境的差异,风成沙丘有多种多样的形态,其内部构造也有所不同。已知的主要沙丘不外乎以下五种,其中前三种的脊线总体与主风向垂直。

(1)新月形沙丘。因其形态酷似新月而得名。在单向风作用下,沙丘两端比中部移动较快而成。它仅具有一个滑落面,交错层理的前

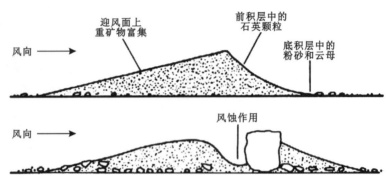

图 19-9 风成沙丘中矿物的沉积分异作用模型(据 Smirnov,1976)

积纹层在中央部位休止角可达 34°,前积纹层的倾向范围小于 150°,如 White 沙丘群中新月形沙丘的倾向展开角仅为 60°。新月形沙丘通常发育于砂源供应不足的地区,砂的供给程度决定了孤立的新月形沙丘的间隔,砂越少间隔就越宽。在新月形沙丘内部,特别是在平行风向的剖面上内部侵蚀强烈而且不够规则,在垂直风向剖面上从沙丘核心向边缘侵蚀面角度明显变小(图 19-10a)。

(2)长脊状横向沙丘。是与风向垂直的、具有单个滑落面(背风面)的脊长而直的线状沙丘。有人认为,横向沙丘是不稳定的,随着时间推移可演化为新月形沙丘。同时,新月形沙丘也可以向横向沙丘转化。一般认为,如果砂源丰富则可能形成横向沙丘,而砂源贫乏则较易形成新月形沙丘。横向沙丘的内部结构最为简单,前积纹层大体上平行于活动的滑落面,

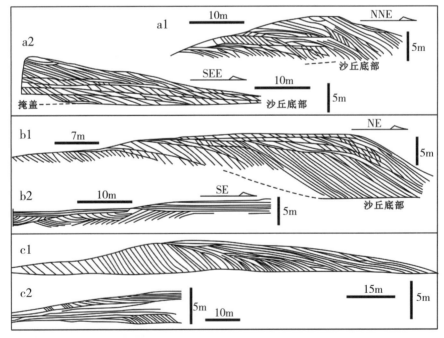

图 19-10 美国新墨西哥州白沙国家纪念碑石膏沙丘中的坑道观察到的内部构造
(据 McKee,1966)
a.新月形沙丘(a1 剖面平行于风向,a2 剖面侧向垂直于风向);b.横向沙丘(b1 剖面平行于风向,b2 剖面侧向边缘垂直风向,注意交错层组上部的低角度侵蚀面);c.穹隆状沙丘(c1 和 c2 剖面相互垂直)

倾角达 35°，沙丘内部侵蚀面使结构变得复杂化（图 19-10b）。

（3）抛物线沙丘。是与新月形沙丘形态相反的沙丘，迎风面凹而平缓，背风面呈弧形凸出，丘脊的平面投影似一条抛物线，因而得名。这种沙丘具有大型交错层理，以切割前积纹层组的低角度侵蚀面指向顺风方向。在横剖面上具有向上弯曲的前积纹层。抛物线沙丘不像新月形沙丘那么常见，但是在砂量补给不足这一点上两者是差不多的。

（4）纵向沙丘。又称沙垄或赛夫沙丘，是一种平行的、沿有效风向延长的长条形沙脊，长度可达 10km 甚至 100km。纵向沙丘是由两组交叉风交替作用而成，因而在沙脊交替发育滑落面，沙脊方向与两风向交角平分线大体一致。交错层倾向与沙丘走向正交。也有人认为，与新月形沙丘比较，纵向沙丘是在更高速风力作用下形成的。纵向沙丘的前积纹层从脊轴向下倾斜，在轴带部位交错，这反映了沙丘脊翼部上滑动面的交替生长（图 19-11）。

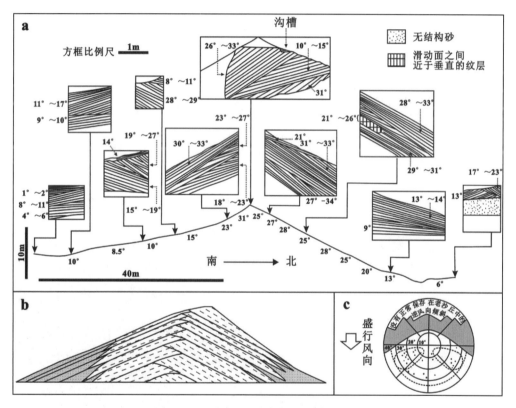

图 19-11　纵向沙丘内部构造的横剖面图
a. 撒哈拉纵向沙丘表面的小沟剖面（据 McKee 和 Tibbitts, 1964）；b. 推测的整体理想剖面
（据 Bagnold, 1941）；c. 纵向沙丘中前积纹层方向的假设分布（据 Glennie, 1970）

（5）塔丘及其他干扰型式。塔丘也称星形沙丘，出现于有效风向型式变化无常的，而且发育三个或三个以上放射状沙脊的沙丘，它们具有复杂的滑落面。

古代沙丘一般是由各种粒级的红色砂岩组成的（图 19-12）。并且发育大型—巨型的交错层理，前积纹层以高角度为特征。由于沙丘的多次发育与迁移，构成了不同级别的风蚀界面，风蚀面的削切分割便构成了复杂的巨型风成交错层系。沙丘间通常会出现薄层沉积物。沙丘空间上分布广，构成了沙漠盆地的主体（程守田, 1996）。

图 19-12 古代红色风成沙丘沉积

a. 鄂尔多斯乌兰木伦河下白垩统（焦养泉摄，2002）；b. 巴音戈壁盆地巴音满都呼上白垩统大型风成沙丘的周期性迁移与演化剖面，C1～C6 代表了依次发育的 6 个风成沙丘（焦养泉摄，2013）；c. 巴音戈壁盆地巴音满都呼上白垩统风成沙丘内部结构，注意风成沙丘废弃后的丘间干旱湖泊碳酸盐岩沉积（焦养泉摄，2009）

2. 丘间沉积

沙丘间通常表现为相对平坦的地貌单元，受到沙丘或沙丘带的限制，不仅丘间的规模和形态各异，而且其底床表面的环境状态也不完全相同。有人依据沉积作用将其划分为风蚀型沙丘间和沉积型沙丘间。也有人依据气候条件将其划分为干旱型沙丘间、蒸发型沙丘间和潮湿型沙丘间。

干旱型沙丘间主要沉积物为沙席,沙席是呈带状分布的薄层沙,厚度从几厘米到1m,以细砂为主,粘土含量相对较高,反映了沙丘侵蚀活跃但沉积缓慢的基本特征。

蒸发型沙丘间的大部分沉积物为化学沉淀物,丰富的盐类沉积是沙丘间干盐湖的产物。在局部地区,风成沙丘间可以形成厚度可观的、富含大量动物潜穴的碳酸盐岩(图19-13)。在风成沙丘迁移间歇期,废弃的风成沙丘可以演变为新的沙丘间。在废弃风成沙丘的顶界面附近,由于干旱气候可以形成一些白色的钙质姜结核。自废弃风成沙丘的顶界面向下,姜结核的丰度降低、粒度变细,反映了一种干旱气候背景下的沉积间断。根据野外观察,部分姜结核的形成可能利用了动物的潜穴构造。

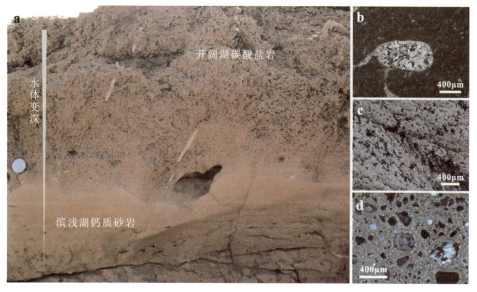

图19-13　巴音戈壁盆地巴音满都呼上白垩统含动物潜穴的砂糖状干旱盐湖沉积
(焦养泉摄,2009)
a.滨浅湖钙质砂岩逐渐向开阔湖碳酸盐岩转化;b.由泥晶方解石构成的开阔湖泊沉积(注意动物潜穴被亮晶方解石充填);c.定向性生长的方解石;d.基底式充填的钙质砂岩滨浅湖沉积;b、c和d为正交偏光

潮湿型沙丘间因潜水面较高,在风蚀作用或构造作用下足以形成暂时性或永久性的水池或湖泊。于是,较细的粉砂和粘土可以堆积下来,也可保存较多的有机质。由于经常变干,常出现泥裂,泥裂被随后的风成砂充填而形成砂脉。在沙丘间地带,特别是湖滨地带,不仅生物扰动构造丰富多样,而且可以成为一些恐龙(如原角龙)的理想栖息地(图19-14)。一旦沙

图19-14　巴音戈壁盆地巴音满都呼上白垩统沙丘间湖滨沉积(焦养泉摄,2009)
a.丰富动物潜穴化石;b.恐龙蛋化石

丘迁移直接沉积在这些饱和水的沉积物质上,就可使软沉积物较强烈地变形。如果干旱,就有可能形成蒸发岩。突然的洪泛事件可以形成暂时性的或间断性的河道沉积(图19-15)。当沙漠湖与旱谷伴生时,洪水可以将各种碎屑带进湖内,形成小型的三角洲等沉积,悬浮物质可以沉积下来,并有粒序层理。

图19-15 巴音戈壁盆地巴音满都呼上白垩统沙丘间季节性河流沉积(焦养泉摄,2009)

注:充填季节河道的砾石全部由钙质姜结核构成。姜结核原本形成于废弃古沙丘的顶部,通过流经废弃古沙丘顶部的季节性河流的冲刷,使分散的姜结核集中于河道中被再次搬运、分选和堆积。事实上,河道中的姜结核是一种内碎屑,它们的极端富集意味着河流的流域面积仅限于沙漠地带。

3. 旱谷沉积

旱谷即为干旱区域的间隙性河道。在盆地边缘的沙漠,旱谷较为发育,可从漠外穿过漠内,甚至达到丘间。在沙漠环境中,旱谷绝大部分时间是干涸的,此时可以有一定的风砂堆积。突发性和间歇性的流水注入可以带来较多的沉积物,并以洪暴形式很快沉积下来,分选性较差(江新胜等,2004)。

旱谷沉积的重要特点是在沉积层序的底部有冲刷面,顶部带有泥裂和砂脉出现。旱谷另一个特点就是水成与风成沉积的相互交替。①以冲积扇、砾质辫状河沉积和风成沉积互层构成(图19-16)。水成与风成沉积的比率在不同地区有所不同,但总体趋势是向盆地边缘过渡冲积物增大。②风成沉积以席状沙为主,有时出现小型的沙丘沉积,风成沉积易被水流冲蚀。③旱谷冲积扇发育,以分选极差的砾岩组成,显示泥石流特

图19-16 鄂尔多斯盆地下白垩统的旱谷沉积(焦养泉摄,2004)

征。砾石具有不明显的定向排列,扇体多为面状和透镜状,规模不等。扇面上局部发育小型砾质水道,片流沉积以面状或小型交错层理的粗砂岩为主,可出现于扇砾岩顶部,有时与风成沙席不易区分。④旱谷受强烈风蚀作用,有时形成砾漠残留物。

第三节 垂向序列

由于大型沙丘沙漠的复杂性和沙丘内部沉积物粒度的有限分布和复杂的内部结构,因此对风成沉积体系的垂向序列模式的研究尚不充分,但是以风成沉积为主夹有其他沉积物的实例研究却较多。1993年,Eberth在巴音戈壁盆地巴音满都呼地区针对以古沙漠为特色的恐龙栖息地研究中,将上白垩统风成沉积体系划分为三种古地理环境相带(图 19-17a)。第一带属于近物源相,由冲积、湖泊和风成沉积物组成,可解释为一种受风成因素影响的近源冲积扇-辫状平原环境,剖面中下部的垂向韵律指示了古河道的存在(图 19-17b)。第二带靠近盆地方向,主要由无结构风成砂岩和钙结核组成,并包括少量的冲积和湖泊沉积,可解释为冲积扇-辫状平原与风成沙丘带之间的砂质地带,即一种具有较高潜水面、被植物限定的垂向加积风成砂带,无结构风成砂沉积几乎占据了整个剖面(图 19-17c)。第三带位于较远源方向,主要以风成沙丘沉积物为特征,但也含有无结构风成砂沉积物和少量的湖泊及丘间间歇性河流沉积物,可解释为一种主要由横向沙丘和新月形沙丘构成的风成沙丘带(图 19-17d)。

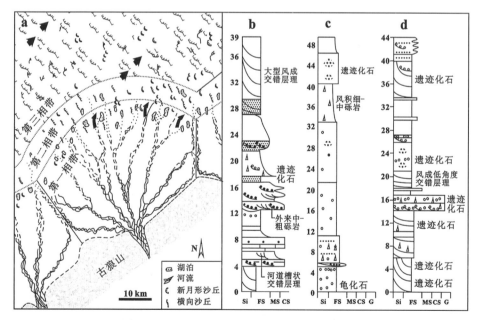

图 19-17 巴音满都呼地区风成沉积体系相带和垂向序列特征(据 Eberth,1993)
a. 相带分布图;b. 第一相带(风成因素影响下的冲积扇-辫状平原相带)垂向序列;c. 第二相带(无结构风成砂带)垂向序列;d. 第三相带(风成沙丘带)垂向序列;Si. 粉砂岩;FS. 细砂岩;MS. 中砂岩;CS. 粗砂岩;G. 砾岩

第七篇 层序地层与聚煤作用

　　层序地层学是沉积学领域最现代的革命性范例,它以其新颖的视角和先进的分析思路,改善了人们对地层单元和沉积单元在时空配置关系上的理解。层序的研究不仅仅在于识别地层边界,更重要的是对地层单元进行成因解释。层序地层模式指出了层序内部沉积体系和体系域的类型以及配置的规律性,层序→沉积体系→内部构成单元是一种循序渐进的认识地层和解释沉积机理的科学思路流程。将层序地层学应用于聚煤盆地分析,其最大的功能在于能够阐明沉积旋回的成因和级序,同时能够在层序内部揭示泥炭堆积的速率变化及其时空分布规律,从而赋予层序以预测的功能。

第二十章 层序地层学原理

> 层序地层学(sequence stratigraphy)是沉积学领域最现代的革命性范例,它是研究时间地层格架内的岩石关系,即研究格架内可重复的、成因上有联系的、以剥蚀面或相对应的整合面为界的地层。在过去的 30 年中,层序地层学以其新颖的视角,改善了人们对地层单元、相域、沉积单元在沉积盆地内时间和空间上的相互关系的理解,因而被广泛地应用于油气、煤、铀和其他沉积矿产的勘查预测研究中。

第一节 层序地层学起源

层序地层学的提出和概念体系的形成主要源于 Exxon 石油公司的研究集体,即 Vail 及其在卡特研究中心的同事(图 20-1)。像地质学史上的许多学派都有其历史继承性一样,层序地层学的形成也是一大批学者努力的结果。

层序的概念源于 Sloss(1963),他将层序定义为以不整合面为界的岩石地层单元,是构造旋回的岩石记录。现代层序地层学的产生与高精度反射地震的应用密切相关。北美学者在含油气盆地勘探中形成和发展了层序地层学。在反射地震记录中,不整合界面能直接被识别和连续追索,因而用不整合面划分地层单元是最切实可行的方法。Vail 及其同事 Mitchum 和 Thompson 等(1977)应用了 Sloss 的层序概念,并将其应用到不同规模和尺度的地层中。在其著作中,层序被定义为以不整合及其相对应的整合为界面的地层单元,在其内部是由相对整合的岩层组合构成。在实践中,Vail 等人的"层序"规模比 Sloss 的小得多。在上述定义中不仅强调了不整合面,也强调了与之对应的整合面。因为盆地分析的大量实践证明,许多不整合面在盆地边缘表现出明显的角度,而延伸到盆地内部则变为整合面。划分层序和追索界面首先由盆地边缘入手。

一个重要的发展是以地震地层分析为主的地层研究与测井曲线、岩芯和野外露头研究密切结合,继而使层序地层学的概念体系得以形成,并具备了更明确的地质内涵(Van Wagoner,1990)。一般认为,层序地层学研究由 20 世纪 70 年代中期的地震地层研究开始,经十余年的努力形成了一整套理论与方法体系。《海平面变化——一种整体性研究》(Wilgus 等,1988)和《测井、岩芯、露头研究中的硅质碎屑岩层序地层学》(Van Wagoner,1990)是两部最有代表性的专著。Vail(1991)在其长篇论文《构造、海平面升降和沉积作用的地层标记(综

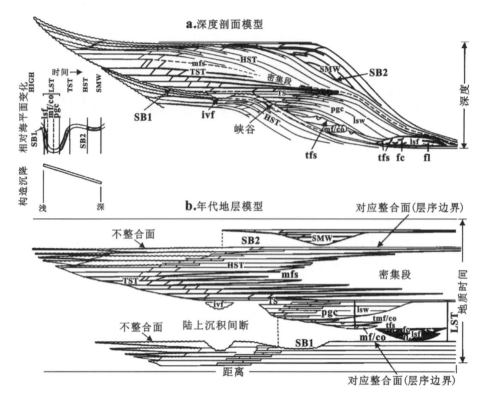

图 20-1 沉积层序及其内部体系域构成模式图（据 Vail，1991）

SB. 层序边界；mfs. 最大海泛面；tfs. 扇顶界面；tmf/co. 密度流/水道溢岸的顶界面；TS. 海侵面（最大进积之上的首次海泛面）；HST. 高位体系域；TST. 海侵体系域；LST. 低位体系域；ivf. 下切谷充填；lsw. 低位楔状体；pgc. 前积体；mf/co. 密度流/水道溢岸沉积；lsf. 低位扇；fc. 扇面水道；fl. 扇朵体；SMW. 陆架边缘体系域

述）》中对层序地层学作了全面的总结，对前期论著中的薄弱部分，如构造因素的影响，也作了较多的补充。这些系统的研究使层序地层学理论趋于成熟。层序地层学的核心是提出了层序地层学模式（图 20-1），并从理论上阐述了构造、海平面升降和沉积物补给对层序形成的控制（图 20-2）。这些研究在油气、煤和铀勘查领域引起了巨大的反响，从而使层序地层学得以真正形成并被广泛应用。

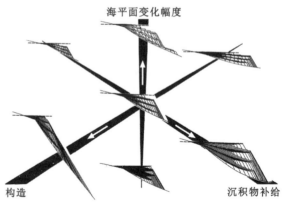

图 20-2 沉积层序与构造、海平面变化和沉积补给三因素的关系（据 Reynolds 等，1991）

第二节 层序地层单元级别

充填于沉积盆地之中的沉积层序存在着不同的级别，它们是盆地演化过程中节律性的反映。不同的学者提出了不同的识别和划分层序的准则。国外以 Vail 和 Mitchum 等为代表，国内以王鸿祯等为代表,他们都划分了五级层序地层单元(表20-1),即Ⅰ级层序(巨层序或大层序)、Ⅱ级层序(超层序和层序组)、Ⅲ级层序(层序)、Ⅳ级层序和Ⅴ级层序(准层序或小层序)。

表20-1 不同学者关于层序的命名及时限

层序级别	层序地层单元划分和时限(Ma)		
	Vail等,1991	Mitchum等,1991	王鸿祯等,2000
Ⅰ级	巨层序(megasequence) ＞50	巨层序(megasequence) 20	巨层序(Mg,megasequence) 60～120
Ⅱ级	超层序(supersequence) 9～10	超层序(supersequence) 9～10	超层序(Ss,supersequence) 8～15
Ⅲ级	层序(sequence) 0.5～3	层序(sequence) 1～3	层序(Sq,sequence) 2～5
Ⅳ级	准层序组(parasequence set) 0.08～0.5	准层序组(parasequence set) 0.08～0.5	亚层序(subsequence)或 副层序组(parasequence set) 0.08～0.5
Ⅴ级	准层序(parasequence) 0.03～0.08	准层序(parasequence) 0.03～0.08	小层序(microsequence) 0.1～0.4

(1)巨层序(megasequence)。巨层序的形成受控于全球性板块运动的最高级别周期性,最典型和公认的即古大陆汇聚和离散的周期。最著名的是Pangea超大陆(supercontinent)汇聚成整体的时间在250Ma,重新裂解和开始离散则在160Ma左右,即大西洋开始形成的时期。可见其持续时间之长,跨越了不同的地质时代。王鸿祯(2000)根据地球历史的记录分析,建议巨层序大致时限为60～120Ma。

(2)超层序(supersequence)和超层序组(supersequence set)。在地层序列中超层序也是持续时间很长的层序地层单元,Vail和Mitchum等均建议其时限为9～10Ma。超层序的形成受控于构造演化的周期性,Galloway等曾称巨层序、超层序等高级别层序地层单元为"构造层序"(tectonic sequences)。超层序的界面常常是较为明显的区域性的不整合面和与之相对应的整合面。

超层序组(王鸿祯等,2000)是成因上相关的几个超层序的组合。由于巨层序与超层序的时间间隔相差悬殊,其间常存在着可识别的中间性单元。Vail等用时限为27～40Ma的超层序组作为这种介于巨层序与超层序之间的单元。许多中外学者发现此级别的层序具有大范围的可比性并与天文周期相吻合。

(3)层序(或称三级层序,third-order sequence)。层序被定义为由一套相对整一的、成因上有联系的地层,其顶底以不整合面或与之对应的整合面为界(Mitchum等,1977;Van Wagoner等,1988,1990)。层序是层序地层分析中的基本单位,其时限一般常为0.5～5Ma,但一般为1～3Ma。

(4)四级层序(fourth-order sequence)。四级层序具有三级层序的基本特征,但时限很短,在海相地层中大约0.10～0.15Ma,因此属于高频层序的范畴(Mitchum和Van Wagoner 1991;Van Wagoner和Bertram,1995)。四级层序在湖盆层序中持续的时间则较长,可达0.5Ma或接近1Ma。四级层序概念的提出虽已有很长时间,但其应用涉及反射地震成果的精度,在地震分辨率不高的情况下很难划分。

（5）五级层序（parasequence）。在 Vail 等以 parasequence 作为层序地层序列中的第五级单元。在高精度储层层序地层研究中需要划分对比到五级单元。parasequence 被定义为由海泛面或与其对应界面限定的有成因联系的层的组合。Vail 和 Mitchum 等将其时限定为 0.03～0.08Ma。在早期，一些学者将 parasequence 译为准层序或副层序，李思田（1996）认为将其译为小层序更为确切。王鸿祯等建议在英文中用 microsequence 取代 parasequence（王鸿祯等，2000）。

第三节　层序地层学概念体系

由于层序地层学是从一个新颖的角度揭示地层结构和理解沉积作用过程，因而自其诞生之日起便拥有了一套严密的概念体系，这些概念包含了从层序界面到层序内部构成乃至层序成因机理解释等方面。

一、层序

层序是一套相对整合的、成因上相关的地层序列组成的地层单元，其顶底界面为不整合面或与之对应的整合面（图 20-1）。以 Vail 等（1977）为代表的经典层序地层学将三级层序区分为Ⅰ型和Ⅱ型。

Ⅰ型层序是全球海平面下降速率超过沉积岸线坡折带处盆地沉降速率时形成的一种地层形式，该类型层序发育低位体系域、海侵体系域和高位体系域；Ⅱ型层序是全球海平面下降速率小于沉积岸线坡折带处盆地沉降速率时形成的，在此处没有发生海平面相对下降，该类型层序发育陆架边缘体系域、海侵体系域和高位体系域。

经过了十几年的迷惑和争论之后，Posamentier 和 Allen（1999）提出取消Ⅰ型和Ⅱ型层序之分，这样一来Ⅱ型层序也就退出了层序地层的概念。因此，Exxon 公司的沉积层序模型包括了低位体系域、海侵体系域和高位体系域，它们被作为一个三级层序的基本划分方案（Posamentier 和 Allen，1999）。

二、层序界面

在层序地层学术语体系中，层序和小层序的界面是有区别的，前者是不整合及其与之对应的整合界面，而后者是海泛面，那些规模较大的、主要的海泛面是构成小层序组的边界。

（1）不整合（unconformity）。不整合是指上下两套地层间的地层界面，或者起因于长期的沉积间断，或者为侵蚀截削关系，总之两套地层之间具有明显的地层缺失。有些不整合表现为平行不整合（disconformity），而另一些表现为角度不整合（angular unconformity）。不整合的形成实际上是一个漫长的过程，侵蚀作用、风化作用、根土作用、古土壤化等较为明显，而这些都是识别不整合的关键标志（图 20-3）。

在层序底界面处，大型水道的下切作用通常是明显的，大幅度的冲刷面构成了不整合的一部分，因此，下切谷是识别低位体系域的重要标志（图 20-4）。

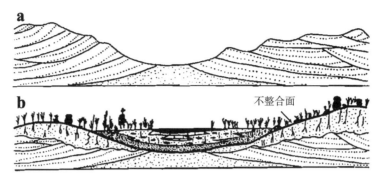

图 20-3　不整合面的形成示意图（据 Kocurek 等，1991 修改）
a. 盆地整体抬升，遭受剥蚀；b. 在适宜的构造和气候条件下，盆地边缘植被发育，形成古土壤，盆地中心接受沉积

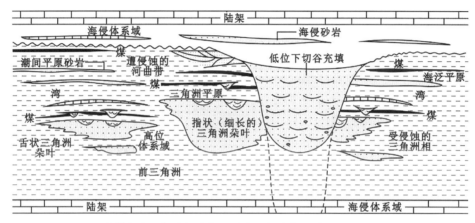

图 20-4　得克萨斯中北部威尔吉尔和狼营统低位体系域中下切河谷充填示意图
（据 Brown，1979）

（2）海泛面（flooding surface）。海泛面，一个分隔新老地层、有海水突然变深的界面，这种水体的变深伴随有少量的海底侵蚀或沉积间断，它可能呈现为相的突变界面或微起伏的与侵蚀滞留沉积物共存的海底侵蚀面。在三级层序格架中，可能存在多个海泛面，这些海泛面可以构成小层序的边界（图 20-5）。但是，必须依据海泛面发育的时间和规模，区分出最为重要的初始海泛面和最大海泛面，因为这两个海泛面是划分三级层序内部体系域的关键界面。

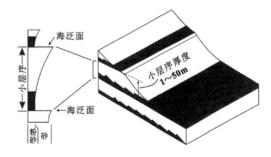

图 20-5　向上变粗的浅海相小层序组
（据 Emery 和 Myers 等，1996）

初始海泛面（first flooding surface），即海水首次越过陆棚边缘所对应的界面。它是低位体系域与海侵体系域之间的物理界面，并以低水位沉积体系向盆地进积转换为海侵沉积体系向陆退积为特征，初始海泛面常常伴随着海水进侵过程中在向陆方向对层序底界面的侵蚀作用。在湖泊层序中对应于初始湖泛面。

最大海泛面（maximum flooding surface）是三级层序中海侵达到最大限度时所对应的界面（图 20-1）。它是海侵体系域与高位体系域之间的地层界面，以海侵沉积体系向陆退积转换为高水位沉积体系向盆地进积为特征,最大海泛面通常与凝缩段(condensed section)相伴生。在湖泊层序中对应于最大湖泛面。

三、沉积体系域

沉积体系域是三级层序的基本构成单位。沉积体系域这一概念最早是由 Brown 和 Fisher(1977)定义的,是沉积体系分析的系列概念之一(见第八章第一节)。所以,沉积体系域并不是层序地层学提出的新观念,它借鉴、应用并发展了沉积体系分析的概念,并赋予了新的地层学含义(图20-6),即"由一系列具有内在成因联系的、同时代的沉积体系所组成的地层单元"。在层序地层学的术语体系中,对体系域的命名也体现了海平面变化因素的主导控制地位。

(1)低位体系域(lowstand system tract,LST)。低位体系域,下部由层序界面、上部由首次海泛面限定的体系域,主要由盆底扇、斜坡扇和低位楔组成。

(2)海侵体系域(transgressive system tract,TST)。海侵体系域,由初始海泛面和最大海泛面所限定的体系域。海侵体系域内由退积小层序组成,向上水体逐渐变深。

(3)高位体系域(highstand system tract,HST)。高位体系域,下部由下超

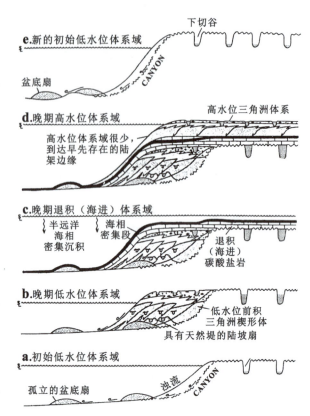

图 20-6　得克萨斯中北部威尔吉尔和狼营统的海平面、体系域及推断的旋回性沉积和侵蚀过程
(据 Haq 等,1987)

a. 快速下降的相对海平面;b. 早期缓慢上升的相对海平面;c. 中期快速上升的相对海平面;d. 早期缓慢下降及晚期缓慢上升的相对海平面;e. 快速下降的相对海平面

面限制,上部由下一个层序界面限制的体系域。早期的高位体系域通常由加积小层序组组成;晚期的高位体系域由一个或更多的进积小层序组组成。

由于体系域在层序中的位置和环境不同,所以不同体系域中的成岩粘土矿物组合呈现出明显的差异性(图20-7),不同沉积相带中层序单元的组合样式也表现出了不同的特征。如碳酸盐岩沉积体系中,在没有陆源碎屑供给的情况下,陆缘层序样式受盆地边缘沉降速率的控制。与碎屑岩沉积体系相比,碳酸盐岩层序发育的控制因素更为复杂,尤其受气候和海平面变化的影响更为明显(图20-8)。

四、小层序组叠置形式

小层序组(parasequence set)由主要海泛面和与之相当的沉积界面限定的,按特定叠置形式组合在一起的、有成因联系的小层序序列。小层序组一般是体系域的组成部分,有时一

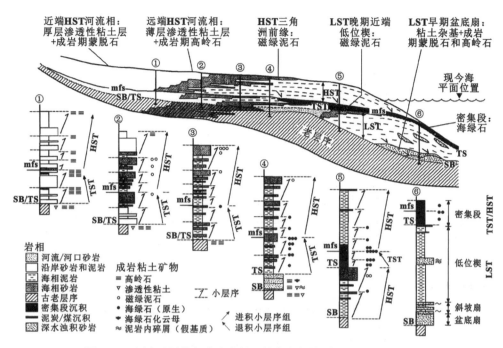

图 20-7 层序地层格架中成岩粘土的分布规律（据 Reading，1996）

mfs. 最大海泛面；TS. 海侵面；SB. 层序界面；HST. 高位体系域；TST. 海侵体系域；LST. 低位体系域

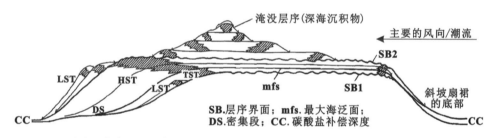

图 20-8 孤立碳酸盐岩台地的层序样式（相对海平面早期较低而晚期较高）（据 Cucci 和 Clarke,1993）

注：台地两侧的不对称性是由于受风向或基底坡度影响的结果；层序界面 2 之后，主要的特色在于退积型小层序组的发育，台地逐渐萎缩；这种结构是由于相对海平面大幅度波动和构造沉降影响的结果。

个体系域也可能只含一个小层序组。小层序组按照其中的小层序叠置样式分为三种类型，即进积型、加积型和退积型（图 20-9）。

（1）进积小层序组（progradational parasequence set）。进积小层序组，逐渐变年轻的小层序逐层向盆地方向迁移沉积的一种地层叠置形式，反映了沉积体系不断向盆地方向进积的过程。进积小层序组是在可容空间增长速率小于沉积速率的情况下形成，在垂向上砂岩厚度增加、含砂率加大、向上水体变浅。它们通常是高位体系域和低位楔状体的主要沉积构成样式。

（2）退积小层序组（retrogradational parasequence set）。退积小层序组，逐渐变年轻的小层序以阶梯状后退方式逐层向陆地方向迁移沉积的一种地层叠置形式，其沉积速率比可容空间增长速率小。在垂向上，退积小层序组表现为向上水体逐渐变深、单层砂岩减薄、含砂率逐渐降低，通常表现为海侵体系域的沉积特征。

（3）加积小层序组（aggradational parasequence set）。加积小层序组是在沉积速率与可容空间变化速率基本一致的情况下形成的，逐渐变年轻的小层序在侧向上没有发生明显的位移,反映了沉积体系不断地垂向加积的过程。通常为高位体系域早期的沉积响应型式。

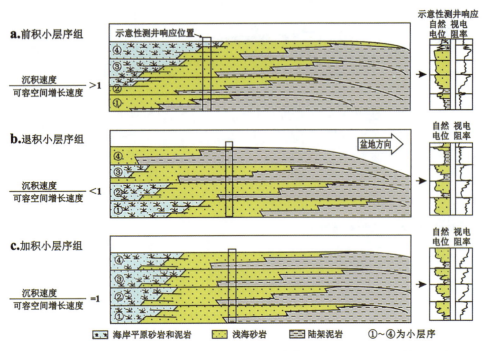

图 20-9　小层序组内部地层叠置方式及其测井响应特征(据 Van Wagoner 等,1988)

第四节　层序地层学的内涵与外延

层序地层学的形成和发展使沉积体系研究进入了新阶段,因为层序地层学的关键问题是研究等时地层界面,并以此为基础重建沉积盆地的等时地层格架。成因上相关的一系列相和沉积体系都是这种等时地层格架中的建造块,其三维配置规律的阐明是提供预测沉积体的基础(李思田,1996)。

一、层序地层学与沉积体系分析

层序的研究不仅仅在于识别边界,更重要的是对地层单元进行成因解释。Vail 等人的层序地层模式的重要贡献之一是指出了层序内沉积体系和体系域的类型以及配置的规律性(图 20-1)。需要强调的是不整合界面的意义,正因为层序地层单元是以不整合或假整合为界,其内部才存在着体系域配置的有序性,再因为上述界面是侵蚀间断面,其上的沉积物就标志着一个新的沉积周期的开始。

早在 1996 年,李思田教授就系统总结了在层序地层格架中开展沉积体系分析所具有的几个明显优点。

(1)在等时地层格架中进行沉积体系分析,能正确地对比和追索相的横向变化关系,既阐明了层序地层单元的成因,又使沉积学和地层学研究成为统一整体。

(2)有利于阐明整个盆地内相和沉积体系的三维配置,这对于煤及其它沉积矿产的预测评价具有重要意义。在诸如油气勘探中,就可以在层序地层单元内评价预测生、储、盖层的配置关系。

（3）在海（湖）平面变化的背景下研究沉积体系,更易于理解其形成演化过程。沉积体系的特征不是一成不变的,在沉积过程中由于条件的改变可以向另一种沉积体系转化。例如,三角洲体系在随后的连续海侵背景下演变为大型放射状潮汐沙脊,将其放在海侵潮汐陆架体系域中就更利于理解其形成演化过程。再如,三角洲外缘的障壁岛砂体,在随后的海侵中被改造为面积较大的内陆架砂体,其特征既不同于三角洲前缘砂,又失去了障壁坝的形态和结构。因此,在海侵或海退序列中研究与海有关的沉积体系将更能从演化的角度理解其特征。

（4）根据层序中的关键界面（key surface）和沉积体空间配置关系模式推断沉积体系类型。层序地层的方法首先是识别作为层序边界的不整合界面,随后可以追索是否存在着相应的海退和暴露阶段形成的深切谷（incised valley）以及低位体系域斜坡扇等。这种解释和预测,对油气勘探来讲显得极为重要。

二、层序地层学与沉积构成单元分析

层序地层学从宏观上（即从整体沉积格架上）加深了对沉积体系的研究,沉积构成分析则深化了沉积体系内部特征的解析,并成为油气储层和铀储层（砂岩型铀矿储层）非均质性研究的最基础内容。

Miall（1985）在河流沉积体系的研究中发展了 Allen 关于构成单元（architectural element）的概念。构成单元是一种岩性体,具有特征的几何形态和岩性相组成,是一定的沉积作用的产物。在河流沉积物中,所划分的八种构成单元是：河道（CH）、砾质坝和底形（GB）、砂质底形（SB）、向下游加积的大底形（DA）、侧向加积沉积（LA）、沉积物重力流（SG）、纹层状沙席（LS）、越岸细粒沉积物（OF）。之后的沉积构成研究进一步扩展到其他环境的水道沉积,如海底扇水道（Miall,1989）。Miall 在一系列论著中提出了垂向层序研究的不足之处,强调了对沉积体进行三维研究的必要性。

在 Miall 早期（1985）的构成单元分类中没有明显级别的概念,但随后的研究进一步提出了沉积体内部界面的构成单元的级别（hierarchy of bounding surfaces and architectural units）,并分出了六级界面和八级构成单元（图 20-10）,八级构成单位由小到大依次为：①波痕（微底形）、全日潮沙丘的生长增量；②沙丘（中级底形）；③大底形生长增量；④大底形；⑤河道、三角洲朵叶；⑥河道带；⑦沉积体系；⑧盆地充填复合体（Miall,1988,1990）。其他学者,如 Allen 对海岸和河口湾沉积、Dott 等对陆架沉积、Brookfield 等对风成沉积也都做了等级划分。

Miall 的构成单位和等级界面研究对沉积体内部构成进行了详细分级,有其优越性。20 世纪 80 年代后期以来,储层沉积学成了国内外研究的热点,因为人们认识到巨大数量的可动油由于砂体内部的非均质性而滞留于储层中未被采出。例如曲流河道砂体在点坝加积过程中形成了薄的泥披覆,从而使储层砂体变成了半流通体。因此,要揭示砂体内部的非均质性,就需要分级别极细微地划分和研究构成单位和等级界面,因为甚至厘米级的细夹层都可能对流场带来重大影响。这样,沉积体内部的构成分析就成为油藏工程的重要基础。

在沉积学领域,"相"这一术语使用十分广泛并被用于不同的范畴。但在沉积体系分析中,"相"的使用范畴被限定于比沉积体系低一级的单位,是构成沉积体系的各种沉积体,如湖泊三角洲沉积体系中的分流河道（DC）、决口扇（CVS）、决口三角洲（CVD）、越岸沉积（OB）、三角洲平原小型湖（PL）、间湾（BA）、沼泽（SP）、水下分流河道（SCH）、河口坝（MB）、湖泊泥岩（LM）等（图14-8）。

如果将层序地层分析和沉积体系分析中所划分的单元——建造块（building block）作为一个完整系列，其级序如下。

（1）层序（sequence）；

（2）沉积体系域（depositional system tract，DST）——小层序组（parasequence set）；

（3）沉积体系域单元（fundamental unit of DST）——小层序（parasequence）；

（4）沉积体系（depositional system）；

（5）成因相（genetic facies），可进一步分为复合体及相单元，如河道复合体和河道单元；

（6）大底形及其生长单元（macroform and their growth increment）；

（7）中底形及其生长单元（mesoform and their growth increment）；

（8）小底形（microform）。

其中，（1）至（2）为层序地层单元，也是一种成因地层单元。此外，名词的使用也具有一定的灵活性，例如在小型沉积盆地中湖泊沉积体系也包括了周缘的三角洲、扇三角洲等进积体；在大型沉积盆地中三角洲的规模相当大，内部构成复杂，需要作为一种沉积体系进行研究，也可以叫湖泊三角洲沉积体系。

看来，层序地层学、沉积体系分析及内部构成单元分析实际上已经构成了一个完整的沉积分析系统。这一系统的功能，不仅在于重建盆地充填的等时地层格架和解析各级建造单元，还在于着力揭示控制盆地沉积充填的动力系统机制，即构造、海平面变化、古气候和沉积补给等综合因素的相互作用（李思田，1996）。

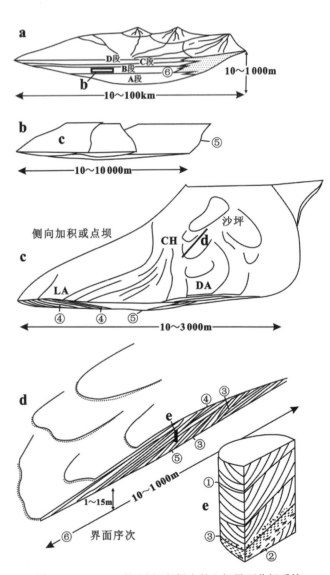

图 20-10　Miall 对河流沉积提出的六级界面分级系统
（据 Miall，1988）

注：a 到 e 表示河流单元的逐级放大，从中可以识别出 6 种不同的沉积界面。

三、层序模式及其拓展应用

层序地层学的理论和方法显示了学术上的先进性及巨大的应用价值，但不等于现有的层序地层模式具有普遍的适用性。模式的重要作用在于可以类比和借鉴，好的模式在新地区工作中应具备预测功能。但地质学中的任何模式都是源于典型的总结，尽管这种总结可能与更多的实例做了比较分析，注意了特征的再现性，但仍难免有地区的局限性。如 Vail 等人的模式主要反映了被动大陆边缘盆地的层序地层特征，已发现愈来愈多的实例与之有明显差异。模式是通过人的思维所做出的概括，难免有认识上的局限性和区域上的局限性，因此在类比与借鉴的同时应充分考虑对象的具体特征而不受已有的任何模式的束缚。

在使用一种模式时，需要了解提出该模式所依据的典型实例研究、其地质背景以及所做的过程解释。Jervey（1988）关于层序定量地质模拟的论文，对大西洋型被动边缘层序的形成、影响沉积体系和体系域的因素做了系统的理论阐述，并被称为"可容空间模式（accommodation model）"。可容空间是指基准面（base level）以下可提供沉积物堆积的空间，大陆边缘的海平面即大致相当于基准面。从模拟的地质基础出发，盆地充填控制因素可简化为构造沉降、海平面变化和沉积物补给三者的相互影响。可容空间主要决定于沉降和海平面变化二者的联合，其变化速度决定了沉积体系的分布和界面的特性。海平面下降速度超过沉降速度是低位体系域形成的条件；沉积补给的持续则减少了可容空间的发展，表现为沉积体进积的速度增加。Reynolds 等（1991）以大西洋边缘的典型层序为实例进行了计算机模拟，表明构造、海平面变化和沉积补给三因素中任何一个因素足够大的变动都足以改变层序地层格架的样式（图 20-2）。

目前，所进行的任何模拟都是将实际情况予以高度简化后进行的。在面对实际研究对象时情况却复杂得多。新生代大西洋型被动大陆边缘盆地，构造条件相对稳定，变形较简单，因此层序模式突出了"海平面变化驱动机制"。在许多情况下，如活动大陆边缘盆地、前陆盆地和裂谷盆地等背景中，构造因素的影响十分强烈。前陆盆地背景下的幕式挤压、推覆构造不仅造成沉降速度的加快，而且也大大改变了物源补给，形成巨大的进积型粗碎屑楔状体。裂谷盆地也有与之类似的过程。Underhill（1991）等人的研究表明，北海盆地存在着幕式的伸展运动和半地堑沿铲形盆缘断裂发生的断块旋转。此种幕式的构造运动同样造成了地层沿不整合界面的上超，此种上超并不反映海平面上升，但过去却被部分研究者错误地用于编制全球海平面变化曲线。在有较强的幕式构造运动影响下，全球性海平面变化的影响被复杂化，因此多数情况下看到的是相对海平面变化。地质背景的多样性造成了层序样式、沉积体系类型和配置的多样性。

经典的层序地层学模式是源于对被动大陆边缘盆地的地层结构和沉积特征的总结。众所周知，陆相盆地无论是在规模上，还是在水体深度上，均无法与海相盆地相比，另外，气候因素对陆相沉积物的影响要比海相显著得多。从层序地层理论体系提出伊始，沉积学家就一直致力于将其分析思路和方法引入到陆相沉积盆地的实践。经过多年探索被认为是可行的，但制约层序形成的控制因素和术语体系有所区别。在陆相盆地中，三级层序主要由低位体系域（LST）、湖泊扩展体系域（EST）和高位体系域（HST）组成，有些层序的高位体系域等同于湖泊萎缩体系域（图 20-11）。低位体系域位于湖盆层序的底部，是在湖平面最低的状态下形成的沉积集合体，一般由加积或进积的小层序组组成，沉积体系多为大型低位浊积扇或冲积扇，以及具有下切谷性质的大型河流体系，例如鄂尔多斯盆地延安组底部的宝塔山砂岩、直罗组底部蕴藏丰富铀矿资源的辫状河–辫状河三角洲砂体。湖泊扩展体系域是在湖平面快速上升、湖盆范围迅速扩大的情况下形成的，开阔湖泊沉积及其共生的各类三角洲沉积体系是其主要沉积特色，由于可容空间增长速率大于沉积物供给速率，所以退积结构明显。界定湖泊扩展体系域的底部和顶部界面分别是初始湖泛面及最大湖泛面。高位体系域（湖泊萎缩体系域）是在湖平面达到最大并开始缓慢下降时形成的，此时沉积物供给速率大于可容空间增长速率，湖盆开始淤浅，进积小层序发育，沉积体系往往以大型河流和三角洲沉积为特色。在湖盆环境中，三级层序中沉积体系域的叠置型式在很大程度上受盆地边缘古地貌背景控制，缓坡背景和陡坡背景的地层叠置形式不同，这些区别在断陷盆地和前陆盆地中表现得最为明显。

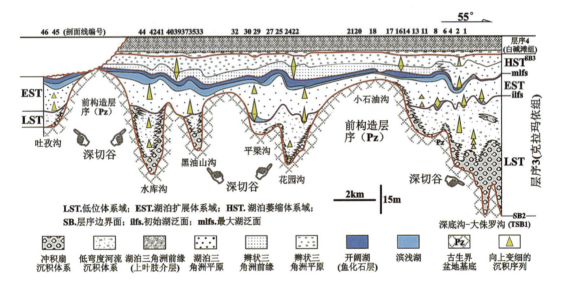

图 20-11　准噶尔盆地西缘平行克拉玛依组沉积走向的层序地层与沉积体系格架图
（据焦养泉，2001）

第二十一章 层序格架中的聚煤规律

自从层序地层学理论提出以后,煤层在层序地层格架中的发育和分布规律一直是煤地质学家关注的热点问题(Bohacs 和 Suter,1997;Diessel 等,2000;Holz 等,2002;Diessel,2007)。在不同类型盆地中,层序地层格架的特征和控制因素有很大的差异,比如在裂谷和前陆盆地中构造作用就更为突出。因此,在讨论层序地层格架下的聚煤规律时,除了考虑层序格架中聚煤作用的普遍规律外,还要根据不同盆地类型具体分析。通过 20 余年的努力,近海型含煤岩系和陆相聚煤盆地的层序地层分析理论及模式逐步完善(Diessel,1992;李思田等,1992,1993;邵龙义等,1993;李增学等,1996;Holz 等,2002)。

第一节 近海型含煤岩系层序格架下的聚煤规律

长期以来,煤的形成被认为与海平面的变化有关,煤地质学家一直用海平面的振荡来解释含煤旋回的形成。自层序地层学理论提出后,Diessel(1992)建立了一个在海平面高频变化过程中,海进和海退两种情况下的成煤模型(图 21-1)。在海侵体系域中,主要形成海侵煤层,但次级的小型海退也可形成海退煤层。在高位体系域中,总体进积的高位体系域内主要形成海退煤层,次级的小型海侵也可以导致海侵煤层的形成。除了煤层的合并外,煤的形成过程通常是单个海平面升降旋回的一个部分。这一概念模型的提出,使煤地质学家能够应用这些理论和模式从不同的角度考虑煤层形成的不同样式和地层记录,重新解释和解决以前煤地质学研究所存在的关于煤层形成及旋回性问题。

随着研究的深入,人们逐渐认识到可容空间对于聚煤作用具有重要的制约作用。按照 Catuneanu

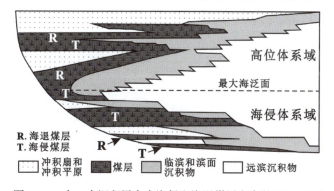

图 21-1 在一个沉积层序内海侵和海退煤层发育的 Diessel 图解模式(据 Diessel,1992)

(2005)的观点,泥炭容易堆积于高可容空间的体系域中,低可容空间的沉积体系域不可能具有大规模的聚煤作用,即便有也是薄层的。可容空间增加速率在层序地层格架中呈规律性变化,致使煤层的发育具有一定的规律性。实际上,煤层的发育受可容空间增长速率与泥炭聚集速率的制约(李思田等,1992;Flint等,1995;Bohacs和Suter,1997;Holz等,2002;邵龙义等,2008,2009),煤层厚度受到可容空间增长速率与泥炭聚集速率之间的相对平衡状态的影响(Bohacs和Suter,1997;Holz等,2002)。过慢的相对海平面上升速率,难以保证泥炭堆积所需的可容空间,因此难以形成厚煤层;相反,过快的海平面上升速率,使得泥炭堆积速率又难以追赶上可容空间增加速率,从而造成泥炭沼泽很快被海水淹没,结果也难以形成厚煤层;只有适度的海平面上升速率,才能保证可容空间增加速率与泥炭堆积速率之间的相对平衡关系,使泥炭能持续堆积,从而形成巨厚煤层。据前人推算,可容空间增加速率与泥炭堆积速率比值达到1～1.18时最有利于厚煤层的形成(Bohacs和Suter,1997)。

在层序地层格架中,可以建立煤层几何形态和厚度预测模型(图21-2、图21-3)。由于低位体系域可容空间增长速率是高位体系域可容空间增长速率的镜像,因而低位体系域和高位体系域中煤层的几何形态和厚度都比较相似,为中等厚度、连续分布的煤层;海侵体系域初期和末期,可容空间增加速率与泥炭聚集速率平衡,此时有利于形成厚而孤立的煤层,海侵体系域中期则因可容空间增加速率过快导致煤层较薄且不连续。

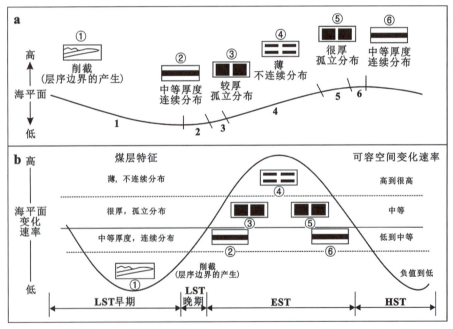

图21-2　煤层几何形态与厚度的预测模型(据Bohacs和Suter,1997)
a.煤层几何形态和厚度与海平面变化的关系;b.煤层几何形态和厚度与海平面变化速率的关系
注:低位体系域及高位体系域中煤层的几何形态和厚度比较相似。

一、低位体系域中的聚煤作用

低位体系域总体上属于低可容空间环境,其以高沉积物供给为特征,因此环境条件总体不利于泥炭堆积。随着低位体系域的演化,聚煤作用体现出了明显的分异。

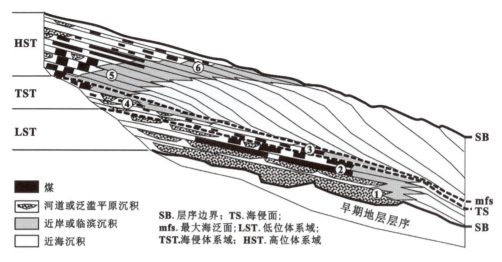

图 21-3 层序地层格架中近海煤层的形成和分布规律（据 Bohacs 和 Suter，1997）
注：图中煤层编号对应于图 21-2 中煤层的编号。

在低位体系域发育早期，处于基准面（海平面）下降阶段。由于可容空间较小，陆上环境通常以河谷下切或古土壤发育为主，而水下环境以活动的海底扇、有天然堤河道沉积与溢岸沉积为特征。河流可容空间的受限影响到了泛滥平原的发育，从而不利于泥炭堆积和煤层发育（图 21-4）。

在低水位体系域发育晚期，随着基准面（海平面）上升速率增大和可容空间的增加，以进积作用为特征的冲积平原、三角洲平原和碎屑滨岸带变得有利于泥炭沼泽发育，所以煤层通常形成于低位体系域的顶部（图 21-4）。

关键界面	体系域	泥炭堆积 低　　　高
最大洪泛面（mfs）→	高位体系域（HST）	
最大海退面（MRS）→	海侵体系域（TST）	
相对应的整合面（CC）→	低位体系域（LST）晚期	
强制性海退底界面（BSFR）→	低位体系域（LST）早期	

图 21-4 层序演化的各个时期泥炭堆积总体趋势（据 Catuneanu，2005 修改）

综上所述，低位体系域的聚煤特征是：①垂向上，低水位体系域上部的含煤性好于下部（图 21-2、图 21-4）。②平面上，煤层主要分布于碎屑滨岸带、滨海三角洲及冲积平原地区。③煤层迁移具有双向扩展性，一方面由于海平面的抬升，滨线向陆迁移，使得滨岸平原等成煤环境向陆迁移；另一方面，由于低位期的沉积物供给速度大于海平面变化速度，小层序逐渐向海盆进积，使泥炭沼泽有向海盆方向进积的特征（图 21-5）。

二、海侵体系域中的聚煤作用

海侵体系域具有较高的可容空间增长速率，因此，不断向陆迁移的沉积体便构成了特征的退积型地层叠置样式。在海侵体系域早期，海水溢出下切充填谷地，开始向陆架坡折上超覆，此时滨岸坡折或海湾线向陆一侧极易形成大面积泥炭沼泽。这是因为：①陆架上的地下

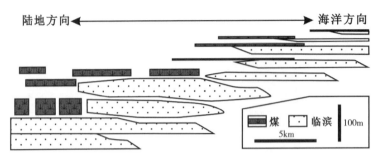

图 21-5　美国怀俄明州 Adaville 组内部煤层发育的位置示意剖面图（据 Lawrence，1982 修改）

水位抬升并接近地表，有利于植物的繁盛；②经低位期填平补齐，地势变得较为平坦，有利于大面积泥炭沼泽的发育；③海侵早期，海水进侵缓慢，泥炭沼泽随海湾线向陆迁移亦较迟缓，为发育厚煤层创造了条件。因此，海侵初期是一个主要的成煤期（图 21-6）。海侵中晚期，随着海侵范围的进一步扩大，海湾线已跨过陆架，达到大陆坡折之上，此时海侵体系域的三角洲平原、泻湖-潮坪、冲积平原较有利于泥炭沼泽的发育，导致各小层序顶部常有煤层发育。但由于海侵速度较快，成煤时间短，煤层一般较薄，仅少数煤层局部可采。海侵期末，海平面达到最大，海平面变化速率缓慢，稳定时间长，有利于有机质发育和富集，因此具有形成分布广泛的厚煤层的条件（图 21-4）。

因此，海侵体系域的聚煤具有以下特点：①垂向上，早期和末期的聚煤作用好于中期；②平面上，煤层主要分布于滨海三角洲平原及冲积平原地区，其他环境成煤作用较弱；③随着海侵的不断扩张，煤层随地层向陆退积迁移（图 21-7、图 21-8）。

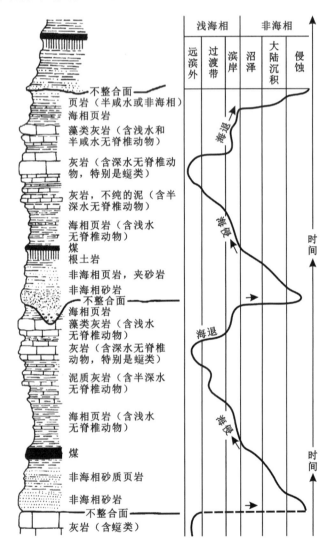

图 21-6　含煤岩系内部的韵律性（据 Moore，1964）
注：沉积层序由海平面变化和不整合面来确定，主要成煤作用发生在海侵初期。

Diessel（1992）主要基于对煤层剖面的详细研究，总结了边缘海盆地海侵过程成煤的基本特点。例如，在煤层中镜质体反射率、结构镜质体含量、煤中硫的同位素比值以及 TPI 指数等指标的向上减少，结构镜质体的荧光强度、镜质体含量、黄铁矿及硫分含量、煤中碎屑显微组分、煤的挥发分含量以及 H/C 原子比等指标向上增加等，都是海侵过程的基本证据。他还认为，煤层顶板直接为海相沉积而不是陆相冲积沉积是最直观的海侵成煤的标志。

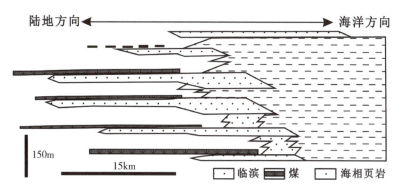

图 21-7　美国怀俄明州绿河盆地 Rock Springs 三角洲前缘砂岩上覆煤层位置示意剖面图
（据 Levey，1985）

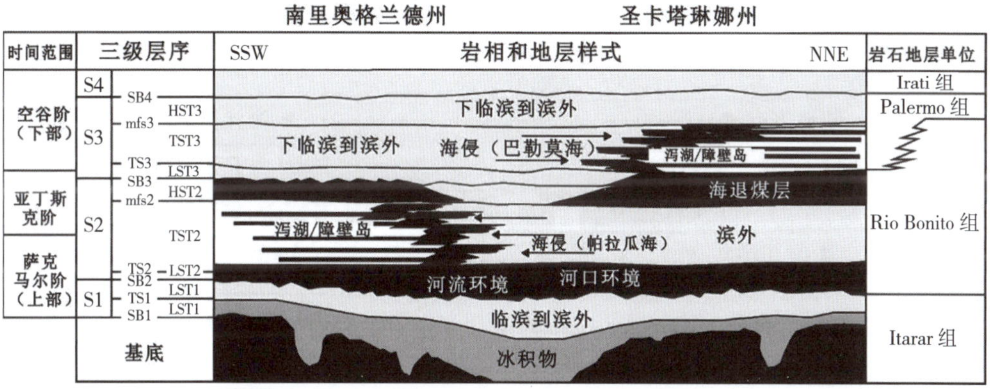

图 21-8　早二叠世含煤岩系地层结构及沉积相概略剖面图（据 Holz 等，2002）
注：研究区重要的煤层主要分布于层序 S2 的海侵体系域，且从早期到晚期，煤层向陆退积迁移。

海侵过程成煤理论蕴含一种海平面变化均变的理念，在一些稳定构造背景下的内陆表海盆地，海侵作用可能就演变为重要的地质事件。李思田（1996）指出，我国华北及上扬子的石炭纪和二叠纪沉积地层样式与北美大西洋型被动边缘具有明显不同。华北地台石炭系底部和扬子地台上二叠统底部都属于假整合和微角度不整合，迄今为止尚未在华北地台内部的石炭系底部发现代表低位体系域的深切谷充填，层序底部由海侵体系域开始，太原组和山西组主要工业性煤层蕴藏其中。在此种条件下，由于内陆表海的古坡度近于水平，而海侵带有突发性，即海平面的小幅度升高也能立即淹没广大面积。内陆表海盆地与发育有低位体系域的边缘海斜坡之间可能相距很远，并以复杂的形式相连通（图 21-9）。何起祥等（1991）和李增学等（2003）将这种与"瞬时"海侵事件相关的聚煤作用机理总结为海侵事件成煤模式，并认为这种煤层具有等时性。

三、高位体系域中的聚煤作用

在高位正常海退期间，可容空间和沉积作用之间的平衡逐渐发生改变并有利于后者，伴

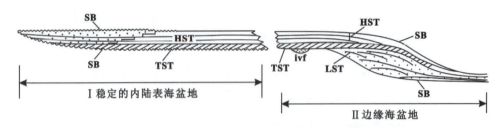

图 21-9　华北稳定内陆表海盆地边缘层序地层样式与大陆边缘的过渡关系模式（据李思田，1996）

SB. 层序边界；LST. 低位体系域；TST. 海侵体系域；HST. 高位体系域；ivf. 深切谷

随基准面（海平面）上升速率的减慢，重要泥炭堆积的机会也随之降低。在以加积作用为主的高位体系域发育早期，潮控海侵水道充填之上可能仍然发育有很好的泥炭沼泽沉积，并且与水道越岸相互层。由于可容空间的不足以及河流的相对高沉积物的注入，在高位体系域末期通常是缺失泥炭沼泽沉积的（图 21-4）。

因此，高位体系域的聚煤特点是：①垂向上，自下而上聚煤作用减弱，含煤性变差；②平面上，煤层主要发育于海岸平原（海湾、泻湖潮坪）及冲积平原地区；③早期的聚煤作用随着海退向盆地进积（迁移），晚期的聚煤作用迁移不明显，主要表现为垂向加积（图 21-10）。

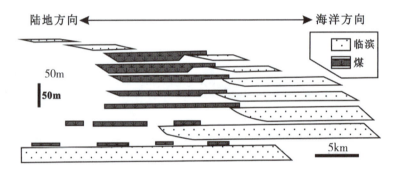

图 21-10　美国犹他州 Ferron 砂岩中煤层位置示意剖面图（据 Ryer，1981）

第二节　内陆湖盆层序格架下的聚煤规律

李思田等（1988，1992）和邵龙义等（2009）对我国内陆湖盆层序地层格架下的聚煤规律进行了比较深入的研究。内陆湖盆可分为坳陷型盆地和断陷型盆地，下面分别以鄂尔多斯盆地侏罗纪含煤岩系及中国东北部中新生代断陷盆地含煤岩系为例予以剖析。

一、坳陷盆地层序格架下的聚煤规律

坳陷型盆地与边缘海盆地有相似之处，大面积分布的煤层主要形成于可容空间增加速率与泥炭堆积速率保持平衡或略高于泥炭堆积速率时（鲁静等，2006）。由于陆相含煤盆地影响可容空间的地质因素（如古气候、基底沉降、湖平面变化等）远比海相环境复杂，煤层在层序格架内的发育也具有多样性。早中侏罗世，鄂尔多斯盆地处于逆冲间歇期，具有大型内陆坳陷盆地的性质（图 21-11），此时发育了一套重要的延安组含煤岩系，其煤层的分布在不同体系域中表现出了不同的特征。

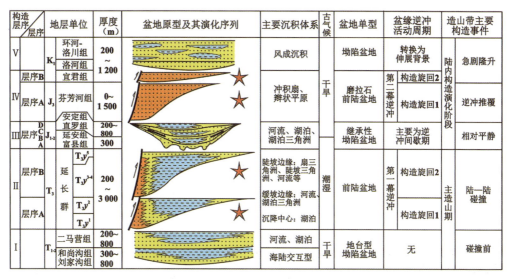

图 21-11　鄂尔多斯盆地中生代充填演化序列图（据焦养泉，1996）

1. 低位体系域中的聚煤作用

在低位体系域早期盆地可容空间很低，河流的侵蚀作用强烈，其沉积过程是以填平补齐古负地貌单元为特征。古负地貌单元控制着沉积体系的分布，而沉积体系又直接与聚煤作用有关。对于鄂尔多斯盆地延安组而言，低位体系域的地层厚度能比较真实地反映沉积期的古地貌特征，地层厚度较大的区域与古负地貌单元相吻合，而厚度较小的区域则与古隆起区相一致。这种地层单元分布的特殊性，使得沉积体系对聚煤作用的控制表现出了明显的差异，古负地貌单元对煤层的控制作用显得较为突出。通过地层厚度与煤层厚度图对比分析表明，研究区的主要几个富煤单元都无一例外地位于负地貌单元中，古隆起区成为相邻富煤单元的天然分界线。因此，寻找新的富煤单元，主要是寻找古印支构造运动面上的负地貌单元区。在低位体系域发育晚期，随着基准面逐渐上升（湖平面不断扩张），河流能量减弱，三角洲沉积体系逐渐发育，形成了有利的成煤环境。这样一来，低位体系域的聚煤作用就具有自下而上逐渐增强的趋势，可以表现在煤层厚度、分布面积或者稳定性等方面（图 21-12）。

2. 湖泊扩展体系域中的聚煤作用

在鄂尔多斯盆地，湖泊扩展体系域由多个小层序组成，从早期至晚期聚煤作用表现出了明显的差异。在湖泊扩展体系域发育早期，湖泊淹没了古隆起，整个盆地连成一体，由于水体的快速扩张，成煤环境遭到破坏。在湖泊扩展体系域发育的中晚期，随着陆源物质对湖盆的充填作用，冲积平原和湖泊三角洲平原面积迅速扩大，这为大规模稳定的泥炭沼泽发育奠定了基础。因此，湖泊扩展体系域的中晚期是最好的成煤时期（图 21-12）。

湖泊扩展体系域的聚煤特征是：①垂向上，上部的成煤作用好于下部。②平面上，河流体系的聚煤作用较差，尤其是砾质辫状河道带及砂质曲流河道带往往成为无煤带；废弃的三角洲平原是最理想的聚煤场所，其中下三角洲平原的聚煤作用比上三角洲平原的聚煤作用强，较深水的湖泊不利于泥炭沼泽的发育，所以由三角洲平原向深水湖泊过渡，煤层变薄甚至尖灭。③富煤单元随着湖平面的变化迁移，沉积速率大于可容空间增长速率时向湖泊方向迁移，相反则向陆地方向迁移。

3. 高位体系域中的聚煤作用

在鄂尔多斯盆地,延安组高位体系域中的湖泊萎缩明显,以河流和湖泊三角洲体系为主体的碎屑沉积体进积作用显著,充分反映了湖平面的较大幅度下降。在整个进积序列中,随着河流体系的不断增大,湖泊三角洲体系减小,成煤作用逐渐减弱。值得注意的是,延安组高位体系域的顶界面是一个具有区域分布特征的不整合面,局部的直罗组下切谷可以对高位体系域的工业煤层造成较大规模的冲刷和缺失(图21-12)。

因此,陆相坳陷盆地高位体系域的聚煤作用特征是:①垂向上,自下而上聚煤作用减弱;②平面上,煤层分布主要在盆缘低洼沼泽和湖泊三角洲平原;③煤层的迁移随着湖泊的不断萎缩,逐步向盆地中心超覆(迁移);④上覆层序中的下切谷可能对高位体系域中的煤层造成冲刷而缺失。

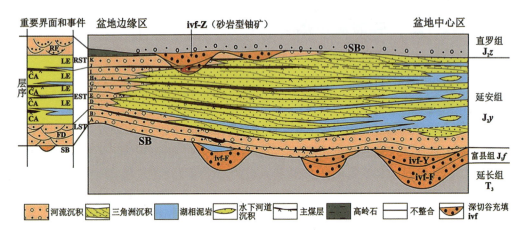

图21-12 鄂尔多斯盆地东北部延安组层序地层格架中的聚煤规律(据李思田等,1995)
CA.河流、三角洲废弃,大面积成煤;LE.湖泊扩展期;FD.河流体系占优势;RF.河流回春;ivf-Z.直罗组深切谷;ivf-Y.延安组深切谷;ivf-F.富县组深切谷;SB.不整合或假整合层序界面;LST.低位体系域(无深切谷发育时可用AST,即冲积体系域);EST.湖扩体系域;RST.湖盆萎缩体系域

二、内陆断陷湖盆层序格架下的聚煤规律

内陆断陷盆地的可容空间增长速率主要受控于与构造有关的盆地基底沉降,在断陷盆地的不同部位,盆地基底沉降速率差异较大,总体上表现为由控盆断裂带一侧的陡坡带向盆地缓坡带方向,基底沉降速率降低,相应的盆地可容空间增长速率也表现为逐渐减慢的过程。

从沉积物供给速率来看,断陷盆地的主要物源因盆缘背景不同而不同,在盆地陡坡带为主要物源,而在盆地缓坡带为次要物源,在横向上沉积物供给速率由盆地边缘向盆地中心呈逐渐降低的趋势。

聚煤作用受控于盆地不同演化阶段的可容空间增长速率与沉积物供给速率的变化。在盆地断陷期,聚煤中心主要位于盆缘三角洲平原地带,受湖泊扩展作用的影响,聚煤带逐渐向盆缘退积,从盆地缓坡带到陡坡带,聚煤强度曲线呈双峰分布。在盆地萎缩期,聚煤中心向淤浅的湖泊中心方向迁移,从盆地缓坡带到陡坡带,聚煤强度曲线呈单峰分布。

1. 低位体系域中的聚煤作用

在低位体系域发育的早期阶段,属于湖盆初始充填期。裂陷作用开始,构造活动强烈,古地貌起伏不平,冲积沉积占优势,不利于泥炭的堆积。

至低位体系域发育的晚期,属于湖盆的明显分化期,盆地中部(或偏向一端)出现较大的湖泊,并随着盆地的持续沉降,湖面不断扩大,而盆地周缘发育了冲积、三角洲和扇三角洲沉积体系。宽阔的周缘带的形成亦是此阶段的明显特征。此时,煤层主要发育于冲积平原或三角洲平原上,但是不稳定(表21-1)。

表21-1 断陷盆地层序地层格架下的聚煤规律(据李思田等,1988 修改)

充填序列	盆地充填演化阶段	沉积体系的配置特征		煤和油气源岩的形成	区域构造背景	
V	结束充填期	小型冲积扇,河流及冲积平原,局部的浅水湖泊		较薄和较不稳定的煤层	挤压强化,基底逐渐停止下沉,但充填结束前有小沉降周期	
IV	全面淤浅期	较稳定型:主体部分为大面积浅水湖泊,边缘为冲积扇-扇三角洲体系和三角洲,端部可以有冲积占优势地区	较活动型:扇和扇三角洲带特别发育,中间为洪泛洼地,端部有较大面积冲积占优势地区	最主要聚煤期,煤层厚度大,分布广,常有巨厚煤层形成	区域出现总体上升背景,盆地仍较强烈下沉,剥蚀区地形回春,断块差异运动有明显的周期性	压扭体制↑张扭体制
III	湖泊快速充填期	扇三角洲和三角洲快速进积,湖泊明显缩小,较深水湖相过渡为浅湖相		聚煤作用开始较弱,形成薄煤,以后逐渐增强		
III	最大水进期	湖面覆盖盆地之大部,形成较深水湖相,湖的周缘带很窄,水下重力流发育,但盆地端部可有较大范围冲积、三角洲沉积区		聚煤作用弱,煤层只存在于很窄的湖泊周缘带,形成主要的油气源岩	地壳伸展运动,盆地基底持续下沉,剥蚀区地形渐趋平缓	
II	明显分化期	盆地中心出现浅水湖泊,并随着盆地演化不断扩大加深,周缘带发育,由扇三角洲、三角洲组成,端部仍有较大面积冲积占优势地区		在周缘带形成有价值的煤聚积,煤层向湖尖灭。盆地中心为油气源岩		
I	初始充填期	冲积沉积(扇和河道)占优势的谷地,其中可有小面积的湖泊沼泽相形成		煤层不稳定,分布较局限	初始裂陷作用,强的断块差异运动	

2.湖泊扩展体系域中的聚煤作用

湖泊扩展体系域形成于最大水进期。此阶段盆地中形成了大型湖泊,湖水面积最大可以覆盖盆地的 80% 以上。根据二连盆地群的资料,一些毗邻的断裂凹陷在水进最强的阶段湖面可以相互连通。此阶段持续的时间较长,沉积了大湖泥岩段的主体部分,水下重力流沉积发育。此时期盆地的周缘带很窄,因而没有重要煤层形成,但是局部性的薄煤层则多有发现,如阜新盆地清河门附近地区沙海四段中的薄煤层(表21-1)。

3. 高位体系域中的聚煤作用

在高位体系域发育的早期阶段属于湖泊快速充填期。由于区域构造应力场的转化,改变了对沉积环境起控制作用的构造背景,剥蚀区和沉积区相对于湖平面的高度均加大,搬运营力加强,水系回春,大量碎屑物向盆地内搬运,扇三角洲和三角洲快速进积,湖面迅速淤浅。在总体水退背景下,湖泊全面淤浅,由于扇三角洲和三角洲的大规模进积,三角洲和扇三角洲平原为大面积沼泽化创造了条件,因此,高位体系域上部具有重要的聚煤作用(表21-1)。此阶段的沉积面貌在构造较活动的地区和构造较稳定的地区有十分明显的差异。

(1)较稳定者以霍林河、伊敏等盆地为代表。盆地大湖阶段结束,湖盆被全面淤浅之后,主体部分为大面积浅水湖沼,除了在盆地的端部地区外,河流作用在盆地内影响很弱,湖泊及其周缘带均可沼泽化,形成各演化阶段中最大规模的煤聚积。

(2)较活动者以阜新、平庄、黑城子牧场等盆地为代表。冲积扇和河道对盆地内部的聚煤作用有重要影响,盆地中没有大面积的、连续的湖泊,是一些被河道分割的小面积浅湖、沼泽和湿地,其总体面貌可称之为洪泛洼地。在这种背景下,也可以形成较大规模的煤聚积,但弱于较稳定型。

在高位体系域发育的晚期阶段属于断陷湖盆结束充填期。此阶段,在构造背景不同的地区有不同的表现。一种情况是搬运营力逐渐衰减,剥蚀区地势平缓,盆地内为大面积湿地,但不能形成厚煤层,此种情况下不能形成充填序列第V段(即顶部粗碎屑冲积物段)。另一种情况是,在结束充填前具有再次的断块差异运动,盆地内发育河流,并形成扇前或扇间的冲积平原,最后再随着构造活动的衰减而结束充填。总之,在高位体系域中,聚煤作用是逐渐减弱的(表21-1)。

主要参考文献

陈家良,邵震杰,秦勇. 能源地质学 [M]. 徐州:中国矿业大学出版社,2004.

陈妍,陈世悦,张鹏飞,等. 古流向的研究方法探讨 [J]. 断块油气田,2008,15(1):37—40.

陈钟惠. 煤和含煤岩系的沉积环境 [M]. 武汉:中国地质大学出版社,1988.

陈钟惠,武法东,张守良. 华北晚古生代含煤岩系沉积环境和聚煤规律 [M]. 武汉:中国地质大学出版社,1993.

谌建国,李有亮. 广西上二叠统含煤建造和藻坪沼泽成煤模式 [J]. 沉积学报,1983,1(1):86—93.

程爱国. 中国聚煤作用系统分析 [M]. 徐州:中国矿业大学出版社,2001.

程守田,李思田,黄焱球,等. 鄂尔多斯盆地下白垩统风成沉积与内陆古沙漠环境. 见:李思田主编. 含能源盆地沉积体系 [C]. 武汉:中国地质大学出版社,1996:138—147.

范代读,邱桂强,李从先,等. 东营三角洲的古流向研究 [J]. 石油学报,2000,21(1):29—33.

冯增昭. 沉积岩石学 [M]. 北京:石油工业出版社,1993.

何承全. 化石沟鞭藻类与石油的重要关系 [J]. 古生物学报,1984,23(4):519—522.

何镜宇,余素玉. 陆源碎屑岩研究 [M]. 武汉地质学院岩石教研室,1981.

何镜宇,余素玉. 沉积岩石学 [M]. 武汉地质学院岩石教研室,1983.

何起祥,业治铮,张明书,等. 受限陆表海的海侵模式 [J]. 沉积学报,1991,9(1):1—10.

胡元现,李思田,杨士恭. 鄂尔多斯盆地东北缘神木地区浅湖三角洲沉积作用及煤聚集 [J]. 地球科学,1989,14(4):379—393.

黄家福. 盆地分析中的编图方法 [M]. 武汉:中国地质大学出版社,1991.

黄乃和,温显端,黄凤鸣,等. 广西合山煤田的古土壤层与成煤模式 [J]. 沉积学报,1994,12(1):40—46.

江新胜,潘忠习,谢渊,等. 鄂尔多斯盆地白垩纪沙漠旋回、风向和水循环变化——白垩纪气候非均一性的证据 [J]. 中国科学:D辑,2004,34(7):649—657.

江新胜,潘忠习. 中国白垩纪沙漠及气候 [M]. 北京:地质出版社,2005.

焦养泉. 克拉玛依油田露头区克拉玛依组层序地层、沉积体系和储层地质模型研究 [D]. 武汉:中国地质大学,2001.

焦养泉,陈安平,杨琴,等. 砂体非均质性是铀成矿的关键因素之一——鄂尔多斯盆地东北部铀成矿规律探讨 [J]. 铀矿地质,2005,21(1):8—16.

焦养泉,李思田,解习农,等. 多幕裂陷作用的表现形式——以珠江口盆地西部及其外围地区为例 [J]. 石油实验地质,1997,19(3):222—227.

焦养泉,李思田,李祯,等. 碎屑岩储层物性非均质性的层次结构 [J]. 石油与天然气地质,1998,19(2):89—92.

焦养泉,李思田,李祯,等. 曲流河与湖泊三角洲沉积体系及典型骨架砂体内部构成分析——鄂尔多斯盆地东缘精细露头储层研究考察指南 [M]. 武汉:中国地质大学出版社,1995.

焦养泉,李思田,杨士恭. 三角洲—湖泊沉积体系及聚煤研究——以鄂尔多斯盆地神木地区延安组Ⅱ单元为例 [J]. 地球科学,1992,17(2):113—120.

焦养泉,李思田,庄新国. 前陆式盆地中的陡坡三角洲沉积体系——以鄂尔多斯盆地西南缘延长组中部为例. 见:李思田主编. 含能源盆地沉积体系 [C]. 武汉:中国地质大学出版社,1996:68—85.

焦养泉,李思田. 陆相盆地露头储层地质建模研究与概念体系 [J]. 石油实验地质,1998,20(4):346—353.

焦养泉,李祯. 河道储层砂体中隔挡层的成因与分布规律 [J]. 石油勘探与开发,1995,22(4):78—81.

焦养泉,彭云彪,李建伏,等. 内蒙古自治区杭锦旗大营铀矿成矿规律与预测研究 [R]. 中国地质大学(武汉)科研成果报告,2012.

焦养泉,荣辉,王瑞,等. 塔里木盆地西部—间房露头区奥陶系台缘储层沉积体系分析 [J]. 岩石学报,2011,27(1):285—296.

焦养泉,吴立群,何谋春,等. 准噶尔盆地南缘芦草沟组烃源岩产状、热演化历史与烃的初次运移过程 [J]. 中国科学:D 辑:地球科学,2007,37(S1):93—102.

焦养泉,吴立群,陆永潮,等. 准噶尔盆地腹部侏罗系顶部红层成岩作用过程中蕴藏的车莫古隆起演化信息 [J]. 地球科学,2008,3(2):219—226.

焦养泉,吴立群,荣辉,等. 二连盆地额仁淖尔凹陷泥岩型铀矿形成发育的沉积学背景研究 [R]. 中国地质大学(武汉)科研成果报告,2009.

焦养泉,王小明,吴立群,等. 河南新安井田煤与瓦斯赋存规律研究 [R]. 中国地质大学(武汉)科研成果报告,2009.

焦养泉,吴立群,荣辉,等. 铀储层结构与成矿流场研究——揭示东胜砂岩型铀矿床成矿机理的一把钥匙 [J]. 地质科技情报,2012,31(5):94—104.

焦养泉,吴立群,彭云彪,等. 中国北方古亚洲构造域中沉积型铀矿形成发育的沉积—构造背景综合分析 [J]. 地学前缘,2015,22(1):189—205.

焦养泉,吴立群,荣辉. 大营铀矿科研成果. 见:程利伟主编. 大营铀矿——"煤铀兼探"的实践与启示 [J]. 中国核工业,(增刊),2012:67—73,88—95.

焦养泉,吴立群,汪小妹,等. 松辽盆地铀资源评价及南部地区铀成矿规律与预测研究 [R]. 中国地质大学(武汉)科研成果报告,2012.

焦养泉,吴立群,杨琴. 铀储层——砂岩型铀矿地质学的新概念 [J]. 地质科技情报,2007,26(4):1—7.

焦养泉,吴立群,杨生科,等. 铀储层沉积学——砂岩型铀矿勘查与开发的基础 [M]. 北京:地质出版社,2006.

焦养泉,武法东,李思田,等. 滦平盆地成岩作用过程及古热流体幕式运移事件分析 [J]. 岩石学报,2000,16(4):615—622.

焦养泉,颜佳新,杨生科,等. 克拉玛依油田露头区八道湾组沉积体系分析与体系演化序列 [J]. 地学前缘,1999,6(增刊):258.

焦养泉,周海民,刘少峰,等. 断陷盆地多层次幕式裂陷作用与沉积充填响应 [J]. 地球科学,1996,21(6):634—636.

李继亮,肖文交,闫臻. 盆山耦合与沉积作用 [J]. 沉积学报,2003,21(1):52—60.

李世峰,邢洪烈,杨意忠,等. 陈旗盆地宝日希勒区扎赉诺尔群主含煤段聚煤环境 [J]. 煤田地质与勘探,1987(4):1—8.

李思田,程守田,杨士恭,等. 鄂尔多斯盆地东北部层序地层及沉积体系分析——侏罗系富煤单元的形成、分布及预测基础 [M]. 北京:地质出版社,1992.

李思田,焦养泉. 碳酸盐台地边缘带沉积体系露头研究及储层建模 [M]. 北京:地质出版社,2014.

李思田,黄家福,杨士恭,等. 霍林河煤盆地晚中生代沉积构造史和聚煤特征 [J]. 地质学报,1982(3):244—256.

李思田,焦养泉,付清平. 鄂尔多斯盆地延安组三角洲砂体内部构成及非均质性研究. 见:裴亦楠等主编. 中国油气储层研究论文集 [C]. 北京:石油工业出版社,1993:312—325.

李思田,李宝芳,杨士恭,等. 中国东北部晚中生代断陷型煤盆地的沉积作用和构造演化 [J]. 地球科学,1982(3):275—294.

李思田,李祯,林畅松,等. 含煤盆地层序地层分析的几个基本问题 [J]. 煤田地质与勘探,1993,21(4):

1—8.

李思田,林畅松,解习农,等. 大型陆相盆地层序地层学研究 [J]. 地学前缘,1995,2(3—4):133—136.

李思田,夏文臣,程守田,等. 中国西南地区晚二叠世构造古地理及富煤带分布规律. 见:王鸿祯等. 中国及邻区构造古地理和生物古地理 [C]. 武汉:中国地质大学出版社,1990:127—141.

李思田,杨士恭,黄家福,等. 论聚煤盆地分析的基本参数和流程 [J]. 煤田地质与勘探,1983,06:1—11.

李思田,杨士恭,林畅松. 论沉积盆地的等时地层格架和基本建造单元 [J]. 沉积学报,1990,10(4):11—22.

李思田. 断陷盆地分析与煤聚集规律 [M]. 北京:地质出版社,1988.

李思田. 层序地层分析与海平面变化研究——进展与争论 [J]. 地质科技情报,1992,11(4):23—30.

李思田. 含能源盆地沉积体系——中国内陆和近海主要沉机体系类型的典型分析 [M]. 武汉:中国地质大学出版社,1996.

李思田. 联合古陆演化周期中超大型含煤及含油气盆地的形成 [J]. 地学前缘,1997,4(3—4):299—304.

李思田. 盆地分析与煤地质学研究 [J]. 地学前缘,1999,6(5):133—138.

李增学,魏久传,王明镇. 华北南部晚古生代陆表海盆地层序地层格架与海平面变化 [J]. 岩相古地理,1996,16(5):1—11

李增学,余继峰,郭建斌,等. 陆表海盆地海侵事件成煤作用机制分析 [J]. 沉积学报,2003,21(2):288—297.

李忠权,应丹琳,李洪奎,等. 川西盆地演化及盆地叠合特征研究 [J]. 岩石学报,2011,27(8):2362—2370.

林畅松,杨起,李思田,等. 贺兰山-桌子山区太原组和山西组三角洲沉积体系的沉积构成和聚煤作用 [J]. 煤炭学报,1991,16(3):61—76.

林承坤,陈钦銮. 下荆江自由河曲形成与演变的探讨 [J]. 地理学报,1959,25(2):156—169.

刘宝珺,张锦泉. 沉积成岩作用 [M]. 北京:科学出版社,1992.

刘宝珺. 沉积岩石学 [M]. 北京:地质出版社,1980.

刘池阳. 盆地多种能源矿产共存富集成藏(矿)[M]. 北京:科学出版社,2005.

刘光华. 禹县煤田上石盒子组紫斑岩的成因 [J]. 煤田地质与勘探,1986(6):13—19.

刘光华. 煤沉积学研究现状与动态 [J]. 地学前缘,1999,6(B05):101—110.

刘和甫,李晓清,刘立群,等. 走滑构造体系盆山耦合与区带分析 [J]. 现代地质,2004,18(2):139—150.

刘和甫,汪泽成,熊保贤,等. 中国中西部中、新生代前陆盆地与挤压造山带耦合分析 [J]. 地学前缘,2000,7(3):55—72.

刘焕杰,贾玉如,龙耀珍,等. 华北石炭纪含煤建造的陆表海堡岛体系特点及其事件沉积 [J]. 沉积学报,1987,5(3):73—80.

刘焕杰,桑树勋,施健. 成煤环境的比较沉积学研究—海南岛红树林潮坪与红树林泥炭 [M]. 徐州:中国矿业大学出版社,1997.

刘焕杰. 潮坪成煤环境初论——三汇坝地区晚二叠世龙潭组含煤建造沉积环境模式 [J]. 中国矿业学院学报,1982(2):62—70.

刘魁梧. 生物成矿作用的机理、分类及某些特征 [J]. 地球科学进展——学科发展与研究,1990(3):25—28.

卢宗盛,黄其胜,焦养泉. 鄂尔多斯盆地东北部中侏罗世延安组双壳类古生态组合 [J]. 地球科学,1992,14(3):353—361.

鲁静,邵龙义,刘天绩. 柴北缘大煤沟地区侏罗纪含煤岩系层序地层学研究 [J]. 西北大学学报,2006,36(专刊):32—37.

鲁欣. 沉积岩石学手册 [M]. 北京:中国工业出版社,1964.

钱丽英. 扇三角洲和辫状三角洲——两种不同类型的粗粒三角洲 [J]. 岩相古地理,1990(5):55—62.

曲星武,王金城. 用锶钡比研究沉积环境的初步探讨 [J]. 煤田地质与勘探,1979（1）:15—21.

任文忠. 中国含煤盆地分类 [J]. 煤炭学报,1992,17（3）:1—10.

荣辉,焦养泉,吴立群,等. 江油二郎庙鱼洞子剖面飞仙关组鲕粒滩内部构成 [J]. 地球科学,2010,35(1):125—136.

邵龙义,鲁静,汪浩,等. 近海型含煤岩系沉积学及层序地层学研究进展 [J]. 古地理学报,2008,10（6）:561—570.

邵龙义,鲁静,汪浩,等. 中国含煤岩系层序地层学研究进展 [J]. 沉积学报,2009,27（5）:905—914.

邵龙义,张鹏飞,田宝霖. 黔西织纳地区晚二叠世含煤岩系层序地层及海平面变化 [J]. 地学探索,1993,8:1—11.

舒良树. 普通地质学（第三版）[M]. 北京:地质出版社,2010.

苏现波,林晓英. 煤层气地质学 [M]. 北京:煤炭工业出版社,2009.

孙永传,李蕙生,邓新华,等. 山西寿阳-阳泉地区石炭—二叠系沉积环境及其沉积特征 [J]. 地球科学,1986,11（3）:273—280.

同济大学海洋地质系和海洋地质研究所. 沉积岩组构及其形成环境——福克·R L教授访华学术报告汇编 [R]. 1981.

汪正江,陈洪德,张锦泉. 物源分析的研究与展望 [J]. 沉积与特提斯地质,2000,20（4）:104—110.

王鸿祯,史晓颖,王训练,等. 中国层序地层研究 [M]. 广州:广东科技出版社,2000.

王龙樟. 鄂尔多斯盆地北部延安组水下分流河道—河口坝层偶型三角洲体系的沉积构成 [J]. 岩相古地理,1992（2）:6—12.

王清晨,李忠. 盆山耦合与沉积盆地成因 [J]. 沉积学报,2003,21（1）:24—30.

王世虎,焦养泉,吴立群,等. 鄂尔多斯盆地西北部延长组中下部古物源与沉积体空间配置 [J]. 地球科学——中国地质大学学报,2007,32（2）:201—208.

王双明,佟英梅,李锋莉,等. 鄂尔多斯盆地聚煤规律及煤炭资源评价 [M]. 北京:煤炭工业出版社,1996.

魏斌,魏红红,陈全红,等. 鄂尔多斯盆地上三叠统延长组物源分析 [J]. 西北大学学报（自然科学版）,2003,33（4）:447—450.

吴立群,焦养泉,杨琴,等. 鄂尔多斯盆地富县地区延长组物源体系分析 [J]. 沉积学报,2010,28（3）:434—440.

吴立群,蒲秀刚,焦养泉,等. 断陷盆地单因素精细取证下的沉积体系综合分析——以歧口凹陷古近系沙三二亚段为例 [J]. 大地构造与成矿学,2010,34（4）:499—511.

武汉地质学院煤田教研室. 煤田地质学（上册）[M]. 北京:地质出版社.

夏文臣,要庆军,初志民,等. 黔西晚二叠世含煤岩系中潮坪—潮道相沉积构成及环境解释 [J]. 煤田地质与勘探,1988（5）:2—11.

杨明慧,刘池洋,兰朝利,等. 鄂尔多斯盆地东北缘晚古生代陆表海含煤岩系层序地层研究 [J]. 沉积学报,2008,26（6）:1005—1012.

杨起,韩德馨. 中国煤田地质学（上）[M]. 北京:煤炭工业出版社,1979.

杨起. 煤地质学进展 [M]. 北京:科学出版社,1987.

姚根顺,李大成,卢文忠,等. 四川叠合盆地盆山耦合特征分析 [J]. 大地构造与成矿学,2006,30（4）:435—444.

叶连俊,李任伟,王东安. 生物成矿作用研究展望—沉积矿床学的新阶段 [J]. 地球科学进展—学科发展与研究,1990（3）:1—4.

余素玉,何镜宇. 沉积岩石学 [M]. 武汉:中国地质大学出版社,1989.

余素玉. 重力流沉积砂岩的镜下结构标志—含斑性 [J]. 石油实验地质,1984,6（4）:319—325.

余素玉. 沉积学研究的新领域——风暴沉积 [J]. 地质科技情报,1985,4（2）:48—51.

袁国泰,黄凯芬. 试论煤系共伴生矿产资源的分类及其他 [J]. 中国煤田地质,1998,10（1）:21—23.

张慧,李小彦,郝琦,等. 中国煤的扫描电子显微镜研究 [M]. 北京:地质出版社,2003.

张鹏飞,刘焕杰,卓越,等. 试论局限台地碳酸盐岩型含煤建造——桂中马滩一带合山组的某些沉积特征 [J]. 沉积学报,1983,1(3):16—27.

张鹏飞,邵义龙. 广西合山地区合山组沉积相带和沉积模式 [J]. 沉积学报,1990,8(4):13—21.

郑浚茂. 陆源碎屑沉积环境的粒度标志 [M]. 武汉地质学院,1982.

钟广法,马在田. 利用高分辨率成像测井技术识别沉积构造 [J]. 同济大学学报(自然科学版),2001,29(5):576—580.

朱伟林. 中国近海新生代含油气盆地古湖泊学与烃源条件 [M]. 北京:地质出版社,2009.

卓越. 桂中晚二叠世合山组沉积特征和成煤环境 [J]. 煤田地质与勘探,1980,3:1—7.

曾允孚. 石灰岩、白云岩分类 [M]. 北京:地质出版社,1980.

Blatt H, Middleton G V, Murray R C 著(1972),《沉积岩成因》翻译组译. 沉积岩成因 [M]. 北京:科学出版社,1978.

Catuneanu O 著(2006),吴因业,等译. 层序地层学原理 [M]. 北京:石油工业出版社,2009.

Folk R L 著(1962),冯增昭,译. 石灰岩类型的划分 [M]. 重庆:科技文献出版社重庆分社,1975.

Friedman G M, Sanders J E 著(1978),徐怀大,陆伟文,译. 沉积学原理 [M]. 北京:科学出版社,1987.

Galloway W E, Hobday D K 著(1983),顾晓忠,等译. 陆源碎屑沉积体系——在石油、煤和铀勘探中的应用 [M]. 北京:石油工业出版社,1989.

Lewis D W 著(1984),丁山,等译. 实用沉积学 [M]:北京:地质出版社,1989.

Miall A D 著(1984),孙枢,等译. 沉积盆地分析原理 [M]. 北京:石油工业出版社,1991.

Moore C H 著(2001),姚根顺,等译. 碳酸盐岩储层——层序地层格架中的成岩作用和孔隙演化 [M]. 北京:石油工业出版社,2008.

Pettijohn F J, Potter P E, Siever R 著(1972),李汉瑜,等译. 砂和砂岩 [M]. 北京:科学出版社,1977.

Pettijohn F J 著(1975),李汉瑜,等译. 沉积岩 [M]. 北京:石油工业出版社,1981.

Rahmani R A, Flores R M 著(1984),李廉清,等译. 煤和含煤地层沉积学 [M]. 北京:地质出版社,1988.

Reading H G 著(1978),周明鉴,等译. 沉积环境和相 [M]. 北京:科学出版社,1985.

Reineck H E, Singh I B 著(1973),陈昌明,李继亮,译. 陆源碎屑沉积环境 [M]. 北京:石油工业出版社,1979.

Stach E 著(1982),杨起,等译. 斯塔赫煤岩学教程 [M]. 北京:煤炭工业出版社,1990.

Warwick P D 著(2005),吴立群,等译. 煤系统分析 [M]. 北京:地质出版社,2010.

Wilgus C K 著(1988),徐怀大,等译. 层序地层学原理(海平面变化综合分析)[M]. 北京:石油工业出版社,1993.

Ahlbrandt T S, Fryberger S G. Sedimentary features and significance of interdune deposits. In: Ethridge F G, Flores R M (eds.). Recent and ancient nonmarine depositional environments: Models for exploration [C]. Society for Sedimentary Geology Special Publication, 1981, 31: 293−314.

Ahlbrandt T S, Fryberger S G. Introduction to eolian depsoits. In: Scholle P A, Spearing D (eds.). Sandstone Depositional Environments [C]. AAPG Memoir, 1982, 31: 11−47.

Ainsworth R B, Sanlung M, Duivenvoorden S T C. Correlation techniques, perforation strategies, and recovery factors: An integrated 3−D reservoir modeling study, Sirikit Field, Thailand [J]. AAPG Bulletin, 1999, 83(10): 1 535−1 551.

Allen J R L. The classification of cross−stratified units. With notes on their origin. Sedimentology [J], 1963, 2(2): 93−114.

Allen J R L. Sediments of the modern Niger Delta: a summary and review. In: Morgan J P (ed.). Deltaic sedimentation: modern and ancient [C]. SEPM Special Publication, 1970, 15: 138−151.

Allen P A, Allen J R. Basin analysis: Principles and applications, 2nd edition [M]. Oxford: Blackwell

Science, 2005.

Anderson J A R. The structure and development of the peat swamps of Sarawak and Brunei [J]. The Journal of Tropical Geography, 1964, 18: 7—16.

Ayers Jr W B, Kaiser W R. Lacustrine—interdeltaic coal in fort union formation (paleocene), powder river basin, wyoming[J]. AAPG Bulletin, 1984, 68(7):931.

Bagnold R A. Sediment transport by wind and water [J]. Nordic Hydrology, 1979, 10(5): 309—322.

Baird G C, Shabica C W. The Mazon Creek depositional event: examination of Francis Creek and analogous facies in the Midcontinent Region. In: Langenheim R L, Mann C J (eds.). Middle and Late Pennsylvanian Strata on Margin of Illinois Basin [C]. Great Lakes Section, Danville, Society of Economic Paleontologists and Mineralogists, 10th Annual Meeting, Guidebook, 1980: 79—92.

Barwis J H, Hayes M O. Regional patterns of modern barrier island and tidal inlet deposits as applied to paleoenvironmental studies. In: Ferm J C, Home J C (eds.). Carboniferous depositional environments in the appalachian region [C]. Columbia, University of South Carolina, Carolina Coal Group, 1979: 472—508.

Barwis J H. Stratigraphy of Kiawah Island beach ridges [J]. Southeastern Geology, 1978, 19: 111—122.

Beaumont E A. Depositional environments of Fort Union sediments (Tertiary, northwest Colorado) and their relation to coal [J]. AAPG Bulletin, 1979, 63(2): 194—217.

Beerbower J R. Cyclothems and cyclic depositional mechanisms in alluvial plain sedimentation. In: Merriam D F (ed.). Symposium on cyclic sedimentation [C]. Kansas Geological Survey, Bulletin, 1964, 169: 31—42.

Bellamy L J, Pace R J. The effects of non—equivalent hydrogen bonding on the stretching frequencies of primary amines and of water [J]. Spectrochimica Acta Part A: Molecular Spectroscopy, 1972, 28(10): 1869—1876.

Berner R A. A new geochemical classification of sedimentary environments [J]. Journal of Sedimentary Research, 1981, 51(2): 359—365.

Blatt H. Provenance determinations and recycling of sediments [J]. Journal of Sedimentary Research, 1967, 37(4): 1 031—1 044.

Blunden R H. Urban Geology of Richmond, British Columbia [R]. University of British Columbia, Department of Geology, Report 15, 1973.

Bohacs K M, Suter J. Sequence stratigraphic distribution of coaly rocks: fundamental controls and paralic examples [J]. AAPG Bulletin, 1997, 81(10): 1 612—1 639.

Boothroyd J C, Ashley G M. Processes, bar morphology, and sedimentary structures on braided outwash fans, northeastern Gulf of Alaska In: Jopling A V, McDonald B C (eds.). Glaciofluvial and gladolacustrine sedimentation [C]. SEPM Special Publication, 1975, 23: 193—222.

Bradley W H. The varves and climate of the Green River epoch [J]. U. S. Geol. Survey Prof, Paper, 1930, 158: 87—110.

Breed C S, Grolier M J, McCauley J F. Morphology and distribution of common "sand" dunes on Mars: comparison with the Earth [J]. Journal of Geophysical Research, 1979, 84(B14): 8 183—8 204.

Brewer R, Haldane A D. Preliminary experiments in the development of clay orientations in soils [J]. Soil Science, 1957, 84: 301—310.

Britten R A, Smyth M. The bayswater coal member of the singleton coal measures of New South Wales [J]. Proceedings of the Australasian Institute of Mining and Metallurgy, 1973, 248: 37—47.

Brookfield M E. The origin of bounding surfaces in ancient aeolian sandstones [J]. Sedimentology, 1977, 24(3): 303—332.

Brown Jr L F. Deltaic sandstone facies of the Mid—Continent. In: Hyne N J (ed.). Pennsylvanian sandstones of the Mid—Continent [C]. Oklahoma Tulsa: Geological Society Special Publication, 1979, 1: 35—63.

Brown L F, Fisher W L. Seismic—stratigraphic interpretation of depositional systems: Examples from Brazilian rift and pull—apart basins. In: Payton C E (ed.). Seismic Stratigraphy—applications to hydrocarbon exploration [C]. AAPG Memoir, 1977, 26: 213–248.

Bull W B. Relation of textural (CM) patterns to depositional environment of alluvial fan deposits [J]. Journal of Sedimentary Research, 1962, 32(2): 211–216.

Bull W B. Recoginition of alluvial–fan depositions in the stratigraphic record. In: Hamblin W K and Rigby J K (eds). Recognition of Ancient Sedimentary Environments[C]. Society of Economic Paleontologists and Mineralogists, Special Publication, 1972, 16: 63–83.

Bush A L, Bromfield C S, Marsh O T, et al. Preliminary geologic map of the Gray Head quadrangle, San Miguel County, Colorado [R]. US Geologists Survey, Mineral Investigations Field Studies Map MF–176, 1961.

Cadle A B, Hobday D K. A subsurface investigation of the Middle Ecca and Lower Beaufort in northern Natal and the southeastern Transvaal [J]. Geological Society of South Africa Transactions, 1977, 80: 111–115.

Cairncross B. Anastomosing river deposits: Paleoenvironmental control on coal quality and distribution, northern Karoo Basin [J]. Geological Society of South Africa Transactions, 1980, 83: 327–332.

Cant D J, Walker R G. Fluvial processes and facies sequences in the sandy braided South Saskatchewan River, Canada [J]. Sedimentology, 1978, 25(5): 625–648.

Cant D J. Walker R G. Development of a braided–fluvial facies model for the Devonian Battery Point Sandstone, Québec[J]. Canadian Journal of Earth Sciences, 1976, 13(1): 102–119.

Carozzi A V. Carbonate rock depositional models: A Microfacies approach[M]. Prentice Englewood Cliffs, NJ, 1989.

Casagrande D J, Siefert K, Berschinski C, et al. Sulfur in peat–forming systems of the Okefenokee Swamp and Florida Everglades: origins of sulfur in coal [J]. Geochimica et Cosmochimica Acta, 1977, 41(1): 161–167.

Catuneanu O, Hancox P J, Cairncross B, et al. Foredeep submarine fans and forebulge deltas: orogenic off–loading in the underfilled Karoo Basin [J]. Journal of African Earth Sciences, 2002, 35(4): 489–502.

Catuneanu O, Martins–Neto M A, Eriksson P G. Precambrian sequence stratigraphy [J].Sedimentary Geology, 2005, 176(1): 67–95.

Cavaroc V V. Allegheny stratigraphy of southern West Virginia [D]. Master's thesis, Louisiana State University, 1963.

Cecil C B, Stanton R W, Dulong F T,et al. Some geologic factors controlling mineral matter in coal. In: Donaldson A C, Presley M W and Renton J J (eds.). Carboniferous coal guidebook [C]. West Virginia Geological and Economic Survey Bulletin B–37–1, 1979: 43–56.

Cepek P, Reineck H E. Form and origin of rill marks on tidal flats and beaches [J]. Senckenbergiana Maritima, 1970, 2: 3–30.

Choquette P W, Pray L C. Geologic nomenclature and classification of porosity in sedimentary carbonates [J]. AAPG Bulletin, 1970, 54(2): 207–250.

Clifton H E, Hunter R E, Phillips R L. Depositional structures and processes in the non–barred high–energy nearshore [J]. Journal of Sedimentary Research, 1971, 41(3): 651–670.

Cohen A D, Andrejko M J, Spackman W, et al. Peat deposits of the Okefenokee Swamp. In: Cohen A D, Casagrande D J, Andrejko, M J,et al (eds.). The Okefenokee Swamp: Its natural history, geology, and geochemistry [C]. Wetland Surveys, 1984: 493–553.

Cohen A D. Petrology of some Holocene peats sediments from the Okefenokee swamp–marsh complex of southern Georgia [J]. Geological Society of America Bulletin, 1973, 84(12): 3867–3878.

Cohen A D. Petrography and paleoecology of Holocene peats from the Okefenokee swamp–marsh complex of Georgia [J]. Journal of Sedimentary Petrology, 1974, 44(3): 716–726.

Cohen A D. Peats from the Okefenokee swamp–marsh complex [J]. Geoscience and Man, 1975, 11(1): 123–131.

Coleman J M, Gagliano S M, Smith W G. Sedimentation in a Malaysian high tide tropical delta. In: Morgan

J P (ed.). Deltaic sedimentation, modern and ancient [C]. Society for Sedimentary Geology Special Publications, 1970, 15: 185—197.

Coleman J M, Gagliano S M. Cyclic sedimentation in the Mississippi River deltaic plain [J]. GCAGS Transactions, 1964, 14:67—80.

Coleman J M, Prior D B. Deltaic sand bodies [M]. Oklahoma Tulsa: AAPG, 1980.

Coleman J M, Roberts H H. Mississippi River depositional system: model for the Gulf Coast Tertiary. In: Goldthwaite D (ed.). An introduction to central gulf coast geology [C]. New Orleans Geological Society, 1991, 99—121.

Coleman J M, Smith W G. Late Recent rise of sea level [J]. Geological Society of America Bulletin, 1964, 75(9): 833—840.

Coleman J M. Ecological changes in a massive freshwater clay sequence [J]. Gulf Coast Association of Geological Society Transactions, 1966, 16: 159—174.

Coleman J M. Brahmaputra river: channel processes and sedimentation [J]. Sedimentary Geology, 1969, 3(2): 129—239.

Coleman J M. Deltas: processes of deposition & models for exploration [M]. International Human Resources Development Corporation, 1976.

Collinson J D, Thompson D B. Sedimentary structures [M]. London: Allen & Unwin, 1982.

Collinson J D, Thompson D B. Sedimentary structures (second edition) [M]. London: Unwin Hyman, 1989.

Cook H E, Egbert, R M. Carbonate submarine fan facies along a Paleozoic prograding continental margin, western United States[J]. AAPG Bulletin, 1981, 65: 913.

Cornish—Bowden A. Enthalpy—entropy compensation: a phantom phenomenon [J]. Journal of biosciences, 2002, 27(2): 121—126.

Costa J E. Saprolite, landfbrms, and erosion of the Piedmont province [J]. Geological Society of America Abstracts with Programs, 1974, 6: 15—16.

Crook K A W. Weathering and roundness of quartz sand grains [J]. Sedimentology, 1968, 11: 171—182.

Csanady G T. Barotropic currents over the continental shelf [J]. Journal of Physical Oceanography, 1974, 4(3): 357—371.

Cucci M A, Clark M H. Sequence stratigraphy of a Miocene carbonate buildup, Java Sea. In: Loucks R G, Sarg J F (eds.). Carbonate sequence stratigraphy: recent developments and applications [C]. AAPG Memoirs, 1993: 291.

Dahlkamp F J. Comparison of remediation conditions for waste from uranium mining and milling in selected countries of the Western world and the former COMECON [J]. Berg Und Huttenmannische Monatshefte, 1996, 141(10): 449—455.

Dapples E C, Hopkins M E. Environments of coal deposition [M]. New York: Geological Society of America Special Publications, 1969.

Dapples E C. The behavior of silica in diagenesis. In: Ireland H A (ed.). Silica in Sediments [C]. SEPM Special Publication, 1959, 7(185): 36—514.

Davies D K, Ethridge F G, Berg R R. Recognition of barrier environments [J]. AAPG Bulletin, 1971, 55 (4): 550—565.

Davies G R, Smith Jr L B L. Structurally controlled hydrothermal dolomite reservoir facies: an overview [J]. AAPG Bulletin, 2006, 90(11): 1641—1690.

Deelman J C. Automatic grain size analyses by means of electro—magnetic surface measurements [J]. Journal of Sedimentary Research, 1972, 42(3): 732—735.

Dickinson W R, Anderson R N, Biddle K T, et al. The dynamics of sedimentary basins [M]. USG C,

Washington DC: National Academy of Sciences, 1997.

Diessel C F K, Boyd R, Wadsworth J, et al. On balanced and unbalanced accommodation/peat—accumulation ratios in the Cretaceous coals from western Canada, and their sequences—stratigraphic significance [J].International Journal of Coal Geology, 2000, 43(1): 143−186.

Diessel C F K. On the correlation between coal facies and depositional environments [C]. In : Proc 20th Symposium, Department of Geology, University of Newcastle, NSW, Australia, 1986: 19−22.

Diessel C F K. Coal—bearing depositional systems—coal facies and depositional environments: 8—coal Formation and sequence stratigraphy[M]. New York: Springer—Verlag, 1992.

Diessel C F K. Utility of coal petrology for sequence—stratigraphic analysis [J]. International Journal of Coal Geology, 2007, 70: 3−34.

Donaldson A C. Pennsylvanian sedimentation of central Appalachians. In: Briggs G (ed.). Carboniferous of the southeastern United States [C]. Geological Society of America Special Papers, 1974, 148: 47−78.

Doust H, Omatsola E. Niger delta. In: Edwards J D, Santogrossi P A (eds.). Divergent/passive margin basins [C].AAPG Memoir, 1990, 48: 201−238.

Droste H J, Van Steenwinkel M. Stratal geometries and patterns of platform carbonates: the Cretaceous of Oman. In: Eberli G, Massaferro J L, Sarg J F R (eds.). Seismic Imaging of Carbonate Reservoirs and Systems [C]. AAPG Memoir, 2004, 81: 185−206.

Duff P M, Walton E K. Carboniferous sediments at Joggins, Nova Scotia. In: Seventh International Congress on Carboniferous Stratigraphy and Geology[C], Compte Rendu, 1973, 2: 365-379.

Dunham R J. Classification of carbonate rocks according to depositional texture. In: Ham W E (ed.). Classification of Carbonate Rocks [C]. AAPG Memoir, 1962, 1: 108−121.

Dzulynski S, Kotlarczyk J. On load—casted ripples [J]. Rocznik Polskiego Towarzystwa Geologicznego, 1962, 30: 214−241.

Dzulynski S, Sanders J E, Bottom marks on firm mud bottoms [J]. Transactions of the Connecticut Academy of Arts and Sciences, 1962, 42: 57−96.

Dzulynski S, Walton E K. Sedimentary features of flysch and greywackes [M]. Amsterdam: Elsevier Publishing Company, 1965.

Eberth D A. Depositional environments and fades transitions of dinosaur—bearing Upper Cretaceousred beds at Bayan Mandahu (Inner Mongolia, People's Republic of China) [J]. Canadian Journal of Earth Sciences, 1993, 30(10): 2 196−2 213.

Einsele G. Submarine mass flow deposits and turbidites. In: Einsele G, Ricken W, Seilacher A (eds.). Cycles and Events in Stratigraphy [C]. Springer—Verlag Berlin Heidelberg New York, 1991: 313−339.

Einsele G. Sedimentary basins: evolution, facies, and sediment budget [M]. Springer—Verlag Berlin Heidelberg New York, 2000.

Ekdale A A, Bromley R G, Pemberton S G. Ichnology: the use of trace fossils in sedimentology and stratigraphy (No. 15) [M]. SEPM Short Course Notes, 1984.

Elliott T. Interdistributuary bay sequences and their genesis [J]. Sedimentology, 1974, 21: 611−622.

Elliott T. Clastic shorelines. In: Reading H G (ed.). Sedimentary environments and facies [C].Blackwell Scientific Publications, 1978: 143−177.

Elliott T. Deltas. In: Reading H G (ed.). Sedimentary environments and facies [C]. Blackwell Scientific Publications, 1986: 113−154.

Emery D, Myers K J. Sequence stratigraphy [M]. Blackwell Science Ltd, 1996.

Enos P. Holocene sediment accumulations of the south Florida shelf margin. In: Enos P, Perkins R D (eds.).Quaternary sedimentation in south Florida [C]. Geological Society of America Memior, 1977, 147: 1−130.

Ethridge F G. Modern alluvial fans and fan deltas, Recognition of fluvial depositional systems and their resource potential [C]. SEPM Short Course, 1985.

Faas R W, Nittrouer C A. Post depositional facies development in the fine grained sediments of the Wilkinson Basin, Gulf of Maine [J]. Journal of Sedimentary Research, 1976, 46(2): 337−344.

Fairbridge R W. Phases of diagenesis and anthigenesis. In: Larsen G, Chilingar G V (eds.). Developments in sedimentology: Diagenesis in sediments [C]. Elsevier, 1967, 8: 19−89.

Fairbridge R W. Syndiagenesis−anadiagenesis−epidiagenesis: phases in lithogenesis. In: Larsen G, Chilingar G V (eds.). Developments in sedimentology: diagenesis in sediments and sedimentary rocks [C]. Elsevier Science Publication Company, 1983, 258: 17−113.

Ferm J C, Cavaroc V V. A nonmarine sedimentary model for the Allegheny rocks of West Virginia. In Klein G K(ed.). Late Paleozoic and Mesozoic Continental Sedimentation, Northeastern North Americia [C]. Geological Society of America Special Papers, 1968, 106: 1−20.

Ferm J C, Staub J R. Depositional controls of mineable coal bodies. In: Rahmani R A, Flores R M (eds.). Sedimentology of coal and coalbearing sequences [C]. International Association of Sedimentologists Special Publication, 1984, 7: 273−289.

Ferm J C, Williams E G. Model for cyclic sedimentation in the appalachian pennsylvanian [J]. AAPG Bulletin, 1963, 47(2): 356−357.

Ferm J C. Carboniferous environmental models in the eastern United States and their significance. In: Briggs G (ed.). Carboniferous of the Southeastern USA [C]. Geological Society of America Special Paper, 1974, 148: 79−95.

Ferm J C. Pennsylvanian cyclothems of the Appalachian region: a retrospective view. In: Ferm J C, Horne J C (eds.). Carboniferous depositional environments in the Appalachian region [C]. University of South Carolina, Carolina Coal Group, 1979: 284−290.

Fisher J J. Preliminary quantitative analysis of surface morphology of inner continental shelf surface−Cape Henry, Virginia to Cape Fear, North Carolina. In: Margolis A E, Steere R C (eds.). National symposium on ocean sciences and engineering of the Atlantic shelf [C]. Washington DC: Transfer of Marine Technology, 1968: 143−149.

Fisher W L, Brown Jr L F, Scott A J, et al. Delta systems in the exploration for oil and gas [M].Bureau of Economic Geology, University of Texas at Austin, 1969.

Fisher W L, Brown L F. Clastic depositional systems: a genetic approach to facies analysis: annotated outline and bibliography [M]. Bureau of Economic Geology, University of Texas at Austin, 1972.

Fisher W L, McGowen J H. Depositional systems in the Wilcox group of Texas and their relationship to occurrence of oil and gas [J]. Transfer of Gulf Coast Association of Geological Societies, 1967, 17: 105−125.

Fisk H N. Fine−grained alluvial deposits and their effects on Mississippi River activity[R].Waterways Experiment Station (U. S.) Mississippi River Commission, 1947.

Fisk H N. Barfinger sands of the Mississippi delta. In: Osmond J C, Peterson J A (eds.). Geometry of sandstone bodies [C]. Amercian Association Petroleum Geology, 1961: 29−52.

Fleming W W. The electrogenic Na^+, K^+− pump in smooth muscle: Physiologic and pharmacologic significance [J]. Annual review of pharmacology and toxicology, 1980, 20: 129−149.

Flint S, Aitken J, Hampson G. Application of sequence stratigraphy to coal−bearing coastal plain successions: implications for the UK Coal Measures. In: Whately M K G, Spears D (eds.). European coal geology [C]. Geological Society London Special Publications, 1995, 82: 1−16.

Flores R M. Basin facies analysis of coal−rich Tertiary fluvial deposits, Northern Powder Basin, Montana and Wyoming. In: Collonson J D, Lewin J (eds.). Modern and ancient fluvial systems [C]. International Association of Sedimentology Special Publication, 1983, 6: 501−515.

Folk R L, Ward W C. Brazos River Bar [Texas]: a study in the significance of grain size parameters [J].

Journal of Sedimentary Research, 1957, 27(1): 3-26.

Folk R L. Stages of textural maturity [J]. Journal of Sedimentary Petrology, 1951, 21: 127-130.

Folk R L. The distinction between grain size and mineral composition in sedimentary rock nomenclature [J]. The Journal of Geology, 1954, 62(4): 344-359.

Folk R L. Practical petrographic classification of limestones [J]. AAPG Bulletin, 1959, 43(1): 1-38.

Folk R L. Petrology of sedimentary rocks [M]. Austin: Hemphill Publishing Company, 1968.

Forristall G Z, Hamilton R C, Cardone V T. Continental shelf currents in tropical storm Delia: Observations and theory [J]. Journal of Physical Oceanography, 1977, 7: 532-546.

Frazier D E, Osanik A. Recent peat deposits—Louisiana coastal plain. In: Dapples E C, Environments of coal deposition [C]. Geological Society of America Special Papers, 1969, 114: 63-86.

Freeze R A, Cherry J A. Groundwater [M]. New Jersey: Prentice-Hall, Englewood Cliffs, 1979.

Friedman G M. Determination of sleve-size distribution from thin section data for sedimentary petrological studies [J]. Journal of Geology, 1958, 66: 394-416.

Friedman G M. Comparison of moment measures for sieving and thin-section data in sedimentary petrological studies [J]. Journal of Sedimentary Petrology, 1962, 32(1): 15-25.

Friedman G M. On sorting, sorting coefficients, and the lognormality of the grain-size distribution of sandstones [J]. Journal of Geology, 1962, 70: 737-753.

Friedman G M. Address of retiring president of the international association of sedimentologists: differences in size distributions of populations of particles among sand of various origins [J]. Sedimentology, 1979, 26: 3-32.

Friedman W E, Fisher G S. Stratigraphic analysis of the Navajo sandstone [J]. Journal of Sedimentary Petrology, 1975, 45(3): 651-668.

Galloway W E, Brown Jr L F. Depositional systems and slielf-slope relations on a cratonic basin margin, uppermost Pennsylvanian of north-central Texas [J]. AAPG Bulletin, 1973, 57: 1 185-1 218.

Galloway W E, Cheng E S S. Reservoir facies architecture in a microtidal barrier system—Frio Formation, Texas Gulf Coast (No. 144) [M]. Bureau of Economic Geology, University of Texas, 1985.

Galloway W E, Hobday D K. Terrigenous clastic depositional systems (Second edition) [M]. Springer-Verlag Berlin Heidelberg New York, 1996.

Galloway W E, Xue L Q. Fan-delta, braid delta and the classification of delta systems [R]. Abstracts of international symposium on sedimentology related to mineral deposits, Beijing, China, 1988.

Galloway W E. Depositional architecture of Cenozoic Gulf coastal plain fluvial systems. In: Ethridge F G, Flores R M (eds.). Recent and ancient non-marine depositional environments: models for exploration [C]. Society of Economic Geologists and Mineralogists Special Publication, 1981, 31: 127-155.

Galloway W E. Reservoir facies architecture of microtidal barrier systems [J]. AAPG Bulletin, 1986, 70(7): 787-808.

Garrels R M, Christ C L. Minerals, solutions, and equilibria [M]. New York: Harper Row, 1965.

Garrels R M, Mackenzie F T. Evolution of sedimentary rocks [M]. New York: Norton, 1971.

Gary M, MacAfee R, Wolf C L. Glossary of geology (2nd Printing edition) [M]. Washington DC: American Geological Institute, 1973.

Gersib G A, McCabe P J. Continental coal-bearing sediments of the Port Hood Formation (Carboniferous), Cape Linzee, Nova Scotia, Canada. In: Ethridge F, Flores R (eds.). Recent and ancient non-marine depositional environments: models for exploration [C]. Special Publication of the Society of Economic Palaeontologists and Mineralogists, 1981, 31: 95-108.

Gilbert G K. The transportation of debris by running water [R]. U. S. Geological Survey, 1914.

Ginsburg R N, James N P. Holocene carbonate sediments of continental shelves. In: Burk C A, Drake C C (eds.). The geology of continental margins [C]. Springer-Verlag Berlin Heidelberg New York, 1974: 137-155.

Glennie K W. Development in sedimentology (Desert sedimentary environments) [M]. Elsever, 1970.

Glennie K W. Permian Rotliegendes of northwest Europe interpreted in light of modern desert sedimentation studies [J]. AAPG Bulletin, 1972, 56(6): 1 048—1 071.

Gold T, Soter S. Abiogenic methane and the origin of petroleum. Energy Exploration and Exploitation [J], 1982, 1 (2): 89—104.

Griffiths J C. Measurement of the Properties of Sediments [J]. Journal of Geology, 1961, 69: 487—498.

Hack J T. Studies of longitudinal stream profiles in Virginia and Maryland: Preliminary results of a study of the form of small river valleys in relation to geology, some factors controlling the longitudinal profiles of streams are described in quantitative terms [M]. U. S. Government Printing Office, 1957.

Hamblin A P, Walker R G. Storm—dominated shallow marine deposits: the Fernie—Kootenay (Jurassic) transition, southern Rocky Mountains [J]. Canadian Journal of Earth Sciences, 1979, 16(9): 1 673—1 690.

Haq B U, Hardenbol J, Vail P R. Chronology of fluctuating sea levels since the Triassic (250 million years ago to present) [J]. Science, 1987, 235: 1 156—1 167.

Harms J C, Fahnestock R K. Stratification, bed forms, and flow phenomena (with an example from the Rio Grande). In: Middleton G V (ed.). Primary Sedimentary Structures and their Hydrodynamic Interpretation—A symposium [C]. SEPM Special Publication, 1965, 12: 84—115.

Harms J C, Southard J B, Spearing D R, et al. Depositional environments as interpreted from primary sedimentary structures and stratification sequences (No. 2) [M]. Society of Economic Paleontologists and Mineralogists, 1975.

Harvey R D, Dillon J. Maceral distributions in Illinois coals and their paleoenvironmental implications [J]. International Journal of Coal Geology, 1985, 5: 141—165.

Haszeldine R S, Anderton R. A braidplain facies model for the Westphalian B Coal Measures of north—east England [J]. Nature, 1980, 284: 51—53.

Hatch F H, Rastall R H. The Petrology of the sedimentary rocks [M]. Hemphill Publishing Company, 1913.

Haven D S, Morales—Alamo R. Occurrence and transport of faecal pellets in suspension in a tidal estuary [J]. Sedimentary Geology, 1968, 2(2): 141—151.

Hayes J B, Harms J C, Wilson Jr T. Contrasts between braided and meandering stream deposits, Beluga and Sterling formations (Tertiary), Cook Inlet, Alaska. In: Miller T P (ed.). Recent and ancient sedimentary environments in Alaska [C]. Alaska Geological Society, 1976: J1—J27.

Hayes J B. Dickite in Lansing Group (Pennsylvanian) limestones, Wilson and Montgomery Counties, Kansas [J]. Am. Mineralogist, 1967, 52(5—6): 890—896.

Heezen B C, Hollister C. Deep—sea current evidence from abyssal sediments [J]. Marine Geology, 1964, 1(2): 141—174.

Heward A P. Alluvial fan and lacustrine sediments from the Stephanian A and B (La Magdalena, Cinera—Matallana and Sabero) coalfields, northern Spain [J]. Sedimentology, 1978, 25: 451—488.

Hjulstrom F. Studies of the morphological activity of rivers as illustrated by the River Fyris [J].Bulletin of the Geological Institution of the University of Upsala, 1936, 25: 221—527.

Hobday D K. Quaternary sedimentation and development of the lagoonal complex, Lake St. Lucia, Zululand [M]. Annals of the South African Museum (Cape Town), 1976.

Holz M, Kalkreuth W, Banerjee I. Sequence stratigraphy of paralic coal—bearing strara: an overview [J]. International Journal of Coal Geology, 2002, 48(3): 147—179.

Hooke R L. Process on arid—region alluvial fans[J]. The Journal of Geology, 1967, 75(4) :438—460

Horne J C, Ferm J C, Caruccio F T, et al. Depositional models in coal exploration and mine planning in the Appalachian region [J]. AAPG Bulletin, 1978, 62: 2379—2411.

Houbolt J. Recent sediments in the southern bight of the North Sea [J]. Geologie en Mijnbouw, 1968, 47(4):

245—273.

Howell D J, Ferm J C. Exploration model for Pennsylvanian upper delta plain coals, southwest West Virginia [J]. AAPG Bulletin, 1980, 64: 938—941.

Hsu K J. Studies of Ventura Field, California, II: Lithology, compaction, and permeability of sands [J]. AAPG Bulletin, 1977, 61(2): 169—191.

Hudson R G. On the rhythmic succession of the Yoredale Series in Wensleydale [J]. Proceedings of the Yorkshire Geological Society, 1924, 201: 125—135.

Hunt J M. Composition and origin of the Uinta Basin bitumens. In: Crawford A L (ed.). The oil and gas possibilities of utah, re—evaluated [C]. Utah Geological and Mineralogical Survey Bulletin, 1963, 54: 49—273.

Illing L V, Hobson G D. Petroleum geology of the continental shelf of north—west Europe: proceedings of the second conference on petroleum geology of the continental shelf of north—West Europe [C]. Heyden on behalf of the Institute of Petroleum, 1981.

Jervey M T. Quantitative geological modelling of silicicclastic rock sequences and their seismic expression. In: Wilgus C K (ed.). Sea—level changes—an integrated approach [C]. SEPM Special Publication, 1988, 42: 47—69.

Jiao Y Q, Lu Z S, Zhuang X G, et al. Dynamical process and genesis of Late triassic sediment filling in Ordos basin [J]. Journal of China University of Geosciences, 1997, 8(1): 5—48.

Jiao Y Q, Wu L Q, He M C, et al. Occurrence, thermal evolution and primary migration processes derived from studies of organic matter in the Lucaogou source rock at the southern margin of the Junggar Basin, NW China [J]. Sci China Ser D—Earth Sci, 2007, 50(s2): 114—123.

Jiao Y Q, Wu L Q, Wang M F, et al. Forecasting the occurrence of sandstone—type uranium deposits by spatial analysis: An example from the northeastern Ordos Basin, China. In: Mao J W, Bierlein (eds.). Mineral Deposit Research: Meeting the Global Challenge [C]. Berlin Heidelberg: Springer—Verlag, 2005: 273—275.

Jiao Y Q, Yan J X, Li S T, et al. Architectural units and heterogeneity of channel reservoirs in the Karamay Formation, outcrop area of Karamay oil field, Junggar basin, northwest China [J]. AAPG Bulletin, 2005, 89(4): 529–545.

Johnson H D. Shallow siliciclastic seas. In: Reading H G (ed.). Sedimentary environments and facies [C]. Oxford: Blackwells, 1978: 207—258.

Klein G de V. Depositional and dispersal dynamics of intertidal sand bars [J]. Journal of Sedimentary Research, 1970, 40(4): 1 095—1 127.

Klein G de V. Clastic tidal facies [M]. Continuing Education Publication Company, 1977.

Klovan J E. The use of factor analysis in determining depositional environments from grain—size distributions [J]. Journal of Sedimentary Petrology, 1996, 36: 115-125.

Kocurek G, Knight J, Havholm K G. Outcrop and semi—regional three—dimensional architecture and reconstruction of a portion of the eolian Page Sandstone (Jurassic). In: Miall A D, Tyler N (eds.). The three—dimensional facies architecture of terrigenous clastic sediments and its implications for hydrocarbon discovery and recovery [C]. Society for Sedimentary Geology, 1991: 25—43.

Kolla V, Posamentier H W, Wood L J. Deep—water and fluvial sinuous channels—Characteristics, similarities and dissimilarities, and modes of formation [J]. Marine and Petroleum Geology, 2007, 24: 388—405.

Kosters E C. Louisiana peat resources [M]. Baton Rouge: Louisiana Geological Survey, 1983.

Kraft J C. Sedimentary facies patterns and geologic history of a Holocene marine transgression [J]. Geological Society of America Bulletin, 1971, 82(8): 2 131—2 158.

Kravits C M, Creeling J C. Effects of overbank deposition on the quality and maceral composition of the Herrin (No. 6) Coal (Pennsylvanian) of southern Illinois [J]. International Journal of Coal Geology, 1981, 1(3): 195—212.

Krevelen D W. Coal typology, chemistry, physics, constitution [M]. Amsterdam: Elsevier, 1961.

Krumbein W C, Garrels R M. Origin and classification of chemical sediments in terms of pH and oxidation–reduction potentials [J]. The Journal of Geology, 1952, 60(1): 1–33.

Krumbein W C, Sloss L L. Stratigraphy and sedimentation (2nd) [M]. San Francisco: Freeman, 1963.

Krumbein W C. Size frequency distributions of sediments [J]. Journal of Sedimentary Petrology, 1934, 4: 65–77.

Krumbein W C. Measurement and geological significance of shape and roundness of sedimentary particles [J]. Journal of Sedimentary Research, 1941, 11(2): 64–72.

Kuenen H, Perdok W G. Experimental abrasion 5. Frosting and defrosting of quartz grains [J]. The Journal of Geology, 1962, 70: 648–658.

Kuenen P H. Value of experiments in geology [J]. Geologie en Mijnbouw, 1965, 44: 22–36.

Lawrence D T. Influence of transgressive–regressive pulses on coal–bearing strata of the Upper Cretaceous Adaville Formation, southwestern Wyoming. In: Gurgel K D (ed.). Fifth symposium on the geology of rocky mountain coal proceeding [C]. Utah Geological and Mineral Survey Bulletin, 1982, 118: 32– 49.

Levey R A. Depositional model for understanding geometry of Cretaceous coals: Major coal seams, Rock Springs Formation, Green River Basin, Wyoming [J]. AAPG Bulletin, 1985, 69: 1359–1380.

Lewis D W. Channels across continental shelves: corequisites of canyon–fan systems and potential petroleum conduits [J]. New Zealand Journal of Geology and Geophysics, 1982, 25(2): 209–225.

Lin C S, Zhang Y M, Li S T. Quantitative modeling of multiphase lithospheric stretching and deep thermal history of some Tertiary rift basins in Eastern China [J]. Acta Geol Sin, 2002, 76(3): 324–330.

Lyell C. Address to the geological society, delivered at the anniversary[J]. In Proceedings of the Geological Society of London, 1837, 2: 479–523.

Lyons P L, Dobrin M B. Seismic exploration for stratigraphic traps: geophysical exploration methods. In Lyons P L(ed.). Stratigraphic oil and gas fields–classification, exploration methods, and case histories [J]. AAPG Memoir, 1972: 225–243.

Mansfield S P, Spackman W. Petrographic composition and sulfur content of selected Pennsylvania bituminous coal seams (No. SR–50) [M]. Department of Geology and Geophysics, University, University Park (USA), Pennsylvania State, 1965.

Marzo M, Anadón P. Anatomy of a conglomeratic fan–delta complex: the Eocene Montserrat Conglomerate, Ebro Basin, northeastern Spain. In: Nemec W N, Steel R L (eds.). Fan deltas: sedimentology and teconic setting [C]. London: Blackie, 1988: 319–340.

Masaferro J L, Bourne R, Jauffred J C. Three–dimensional seismic volume visualization of carbonate reservoirs and structures. In: Eberli G P, Masaferro J L, Sarg J F (eds.). Seismic imaging of carbonate reservoirs [C]. AAPG Memoir, 2004, 81: 11–41.

Maxwell J A. Rock and mineral analysis [M]. New York: Wiley–Interscience, 1968.

McCabe P J. Depositional models of coal and coal–bearing strata. In: Rahmani R A, Flores R M (eds.). Sedimentology of coal and coalbearing sequences [C]. International Association of Sedimentologists Special Publication, 1984, 7: 13–42.

McCave I N, Tucholke B E. Deep current–controlled sedimentation in the western North Atlantic [J]. The Geology of North America, 1986, 1000: 451–468.

McGowen J H, Garner L E. Physographic features and stratification types of coarse–grained pointbars: moedrn and ancient examples[J]. Sedimentology, 1970, 14: 77–111.

McGowen J H. Alluvial fan systems: depositional and ground–water flow systems in the exploration for uranium in Austin, Texas [M]. Bureau of Economic Geology, University of Texas at Austin, 1979.

Mckee E D, Wein G W. Terminology for stratification and cross–stratification in sedimentary rocks [J].

Geological Society of America Bulletin, 1953, 64(4): 381—390.

McKee E D. Structures of dunes at White Sands National Monument New Mexico [J]. Sedimentology, 1966, 7: 1—69.

McPherson J G, Shanmugam G, Moiola R J. Fan deltas and braid deltas: conceptual problems. In: Nemec W N, Steel R J (eds.). Fan Delta: Sedimentology and Tectonic Settings [C]. London: Blackie, 1988: 14—22.

Meckel L D, Smith J D G, Wells L A. Ouachita foredeep basins: regional paleogeography and habitat of hydrocarbons (Chapter 15). In: Macqueen R W, Leckie D A (eds.). Foreland basins and fold belts [C]. AAPG Memoir, 2001, 55: 427—444.

Miall A D. Tertiary fluvial sediments in the Lake Hazen intermontane basin, Ellesmere Island, Arctic Canada [M]. Geological Survey of Canada Paper, 1979.

Miall A D. Cyclicity and the facies model concept in fluvial deposits [J]. Bulletin of Canadian Petroleum Geology, 1980, 28: 59—80.

Miall A D. Architectural elements analysis: a new method of facies analysis applied to fluvial deposits [J]. Earth Science Reviews, 1985, 22(4): 261—308.

Miall A D. Reservoir heterogeneities in fluvial sandstones: lessons from outcrop studies [J]. AAPG Bulletin, 1988, 72(6): 682—697.

Miall A D. Principles of sedimentary basin analysis (2nd ed.)[M]. Springer—Verlag, New York, 1990.

Miall A D. Hierarchies of architectural units in terrigenous clastic rocks, and their relationship to sedimentation rate. In: Miall A D, Tyler N (eds.). The three—dimensional facies architecture of terrigenous clastic sediments and its implications for hydrocarbon discovery and recovery [C]. Society for Sedimentary Geology (SEPM), Concepts in Sedimentology and Paleontology, 1991, 3: 6—12.

Miall A D. Collision—related foreland basins. In: Busby C J, Ingersoll R V(eds.). Tectonics of sedimentary basins [C]. Oxford, UK, Blackwell Science, 1995: 393—424.

Middleton G V, Hampton M A. Sediment gravity flows: mechanics of flow and deposition. In: Middleton G V, Bouma A H (eds.). Turbidites and deep—water sedimentation [C]. SEPM Pacific Section Short Course, 1973: 1—13.

Milner H B. An introduction of sedimentary petrography [M]. London: Murby, 1922.

Mitchum R M Jr, Vail P R. Seismic stratigraphy and global changes of sea—level, part 7: stratigraphy interpretation of seismic reflection patterns in depositional sequences. In: Payton C E (ed.). Seismic stratigraphy—applications to hydrocarbon exploration [C]. AAPG Memoir, 1977, 26: 135—144.

Mitchum R M, Van Wagoner J C. High frequency sequences and their stacking patterns: sequence stratigraphic evidence of high frequency eustatic cycles[J]. Sedimentary Geology, 1991, 70: 1 240—1 256.

Montanez I P. Late diagenetic dolomitization of Lower Ordovician, upper Knox carbonates; A record of the hydrodynamic evolution of the southern Appalachian basin [J]. AAPG Bulletin, 1994, 78(8): 1 210—1 239.

Monty A. Hampton. Competence of fine—grained debris flows[J]. Journal of Sedimentary Research, 1975, 45 (4) : 834—844.

Moore E S. Coal [M]. New York: John Wiley & Sons, 1940.

Moore P D, Bellamy D J. Peatlands [M]. London: Elek Science, 1974.

Müller G. High—magnesian calcite and protodolomite in Lake Balaton (Hungary) Sediments [J]. Nature, 1970, 226: 749—750.

Mutti E, Ricci F. Turbidites of the northern Apennines: introduction to facies analysis (English translation by Nilsen TH, 1978) [J]. International Geology Review, 1972, 20: 125—166.

Mutti E, Sgavetti M. Sequence stratigraphy of the upper cretaceous aren stara in the Orcau—Aren region, South—Central Pyrenees, Spain: Distinction between eustatically and tectonically controlled depositional sequences [R]. Annals of the University of Ferrara, 1987, 1: 1—22.

Mutti E. Turbidite sandstones [M]. Milan: AGIP Special Publication, 1992.

Mutti M, Normark W R. An integrated approach to the study of turbidite systems. In: Weimer P, Link MH (eds.). Seismic facies and sedimentary processes of submarine fans and turbidite systems (Frontiers in Sed. Geol.) [C]. Springer−Verlag Berlin Heidelberg New York, 1991: 75−106.

Nemec W, Porebski S J, Steel R J. Texture and structure of resedimented conglomerates: examples from Książ Formation (Famennian−Tournaisian), southwestern Poland[J]. Sedimentology, 1980, 27(5) :519−538.

Nemec W, Steel R J. Fan deltas: sedimentology and tectonic settings [M]. Glasgow: Blackie, 1988.

Neumann−Mahlkau P. Korngrössenanalyse grobklastischer sedimente mit hilfe von aufschluss−photographien [J]. Sedimentology, 1967, 9(3): 245−261.

Nichols G. Sedimentology and stratigraphy (Second Edition) [M]. Oxford: Wiley−Blackwell, 2009.

Normark W R. Growth patterns of deep−sea fans [J]. AAPG Bulletin, 1970, 54: 2170−2195.

Nummedal D, Oertel G F, Hubbard D K, et al. Tidal inlet variability−cape hatteras to cape canaveral. In Coastal Sediments [C], ASCE, 1977: 543−562.

Obernyer S. Basin−margin depositional environments of the Wasatch Formation in the Buffalo−Lake de Smet area, Johnson County, Wyoming. In: Proceedings of the second symposium on the Geology of Rocky Mountain coal [C]. Colorado Geological Survey Resource Series, 1978, 4: 49−65.

Oomkens R. Depositional sequences and sand distribution in a deltaic complex [J]. Geol. Mijn, 1967, 46: 265−278.

Overbeck R M. The coastal plain geology of southern Maryland. Johns Hopkins University [J], Studies in Geology, 1950, 16(3): 15−28.

Passega R. Texture as characteristic of clastic deposition [J]. AAPG Bulletin, 1957, 41: 1 952−1 934.

Passega R. Grain size representation by CM pattern as a geologic tool [J]. Journal of Sedimentary Petrology, 1964, 34(4): 830−847.

Payton C E. Seismic stratigraphy: applications to hydrocarbon exploration [J]. AAPG Memoir, 1977, 26: 1−516.

Pedlow C W. A depositional analysis of the anthracite coal basin in pennsylvania. In: Ferm J C (ed.). Carboniferous depositional environments in the Appalachian region [C]. Columbia: University of South Carolina, Carolina Coal Group, 1979: 530−542.

Peterson M N A, Von Der Borch C C. Chert: modern inorganic deposition in a carbonate precipitating locality [J]. Science, 1965, 149: 1501−1503.

Pethick J S. An introduction to coastal geomorphology [M]. Department of Geography, University of Hull, 1984.

Pettijohn F J, Potter P E, Siever R. Sand and sandstone (2nd ed.)[M]. Springer, New York, 1987.

Pettijohn F J. Sedimentary Rocks (2nd ed.) [M]. New York: Harper and Brothers, 1957.

Pettijohn F J. Sedimentary environments and facies (2nd ed.) [M]. London: Blackwell Scientific Publication, 1975.

Phillips T L, Peppers R A, DiMichele W A. Stratigraphic and interregional changes in Pennsylvanian coal−swamp vegetation: environmental inferences [J]. International Journal of Coal Geology, 1985, 5: 43−109.

Pickering K T, Hiscott R N, Hein F J. Deep−marine environments [M]. London: Unwin Hyman, 1989.

Plint A G. Sharp−based shoreface sequences and "offshore bars" in the Cardium Formation of Alberta: their relationship to relative changes in sea−level. In: Wilgus C K (ed.).Sea−level changes: an integrated approach [C]. SEPM Special Publication, 1988, 42: 357−370.

Posamentier H W, Allen G P. Siliciclastic sequence stratigraphy: concepts and applications. In: Dalrymple R W(ed.) .Concepts in sedimentology and paleontology [C]. SEPM Special Publications, 1999, 7: 210.

Posamentier H W, Jervey M T, Vail P R. Eustatic controls on clastic deposition I−conceptual framework.In: Wilgus C K (ed.). Sea−level Changes: An Integrated Approach [C].SEPM Special Publications, 1988, 42: 109−124.

Posamentier H W, Vail P R. Eustatic controls on clastic deposition II—sequence and systems tract models. In: Wilgus C K (ed.). Sea—level changes: an integrated approach [C]. SEPM Special Publication, 1988, 42: 125—154.

Posamentier H W. Application of 3D seismic visualization techniques for seismic stratigraphy, seismic geomorphology and depositional systems analysis: examples from fluvial to deep—marine depositional environments. In: Doré A G, Vining B A (eds.). Petroleum geology [C]. North—West Europe and global perspectives—Proceedings of the 6th petroleum geology conference, London, Geological Society, 2005: 1563—1576.

Press F, Siever R, Grotzinger J, et al. Understanding earth [M]. New York: WH Freeman & Company, 2004.

Prokopovich N P. Deposition of clastic sediment by clams [J]. Journal of Sedimentary Petrology, 1969, 39: 891—901.

Pryor W H, Vanwie W A. The sawdust sand—an Eoecene sediment of floccule origin [J]. Journal of Sedimentary Petrology, 1971, 41: 763—769.

Rahmani R A, Flores R M. Anastomosed and associated coal—bearing fluvial deposits: upper Tongue River member, palaeocene fort union formation, northern powder river basin, Wyoming, U. S. A[J]. Sedimentology of Coal and Coal—Bearing Sequences, 1984, 7: 85—103.

Rahmani R A. Facies relationships and paleoenvironments of a Late Cretaceous tide—dominated delta, Drumheller, Alberta. In: Thompson R I, Cook D G (eds.). Field guide to geology and mineral deposits [C]. Geological Association of Canada, Annual Meeting, 1981: 159—176.

Read J F. Carbonate platforms of passive (extensional) continental margins: types, characteristics and evolution [J]. Tectonophysics, 1982, 81: 195—212.

Read J F. Carbonate platform fades models [J]. AAPG Bulletin, 1985, 69: 1—21.

Read J F. Controls on evolution of Cambrian—Ordovician passive margin, US Appalachians. In: Crevello P (ed.). Controls on carbonate platform and basin development [C].SEPM Special Publication, 1989, 44: 147—166.

Reading H G. Sedimentary environments: processes, facies and stratigraphy (third edition) [M]. Oxford: Wiley—Blackwell, 1996.

Reineck H E, Singh I B. Depositional sedimentary environments with reference to terrigenous clastics [M]. Springer—Verlag Berlin Heidelberg New York, 1973.

Reineck H E, Singh I B. Depositional sedimentary environments (2nd) [M]. Springer—Verlag Berlin Heidelberg New York, 1980.

Reineck H E. Aktuogeologie klastischer Sedimente [M]. Frankfurt: Waldemar Klein, 1984.

Reinson G E. Transgressive barrier island and estuarine systems. In: Walker R G, James N P (eds.). Facies models: response to sea level change [C]. Geological Association of Canada, 1992: 179—194.

Renton J J, Cecil C B. The origin of mineral matter in coal. In: Donaldson A G, Renton J J, Preslery M W(eds.). Carboniferous coal guidebook [C]. West Virginia Geological and Economic Survey Bulletin, 1979, B—37—1: 206—223.

Reynolds D J, Steckler M S, Coakley B J. The role of the sediment load in sequence stratigraphy: The influence of flexural isostasy and compaction [J]. Journal of Geophysical Research, 1991, 96(B4): 6 931—6 949.

Ricci L F. Sedimentografia: atlante fotografico delle strutture primarie dei sedimenti (1st edition) [M]. Bologna: Zanichelli, 1970.

Rich F J. Kuehn D, Davies T D. The paleoecological significance of ovoidites [J]. Palynology, 1982, 6(1): 19—28.

Richard F, Wright P N. Sedimentation of detrital particulate matter in lakes: Influence of currents produced by inflowing rivers[J]. Water Resources Research, 1976, 16(3): 597–601.

Roberts H H. Dynamic changes of the Holocene Mississippi River delta plain: the delta cycle [J]. Journal of Coastal Research, 1997, 13: 605—627.

Rogers R E, Rudy E. Coalbed methane: principles and practice [M]. PTR Prentice Hall (Englewood Cliffs, N. J.), 1994.

Rubey W W. Lithologic studies of fine-grained upper Cretaceous rocks of the black hills region [M]. Geological Survey Professional Paper, 1931.

Rust B R. A classification of alluvial channel systems. In: Miall A D (ed.). Fluvial Sedimentology [C]. Canadian Society of Petroleum Geologists Memoir, 1978, 5: 187–198.

Rust B R. Proximal braid plain deposits in the Middle Devonian Malbaie Formation of Eastern Gaspé, Quebec, Canada[J]. Sedimentology, 1984, 31(5): 675–695

Ryer T A. Deltaic coals of ferron sandstone member of mancos shale: predictive model for Cretaceous coal-bearing strata of Western Interior [J]. AAPG Bulletin, 1981, 65: 2323–2340.

Rzoska J. The upper Nile swamps, a tropical wetland study [J]. Freshwater Biology, 1974, 4: 1–30.

Sakamoto-Arnold C M. Eolian features produced by the December 1977 windstorm, southern San Joaquin Valley, California [J]. The Journal of Geology, 1981, 89: 129–137.

Sarg F J. Carbonate sequence stratigraphy. In: Wilgus C K (ed.). Sea-level changes: An integrated approach [C].SEPM Special Publication, 1988, 42: 155–181.

Schmidt V, McDonald D A. The role of secondary porosity in the course of sandstone diagenesis. In: Scholle P A, Schluger P R(eds.). Aspects of diagenesis [C]. SEPM Special Publication, 1979a, 26: 175–207.

Schmidt V, McDonald D A. Secondary reservoir porosity in the course of sandstone diagenesis (education course note series) [M]. American Association of Petroleum Geologists, 1979.

Scholle P A, Bebout D G, Moore C H. Carbonate depositional Environments [C]. AAPG Memoir, 1983.

Schumm S A. Speculations concerning paleohydrologic controls of terrestrial sedimentation [J]. Geological Society of America Bulletin, 1968, 78: 1573–1588.

Schumm S A. River response to baselevel change: implications for sequence stratigraphy [J]. Journal of Geology, 1993, 101: 279–294.

Scott AC. Coal and coal-bearing strata: recent advances [M]. Geol Soc Special Publication, 1987.

Scott A J, Fisher W L. Delta systems and deltaic deposition. In: Fisher W L, Brown L F Jr, Scott A J, et al (eds.). Delta systems in the exploration for oil and gas [C]. Bureau of Economic Geology, University of Texas at Austin, 1969: 10–39.

Seilacher A. Bathymetry of trace fossils [J]. Marine geology, 1967, 5(5): 413–428.

Selley R C. Applied Sedimentology [M]. San Diego: Academic press, 2001.

Sellwood B W. The genesis of some sideritic beds in the Yorkshire Lias (England) [J]. Journal of Sedimentary Petrology, 1971, 41: 854–858.

Selly R C. An introduction to Sedimentology [M]. London: Academic Press, 1976.

Sengupta S. Geological and geophysical studies in western part of Bengal Basin, India [J]. AAPG Bulletin, 1966, 50(5): 1001–1017.

Seni S J. Sand-body geometry and depositional systems, Ogallala Formation, Texas [R]. University of Texas at Austin, Bureau of Economic Geology, 1980.

Shanmugam G, Moiola R J. Submarine fan models: problems and solutions. In: Bouma AH, Normark W R, Barnes N E (eds.). Submarine Fans and Related Turbidite Systems [C]. Springer-Verlag Berlin Heidelberg New York, 1985: 29–34.

Sharp R P. Wind ripples [J]. Journal of Geology, 1963, 71: 617–636.

Sharp R P. Wind-driven sand in Coachella valley, California [J]. Geological Society of America Bulletin, 1964, 75(9): 785–804.

Sharp R V. Some characteristics of the eastern Peninsular Ranges mylonite zone. In: Proceeding, Conference VIII. Analysis of actual fault zones in bedrock [C]. US Geological Survey Open-File Report, 1979:

79—1239.

Shepard F P, Young R. Distinguishing between beach and dune sands [J]. Journal of Sedimentary Petrology, 1961, 31: 196—214.

Shepard F P. Currents along the floors of submarine canyons [J]. AAPG Bulletin, 1973, 57: 244—264.

Shrock R R. Sequence in Layered Rocks [M]. New York: McGraw—Hill book company Inc, 1948.

Simons D B, Richardson E V, Nordin C F. Sedimentary structures generated by flow in alluvial channels. In: Middleton G V (ed.). Primary sedimentary structures and their hydrodynamic interpretation [C]. SEPM Special Publication, 1965: 34—52.

Simons D B, Richardson E V. Forms of bed roughness in alluvial channels [J]. Journals—American Society of Civil Engineers, 1961, 87: 3.

Sloss L L. Sequence in the cratonic interior of North America [J]. Geological Society of America Bulletin, 1963, 74: 93—114.

Smith D G, Putnam P E. Anastomosed river deposits: modern and ancient examples in Alberta, Canada [J]. Canadian Journal of Earth Sciences, 1980, 17(10): 1 396—1 406.

Smyth M. Hydrocarbon generation in the Fly Lake—Brolga area of the Cooper Basin [J]. APEA Journal, 1979, 19: 108—114.

Smyth M. Coal microlithotypes related to sedimentary environments in the Cooper Basin, Australia. In: Rahmani R A, Flores R M. Sedimentology of coal and coal—bearing sequences [C]. Special Publication of the International Association of Sedimentologists, 1984, 7: 331—347.

Sorby H C. On the microscopical structure of the Calcareous Grit of the Yorkshire coast [J]. Quarterly Journal of the Geological Society, 1851, 7(1—2): 1—6.

Southard J B. Bed configurations. In: Harms J C, Southard D R, Spearing D R, et al (eds.). Depositional environmentsas interpreted from primary sedimentary structures and stratification sequences [C]. Society of Economic Paleontologists and Mineralogists, 1975, 2: 5—43.

Spackman W, Dolsen C P, Riegel W. Phytogenic organic sediments and sedimentary environments in the Everglades—Mangrove complex. Part I: evidence of a transgressing sea and its effects on environments of the Shark River area of southwestern Florida [J]. Palaeontographica Abteilung B, 1966, 117(4—6): 135—152.

Stach E. Stach's Textbook of Coal Petrology (second completely revised edition)[M]. Gebrunder Borntraeger, Berlin, Stuttgart, 1975.

Staub J R, Cohen A D. The snuggedy swamp of south carolina: a back—barrier estuarine Coal—Forming environment [J]. Journal of Sedimentary Petrology, 1979, 49(1): 133—143.

Steel R J, Maehle S, Nilsen H, et al. Coarsening—upward cycles in the alluvium of Homeien basin (Devonian), Norway: Sedimentary response to tectonic events [J]. Geological Society of America Bulletin, 1977, 88: 1 124—1 134.

Sternberg R W, Larsen L H. Frequency of sediment movement on the Washington continental shelf: a note [J]. Marine Geology, 1976, 21(3): M37—M47.

Stonecipher S A, May J A. Facies controls on early diagenesis: Wilcox Group, Texas Gulf Coast. In: Meshri D, Ortoleva P J (eds.). Prediction of reservoir quality through chemical modeling [C]. AAPG Memoir, 1990, 49: 25—44.

Stonecipher S A, Winn R D, Bishop M G. Diagenesis of the frontier formation, moxa arch: a function of sandstone geometry, texture and composition, and fluid flux. In: McDonald D A, Surdam R C (eds.). Clastic Diagenesis [C]. AAPG Memoir, 1984, 37: 289-316.

Stow D A V, Piper D J W. Deep—water fine—grained sediments: facies models. In: Stow D A V, Piper D J W (eds.). Fine—grained sediments: deep—water processes and facies [C]. Geological Society London Special Publications, 1984, 15: 611—645.

Stow D A V. Deep elastic seas. In: Reading H G (ed.). Sedimentary environments and facies [C]. Oxford: Blackwell Science, 1986.

Sturm M, Matter A. Turbidites and varves in Lake Brienz (Switzerland): deposition of clastic detritus by density currents. In: Matter A, Tucker M E (eds.). Modern and Ancient Lake Sediments [C]. Blackwell Publishing Ltd, 1978: 147−168.

Sullivan M D, Foreman J L, Jennette D C, et al. An integrated approach to characterization and modelling of deep−water reservoirs, Diana field, Western Gulf of Mexico. In: Grammer G M, Harris P M, Eberli G P (eds.). Integration of Outcrop and Modern Analogs in Reservoir Modelling [C]. AAPG Memoir, 2004, 80: 215−234.

Sundborg A. The river Klaralven: a study of fluvial processes[J]. Geografiska Annaler, 1956, 38: 127−316.

Surdam R C, Dunn T L, Heasler H P, et al. Porosity evolution in sandstone/shale systems. In: Hutcheon I E (ed.).Short Course on Buial Diagenesis [C]. Canada: Miner Assoc. 1989: 61−133.

Swift D J B. Intershelf sedimentation: processes and products, in new concepts of continental margin sedimentation [R]. Institute of American Geology, Lecture Notes, 1969, DS−4−1−46.

Swift D J P, Duane D B, McKinney T F. Ridge and swale topography of the middle Atlantic bight, north America: Secular response to the Holocene hydraulic regime [J]. Marine Geology, 1973, 15: 227−247.

Swift D J P, Nelson T, McHone J, et al. Holocene evolution of the inner shelf of Southern Virginia [J]. Journal of Sedimentary Petrology, 1977, 47: 1 454−1 474.

Swift D J P. Continental shelf sedimentation. In: Stanley D, Swift D J P (eds.). Marine sediment transport and environmental management [C]. New York: John Wiley & Sons Inc, 1976: 311−350.

Tankard A, Jackson M P A, Eriksson K A, et al. Crustal evolution of southern Africa [M]. Springer−Verlag Berlin Heidelberg New York, 1982.

Taylor L T, Hausler D W, Squires A M. Organically bound metals in a solvent−refined coal: metallograms for a Wyoming subbituminous coal [J]. Science, 1981, 213(4 508): 644−646.

Tissot B P, Welte, D H. Petroleum Formation and Occurrence — a new approach to oil and gas exploration [M]. Berlin: Springer, 1978.

Tissot B P. Generation and maturation of hydrocarbons in sedimentary basins. In: Proceedings of the seminar Generation and Maturation of Hydrocarbons in Sedimentary Basins [C]. CCOP Publication, 1979: 35−40.

Tucker M E, Wright V P. Carbonate sedimentology [M]. Oxford: Blackwell Scientific Press, 1990.

Tucker M E. The field description of sedimentary rocks [M]. New York: Halsted Press, 1981.

Tucker M E. Calcitized aragonite ooids and cements from the late Precambrian Biri Formation of southern Norway [J]. Sediment of Geology, 1985, 43: 67−84.

Tucker M E. Carbon isotopes and Precambrian−Cambrian boundary geology, south Australia: ocean−basin formation, seawater chemistry and organic evolution [J]. Terra Nova, 1989, 1: 573−582.

Tucker M E. Sedimentary petrology: An introduction to the origin of sedimentary rocks [M], Oxford: Wiley−Blackwell, 1991.

Udden J A. Geology and mineral resources of the Peoria quadrangle, Illinois [M]. U.S. Geological Survey Bulletin, 1912.

Underhill J R. Implications of Mesozoic−Recent basin development in the Inner Moray Firth, UK [J]. Marine and Petroleum Geology, 1991, 8: 359−369.

Vahrenkamp V C, David F, Duijndam P, et al. Growth architecture, faulting, and karstification of a Middle Miocene carbonate platform, Luconia province, offshore Sarawak, Malaysia. In: Eberl G P, Masafero J L, Sarg J F (eds.). Seismic imaging of carbonate reservoirs and Systems [C]. AAPG, Memoir, 2004, 81: 329−350.

Vail P R, Audemard F, Bowman S A, et al. The stratigraphic signatures of tectonics,eustacy: an sedimentology and overview. ln: Einsele G (ed.) Cycles and Events in Stratigraphy [C]. Berlin: Springer−Verlag, 1991: 618−659.

Vail P R, Mitchum R M, Thompson S. Seismic stratigraphy and global changes of sea level, part 3: Relative changes of sea level from coastal onlap. In: Clayton C E (ed.). Seismic stratigraphy—applications to hydrocarbon exploration [C]. AAPG Memoir, 1977, 26: 63—81.

Van W J C, Bertram C T. Sequence stratigraphy of foreland basin deposits [C]. AAPG Memoir, 1995.

Van W J C, Mitchum R M, Campion K M. Siliciclastic sequences stratigraphy in well logs, cores and outcrops: concepts for high-resolution correlation of time and facies [M]. AAPG Methods in Exploration Series, 1990.

Van W J C, Posamentier H W, Mitchum R M, et al. An overview of the fundamentals of sequence stratigraphy and key definitions. In Wilgus C K, Hastings B S, St. CGC Kendall, et al (eds.). Sea-level changes: an integrated approach [C]. Society of Economic Paleontologists and Mineralogists Special Publication, 1988, 42: 39—45.

Van W J C. High-frequency sequence stratigraphy and facies architecture of the Sego Sandstone in the Book Cliffs of western Colorado and eastern Utah. In: Van W J C (ed.). Sequence stratigraphy applications to shelf sandstone reservoirs [C]. AAPG Special Volumes, 1991: 1—14.

Vatan A. Pétrographie sédimentaire [M]. Paris: Cours de I' ENSPM, 1954.

Visher G S. Grain size distributions and depositional processes [J]. Journal of Sedimentary Petrology, 1969, 39(3): 1 074—1 106.

Wadell H. Volume, shape, and roundness of rock particles [J]. The Journal of Geology, 1932, 40(5): 443—451.

Wahlstrom E E. Pre-Fountain and recent weathering on Flagstaff Mountain near Boulder, Colorado [J]. Bulletin of the Geological Society of America, 1948, 59(12): 1 173—1 190.

Walker R G. Shale grit and grindslow shales: transition from turbidite to shallow water sediments in the Upper Carboniferous of northern England [J]. Journal of Sedimentary Research, 1966, 36(1): 90—114.

Walker R G. Generalized facies models for resedimented conglomerates of turbidite association [J]. Geological Society of America Bulletin, 1975, 86(6): 737—748.

Walker R G. Facies models 2: turbidites and associated coarse clastic deposits [J]. Geoscience Canada, 1976, 3(1): 25—36.

Walker R G. Deep-water sandstone facies and ancient submarine fans: models for exploration for stratigraphic traps [J]. AAPG Bulletin, 1978, 62(6): 932—966.

Walker R G. Facies models [M]. Geoscience Canada, Reprint Series 1, 1979.

Wanless H R, Weller J M. Correlation and extent of Pennsylvanian cyclothems [J]. Geological Society of America Bulletin, 1932, 43: 1 003—1 016.

Weimer P, Varnai P, Budhijanto F M, et al. Sequence stratigraphy of Pliocene and Pleistocene turbidite systems, northern Green Canyon and Ewing Bank (offshore Louisiana), northern Gulf of Mexico [J]. AAPG bulletin, 1998, 82(5B): 918—960.

Weimer R J. Rates of deltaic sedimentation and intrabasin deformation, Upper Cretaceous of Rocky Mountain region. In: Morgan J P (ed.). Deltaic sedimentation, modern and ancient [C]. SEPM Special Publication, 1970, 15: 270—292.

Weimer R J. A guide to uppermost Cretaceous stratigraphy, central front range, Colorado: deltaic sedimentation, growth faulting and early laramide crustal movement [J]. The Mountain Geologist, 1973, 10: 53—97.

Weimer R J. Cretaceous stratigraphy, tectonics and energy resources, western Denver Basin. In: Studies in Colorado field geology [C]. Professional contributions of Colorado School of Mines, 1976, 8: 180—225.

Weller J M. Cyclic sedimentation of the Pennsylvanian Period and its significance [J]. Journal of Geology, 1930, 38: 97—135.

Whetten J T, Hawkins J W. Diagenetic origin of graywacke matrix minerals [J]. Sedimentology, 1970,

15(3—4): 347—361.

White J M. Compaction of wyodak coal, powder river basin, wyoming, USA [J]. International Journal of Coal Geology, 1986, 6(2): 139—147.

Williams E G, Keith L. Relationship between sulphur in coals and the occurrence of marine roof beds [J]. Economic Geology, 1963, 58: 720—729.

Willman H B, Payne J N. Geology and mineral resources of the Marseilles, Ottawa, and Streator Quadrangles [M]. Illinois State Geological Survey, 1942.

Wilson C J N. The role of fluidization in the emplacement of pyroclastic claws: An experimental approach [J]. Journal of Volcanology and Geothermal Research, 1980, 8(2): 231—249.

Wilson I G. Aeolian bedforms—their development and origins [J]. Sedimentology, 1972, 19(3—4): 173—210.

Wilson J L. Microfacies and sedimentary structures in"deeper water"lime mudstones. In: Friedman G M (ed.). Depositional environments in carbonate rocks [C]. SEPM Special Publication, 1969, 14: 4—19.

Wilson J L. Carbonate facies in geologic history [M]. Springer—Verlag Berlin Heidelberg New York, 1975.

Wood L J. Predicting tidal sand reservoir architecture using data from modern and ancient depositional systems . In: Grammer G M, Harris P M, Eberll G P (eds.) . Integration of outcrop and modern analogs in reservoir modelling [C]. AAPG Memoir, 2004, 80: 45—66.

Wu L Q, Jiao Y Q, Rong H, et al. Reef types and sedimentation characteristics of changxing formation in Manyue—Honghua section of Kaixian, northeastern Sichuan Basin [J]. Journal of Earth Science, 2012, 23(4): 490—505.